信号与系统

于　庆　查志华　主编

中国纺织出版社

内 容 提 要

本书全面系统地论述了信号与系统分析的基本理论、基本分析方法及其应用。全书内容包括:信号与系统的基本概念、连续信号与系统的时域分析、连续信号与系统的频域分析、连续信号与系统的复频域分析、离散时间信号与系统的时域分析、离散时间信号与系统的 z 域分析、系统的状态变量分析法、信号与系统的 MATLAB 辅助分析。

本书在内容上重点突出,详略得当,着重于信号与系统分析,突出基础性、系统性、实用性和先进性,并注重理论与实践结合,以及知识运用能力与创新意识的培养。本书可以作为通信工程、电子信息工程、电气工程及自动化、计算机科学与技术等专业本科生的教材或教学参考书,也可供有关专业师生和科技人员自学参考。

图书在版编目(CIP)数据

信号与系统 / 于庆,查志华主编. --北京 : 中国纺织出版社,2019.3(2022.8 重印)

ISBN 978-7-5180-5762-7

Ⅰ. ①信… Ⅱ. ①于… ②查… Ⅲ. ①信号系统 Ⅳ. ①TN911.6

中国版本图书馆 CIP 数据核字(2018)第 273512 号

策划编辑:范雨昕　　责任校对:王花妮
版式设计:胡　姣　　责任印制:王艳丽

中国纺织出版社出版发行
地址:北京市朝阳区百子湾东里 A407 号楼　邮政编码:100124
销售电话:010—67004422　传真:010—87155801
http://www.c-textilep.com
中国纺织出版社天猫旗舰店
官方微博 http://weibo.com/2119887771
佳兴达印刷(天津)有限公司印刷　各地新华书店经销
2019 年 3 月第 1 版　2022 年 8 月第 4 次印刷
开本:787×1092　1/16　印张:16.75
字数:300 千字　定价:70.00 元

凡购本书,如有缺页、倒页、脱页,由本社图书营销中心调换

前言

“信号与系统”是电子信息类、自动化类、电气类以及计算机类等专业的一门非常重要的专业基础课程。“信号与系统”是用数学的方法分析解决物理问题，分析方法既严谨又有效。“信号与系统”所涉及的理论又是很多专业领域的基础，尤其在信息高度发展的今天，通信、网络、信息处理等进入前所未有的发展阶段，其中涉及的基本原理很多是“信号与系统”课程中的。作为后续专业课的基础，“信号与系统”在通信、电子信息、生物医学、电气工程、运输物流、工程机械、声学、地震学、化学过程控制、社会经济等诸多领域都有着广泛的应用。

本教材共分为八章，第一章介绍有关信号、系统以及信号与系统分析的基本概念、基本知识；第二章讨论连续信号与系统的时域分析方法；第三、第四章讨论连续信号与系统的两种变换域分析方法：频域分析和复频域分析；第五、第六章讨论离散时间信号和系统的时域分析和 z 域分析；第七章介绍系统的状态变量分析方法；第八章介绍 MATIAB 在信号与系统中的应用，并给出了大量程序，以供学生实践练习。

本教材采用“举纲张目”式的编写方式，力求全书体系完整、脉络清晰，并用统一观点和格式导出系统的时域和变换域分析方法，使读者明白和理解不同知识点在课程体系中的地位和作用，不同分析方法在本质上的一致性和表述上的统一性，从而有利于课程教学，有利于学生综合分析能力的培养和科学方法论的掌握。

限于篇幅及编者的业务水平，在内容上若有局限和欠妥之处，竭诚希望同行和读者赐予宝贵的意见。

编　者

2018 年 7 月

目　录

第一章　信号与系统的基本概念

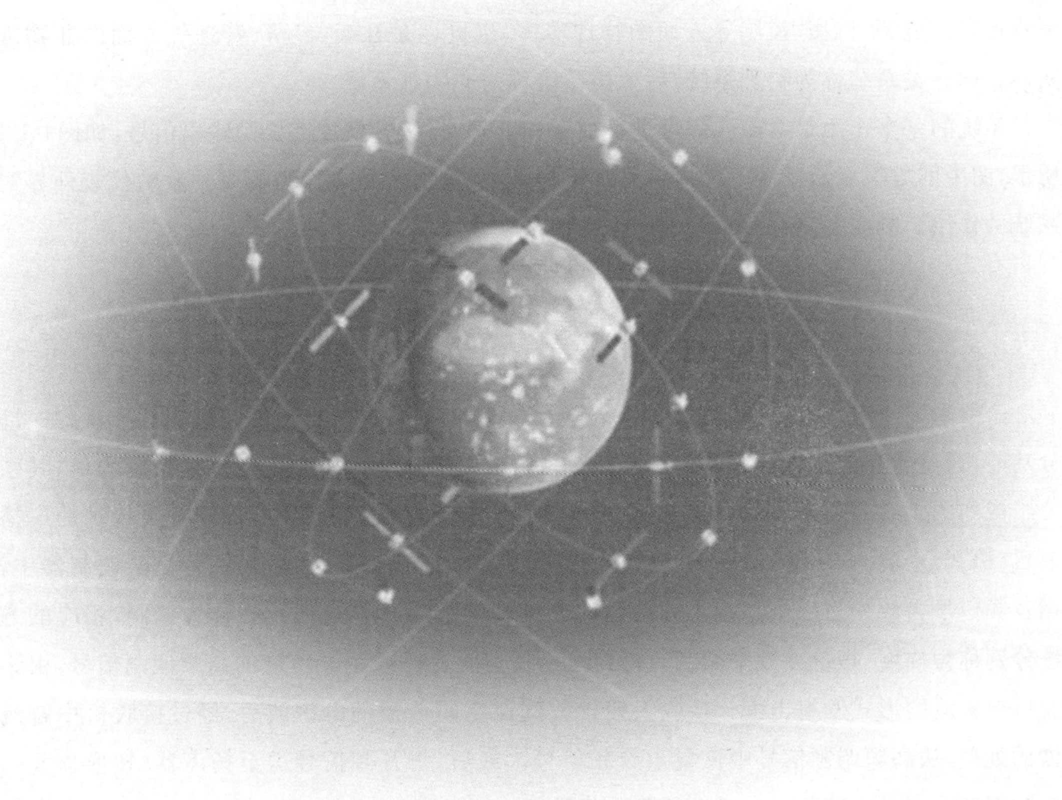

第一节　信号与系统

人们常常把来自外界的各种报道(如语言、文字、图像、数据等)统称为消息。消息内容丰富,形式多样,可以涉及物质和精神世界的各个领域。随着科学技术的不断进步,消息可以利用电话、电视、互联网等多种媒体实现快速发布和广泛传播。

为了有效地利用消息,常常需要将消息转换成便于传输和处理的信号。信号是消息的载体,一般表现为随时间或空间变化的某种物理量。根据物理量的不同特性,可对信号进行具体分类。例如,钟楼的报时钟声是声信号,交通路口的控制灯光是光信号,电子电路中的电流、电压是电信号等。在各种信号中,电信号是一种最便于传输、控制与处理的信号。而且,许多非电信号(如温度、压力、流量等)往往可以通过适当的传感器转换成电信号。因此,研究电信号具有重要意义。在本书中,若无特殊说明“信号”一词均指电信号。

在实际应用中,还常常使用“信息”一词,它是信息论中的一个术语,是消息的一种量度,特指消息中有意义的内容。人们关注消息的目的是了解和利用其中的信息。在本书中对信息、消息两词未加严格区分。

系统是指由若干相互间有联系的事物组合而成并且具有特定功能的整体。组成系统的事物可以是电子、机械、控制等方面的物理实体,也可以是社会、经济、管理等方面的非物理实体。前一类系统称为物理系统,后一类系统称为非物理系统。

系统的基本作用是对输入信号进行加工和处理,将其转换成需要的输出信号,如图1-1-1所示,图中的方框表示系统。输入信号常称为激励,输出信号常称为响应。激励代表外界对系统的作用。响应是激励和系统共同作用的结果。

输入信号(激励) → 系统 → 输出信号(响应)

图 1-1-1　激励、系统与响应

一般来说,一个实用系统都是由若干个子系统组成的,每个子系统完成相对独立的一部分功能,通过所有子系统的共同作用来完成系统的整体功能。以无线电广播系统为例,其系统组成如图 1-1-2 所示,图中每个方框表示一个子系统。系统工作时,首先将要传送的广播节目(语音、声响、音乐等)经话筒(转换器Ⅰ)转换为音频信号。然后在发射机的调制器中,用音频信号去改变另一个高频正弦信号的幅度、相位或频率(这一过程称为调制,相应的方法分别称为幅度、相位或频率调制),得到便于在空间进行远距离传输的高频调制信号,由天线以电磁波的形式发射出去。接收天线接收到在空间传播的电磁波后,经过接收机中解调器的处理,从高频调制信号中恢复出音频信号。最后,将音频信号送至扬声器(转换器Ⅱ),接收者便听到了由广播电台播送的各种节目。

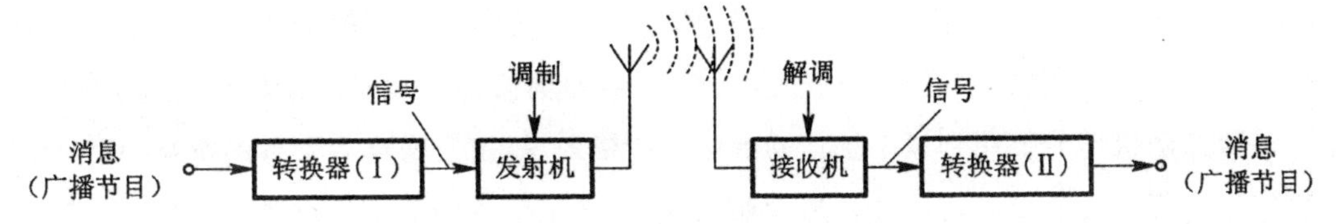

图 1-1-2　无线电广播系统的组成

“信号与系统”课程的主要内容包括信号分析和系统分析。信号分析部分讨论信号的描述、特性、运算和变换；系统分析部分研究系统模型、系统描述以及给定系统在激励作用下产生的响应。信号与系统分析的概念和方法是继续深入研究信号处理、信号设计和系统综合的基础，同样也是进一步学习通信工程、自动控制、信息工程、电子工程、信号检测等专业知识的重要理论基础。

第二节　信号的描述和分类

一、信号的描述

信号是消息的表现形式，通常体现为随若干变量而变化的某种物理量。在数学上，信号可以描述为一个或多个独立变量的函数。例如，在电子系统中，电压、电流、电荷或磁通等电信号可以理解为是时间 t 的函数；在气象观测中，由探空气球携带仪器测量得到的温度、气压等数据信号，可看成是随海拔高度 h 变化的函数；在图像处理系统中，描述黑白图像像素灰度变化情况的图像信号，可以表示为平面坐标位置(x,y)的函数等。

如果信号是单个独立变量的函数，称这种信号为一维信号。一般情况下，信号为 n 个独立变量的函数时，就称为 n 维信号。本书只讨论一维信号。并且，为了方便起见，一般都将信号的自变量设为时间 t 或序号 k。

与函数一样，一个确定的信号除用解析式描述外，还可用图形、测量数据或统计数据描述。通常，将信号的图形表示称为波形或波形图。

二、信号的分类

根据信号的不同函数关系和是否具有随机特性，对常用信号可按下面四种方式分类。

1. 确定信号与随机信号

任一由确定时间函数描述的信号，称为确定信号或规则信号。对于这种信号，给定某一时刻后，就能确定一个相应的信号值。

如果信号是时间的随机函数，事先无法预知它的变化规律，这种信号称为不确定信号或随机信号。通常，实际系统工作时，总会受到来自系统内部或周围环境的各种噪声和干扰的影响。如图 1-2-1 所示，噪声信号 $n(t)$ 或干扰信号 $\eta(t)$ 都是不能用解析式表示的，不仅不同时刻的信号值互不相关，而且任一时刻信号的方向和幅值都是随机的，因此，它们都是随机信号。研究随机信号要用到概率统计的方法。严格地说，由于噪声和干扰的影响，任一实际系统的输出都不可能是确定信号。尽管如此，研究确定信号仍是十分重要的，因为它不仅广泛应用于系统分析设计中，同时也是进一步研究随机信号的基础。

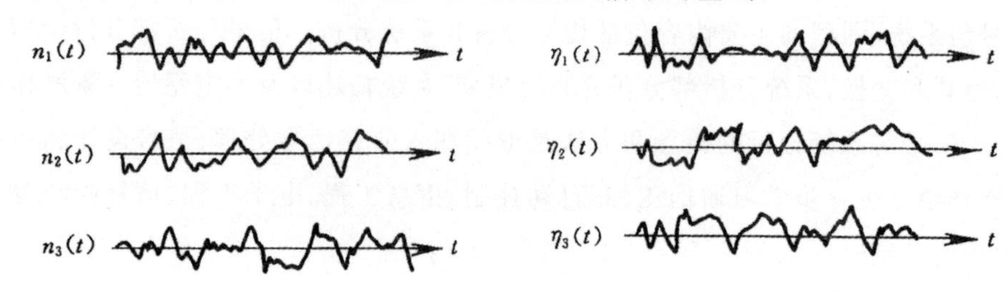

图 1-2-1　噪声和干扰信号

2. 连续信号与离散信号

一个信号，如果在某个时间区间内除有限个间断点外都有定义，就称该信号在此区间内为连续时间信号，简称连续信号。这里“连续”一词是指在定义域内（除有限个间断点外）信号变量是连续可变的。至于信号的取值，在值域内可以是连续的，也可以是跳变的。图 1-2-2(a)是正弦信号，其表达式为

$$f_1(t)=A\sin(\pi t) \tag{1-1}$$

式中，A 是常数。其自变量 t 在定义域$(-\infty,\infty)$内连续变化，信号在值域$[-A,A]$上连续取值。为了简便起见，当信号表达式中的定义域为$(-\infty,\infty)$时，可省去不写。也就是说，凡没有标明时间区间时，均默认其定义域为$(-\infty,\infty)$。

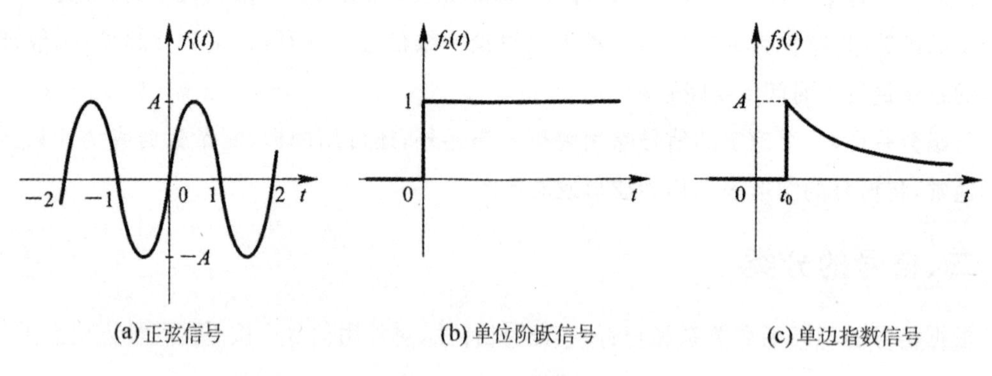

(a) 正弦信号　(b) 单位阶跃信号　(c) 单边指数信号

图 1-2-2　连续信号

图 1-2-2(b)是单位阶跃信号，通常记 $\varepsilon(t)$，其表达式为

$$f_2(t)=\varepsilon(t)=\begin{cases}1 & t>0\\0 & t<0\end{cases} \tag{1-2}$$

信号在 $t<0$ 和 $t>0$ 时分别取值 0 和 1。在间断点 $t=0$ 处，信号值呈现由 0 到 1 的跃变。

图 1-2-2(c)表示一个延时的单边指数信号，其表达式为

$$f_3(t)=\begin{cases}Ae^{-\alpha(t-t_0)} & t>t_0\\ 0 & t<t_0\end{cases}\tag{1-3}$$

式中，A 是常数，$\alpha>0$。信号变量 t 在定义域内连续变化，信号 $f_3(t)$在 $t<t_0$ 时为 0，$t>t_0$ 时按指数规律衰减，其信号值在值域$[0,A)$上连续取值。注意，$f_3(t)$在间断点 $t=t_0$ 处，信号值由 0 跃变至 A。

由于信号值在变量间断点处发生跃变，这是一个物理过程，因此在工程上，对于第一类间断点处的信号值一般不作定义。

仅在离散时刻点上有定义的信号称为离散时间信号，简称离散信号。这里“离散”一词表示自变量只取离散的数值，相邻离散时刻点的间隔可以是相等的，也可以是不相等的。在这些离散时刻点以外，信号无定义。信号的值域可以是连续的，也可以是不连续的。

定义在等间隔离散时刻点上的离散信号也称为序列，通常记为 $f(k)$，其中 k 称为序号。与序号 m 相应的序列值 $f(m)$称为信号的第 m 个样值。序列 $f(k)$的数学表示式可以写成闭式，也可以直接列出序列值或者写成序列值的集合。例如，图 1-2-3(a)所示的正弦序列可表示为

$$f_1=A\sin\left(\frac{\pi}{4}k\right)\tag{1-4}$$

随着 k 的变化，序列值在值域$[-A,A]$上连续取值。对于图 1-2-3(b)所示的序列则可表示为

$$f_2(k)=\begin{cases}2 & k=-1,0\\ 1 & k=1\\ -1 & k=2\\ 0 & \text{其他 } k\end{cases}\tag{1-5}$$

或者

$$f_2(k)=\{\cdots,0,2,2,1,-1,0,\cdots\}$$
$$\uparrow$$
$$k=0$$

式中，箭头指明 $k=0$ 的位置。同理，图 1-2-3(c)信号可表示为

$$f_3(k)=\{\cdots,0,A,A,A,A,0,\cdots\}$$
$$\uparrow$$
$$k=0$$

该序列值域只取 0、A 两个数值。

在工程应用中，常常把幅值可连续取值的连续信号称为模拟信号[图 1-2-2(a)]；把幅值可连续取值的离散信号称为抽样信号[图 1-2-3(b)]；而把幅值只能取某些规定数值的离散

信号称为数字信号[图 1-2 3(c)]。

为方便起见，有时将信号 $f(t)$ 或 $f(k)$ 的自变量省略，简记为 $f(\cdot)$，表示信号变量允许取连续变量或者离散变量，即用 $f(\cdot)$ 统一表示连续信号和离散信号。

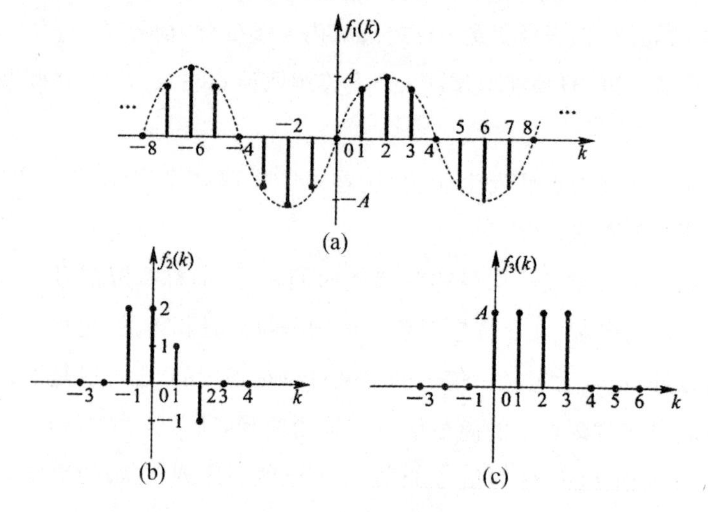

图 1-2-3　离散信号

3. 周期信号与非周期信号

一个连续信号 $f(t)$，若对所有 t 均有

$$f(t)=f(t+mT) \qquad m=0,\pm1,\pm2,\cdots \tag{1-6}$$

则称 $f(t)$ 为连续周期信号，满足上式的最小 T 值称为 $f(t)$ 的周期。

一个离散信号 $f(k)$，若对所有 k 均有

$$f(k)=f(k+mN) \qquad m=0,\pm1,\pm2,\cdots \tag{1-7}$$

就称 $f(k)$ 为离散周期信号或周期序列。满足式(1-7)的最小 N 值称为 $f(k)$ 的周期。图 1-2-4 给出了两个周期信号的例子。

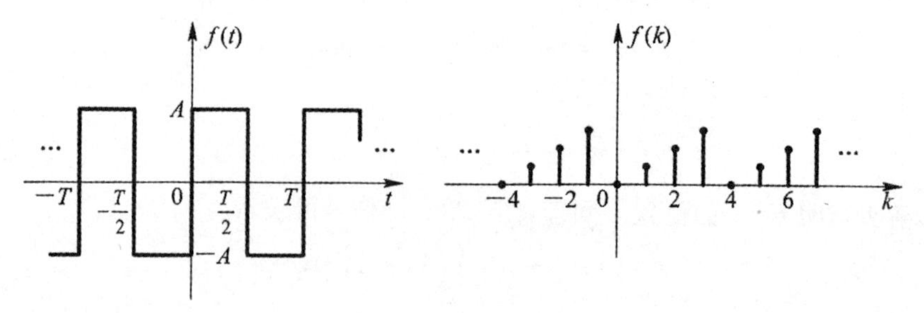

图 1-2-4　周期信号

不满足式(1-6)或式(1-7)的信号称为非周期信号。非周期信号的幅值在时间上不具有周而复始变化的特性。

【例题 1.1】 试判断下列信号是否为周期信号。若是，确定其周期。

(1) $f_1(t)=\sin 2t+\cos 3t$

(2) $f_2(t)=\cos 2t+\sin \pi t$

解:我们知道,如果两个周期信号 $x(t)$ 和 $y(t)$ 的周期具有公倍数,则它们的和信号

$$f(t)=x(t)+y(t)$$

仍然是一个周期信号,其周期是 $x(t)$ 和 $y(t)$ 周期的最小公倍数。

因为 $\sin 2t$ 是一个周期信号,其角频率 ω_1 和周期 T_1 为

$$\omega_1=2\text{rad/s}\ ,\qquad T_1=\frac{2\pi}{\omega_1}=\pi\text{s}$$

信号 $\cos 3t$ 也是一个周期信号,相应的角频率 ω_2 和周期 T_2 为

$$\omega_2=3\text{rad/s},\qquad T_2=\frac{2\pi}{\omega_2}=\frac{2\pi}{3}\text{s}$$

T_1 与 T_2 的最小公倍数为 2π,所以,$f_1(t)$ 是一个周期信号,其周期为 2πs。

同理,可先求得 $f_2(t)$ 中两个周期信号 $\cos 2t$ 和 $\sin \pi t$ 的周期分别为

$$T_1=\pi\text{s},\qquad T_2=2\text{s}$$

这里 T_1 为无理数,T_1 与 T_2 间不存在公倍数,故 $f_2(t)$ 是非周期信号。

4. 能量信号与功率信号

若将信号 $f(t)$ 设为电压或电流,则加载在单位电阻上产生的瞬时功率为 $|f(t)|^2$,在一定的时间区间 $\left(-\frac{\tau}{2},\frac{\tau}{2}\right)$ 内会消耗一定的能量。把该能量对时间区间取平均,即得信号在此区间内的平均功率。现在将时间区间无限扩展,定义信号 $f(t)$ 的能量 E 为

$$E\overset{\text{def}}{=}\lim_{\tau\to\infty}\int_{-\frac{\tau}{2}}^{\frac{\tau}{2}}|f(t)|^2\mathrm{d}t=\int_{-\infty}^{\infty}|f(t)|^2\mathrm{d}t \tag{1-8}$$

信号 $f(t)$ 的平均功率 P 为

$$P\overset{\text{def}}{=}\lim_{\tau\to\infty}\frac{1}{\tau}\int_{-\frac{\tau}{2}}^{\frac{\tau}{2}}|f(t)|^2\,\mathrm{d}t \tag{1-9}$$

如果信号能量为非零有限值,就称为能量有限信号,简称能量信号;如果信号的平均功率为非零有限值,就称为功率有限信号,简称功率信号。对于能量信号,由于能量有限,在无穷大时间区间内的平均功率一定为零,故只能从能量观点去考察;而对于功率信号,在无穷大时间区间上存在有限值功率,意味着信号具有无穷大的能量,因而只能从功率观点出发去研究。

容易验证,单边指数信号 $\mathrm{e}^{-t}\varepsilon(t)$ 和时限信号(在有限时间区间内为非零有限值,在此区间外则均为零)都是能量信号。直流信号和周期信号都是功率信号。而斜升信号 t 和双边指数信号 e^{-t},因其能量和平均功率都不是有限值,故既不是能量信号,也不是功率信号。

类似地,离散序列 $f(k)$ 的能量 E 和功率 P 分别定义为

$$E\overset{\text{def}}{=}\lim_{N\to\infty}\sum_{k=-N}^{N}|f(k)|^2=\sum_{k=-\infty}^{\infty}|f(k)|^2 \tag{1-10}$$

$$P \overset{\text{def}}{=} \lim_{N\to\infty} \frac{1}{2N+1}\sum_{k=-N}^{N} |f(k)|^2 \tag{1-11}$$

第三节 信号的基本特性

信号的基本特性包括时间特性、频率特性、能量特性和信息特性。

确定信号是一个确定的时间函数，它的解析式或波形都集中体现了信号的时间特性。例如，信号持续时间的长短、变化速率的快慢，信号幅值的大小以及随时间改变呈现出来的变化规律等。

在一定条件下，一个复杂信号可以分解成众多不同频率的正弦分量的线性组合，其中每个分量都具有各自的振幅和相位。按照频率高低表示各正弦分量振幅和相位大小的图形称为信号的频谱。研究表明，信号正弦分量的振幅随频率增大而逐渐减小。因此，信号的能量主要集中在低频分量上，把集中主要能量的一定频率范围称为信号的频带宽度。频谱是信号在频率域的一种表示形式，它集中体现了信号的频率特性，包括信号的频带宽度和各正弦分量振幅、相位随频率的分布情况等。

任何信号通过系统时都伴随着一定能量或功率的传输，表明信号具有能量或功率特性。前面在时间域上定义了信号的能量和功率，实际上信号的能量和功率也可以在频率域定义。它们随频率分布的关系称为信号的能量谱和功率谱。利用能量谱可以定义非周期信号的近似持续时间和频带宽度。此外，实际系统工作时，噪声的存在总会对有用信号产生干扰，为了保证信号的有效传输，一般要求有用信号的功率电平大于噪声的功率电平。

与确定信号不同，随机信号是不规则信号。但是，它仍然具有某些可以预期的统计规律，这些规律可以用一些统计特征如均值、方差、相关函数和协方差函数等予以描述。

无论是确定信号还是随机信号都有一个共同的特性，即信号可以携带或者含有一定的信息。人们利用各种系统对信号进行传输、处理和加工的目的是获取其中有用的信息。这些有用的信息往往体现在信号某些属性或参数的变化之中。例如，在电报传输系统中，持续时间长短不一的脉冲序列信号代表不同的电报数码，分组数码表示不同的报文信息。又如，收音机天线回路接收到的无线电广播信号中，高频信号的幅度或频率变化就携带了有用的广播节目信息等。

本书着重讨论确定信号的时间特性和频率特性，简要介绍随机信号的统计特性。

第四节 信号的基本运算

信号的基本运算包括信号的相加和相乘，信号波形的翻转、平移和展缩，连续信号的微分（导数）和积分以及离散信号的差分和迭分等。

一、相加和相乘

两个信号相加，其和信号在任意时刻的信号值等于两信号在该时刻的信号值之和。

两个信号相乘，其积信号在任意时刻的信号值等于两信号在该时刻的信号值之积。

设两个连续信号 $f_1(t)$ 和 $f_2(t)$，则其和信号 $s(t)$ 与积信号 $p(t)$ 可表示为

$$s(t) = f_1(f) + f_2(t) \tag{1-12}$$

$$p(t) = f_1(t) \cdot f_2(t) \tag{1-13}$$

同样，若有两个离散信号 $f_1(k)$ 和 $f_2(k)$，则其和信号 $s(k)$ 与积信号 $p(k)$ 可表示为

$$s(k) = f_1(k) + f_2(k) \tag{1-14}$$

$$p(k) = f_1(k) f_1(k) \tag{1-15}$$

作为两个例子，图 1-4-1 和图 1-4-2 中分别给出了一对连续信号和一对离散信号以及与它们相应的和信号与积信号波形。

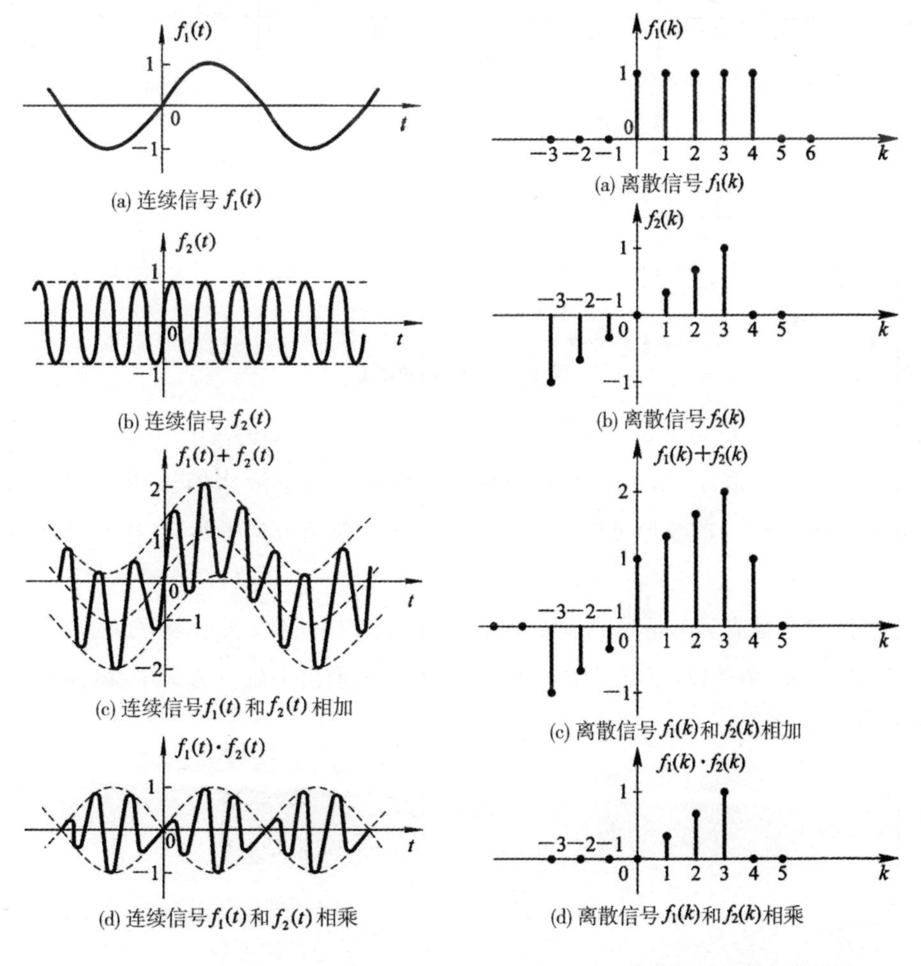

图 1-4-1 连续信号的相加和相乘　　图 1-4-2 离散信号的相加和相乘

二、翻转、平移和展缩

将信号 $f(t)$[或 $f(k)$]的自变量 t(或 k)换成 $-t$(或 $-k$),得到另一个信号 $f(-t)$[或 $f(-k)$],称这种变换为信号的翻转。它的几何意义是将自变量轴“倒置”,取其原信号自变量轴的负方向作为变换后信号自变量轴的正方向。或者按照习惯,自变量轴不“倒置”时,可将 $f(t)$ 或 $f(k)$的波形绕纵坐标轴翻转 180°,即为 $f(-t)$ 或 $f(-k)$的波形,如图1-4-3所示。

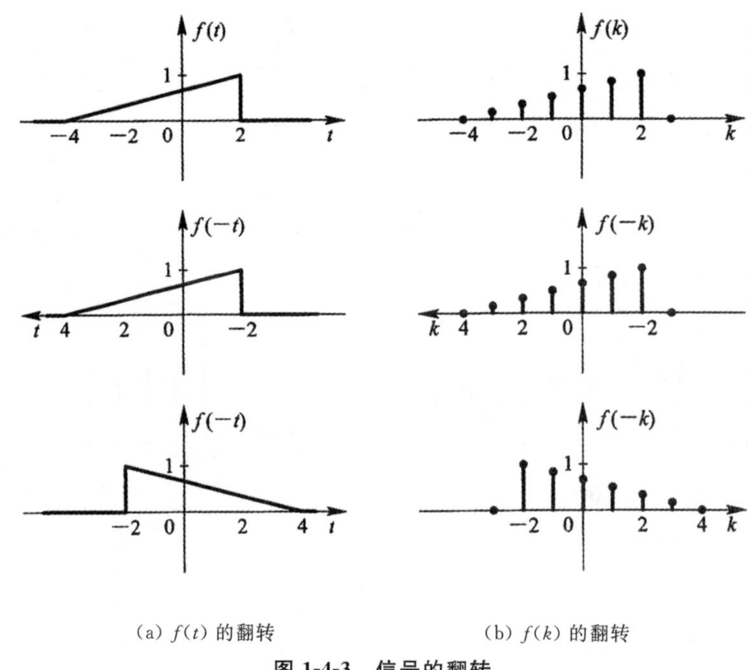

(a) $f(t)$ 的翻转　　(b) $f(k)$ 的翻转

图 1-4-3　信号的翻转

将连续信号 $f(t)$ 的自变量 t 换成 $t\pm t_0$(t_0 为正常数),得到另一个信号 $f(t\pm t_0)$,称这种变换为信号的平移。信号 $f(t-t_0)$的波形可通过将 $f(t)$ 波形沿 t 轴正方向平移(右移)t_0 单位来确定,而 $f(f+f_0)$的波形可通过将 $f(t)$波形沿 t 轴负方向平移(左移)t_0 单位来确定,如图 1-4-4(a)所示。

对于离散信号也有类似情形。设 k_0 为正整数,其 $f(k-k_0)$ 表示将 $f(k)$波形沿 k 轴正方向平移(右移) k_0 个单位;$f(k+k_0)$表示将 $f(k)$波形沿 k 轴负方向平移(左移) k_0 个单位,如图 1-4-4(b)所示。

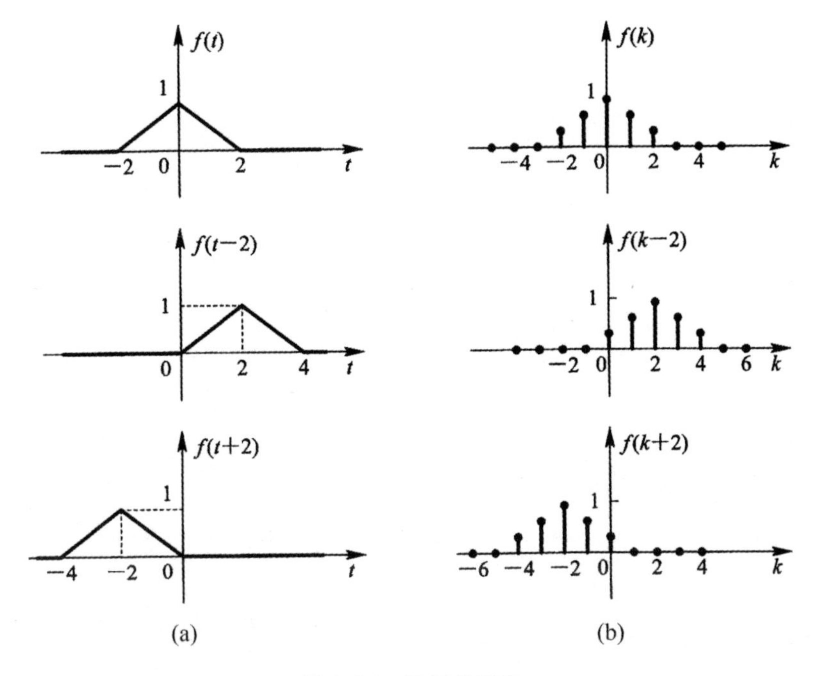

图 1-4-4 信号的平移

如果将信号 $f(t)$ 的自变量 t 换成 at，a 为正数,并且保持 t 轴尺度不变,那么,当 $a>1$ 时,$f(at)$ 表示将 $f(t)$ 波形以坐标原点为中心,沿 t 轴压缩为原来的 $1/a$；当 $0<a<1$ 时,$f(at)$ 表示将 $f(t)$ 波形沿 t 轴展宽 $1/a$ 倍。图 1-4-5 中分别给出了 $a=2$ 和 $a=1/2$ 时 $f(t)$ 波形的展缩情况。

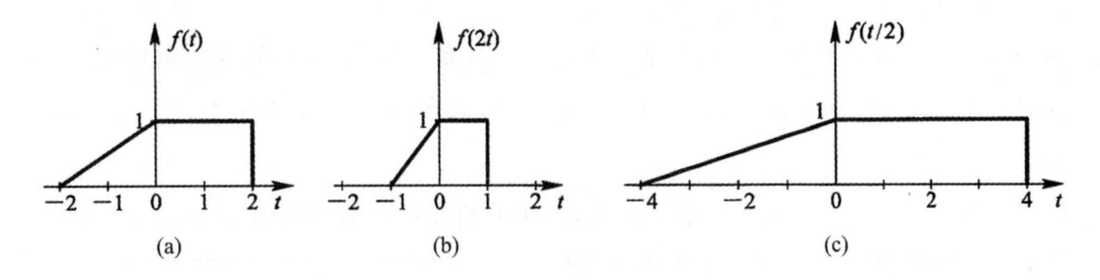

图 1-4-5 连续信号的波形展缩

应该注意,如果 $f(t)$ 是分段定义信号,则在列写 $f(at)$ 表达式时,应将原 $f(t)$ 及定义域区间表达式中的所有 t 均改换为 at 。图 1-4-5 中信号 $f(t)$ 、$f(2t)$和 $f(t/2)$ 的表达式为

$$f(t)=\begin{cases}\dfrac{1}{2}t+1 & -2<t\leqslant 0\\ 1 & 0<t<2\\ 0 & t\leqslant -2,t>2\end{cases}$$

$$f(2t)=\begin{cases}\frac{1}{2}(2t)+1 & -2<2t\leqslant 0\\ 1 & 0<2t<2\\ 0 & 2t\leqslant -2,2t>2\end{cases}$$

$$=\begin{cases}t+1 & -1<t\leqslant 0\\ 1 & 0<t<1\\ 0 & t\leqslant -1,t>1\end{cases}$$

$$f\left(\frac{t}{2}\right)=\begin{cases}\frac{1}{2}\left(\frac{t}{2}\right)+1 & -2<\frac{t}{2}\leqslant 0\\ 1 & 0<\frac{t}{2}<2\\ 0 & \frac{t}{2}\leqslant -2,\frac{t}{2}>2\end{cases}$$

$$=\begin{cases}\frac{t}{4}+1 & -4<t\leqslant 0\\ 1 & 0<t<4\\ 0 & t\leqslant -4,t>4\end{cases}$$

对于离散信号,由于 $f(ak)$ 仅在 ak 为整数时才有意义,进行 k 轴尺度变换或 $f(k)$ 波形展缩时可能会使部分信号丢失,因此一般不作波形展缩变换。

【例题 1.2】 已知信号 $f(t)$ 的波形如图 1-4-6(a)所示,试画出 $f(1-2t)$的波形。

解:一般来说,在 t 轴尺度保持不变的情况下,信号 $f(at+b)(a\neq 0)$的波形可以通过对信号 $f(t)$ 波形的平移、翻转和展缩变换得到。根据 $f(t)$波形变换操作顺序不同,可用多种方法画出 $f(1-2t)$的波形。

(1)按"翻转—展缩—平移"顺序。首先将 $f(t)$ 的波形进行翻转得到如图 1-4-6(b)所示的 $f(-t)$波形。然后,以坐标原点为中心,将 $f(-t)$波形沿 t 轴压缩 1/2,得到 $f(-2t)$波形,如图 1-4-6(c)所示。由于 $f(1-2t)$ 可以改写为 $f[-2(t-\frac{1}{2})]$,所以只要将 $f(-2t)$沿 t 轴右移 1/2 个单位,即可得到 $f(1-2t)$波形。信号的波形变换过程如图 1-4-6 所示。

(2)按"平移—翻转—展缩"顺序。先将 $f(t)$ 沿 t 轴左移一个单位得到 $f(t+1)$波形。再将该波形绕纵轴翻转 180°,得到 $f(-t+1)$波形。最后,将 $f(-t+1)$波形压缩 1/2 得到 $f(1-2t)$波形。信号的波形变换过程如图 1-4-7 所示。

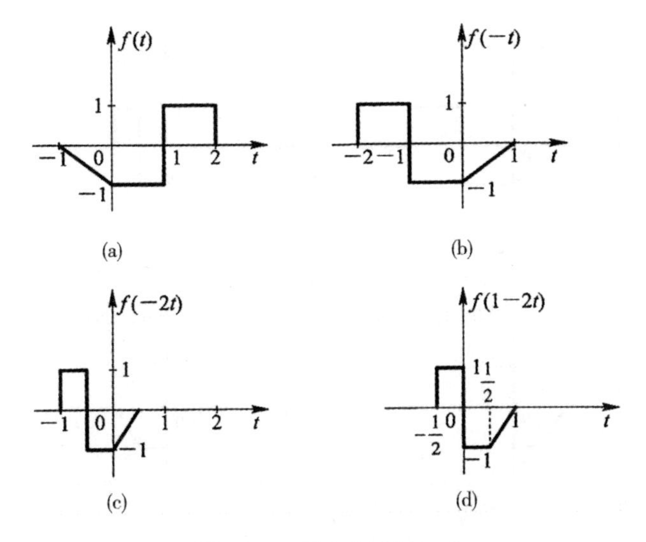

图 1-4-6　例 1.2 用图(一)

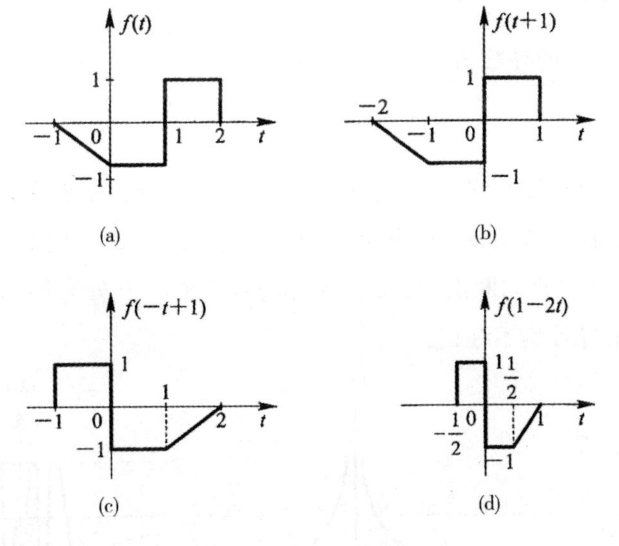

图 1-4-7　例 1.2 用图(二)

(3)按“展缩—平移—翻转”顺序。先以坐标原点为中心，将 $f(t)$ 的波形沿 t 轴压缩1/2，得到 $f(2t)$ 的波形。再将 $f(2t)$ 的波形沿 t 轴左移 1/2 个单位，得到信号 $f[2(t+\frac{1}{2})]=f(2t+1)$ 的波形。最后，进行“翻转”操作，得到 $f(1-2t)$ 的波形。信号波形的变换过程如图 1-4-8 所示。

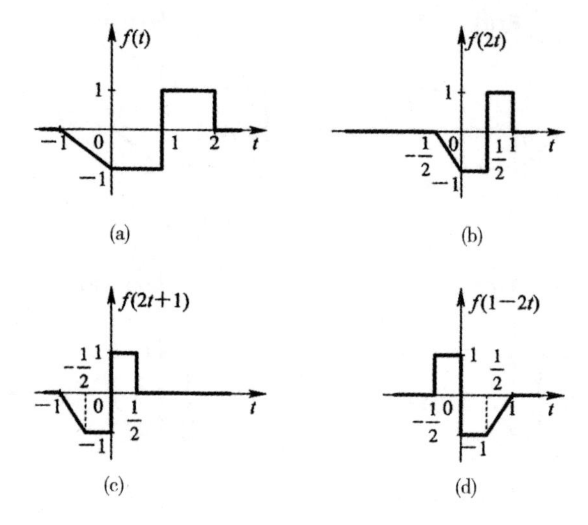

图 1-4-8　例 1.2 用图(三)

三、信号的导数和积分

连续时间信号 $f(t)$ 的导数为

$$y(t)=f^{(1)}(t)=\frac{\mathrm{d}}{\mathrm{d}t}f(t)$$

导数又产生另一个连续时间信号,它表示信号 $f(t)$ 的变化率随变量 t 的变化情况。使用时应注意,在常规意义下,函数在间断点处的导数是不存在的。例如,在图 1-4-9 中,函数 $f_1(t)$ 在 $t=1$ 处有第一类间断点,函数 $f_2(t)$和 $f_3(t)$在 $t=0$ 处有第二类间断点。这些函数在相应间断点处的导数均不存在。

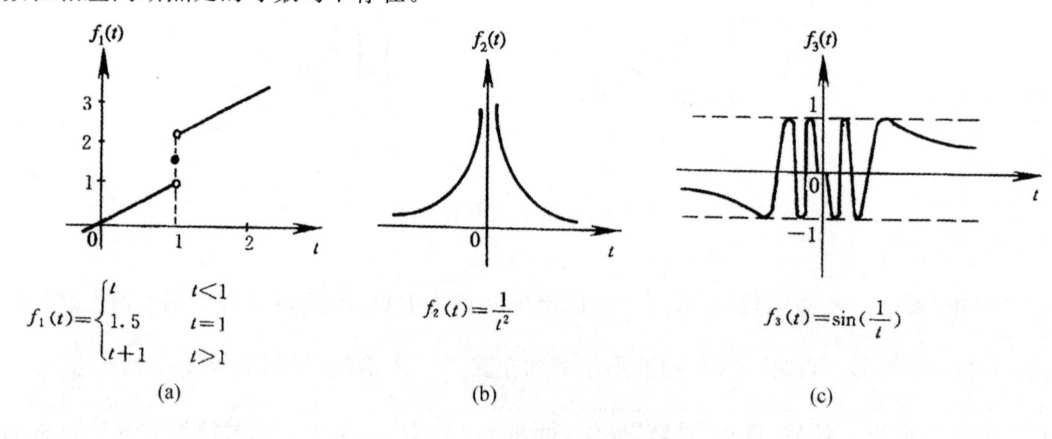

图 1-4-9　函数的间断点

连续时间信号 $f(t)$ 的积分为

$$y(t)=f^{(-1)}(t)=\int_{-\infty}^{t}f(x)\mathrm{d}x$$

积分又产生另一个连续时间信号，即其任意时刻 t 的信号值为 $f(t)$ 波形在 $(-\infty,t)$ 区间上所包含的净面积。

图 1-4-10 中给出信号 $f(t)$ 的微分和积分信号的波形。

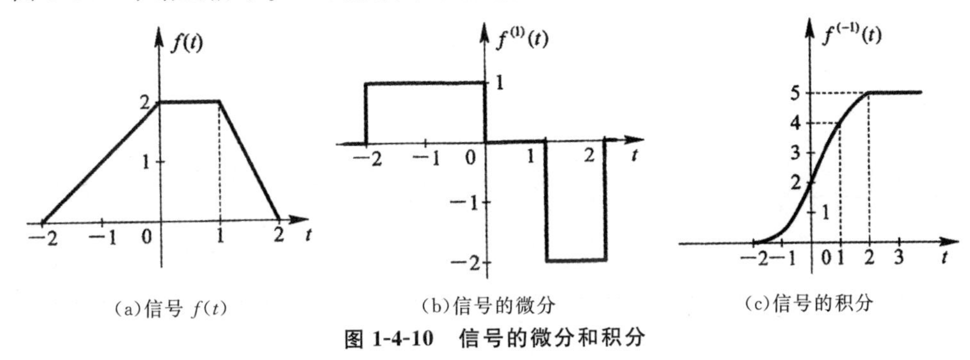

(a)信号 $f(t)$　　(b)信号的微分　　(c)信号的积分

图 1-4-10　信号的微分和积分

四、信号的差分和迭分

为了反映离散信号序列值随序号 k 变化的快慢程度以及体现某序号之前序列值的累加效果，我们仿照连续信号的微分和积分运算，定义离散信号的差分和迭分运算。

1. 差分运算

按照连续时间信号的导数定义

$$\frac{\mathrm{d}f(t)}{\mathrm{d}t}=\lim_{\Delta t\to 0}\frac{\Delta f(t)}{\Delta t}$$

对于离散信号，可用两个相邻序列值的差值代替 $\Delta f(t)$，用相应离散时间之差代替 Δt，并称这两个差值之比为离散信号的变化率。根据相邻离散时间选取方式的不同，离散信号变化率有如下两种表示形式：

$$\frac{\Delta f(k)}{\Delta k}=\frac{f(k+1)-f(k)}{(k+1)-k}$$

$$\frac{\Delta f(k)}{\Delta k}=\frac{f(k)-f(k-1)}{k-(k-1)}$$

考虑到上面两式中 $(k+1)-k=k-(k-1)=1$，因此，相邻两个序列值的变化率也就是这两个序列值之差，故称该操作为差分运算。按照相邻时间选取方式的不同，定义如下：

(1)前向差分：

$$\Delta f(k)\overset{\text{def}}{=\!=}f(k+1)-f(k) \tag{1-16}$$

(2)后向差分：

$$\nabla f(k)\overset{\text{def}}{=\!=}f(k)-f(k-1) \tag{1-17}$$

图 1-4-11 中分别画出了离散信号 $f(k)$ 经前向差分和后向差分运算后的信号波形。图

中波形表明，离散信号的差分运算产生另一个离散信号，并且对于同一个离散信号而言，其前向差分信号沿 k 轴右移一个单位，即为该信号的后向差分信号。所以，两者并没有实质上的差别，本书一般采用后向差分表示离散信号的差分运算。

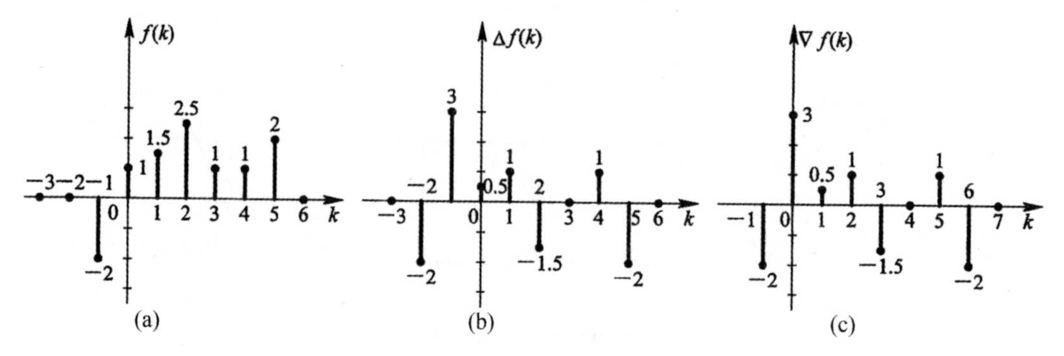

图 1-4-11 信号的差分

如果对差分运算得到的离散信号继续进行差分操作，可以定义高阶差分运算。对于前向差分有：

一阶前向差分：

$$\Delta f(k)=f(k+1)-f(k)$$

二阶前向差分：

$$\begin{aligned}\Delta^2 f(k)&=\Delta[\Delta f(k)]\\&=\Delta[f(k+1)-f(k)]\\&=\Delta f(k+1)-\Delta f(k)\\&=[f(k+2)-f(k+1)]-[f(k+1)-f(k)]\\&=f(k+2)-2f(k+1)+f(k)\end{aligned}$$

一般 m 阶前项差分可表示为

$$\begin{aligned}\Delta^m f(k)&=\Delta^{m-1}f(k+1)-\Delta^{m-1}f(k)\\&=f(k+m)+b_{m-1}f(k+m-1)+\cdots+b_0 f(k)\end{aligned}\tag{1-18}$$

同理，对于各阶后向差分可表示为

$$\begin{cases}\nabla f(k)=f(k)-f(k-1)\\ \nabla^2 f(k)=\nabla[\nabla f(k)]=\nabla[f(k)-f(k-1)]\\ \qquad\quad=\nabla f(k)-\nabla f(k-1)\\ \qquad\quad=f(k)-2f(k-1)+f(k-2)\\ \nabla^m f(k)=\nabla^{m-1}f(k)-\nabla^{m-1}f(k-1)\\ \qquad\quad=f(k)+a_1 f(k-1)+a_2 f(k-2)+\cdots+a_m f(k-m)\end{cases}\tag{1-19}$$

2. 迭分运算

仿照连续时间信号积分运算的定义

$$y(t) = \int_{-\infty}^{t} f(x)\mathrm{d}x = \lim_{\Delta\tau \to 0} \sum_{\tau=-\infty}^{t} f(\tau + \Delta\tau)\Delta\tau$$

在离散信号中，最小间隔 $\Delta\tau$ 就是一个单位时间，即 $\Delta\tau=1$，可定义离散积分的运算为

$$y(k) = \sum_{n=-\infty}^{k} f(n) \tag{1-20}$$

表明离散积分实际上就是对 $f(k)$ 的累加计算，故称离散积分为迭分运算。

如图 1-4-12(a)所示的离散信号 $f(k)$，经迭分运算后得到一个新的离散信号 $y(k)$，如图 1-4-12(b)所示。

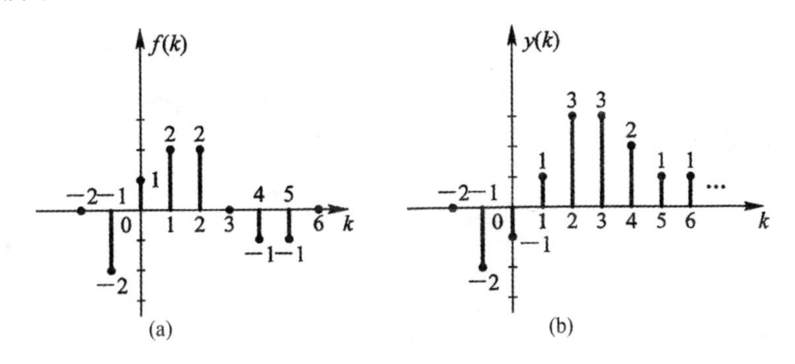

图 1-4-12 离散信号的迭分

第五节 几个重要信号

阶跃信号和冲激信号是描述一类特定物理现象的数学模型，它们在信号与系统分析中具有重要意义。本节先从直观的函数序列出发定义阶跃信号 $\varepsilon(t)$ 和冲激信号 $\delta(t)$；然后，引入广义函数概念，给出 $\varepsilon(t)$、$\delta(t)$ 的广义函数定义，并讨论冲激函数的基本性质；最后，介绍阶跃序列和冲激序列。

一、连续时间阶跃信号

我们采用求函数序列极限的方法定义阶跃信号。设图 1-5-1(a)所示函数

$$\varepsilon_{\Delta}(t) = \begin{cases} 0 & t < 0 \\ \dfrac{1}{\Delta}t & 0 < t < \Delta \\ 1 & t > \Delta \end{cases} \tag{1-21}$$

该函数在 $t<0$ 时为零，$t>\Delta$ 时为 1。在区间$(0,\Delta)$内线段斜率为 $1/\Delta$。

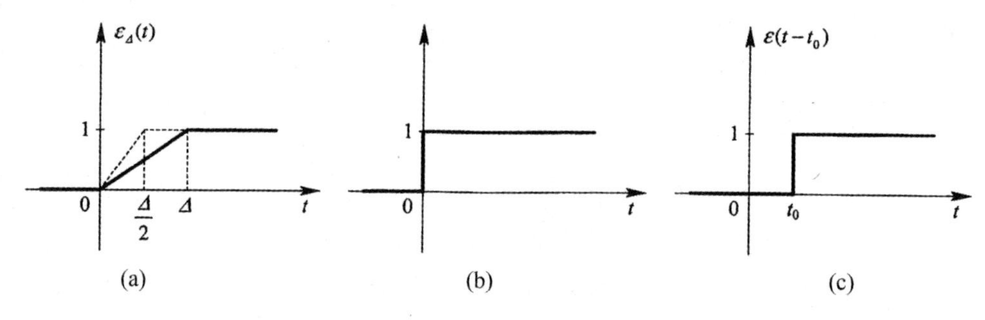

图 1-5-1　阶跃信号

随 Δ 减小，区间(0,Δ)变窄，在此范围内线段斜率变大。当 $\Delta \to 0$ 时，函数 $\varepsilon_\Delta(t)$ 在 $t=0$ 处由零跃变到 1，其斜率为无限大，定义此函数为连续时间单位阶跃信号，简称单位阶跃信号或 ε 函数，用 $\varepsilon(t)$ 表示，即

$$\varepsilon(t) \overset{\text{def}}{=} \lim_{\Delta\to 0} \varepsilon_\Delta(t) = \begin{cases} 0 & t<0 \\ 1 & t>0 \end{cases} \tag{1-22}$$

其波形如图 1-5-1(b)所示。

单位阶跃信号时移 t_0 后可表示为

$$\varepsilon(t-t_0) = \begin{cases} 0 & t<t_0 \\ 1 & t>t_0 \end{cases} \tag{1-23}$$

波形如图 1-5-1(c)所示。

注意：信号 $\varepsilon(t)$ 在 $t=0$ 处和 $\varepsilon(t-t_0)$ 在 $t=t_0$ 处都是不连续的。

二、连续时间冲激信号

对式(1-21)求导数，得到一个宽度为 Δ，幅度为 1/Δ，其面积为 1 的矩形脉冲，记为 $p_\Delta(t)$，即

$$p_\Delta(t) = \frac{\mathrm{d}}{\mathrm{d}t}\varepsilon_\Delta(t) = \begin{cases} \frac{1}{\Delta} & 0<t<\Delta \\ 0 & t<0,t>\Delta \end{cases} \tag{1-24}$$

显然，当 Δ 减小时，矩形脉冲的宽度减小而幅度增大，但其面积仍保持为 1，如图 1-5-2(a)中虚线所示。当 $\Delta \to 0$ 时，矩形脉冲的宽度趋于零，幅度趋于无限大，而其面积仍等于 1。我们将此信号定义为连续时间单位冲激信号，简称单位冲激信号或 δ 函数，用 $\delta(t)$ 表示，即

$$\delta(t) \overset{\text{def}}{=} \lim_{\Delta\to 0} p_\Delta(t)$$

$\delta(t)$ 的图形如图 1-5-2(b)所示，箭头旁括号中的 1 表示矩形脉冲的面积，称为 δ 函数的冲激强度。图 1-5-2(c)表示一个强度为 A，时间上延迟 t_0 的冲激信号。

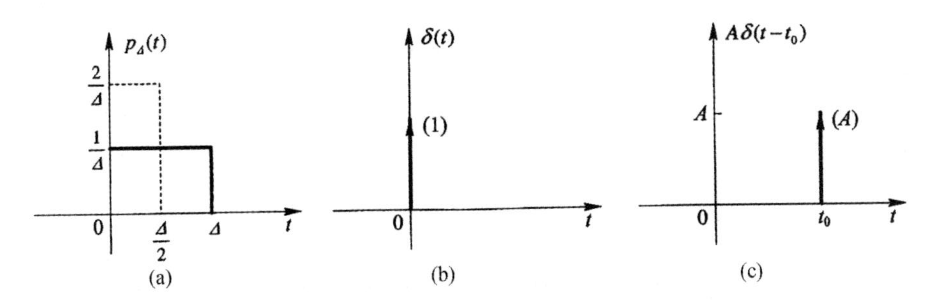

图 1-5-2　冲激信号

δ 函数的另一种定义是：

$$\begin{cases} \int_{t_1}^{t_2} \delta(t)\mathrm{d}t = 1 & t_1 < 0 < t_2 \\ \delta(t) = 0 & t \neq 0 \end{cases} \tag{1-25}$$

定义表明 δ 函数除原点以外，处处为零，但其面积为 1。按式(1-25)定义，容易得到

$$\int_{-\infty}^{t} \delta(x)\mathrm{d}x = \begin{cases} 0 & t < 0 \\ 1 & t > 0 \end{cases} = \varepsilon(t) \tag{1-26}$$

即 δ 函数的积分为 ε 函数。反之，将式(1-23)代入式(1-24)，并交换求导和求极限运算顺序，可得

$$\begin{aligned} \delta(t) &= \lim_{\Delta\to 0} p_\Delta(t) = \lim_{\Delta\to 0}\left[\frac{\mathrm{d}}{\mathrm{d}t}\varepsilon_\Delta(t)\right] \\ &= \frac{\mathrm{d}}{\mathrm{d}t}\left[\lim_{\Delta\to 0}\varepsilon_\Delta(t)\right] = \frac{\mathrm{d}}{\mathrm{d}t}\varepsilon(t) \end{aligned} \tag{1-27}$$

表明 ε 函数的微分为 δ 函数。

上面我们用矩形脉冲函数序列逼近的方法定义了 δ 函数。实际上，还有许多类似的函数序列，在极限条件下同样具有宽度趋于零，幅度趋于无限大，而其面积保持为 1 的特性，也可以利用这些函数来定义 δ 函数。例如：

$$\delta(t) \overset{\text{def}}{=} \lim_{\Delta\to 0} \frac{1}{\sqrt{\pi\Delta}} \mathrm{e}^{\frac{t^2}{\Delta}} \quad \text{（高斯函数序列）} \tag{1-28}$$

$$\delta(t) \overset{\text{def}}{=} \lim_{\Delta\to 0} \frac{\sin\ (t/\Delta)}{\pi t} \quad \text{（取样函数序列）} \tag{1-29}$$

$$\delta(t) \overset{\text{def}}{=} \lim_{\Delta\to 0} \frac{1}{2\Delta} \mathrm{e}^{\frac{|t|}{\Delta}} \quad \text{（双边指数函数序列）} \tag{1-30}$$

现在考虑 δ 函数的一阶导数 $\delta'(t)$。将矩形脉冲 $p_\Delta(t)$ 改写为

$$p_\Delta(t) = \frac{1}{\Delta}[\varepsilon(t) - \varepsilon(t-\Delta)] \tag{1-31}$$

对上式两边取一阶导数，结合式(1-26)可得

$$p'_\Delta(t) = \frac{1}{\Delta}[\varepsilon'(t) - \varepsilon'(t-\Delta)]$$

$$= \frac{1}{\Delta}[\delta(t) - \delta(t - \Delta)] \tag{1-32}$$

由于当 $\Delta \to 0$ 时，$p_\Delta(t) \to \delta(t)$，故有

$$\delta'(t) = \lim_{\Delta \to 0} p'_\Delta(t)$$
$$= \lim_{\Delta \to 0} \frac{1}{\Delta}[\delta(t) - \delta(t - \Delta)] \tag{1-33}$$

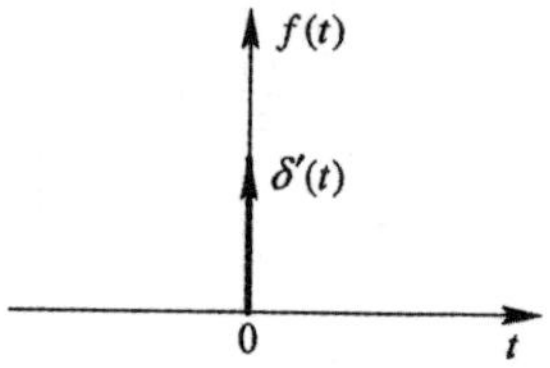

图 1-5-3 冲激偶信号

可见，$\delta'(t)$ 是在 $t=0$ 邻域内，由一对位置上无限接近，强度均趋于无限大的正、负冲激函数组成的。因此，也常称 $\delta'(t)$ 为冲激偶。为了简便，仍用 δ 函数符号表示冲激偶，并在符号旁标记 $\delta'(t)$，以示与 $\delta(t)$ 相区别，如图 1-5-3 所示。

三、广义函数和 δ 函数性质

众所周知，作为常规函数，在间断点处的导数是不存在的。除间断点外，自变量 t 在定义域内取某值时，函数有确定的值。但前面介绍的单位阶跃信号 $\varepsilon(t)$ 在间断点处的导数是单位冲激信号，δ 函数在其唯一不等于零的点 $t=0$ 处的函数值为无限大。显然，这些结论是与常规函数的定义相违背的，或者说，信号 $\varepsilon(t)$ 和 $\delta(t)$ 已经超出了常规函数的范畴，故对这类函数的定义和运算都不能按通常的意义去理解。人们将这类非常规函数称为奇异函数或广义函数。为了理解 δ 函数的性质，下面简要介绍广义函数的定义和运算规则。

1. 广义函数的基本概念

如果把普通函数 $y = f(t)$ 看成是对定义域中的每个自变量 t，按一定的运算规则 f 指定一个数值 y 的过程，那么，可以把广义函数 $g(t)$ 理解为是对试验函数集 $\{\varphi(t)\}$ 中的每个函数 $\varphi(t)$，按一定运算规则 N_g 分配(或指定)一个数值 $N_g[\varphi(t)]$ 的过程。广义函数 $g(t)$ 的定义为

$$\int_{-\infty}^{\infty} g(t)\varphi(t)\mathrm{d}t = N_g[\varphi(t)] \tag{1-33}$$

式中，$\varphi(t)$ 是一个普通函数，称为试验函数，它满足连续、具有任意阶导数，且 $\varphi(t)$ 及其各阶导数在 $|t| \to \infty$ 时要比 $|t|$ 的任意次幂更快地趋于零等条件。对于某些广义函数而言，$\varphi(t)$ 的上述要求可以降低。例如，定义 δ 函数时，只要求 $\varphi(t)$ 在 $t=0$ 处连续即可。$N_g[\varphi(t)]$ 是与试验函数 $\varphi(f)$ 有关的一个数值。例如，可以是 $\varphi(f)$ 或其导函数在 $t=0$ 处的值，也可以是在某一区间内 $\varphi(f)$ 所覆盖的面积等。式(1-33)表明广义函数 $g(t)$ 是通过它与试验函数 $\varphi(t)$ 的作用效果来定义的。定义式中之所以采用积分形式来表示数值 $N_g[\varphi(t)]$，其主要目的是可使广义函数运算在形式上具有类似普通函数积分运算的性质。

比较广义函数与普通函数的定义可知，广义函数中的 $\varphi(t)$ 和 $\{\varphi(t)\}$ 分别相当于普通函数定义中的自变量和定义域。普通函数为每个自变量 t 指定一个函数值 $f(t)$，广义函数为

每个试验函数 $\varphi(t)$ 分配一个数值 $N_g[\varphi(t)]$，表 1-5-1 中给出了两者的对应关系。

表 1-5-1 广义函数与普通函数的对应关系

函数类型	定义式	自变量	定义域	函数值
普通函数	$y=f(t)$	t	(t_1,t_2)	$f(t)$
广义函数	$\int_{-\infty}^{\infty} g(t)\varphi(t)\mathrm{d}t = N_g[\varphi(t)]$	$\varphi(t)$	$\{\varphi(t)\}$	$N_g[\varphi(t)]$

广义函数的基本运算包括：

(1)相等。

若 $N_{g1}[\varphi(t)] = N_{g2}[\varphi(t)]$，则定义

$$g_1(t) = g_2(t) \tag{1-34}$$

(2)相加。

若 $N_g[\varphi(t)] = N_{g1}[\varphi(t)] + N_{g2}[\varphi(t)]$，则定义

$$g(t) = g_1(t) + g_2(t) \tag{1-35}$$

(3)尺度变换。

定义广义函数 $g(at)$ 为

$$N_{g(at)}[\varphi(t)] = N_g\left[\frac{1}{|a|}\varphi\left(\frac{t}{a}\right)\right] \tag{1-36}$$

(4)微分。

定义广义函数 $g(t)$ 的 n 阶导数 $g^{(n)}(t)$ 为

$$N_{g^{(n)}(t)}[\varphi(t)] = N_g[(-1)^n \varphi^{(n)}(t)] \tag{1-37}$$

2. δ 函数的广义函数定义

按广义函数理论 δ 函数定义为

$$\int_{-\infty}^{\infty} \delta(t)\varphi(t)\mathrm{d}t = \varphi(0) \tag{1-38}$$

表明 $\delta(t)$ 是一种与试验函数 $\varphi(t)$ 作用后能予以赋值 $\varphi(0)$ 的函数。或者说，广义函数 $\delta(t)$ 具有从 $\varphi(t)$ 中筛选出数值 $\varphi(0)$ 的特性，通常称此性质为 δ 函数的筛选性质。

由式(1-22)给出的矩形脉冲信号 $p_\Delta(t)$，当 $\Delta\to 0$ 时就具有上述筛选性质。将 $p_\Delta(t)$ 看成广义函数，代入式(1-38)有

$$\int_{-\infty}^{\infty} p_\Delta(t)\varphi(t)\mathrm{d}t = \frac{1}{\Delta}\int_0^{\Delta}\varphi(t)\mathrm{d}t$$

当 $\Delta\to 0$ 时，在 $(0,\Delta)$ 区间上，$\varphi(t)\approx\varphi(0)$，故有

$$\begin{aligned}\lim_{\Delta\to 0}\int_{-\infty}^{\infty} p_\Delta(t)\varphi(t)\mathrm{d}t &= \lim_{\Delta\to 0}\frac{1}{\Delta}\int_0^{\Delta}\varphi(t)\mathrm{d}t \\ &= \lim_{\Delta\to 0}\frac{1}{\Delta}\varphi(0)\int_0^{\Delta}\mathrm{d}t \\ &= \varphi(0)\end{aligned} \tag{1-39}$$

比较式(1-38)和式(1-39)，可得

$$\delta(t)=\lim_{\Delta\to 0}p_{\Delta}(t)$$

这就是 δ 函数的矩形脉冲序列定义式(1-23)。

$\varepsilon(t)$ 和 $\delta'(t)$ 的广义函数定义是

$$\int_{-\infty}^{\infty}\varepsilon(t)\varphi(t)\mathrm{d}t=\int_{0}^{\infty}\varphi(t)\mathrm{d}t \tag{1-40}$$

$$\begin{aligned}\int_{-\infty}^{\infty}\delta'(t)\varphi(t)\mathrm{d}t&=\int_{-\infty}^{\infty}(-1)\delta'(t)\varphi'(t)\mathrm{d}t\\&=-\varphi'(0)\end{aligned} \tag{1-41}$$

表明与试验函数 $\varphi(t)$ 作用后，$\varepsilon(t)$ 是具有指定其积分值 $\int_{0}^{\infty}\varphi(t)\mathrm{d}t$ 这样一种性质的函数，而 $\delta'(t)$ 则是具有指定导数值 $-\varphi'(0)$ 这一性质的函数。容易验证，当 $\Delta\to 0$ 时，$\varepsilon_{\Delta}(t)$ 和 $p'_{\Delta}(t)$ 正是满足上述要求的两种函数。因此，应用它们定义 ε 函数和冲激偶函数也是合理的。

3. δ 函数的性质

性质 1 与普通函数 $f(t)$ 相乘

若将普通函数 $f(t)$ 与广义函数 $\delta(t)$ 的乘积看成是新的广义函数，则按广义函数定义和 δ 函数的筛选性质，有

$$\begin{aligned}\int_{-\infty}^{\infty}[f(t)\delta(t)]\varphi(t)\mathrm{d}t&=\int_{-\infty}^{\infty}\delta(t)[f(t)\varphi(t)]\mathrm{d}t=f(0)\varphi(0)\\&=f(0)\int_{-\infty}^{\infty}\delta(t)\varphi(t)\mathrm{d}t\\&=\int_{-\infty}^{\infty}[f(0)\delta(t)]\varphi(t)\mathrm{d}t\end{aligned}$$

根据广义函数相等的定义，得到

$$f(t)\delta(t)=f(0)\delta(t) \tag{1-42}$$

对上式两边从 $-\infty$ 到 ∞ 取积分，可得

$$\int_{-\infty}^{\infty}f(t)\delta(t)\mathrm{d}t=f(0)\int_{-\infty}^{\infty}\delta(t)\mathrm{d}t=f(0) \tag{1-43}$$

注意，此式就是前面给出的 δ 函数的广义函数定义式(1-38)。

同理，对普通函数 $f(t)$ 与时移 δ 函数 $\delta(t-t_0)$ 相乘以及对乘积函数从 $-\infty$ 到 ∞ 取积分，分别有如下结论：

$$f(t)\delta(t-t_0)=f(t_0)\delta(t-t_0) \tag{1-44}$$

$$\int_{-\infty}^{\infty}f(t)\delta(t-t_0)\mathrm{d}t=f(t_0) \tag{1-45}$$

该式表明，与 δ 函数类似，$\delta(t-t_0)$ 具有筛选 $f(t)$ 在 $t=t_0$ 处函数值的性质。

性质 2 尺度变换

设常数 $a\neq 0$，按照广义函数尺度变换和微分运算的定义，可将 $\delta^{(n)}(at)$ 表示为

$$\begin{aligned}\int_{-\infty}^{\infty}\delta^{(n)}(at)\varphi(t)\mathrm{d}t&=\int_{-\infty}^{\infty}\delta^{(n)}(x)\varphi\left(\frac{x}{a}\right)\frac{\mathrm{d}x}{|a|}=\int_{-\infty}^{\infty}(-1)^{n}\delta(x)\cdot\frac{1}{a^{n}}\varphi^{(n)}\left(\frac{x}{a}\right)\frac{\mathrm{d}x}{|a|}\\&=\frac{(-1)^{n}}{|a|}\cdot\frac{1}{a^{n}}\int_{-\infty}^{\infty}\delta(x)\varphi^{(n)}\left(\frac{x}{a}\right)\mathrm{d}x\end{aligned}$$

$$= (-1)^n \cdot \frac{1}{|a|a^n}\varphi^{(n)}(0) = \frac{1}{|a|a^n}\int_{-\infty}^{\infty}(-1)^n\delta(t)\varphi^{(n)}(t)\mathrm{d}t$$

$$= \int_{-\infty}^{\infty}\left[\frac{1}{|a|a^n}\delta^{(n)}(t)\right]\varphi(t)\mathrm{d}t$$

根据广义函数的定义,可得到

$$\delta^{(n)}(at) = \frac{1}{|a|a^n}\varphi^{(n)}(t) \tag{1-46}$$

当 $n=0$ 和 1 时,分别有

$$\delta(at) = \frac{1}{|a|}\delta(t) \tag{1-47}$$

$$\delta'(at) = \frac{1}{|a|}\cdot\frac{1}{a}\delta'(t) \tag{1-48}$$

若用$\left(t-\frac{t_0}{a}\right)$代换式(1-47)、式(1-48)中的 t,则有

$$\delta(at-t_0) = \frac{1}{|a|}\delta\left(t-\frac{t_0}{a}\right) \tag{1-49}$$

$$\delta'(at-t_0) = \frac{1}{|a|}\cdot\frac{1}{a}\delta'\left(t-\frac{t_0}{a}\right) \tag{1-50}$$

性质 3　奇偶性

式(1-46)中,若取 $a=-1$,则可得

$$\delta^{(n)}(-t) = (-1)^n\delta^{(n)}(t) \tag{1-51}$$

显然,当 n 为偶数时,有

$$\delta^{(n)}(-t) = \delta^{(n)}(t) \qquad n=0,2,4,\cdots \tag{1-52}$$

当 n 为奇数时,有

$$\delta^{(n)}(-t) = -\delta^{(n)}(t) \qquad n=1,3,5,\cdots \tag{1-53}$$

表明单位冲激函数 $\delta(t)$ 的偶阶导数是 t 的偶函数,而其奇阶导数是 t 的奇函数。例如,$\delta(t)$,$\delta^{(2)}(t)$,…都是 t 的偶函数,而 $\delta^{(1)}(t)$,$\delta^{(3)}(t)$,…都是 t 的奇函数。

若用 $(t-t_0)$ 代换式(1-52)、式(1-53)中的 t,则有

$$\delta^{(n)}(t_0-t) = \delta^{(n)}(t-t_0) \qquad n=0,2,4,\cdots \tag{1-54}$$

$$\delta^{(n)}(t_0-t) = -\delta^{(n)}(t-t_0) \qquad n=1,3,5,\cdots \tag{1-55}$$

四、阶跃序列和脉冲序列

1. 单位阶跃序列

离散时间单位阶跃序列定义为

$$\varepsilon(k) = \begin{cases}1 & k\geqslant 0\\ 0 & k<0\end{cases} \tag{1-56}$$

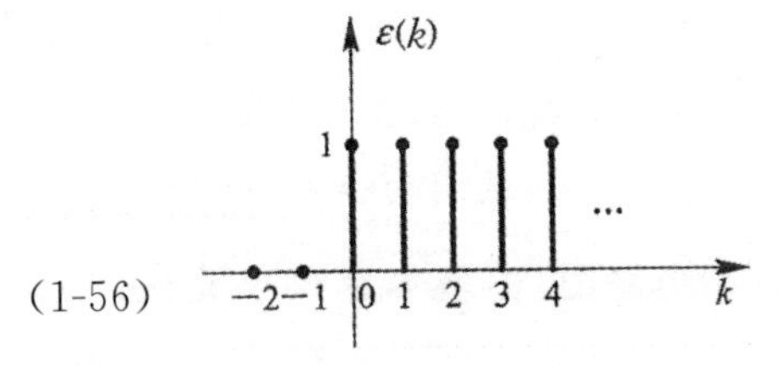

图 1-5-4　单位阶跃序列

其波形如图 1-5-4 所示。

显然,单位阶跃序列 $\varepsilon(k)$ 是与单位节约信号 $\varepsilon(t)$ 相对应的,但应注意它们之间的差别,

$\varepsilon(t)$ 在 $t=0$ 处无定义，而 $\varepsilon(k)$ 在 $k=0$ 处定义为 1。

2. 单位脉冲序列

离散时间单位脉冲序列定义为

$$\delta(k)=\begin{cases}1 & k=0\\0 & k\neq 0\end{cases} \tag{1-57}$$

其波形如图 1-5-5 所示。

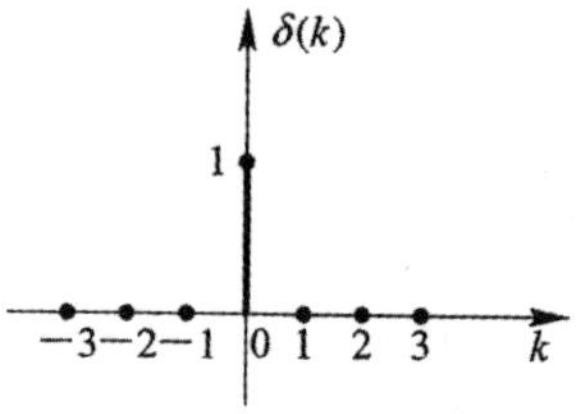

因为只有当 $k=0$ 时 $\delta(k)$ 的值为 1，而当 $k\neq 0$ 时 $\delta(k)$ 的值均为 0，所以任一序列 $f(k)$ 与 $\delta(k)$ 相乘时，结果仍为脉冲序列，其幅值等于 $f(k)$ 在 $k=0$ 处的值，即

$$f(k)\delta(k)=f(0)\delta(k) \tag{1-58}$$

图 1-5-5　单位脉冲序列

而当 $f(k)$ 与 $\delta(k-m)$ 相乘时，则有

$$f(k)\delta(k-m)=f(m)\delta(k-m) \tag{1-59}$$

表明 $\delta(k)$ 和 $\delta(k-m)$ 分别具有筛选 $f(k)$ 中序列值 $f(0)$ 和 $f(m)$ 的性质，通常称此性质为单位脉冲序列的筛选性质。

根据 $\varepsilon(k)$ 和 $\delta(k)$ 的定义，不难看出 $\varepsilon(k)$ 与 $\delta(k)$ 之间满足以下关系：

$$\delta(k)=\varepsilon(k)-\varepsilon(k-1)=\nabla\varepsilon(k) \tag{1-60}$$

$$\varepsilon(k)=\sum_{n=-\infty}^{k}\delta(n) \tag{1-61}$$

即 $\delta(k)$ 是 $\varepsilon(k)$ 的后向差分，而 $\varepsilon(k)$ 是 $\delta(k)$ 的迭分。

第六节　系统的描述

一、系统模型

按照系统理论，分析系统时首先应该针对实际问题建立系统模型，然后采用数学方法进行分析和求解，并对所得结果做出物理解释。

所谓系统模型，是指对实际系统基本特性的一种抽象描述。一个实际系统，根据不同需要，可以建立、使用不同类型的系统模型。以电系统为例，它可以是由理想元器件互连组成的电路图，由基本运算单元（如加法器、乘法器、积分器等）构成的模拟框图，或者由节点、传输支路组成的信号流图，也可以是在上述电路图、模拟框图或信号流图的基础上，按照一定规则建立的用于描述系统特性的数学方程。这种数学方程也称为系统的数学模型。

如果系统只有单个输入和单个输出信号，则称为单输入单输出系统，如图 1-6-1 所示。如果含有多个输入、输出信号，就称为多输入多输出系统，如图 1-6-2 所示。

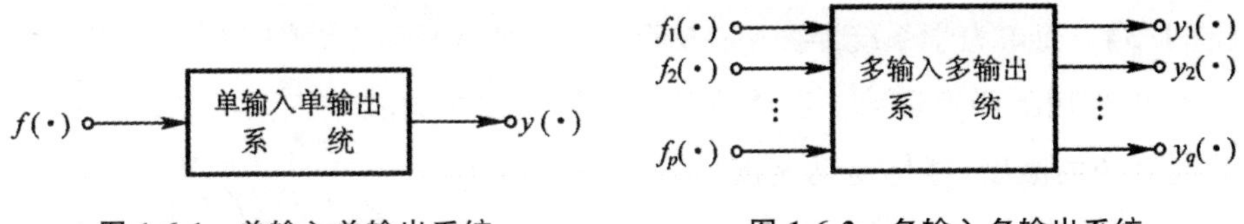

图 1-6-1　单输入单输出系统　　　　图 1-6-2　多输入多输出系统

对于一个给定系统，如果在任一时刻的输出信号仅取决于该时刻的输入信号，而与其他时刻的输入信号无关，就称之为即时系统或无记忆系统；否则，就称为动态系统或记忆系统。例如，只有电阻元件组成的系统是即时系统，包含有动态元件（如电容、电感、寄存器等）的系统是动态系统。

通常，把着眼于建立系统输入输出关系的系统模型称为输入输出模型或输入输出描述，相应的数学模型（描述方程）称为系统的输入输出方程。把着眼于建立系统输入、输出与内部状态变量之间关系的系统模型称为状态空间模型或状态空间描述，相应的数学模型称为系统的状态空间方程。

二、系统的输入输出描述

如果系统的输入、输出信号都是连续时间信号，则称之为连续时间系统，简称为连续系统。如果系统的输入、输出信号都是离散时间信号，就称为离散时间系统，简称离散系统。由两者混合组成的系统称为混合系统。

1. 系统的初始观察时刻

在系统分析中，将经常用到“初始观察时刻 t_0”或“初始时刻 t_0”一词，它包括两个含义。含义之一是以 t_0 时刻为界，可将系统输入信号 $f(t)$ 区分为 $f_1(t)$ 和 $f_2(t)$ 两部分，即

$$f(t)=f_1(t)+f_2(t) \tag{1-62}$$

式中

$$f_1(t)=\begin{cases} f(t) & t<t_0 \\ 0 & t\geqslant t_0 \end{cases}$$

$$f_2(t)=\begin{cases} 0 & t<t_0 \\ f(t) & t\geqslant t_0 \end{cases}$$

通常，将 $f_1(t)$ 称为历史输入信号，简称历史输入。将 $f_2(t)$ 称为当前输入信号，在不致发生混淆的前提下也可简称为输入或激励。含义之二是表示人们仅关心系统在 $t\geqslant t_0$ 时的响应，而对 t_0 时刻以前系统的响应不感兴趣，或者说在输入信号作用下，人们从 t_0 时刻开始观察系统的响应。

2. 连续系统输入输出方程

先考察两个实际系统。

【例题 1.3】 简单力学系统如图 1-6-3 所示。在光滑平面上，质量为 m 的钢性球体在水平外力 $f(t)$ 的作用下产生运动。设球体与平面间的摩擦力及空气阻力忽略不计。将外力 $f(t)$ 看作是系统的激励，球体运动速度 $v(t)$ 看作是系统的响应。根据牛顿第二定律，有

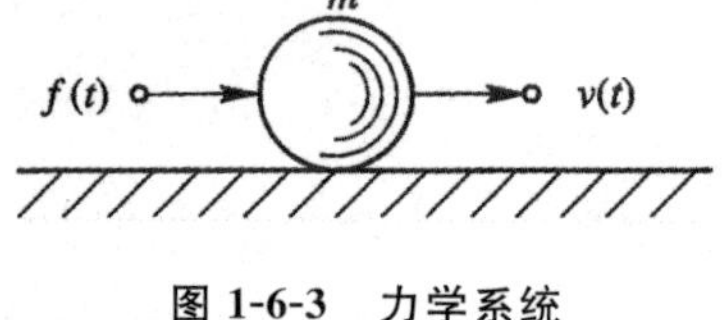

图 1-6-3　力学系统

$$f(t) = ma(t) = m\frac{\mathrm{d}v(t)}{\mathrm{d}t} = mv'(t)$$

或者写成

$$v'(t) = \frac{1}{m}f(t) \tag{1-63}$$

可见，描述该力学系统输入输出关系的数学模型，即输入输出方程是一阶常系数微分方程。设初始观察时刻 $t_0=0$，求解时，除给定 $t\geqslant 0$ 时的 $f(t)$ 外，还需知道初始条件 $v(0)$，即初始观察时刻球体的初始速度。

【例题 1.4】 图 1-6-4 是一个电路系统。其中，电压源 $u_{s1}(t)$ 和 $u_{s2}(t)$ 是电路的激励。若设电感中电流 $i_L(t)$ 为电路响应，则由基尔霍夫定律列出节点 a 的支路电流方程为

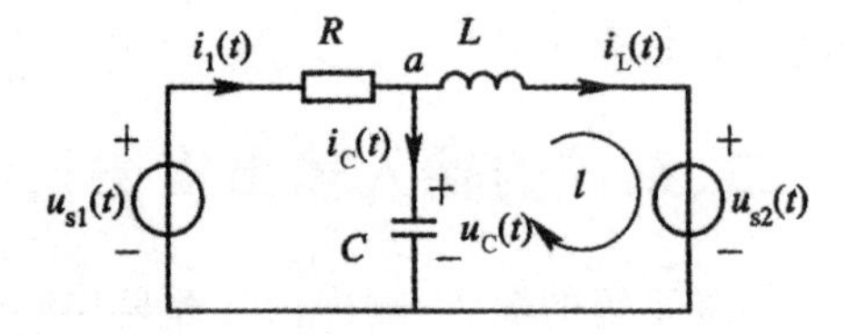

图 1-6-4　电路系统

$$i_L(t)=i_1(t)-i_C(t) \tag{1-64}$$

考虑以下电流电压关系：

$$\begin{aligned} i_1(t) &= \frac{u_{s1}(t)-u_C(t)}{R} \\ &= \frac{1}{R}[u_{s1}(t)-Li'_L(t)-u_{s2}(t)]' \\ &= LCi''_L(t)+Cu'_{s2}(t) \end{aligned}$$

将 $i_1(t)$ 和 $i_C(t)$ 代入式(1-64)，经整理后可得

$$i''_L(t)+\frac{1}{RC}i'_L(t)+\frac{1}{LC}i_L(t)=\frac{1}{RLC}[u_{s1}(t)-u_{s2}(t)]-\frac{1}{L}u'_{s2}(t) \tag{1-65}$$

系统输入输出方程是二阶常系数微分方程，给定激励 $u_{s1}(t)$、$u_{s2}(t)$ 和初始条件 $i_L(0)$、$i_L(0)$ 后，就能求解此微分方程，得到 $t\geqslant 0$ 时的电感电流 $i_L(t)$。

如果描述连续系统输入输出关系的数学模型是 n 阶微分方程，就称该系统为 n 阶连续系统。当系统的数学模型为 n 阶线性常系数微分方程时，写成一般形式有

$$\sum_{i=0}^{n}a_i y^{(i)}(t) = \sum_{j=0}^{m} b_j f^{(j)}(t) \tag{1-66}$$

式中，$f(t)$ 是系统的激励，$y(t)$ 为系统的响应，$a_n = 1$。方程中 $f^{(j)}(t) = \frac{\mathrm{d}^j}{\mathrm{d}t^j}f(t)$，$y^{(j)}(t) = \frac{\mathrm{d}^i}{\mathrm{d}t^i}y(t)$。若要求解 n 阶微分方程,还需要给定 n 个独立初始条件 $y(0)$，$y'(0)$，…，$y^{(n-1)}(0)$。

3. 离散系统输入输出方程

描述离散系统输入输出关系的数学模型,即系统的输入输出方程是差分方程。

【例题 1.5】 考察一个银行存款本息总额的计算问题。储户每月定期在银行存款。设第 k 个月的存款额是 $f(k)$，银行支付月息利率为 β，每月利息按复利结算,试计算储户在 k 个月后的本息总额 $y(k)$。

解:显然,k 个月后储户的本息总额 $y(k)$ 应该包括如下三部分款项:①前面 $k-1$ 个月的本息总额 $y(k-1)$；② $y(k-1)$ 的月息 $\beta y(k-1)$；③第 k 个月存入的款额 $f(k)$。于是有

$$y(k) = y(k-1) + \beta y(k-1) + f(k) = (1+\beta)y(k-1) + f(k)$$

即

$$y(k) - (1+\beta)y(k-1) = f(k) \tag{1-67}$$

从系统观点理解,如果将上述本息总额计算过程看成一个银行存款本息结算系统,储户每月存款额 $f(k)$ 作为系统的输入,本息总额 $y(k)$ 作为系统的输出,那么,该系统属离散系统,式(1-67)就是系统的输入输出方程。这种由已知的输入序列项和未知的输出序列项组成的方程称为差分方程。方程中,未知序列项变量最高序号与最低序号的差数,称为差分方程的阶数。由此可见,式(1-67)是一阶差分方程。该方程是未知序列项的一次式,其系数均为常数,故称该方程为一阶线性常系数差分方程。求解差分方程也需给定初始条件,若设储户存款月份从 $k=1$ 开始,则其初始条件为 $y(0)$。

【例题 1.6】 某养兔场每对成熟异性兔子每月可繁殖一对新生兔(异性),隔一个月后新生兔便具有生育能力。若开始养兔场有 M 对异性新生兔,第 k 个月从外地收购 $f(k)$ 对异性新生兔,问 k 个月后养兔场的兔子对总数是多少?

解:设 k 个月后养兔场的兔子对总数为 $y(k)$。因为在第 k 个月,有 $y(k-2)$ 对兔子具有生育能力,它们由原来的 $y(k-2)$ 对变成 $2y(k-2)$ 对,其余的 $[y(k-1)-y(k-2)]$ 对兔子没有生育能力,再考虑外购新生兔 $f(k)$ 对,故第 k 个月月末的兔子对总数为

$$y(k) = 2y(k-2) + [y(k-1) - y(k-2)] + f(k)$$

即

$$y(k) - y(k-1) - y(k-2) = f(k) \tag{1-68}$$

这是描述养兔场兔子总数增长情况的数学模型。式(1-68)是二阶差分方程,求解时除已知 $f(k)$ 外,还应给定两个独立初始条件。本例中,若设初始观察时刻 $k_0=0$,则可选取

$y(-1)=M, y(-2)=0$ 作为差分方程初始条件。

与连续系统类似，由 n 阶差分方程描述的离散系统称为 n 阶离散系统。当系统的数学模型(即输入输出方程)为 n 阶线性常系数差分方程时，写成一般形式有

$$\sum_{i=0}^{N} a_i y(k-i)=\sum_{j=0}^{M} b_j f(k-j) \tag{1-69}$$

求解时需给定相应的 n 个独立初始条件。

三、系统的状态空间描述

我们已经知道了 n 阶系统的数学模型是 n 阶微分方程或 n 阶差分方程，这些方程直接描述了系统的输入输出关系。但在实际应用中，除了分析系统的输入输出关系外，还常常需要研究系统内部变量对系统特性或输出信号的影响。现在介绍另一种涉及系统内部状态变量的系统描述方法，即系统的状态空间描述。

"状态"是系统理论中的一个重要概念。n 阶系统在 t_k 时刻的状态是指该时刻系统必须具有的 n 个独立数据，这组数据结合 $[t_k, t]$ 期间的输入就能完全确定系统在 t 时刻相应的输出。

描述系统状态随时间变化的一组独立变量称为系统的状态变量。如果系统具有 n 个状态变量 $x_1(t), x_2(t), \cdots, x_n(t)$，则可将它们看成是矢量 $x(t)$ 的各个分量，称 $x(t)$ 为状态矢量，并记为

$$x(t)=\begin{bmatrix} x_1(t) \\ x_2(t) \\ \vdots \\ x_n(t) \end{bmatrix}=[\, x_1(t), x_2(t), \cdots, x_n(t)\,]^{\mathrm{T}} \tag{1-70}$$

【例题 1.7】 对于图 1-6-4 所示的二阶电路系统，由节点 a 写出的方程(为了简便，方程中略去了信号自变量 t)为

$$i_{\mathrm{C}}=C\dot{u}_{\mathrm{C}}=i_1-i_{\mathrm{L}}=\frac{u_{\mathrm{s1}}-u_{\mathrm{C}}}{R}-i_{\mathrm{L}} \tag{1-71}$$

对回路 l 写出 KVL 方程

$$u_{\mathrm{L}}=L\dot{i}_{\mathrm{L}}=u_{\mathrm{C}}-u_{\mathrm{s2}} \tag{1-72}$$

整理式(1-71)、式(1-72)，可得

$$\begin{cases} \dot{u}_{\mathrm{C}}=-\dfrac{1}{RC}u_{\mathrm{C}}-\dfrac{1}{C}i_{\mathrm{L}}+\dfrac{1}{RC}u_{\mathrm{s1}} \\ \dot{i}_{\mathrm{L}}=\dfrac{1}{L}u_{\mathrm{C}}-\dfrac{1}{L}u_{\mathrm{s2}} \end{cases} \tag{1-73}$$

这是关于 u_C 和 $\dot{i}_L$ 的一阶微分方程组。根据微分方程理论，如果知道电容电压和电感电

流在 $t=0$ 时刻的值 $u_C(0)$ 和 $i_L(0)$，就能求解式(1-73)得到 $t\geqslant 0$ 时的 $u_C(t)$ 和 $i_L(t)$。然后，结合系统的输入 u_{s1} 和u_{s2} 即可确定系统中的相应输出。例如，当选取 i_1 、u_L 和i_C 作为系统输出时，其表达式可写成

$$\begin{cases} i_1 = \dfrac{u_{s1}-u_C}{R} = -\dfrac{1}{R}u_C + \dfrac{1}{R}u_{s1} \\ u_L = u_C - u_{s2} \\ i_C = i_1 - i_L = \dfrac{u_{s1}-u_C}{R} - i_L = \dfrac{1}{R}u_C - i_L + \dfrac{1}{R}u_{s1} \end{cases} \tag{1-74}$$

由上可见，按照状态变量定义，我们可以选择 $u_C(t)$和$i_L(t)$ 作为该电路系统的状态变量，即

$$x(t) = [u_C(t) i_L(t)]^T$$

式(1-73)表示状态变量一阶导数与状态变量和输入间的关系，称为系统的状态方程。求解此方程，需要知道状态变量的初始条件，通常称状态变量 $x(t)$ 在初始观察时刻 $t=0$ 时的值 $x(0)$为系统的初始状态。考虑到在输入信号作用下，状态变量值在 $t=0$ 处可能发生跳变或出现冲激信号，为此，分别考察初始时刻前一瞬间 $t=0^-$ 和后一瞬间 $t=0^+$ 时的情况，相应地称 $x(0^-)$和 $x(0^+)$为 0^- 初始状态和 0^+ 初始状态，也即系统在 0^- 和 0^+ 时刻的状态。0^- 时刻状态反映了历史输入信号对系统作用的效果，而 0^+ 时刻状态则体现了历史输入信号和 $t=0$ 时刻输入信号共同作用的效果。为了描述历史输入信号对响应的影响和贡献，求解状态方程时，一般采用 0^- 初始状态作为初始条件。在本书后续内容的讨论中，所谓系统的初始状态，若无特殊说明，也是指 0^- 初始状态。

式(1-74)体现了输出与状态变量和(当前)输入之间的关系，称为系统的输出方程。统称状态方程和输出方程为系统的状态空间方程。利用状态空间方程描述系统输出与输入和状态变量关系的方法称为状态空间描述。

由以上讨论可见，设初始观察时刻 $t_0=0$ 时，系统在 $t\geqslant 0$ 时的响应 $y(t)$ 是由历史输入和当前输入共同决定的，而 0^- 初始状态 $x(0^-)$反映了历史输入对系统的全部作用效果，因此，也可将响应 $y(t)$看成是由当前输入 $f(t)$ 和 0^- 初始状态 $x(0^-)$共同决定的，可以表示为

$$y(t) = T\{x(0^-), f(t)\} \quad t\geqslant 0 \tag{1-75}$$

式中，T 表示系统对 $f(t)$ 和 $x(0^-)$的传输和变换作用。

如果当前输入信号接入时，系统的 0^- 初始状态为零[$x_i(0^-)=0, i=1,2,\cdots,n$]，即系统在 0^- 时刻没有储能(有时称这种系统为松弛系统)，则系统的响应仅由当前输入信号确定。我们定义这时的响应为系统的零状态响应，记为 $y_{zs}(t)$，即

$$y_{zs}(t) \overset{\text{def}}{=\!=} T\{x(0^-)=0, f(t)\} \quad t\geqslant 0 \tag{1-76}$$

反之，如果系统没有接入当前输入信号，输出响应完全由 0^- 初始状态(或历史输入信

号）所引起，这时的响应称为系统的零输入响应，记为 $y_{zi}(t)$，即

$$y_{zi}(t) \overset{\text{def}}{=} T\{x(0^-)=0,\ f(t)=0\} \qquad t \geqslant 0 \tag{1-77}$$

关于离散系统的状态空间描述与连续系统类似。

四、系统的框图表示

系统的数学模型是系统特性的一种描述形式。系统框图是系统描述的另一种形式，它用若干基本运算单元的相互连接来反映系统变量之间的运算关系。基本运算单元用方框、圆圈等图形符号表示，它代表一个部件或子系统的某种运算功能，即该部件或子系统的输入输出关系。

数学模型或系统方程直接反映系统变量（输出与输入变量，或者输出与输入及状态变量）之间的关系，便于数学分析和计算。系统框图除反映变量关系外，还以图形方式直观地表示了各单元在系统中的地位和作用。两种描述形式可以相互转换，可以从系统方程画出系统框图，也可以由系统框图写出系统方程。表 1-6-1 中给出了常用基本运算单元的框图表示符号和输入输出关系。

表 1-6-1　常用的系统基本运算单元

名称	框图符号	输入输出关系
加法器	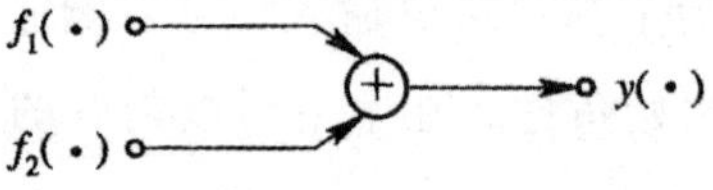 $f_1(\cdot)$, $f_2(\cdot)$ → ⊕ → $y(\cdot)$	$y(\cdot)=f_1(\cdot)+f_2(\cdot)$
数乘器	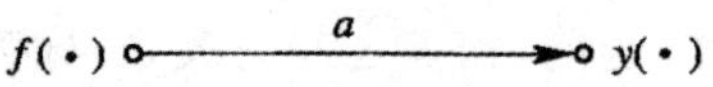 $f(\cdot)$ —a→ $y(\cdot)$	$y(\cdot)=af(\cdot)$
乘法器	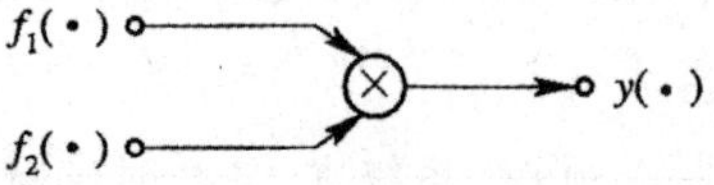 $f_1(\cdot)$, $f_2(\cdot)$ → ⊗ → $y(\cdot)$	$y(\cdot)=f_1(\cdot)f_2(\cdot)$
延时器	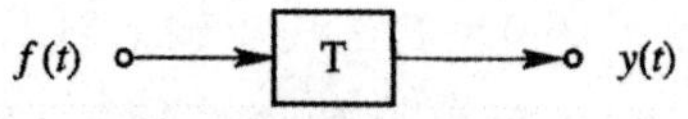 $f(t)$ → T → $y(t)$	$y(t)=f(t-T)$
积分器	 $f(t)$ → ∫ → $y(t)$	$y(t)=\int_{-\infty}^{t} f(\tau)\mathrm{d}\tau$
移位器	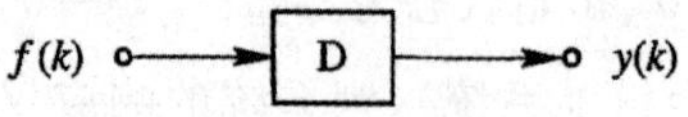 $f(k)$ → D → $y(k)$	$y(k)=f(k-1)$

【例题 1.7】 某连续系统的输入输出方程为

$$y''(t)+a_1y'(t)+a_0y(t)=f(t) \tag{1-78}$$

试画出该系统的框图表示。

解:将输入输出方程改写为

$$y''(t) = f(t) - a_1 y'(t) - a_0 y(t) \tag{1-79}$$

由于系统是二阶的,故在系统框图中应有两个积分器。假定我们以 $y''(t)$ 作为起始信号,它经过两个积分器后分别得到 $y'(t)$ 和 $y(t)$ 。根据式(1-79),将信号 $y(t)$、$y'(t)$ 分别数乘 $-a_0$ 和 $-a_1$ 后与 $f(t)$ 一起作为加法器的输入信号,其输出即为起始信号 $y''(t)$ 。上述过程可以用两个积分器、两个数乘器和一个加法器连接成如图 1-6-5 所示的结构来模拟,它就是式(1-78)系统的框图表示。

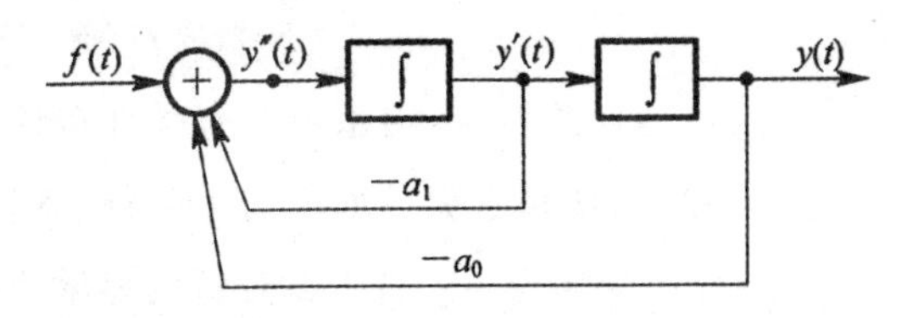

图 1-6-5　式(1-78)的系统框图

第七节　系统的特性和分类

本节介绍系统在信号传输、变换和处理过程中具有的一些基本特性。应用这些特性,除可以为系统分类和解决某些具体信号通过系统的分析问题提供方便外,更重要的是可以为推导一般系统分析方法提供基本的理论依据。

一、线性特性

系统的基本作用是将输入信号(激励)经过传输、变换或处理后,在系统的输出端得到满足要求的输出信号(响应)。这一过程可表示为

$$f(\cdot) \to y(\cdot)$$

式中,$y(\cdot)$表示系统在激励 $f(\cdot)$单独作用时产生的响应。信号变量用圆点标记,代表连续时间变量 t 或离散序号变量 k。

如果系统的激励 $f(\cdot)$数乘 α(为任意常数),其响应 $y(\cdot)$也数乘 α,就称该系统具有齐次性。这一特性也可表述为

若
$$f(\cdot) \to y(\cdot)$$
且
$$\alpha f(\cdot) \to \alpha y(\cdot) \tag{1-80}$$
则系统具有齐次性。

如果任意两个激励共同作用时,系统的响应均等于每个激励单独作用时所产生的响应之和,就称系统具有可加性。或表述为

若
$$f_1(\cdot) \to y_1(\cdot) \to f_2(\cdot) \to y_2(\cdot)$$
且
$$\{f_1(\cdot), f_2(\cdot)\} \to y_1(\cdot) + y_2(\cdot) \tag{1-81}$$
则系统具有可加性。式中,$\{f_1(\cdot), f_2(\cdot)\}$表示两个激励 $f_1(\cdot)$、$f_2(\cdot)$共同作用于系统。

如果系统同时具有齐次性和可加性，就称系统具有线性特性。或表述为

若 $$f_1(\cdot)\rightarrow y_1(\cdot),f_2(\cdot)\rightarrow y_2(\cdot)$$

且 $$\{\alpha_1 f_1(\cdot),\alpha_2 f_2(\cdot)\}\rightarrow\alpha_1 y_1(\cdot)+\alpha_2 y_2(\cdot) \tag{1-82}$$

式中，α_1、α_2 为任意常数，则系统具有线性特性，表示系统响应与激励之间满足线性关系。

一个系统，如果它满足如下三个条件，则称之为线性系统，否则称为非线性系统。

条件 1 全响应 $y(\cdot)$可以分解为零输入响应 $y_{zi}(\cdot)$和零状态响应 $y_{zs}(\cdot)$之和，即

$$y(\cdot)=y_{zi}(\cdot)+y_{zs}(\cdot)$$

这一结论称为系统响应的可分解性，简称分解性。

条件 2 零输入线性，即零输入响应 $y_{zi}(\cdot)$与初始状态 $x(0^-)$或 $x(0)$之间满足线性特性。

条件 3 零状态线性，即零状态响应 $y_{zs}(\cdot)$与激励 $f(\cdot)$之间满足线性特性。

二、时不变特性

结构组成和元件参数不随时间变化的系统，称为时不变系统，否则称为时变系统。

一个时不变系统，由于组成和参数不随时间变化，故系统的输入输出关系也不会随时间变化。如果激励 $f(\cdot)$作用于系统产生的零状态响应为 $y_{zs}(\cdot)$，那么，当激励延迟 t_d(或k_d)接入时，其零状态响应也延迟相同的时间，且响应的波形保持相同。也就是说，一个时不变系统，若

$$f(\cdot)\rightarrow y_{zs}(\cdot)$$

则对连续系统有

$$f(t-t_d)\rightarrow y_{zs}(t-t_d)$$

对离散系统有

$$f(k-k_d)\rightarrow y_{zs}(k-k_d)$$

系统的这种性质称为时不变特性。连续系统时不变特性的示意性说明如图 1-7-1 所示。

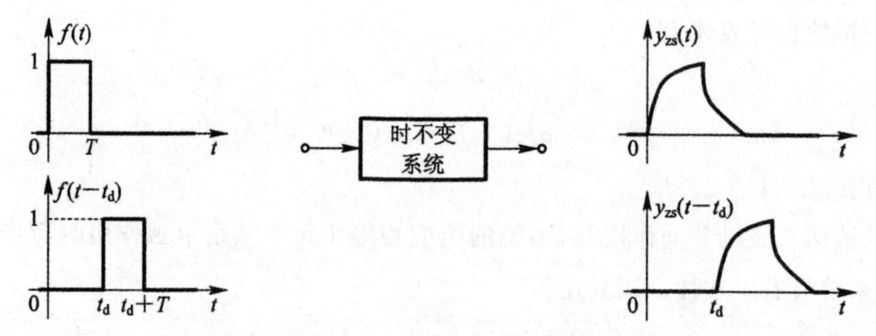

图 1-7-1 系统的时不变特性

描述线性时不变系统的输入输出方程是线性常系数微分(差分)方程，描述线性时变系

统的输入输出方程是线性变系数微分(差分)方程。对于非线性系统,也可以区分为时不变和时变两类,相应的输入输出方程分别是非线性常系数微分(差分)方程和非线性变系数微分(差分)方程。本书仅讨论线性时不变(Linear Time Invariant)系统,简称 LTI 系统。

三、因果性

如果把系统激励看成是引起响应的原因,响应看成是激励作用于系统的结果,那么,我们还可以从因果关系方面来研究系统的特性。

一个系统,如果激励在 $t<t_0$(或 $k<k_0$)时为零,相应的零状态响应在 $t<t_0$(或 $k<k_0$)时也恒为零,就称该系统具有因果性,并称这样的系统为因果系统;否则,为非因果系统。

在因果系统中,原因决定结果,结果不会出现在原因作用之前。因此,系统在任一时刻的响应只与该时刻以及该时刻以前的激励有关,而与该时刻以后的激励无关。所谓激励,可以是当前输入,也可以是历史输入或等效的初始状态。由于因果系统没有预测未来,在信号与系统分析中,常以 $t=0$ 作为初始观察时刻,在当前输入信号作用下,因果系统的零状态响应只能出现在 $t\geqslant 0$ 的时间区间上,故常常把定义在 $t\geqslant 0$ 区间上的信号称为因果信号,而把定义在 $t<0$ 区间上的信号称为反因果信号。类似地,分别称定义在 $k\geqslant 0$ 和 $k<0$ 区间上的序列为因果序列和反因果序列。

四、稳定性

一个系统,如果它对任何有界的激励 $f(\cdot)$所产生的零状态响应 $y_{zs}(\cdot)$亦有界,就称该系统为有界输入/有界输出稳定,有时也称系统是零状态稳定的。

一个系统,如果它的零输入响应 $y_{zi}(\cdot)$随变量 t(或 k)增大而无限增大,就称该系统为零输入不稳定的;若 $y_{zi}(\cdot)$总是有界的,则称系统是临界稳定的;若 $y_{zi}(\cdot)$随变量 t(或 k)增大而衰减为零,则称系统是渐近稳定的。

五、系统的分类

综上所述,我们可以从不同角度对系统进行分类。例如,按系统工作时信号呈现的规律,可将系统分为确定性系统与随机性系统;按信号变量的特性分为连续(时间)系统与离散(时间)系统;按输入、输出的数目分为单输入单输出系统与多输入多输出系统;按系统的不同特性分为瞬时与动态系统、线性与非线性系统、时变与时不变系统、因果与非因果系统、稳定与非稳定系统等。

第八节 信号与系统的分析方法

信号与系统是为完成某一特定功能而相互作用、不可分割的统一整体。为了有效地应用系统传输和处理信息,就必须对信号、系统自身的特性以及信号特性与系统特性之间的相互匹配等问题进行深入研究。本节概要介绍信号与系统的分析方法,以便读者对信号与系统的分析思想和方法有一初步了解。

信号分析研究信号的描述、运算和特性。信号包括确定信号和随机信号。确定信号分析的核心内容是信号分解,即将一般复杂信号分解为众多基本信号单元的线性组合。常用基本信号有冲激信号、虚指数信号、复指数信号等,这些信号的共同特点是形式规范、实现容易,作用于系统后的输出响应计算简便。本课程将通过研究分解后基本信号单元在时域、变换域的分布规律,揭示原确定信号的时域特性或变换域特性。

系统分析的主要任务是建立系统模型和描述方程,并在给定激励条件下求解系统的输出响应。鉴于实际应用中大部分属于 LTI 系统,而且许多线性时变系统或非线性系统在一定条件下也可近似看成 LTI 系统,因此,本课程主要研究 LTI 系统的分析问题。

1. 建立系统模型和描述方程

确定信号通过 LTI 系统时,采用的输入输出模型侧重于系统的外部特性,直接建立描述系统输入与输出变量之间函数关系的输入输出方程。这种模型适用于 LTI 单输入单输出系统分析。另一种状态空间模型侧重于系统的内部特性,建立的状态空间方程描述外部输入、输出变量及内部状态变量之间的函数关系。这种模型除适用于 LTI 单输入单输出系统分析外,也可推广用于非线性、时变、多输入多输出系统分析。状态空间方程形式规范,特别适合于计算机辅助计算和分析。

2. 求解 LTI 系统输出响应

本书强调系统解法,削弱经典解法。系统解法采用统一观点和方法求解确定信号激励下系统的输出响应,步骤如下:

(1)求解零输入响应算子方程,计算系统的零输入响应 $y_{zi}(\cdot)$。

(2)应用统一格式导出零状态响应 $y_{zs}(\cdot)$的时域和变换域计算公式。

如图 1-8-1 所示,推导零状态响应计算公式的三个步骤如下:

①将输入 $f(\cdot)$分解为基本信号单元 $B_i(\cdot)$的线性组合。

②计算基本信号 $B(\cdot)$激励下系统的零状态响应 $y_B(\cdot)$。应用系统的线性、时不变性质,求出各个基本信号单元 $B_i(\cdot)$激励下系统的零状态响应分量 $y_{zsi}(\cdot)$。

③将全部响应分量叠加求得系统在 $f(\cdot)$激励下的零状态响应 $y_{zs}(\cdot)$。

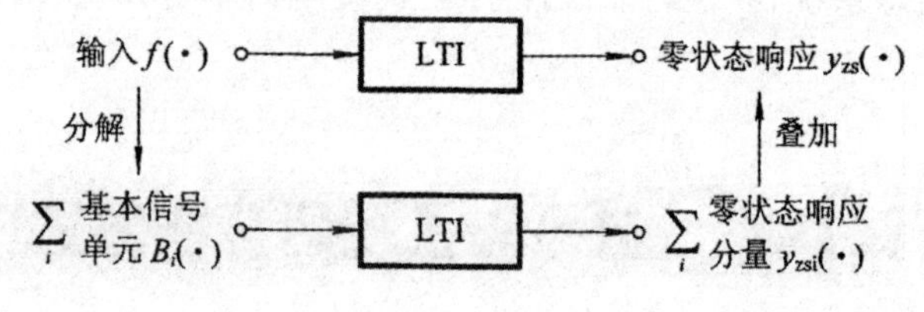

图 1-8-1 $y_{zs}(\cdot)$计算公式推导格式

(3)将零输入响应和零状态响应叠加，求得全响应，即

$$y(\cdot)=y_{zi}(\cdot)+y_{zs}(\cdot)$$

以连续信号通过 LTI 系统为例，表 1-8-1 中列出了系统输出响应的三种常用分析方法，即时域法、频域法和 S 域法，后两种方法也统称为变换域法。表 1-8-1 表明，由于零输入响应方程是齐次微分方程，计算相对容易，一般直接应用时域法，由方程特征根及初始条件求得系统零输入响应。关于零状态响应，无论是时域法、频域法还是 S 域法，按照“统一格式”，计算公式推导过程完全相同，只是采用的基本信号有所不同而已。

表 1-8-1　连续系统输出响应分析法

<table>
<tr><th colspan="2">方法 / 响应</th><th>时域法</th><th>频域法</th><th>S 域法</th></tr>
<tr><td colspan="2">零输入响应 $y_{zi}(t)$</td><td colspan="3">应用时域法直接由零输入响应算子方程，结合方程特征根及初始条件计算求得 $y_{zi}(t)$</td></tr>
<tr><td rowspan="4">零状态响应 $y_{zs}(t)$</td><td>基本信号</td><td>$\delta(t)$</td><td>$e^{j\omega t}$</td><td>e^{st}</td></tr>
<tr><td>分解公式</td><td>$f(t)=\int_{-\infty}^{\infty} f(\tau)\delta(t-\tau)d\tau$</td><td>$f(t)=\frac{1}{2\pi}\int_{-\infty}^{\infty} F(j\omega)e^{j\omega t}d\omega$</td><td>$f(t)=\frac{1}{2\pi j}\int_{\sigma-j\infty}^{\sigma+j\infty} F(s)e^{st}ds$</td></tr>
<tr><td>基本信号激励下零状态响应</td><td>$h(t)*\delta(t)$</td><td>$H(j\omega)\cdot e^{j\omega t}$</td><td>$H(s)\cdot e^{st}$</td></tr>
<tr><td>一般信号激励下零状态响应</td><td>$y_{zs}(t)=h(t)*f(t)$</td><td>$Y_{zs}(j\omega)=H(j\omega)\cdot F(j\omega)$
$y_{zs}(t)=F^{-1}[Y_{zs}(j\omega)]$</td><td>$Y_{zs}(s)=H(s)\cdot F(s)$
$y_{zs}(t)=L^{-1}[Y_{zs}(s)]$</td></tr>
<tr><td colspan="2">全响应 $y(t)$</td><td colspan="3">$y(t)=y_{zi}(t)+y_{zs}(t)$</td></tr>
</table>

实际计算时，时域法要求进行卷积运算。变换域法通过积分变换，将原来时域中微分方程求解问题转换成变换域中代数方程的求解问题，从而大大简化了分析过程。最后，将零输入响应与零状态响应叠加就是系统的全响应。

一般而言，以人工方式分析系统时，分别采用时域法计算系统的零输入响应，用变换域法计算零状态响应，然后两者叠加求得系统全响应，这样分析系统是比较简便、实用和有效的。由于分析过程同时使用时域法和变换域法，因此，这种方法称为系统的混合分析法，简称混合法。

综上所述，确定信号与 LTI 系统分析的理论基础是信号的分解特性和系统的线性、时不变特性。实现系统分析的统一观点和方法是：由时域法计算零输入响应；输入激励可以分解为众多基本信号单元的线性组合。系统零状态响应是系统对各基本信号单元分别作用时相应响应的叠加。不同的信号分解方式将导致不同的零状态响应计算方法；系统零输入响应和零状态响应的叠加是系统的全响应。在统一观点下，传统的数学变换工具被赋予明确的物理意义。同时表明，无论是连续系统还是离散系统的变换域分析法在本质上也都属于“时域”的分析方法。各种不同的零状态响应计算方法都是在使用某种基本信号进行信号分解的条件下导出的合乎逻辑的必然结果。

根据信号与系统的不同分析方法，全书内容按照先确定信号通过线性系统，后随机信号

通过线性系统；先输入输出分析，后状态空间分析；先连续系统分析，后离散系统分析；先时域分析，后变换域分析；先信号分析，后系统分析的方式依次展开讨论。作为本课程的主体内容，连续信号、系统分析理论与离散信号、系统分析理论之间，既保持体系上的相对独立，又体现了内容上的并行特点。本书希望在全面系统地介绍“信号与系统”课程理论体系的同时，能够进一步揭示出各种分析方法之间的内在联系和本质上的统一性。

【练习思考题】

1.1　绘出下列信号的波形图：

(1) $f_1(t)=(3-2e^t)\varepsilon(t)$　　(2) $f_2(t)=(e^t-e^{3t})\varepsilon(t)$

(3) $f_3(t)=e^{|t|}\varepsilon(-t)$　　(4) $f_4(t)=\cos\pi t[\varepsilon(t-1)-\varepsilon(t-2)]$

(5) $f_5(t)=e^{-t}\varepsilon(\cos t)$

(6) $f_6(t)=\left(1-\frac{|t|}{2}\right)[\varepsilon(t+2)-\varepsilon(t-2)]$

(7) $f_7(t)=3\varepsilon(t+1)-\varepsilon(t)-3\varepsilon(t-1)+\varepsilon(t-2)$

(8) $f_8(t)=e^{-t+1}\varepsilon(t-1)$

(9) $f_9(t)=\cos\pi t[\varepsilon(3-t)-\varepsilon(-t)]$

(10) $f_{10}(t)=r(t)-r(t-1)-r(t-2)+r(t-3)$，式中 $r(t)=t\varepsilon(t)$

1.2　试写出题图 1-1 各信号的解析表达式。

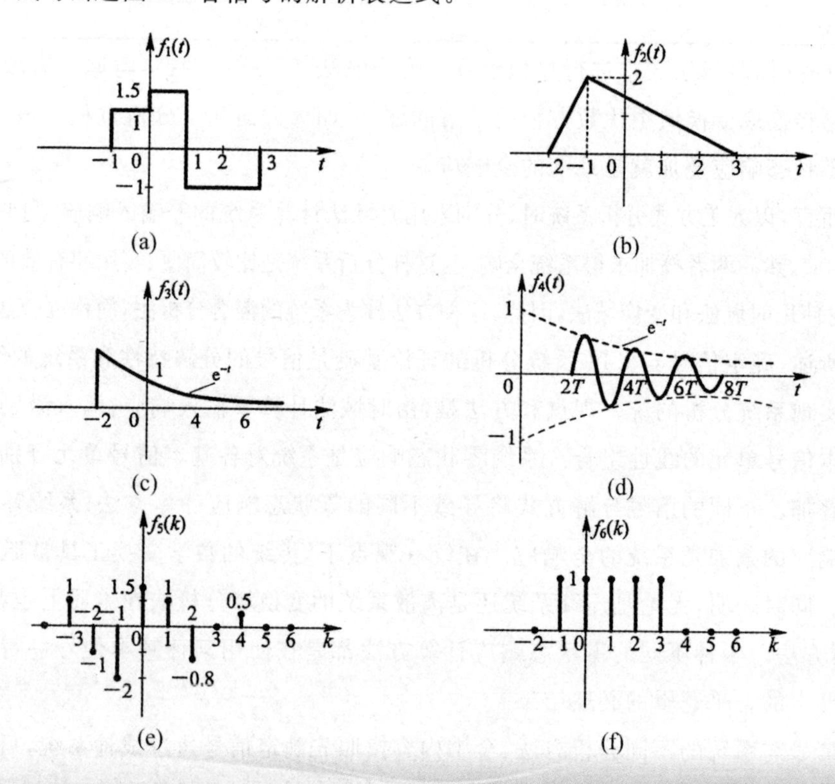

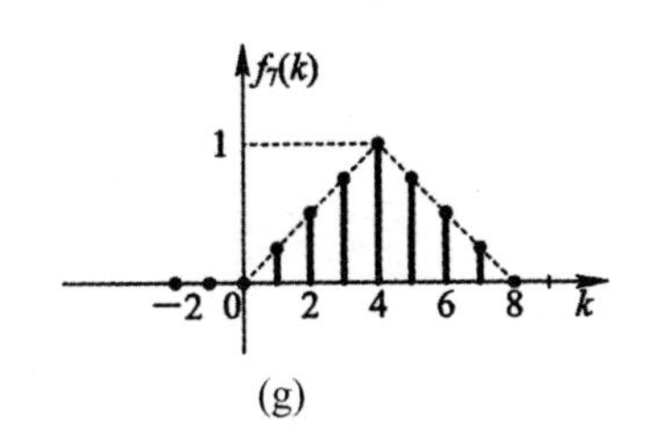

(g)

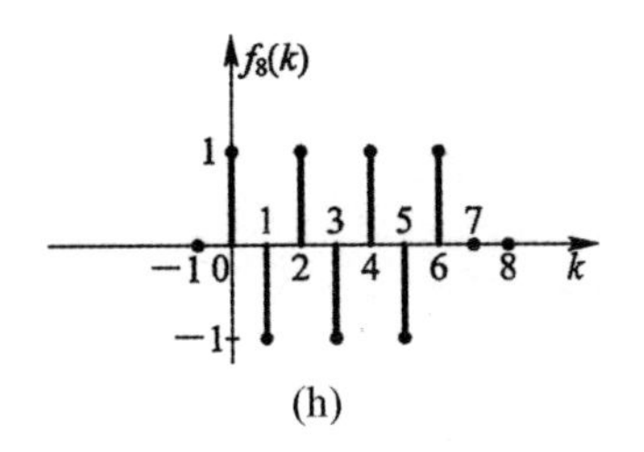

(h)

题图 1-1

1.3 已知连续时间信号 $x(t)$ 和 $y(t)$ 分别如图 1-2(a)、(b)所示，试画出下列各信号的波形图：

(1) $x(t-2)$　　(2) $x(t-1)\varepsilon(t)$

(3) $x(2-t)$　　(4) $x(2t+2)$

(5) $y(t+2)$　　(6) $y(t+1)\varepsilon(-t)$

(7) $y(-2-t)$　　(8) $y(\frac{t}{2}-1)$

(9) $x(t)+y(t)$　　(10) $x(t+1)\cdot y(t-1)$

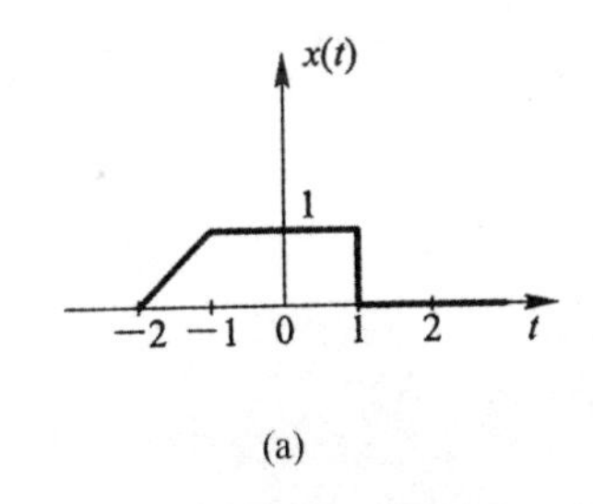

(a)

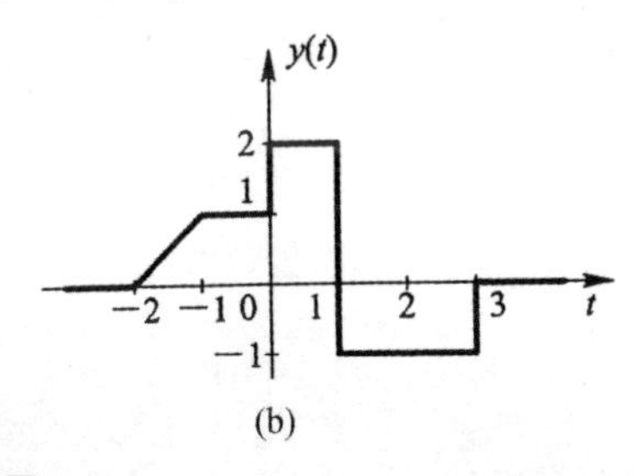

(b)

题图 1-2

1.4 已知信号 $x(t)$、$y(t)$ 的波形如题图 1-1 所示，分别画出 $\frac{\mathrm{d}x(t)}{\mathrm{d}t}$ 和 $\frac{\mathrm{d}y(t)}{\mathrm{d}t}$ 的波形。

1.5 如题图 1-3 所示电路，输入为 $i_s(t)$，分别写出以 $i(t)$、$u(t)$ 为输出时电路的输入输出方程。

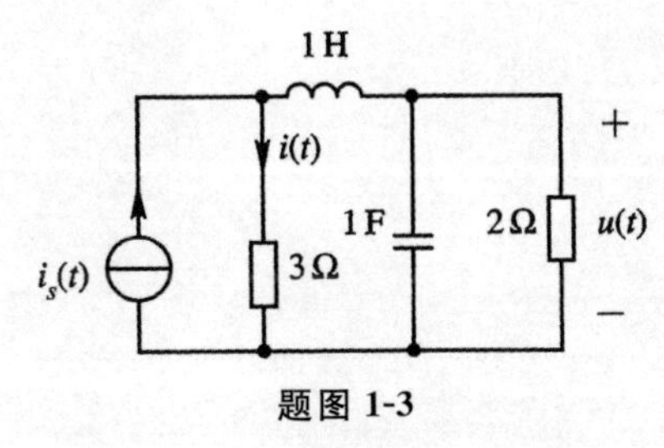

题图 1-3

第二章　连续信号与系统的时域分析

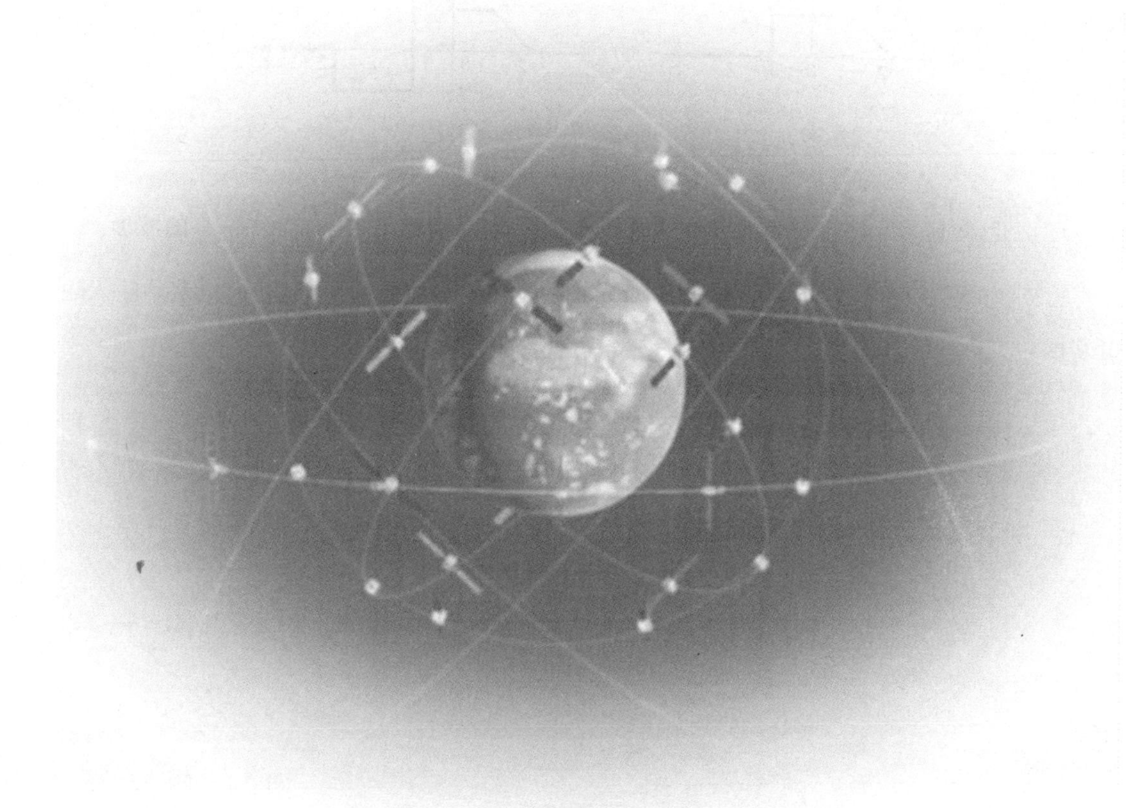

信号与系统分析的基本任务是在给定系统和输入的条件下，求解系统的输出响应。连续信号与系统的时域分析是指信号与系统的整个分析过程都在连续时间域内进行，即所涉及的各类函数，均以连续时间 t 作为自变量的一种分析方法。自 20 世纪 60 年代以来，随着状态变量概念的引入、现代系统理论的确立以及计算技术的不断进步，时域分析法正在许多领域获得越来越广泛的应用。

本章首先介绍几种常用的连续时间基本信号，然后围绕连续信号与系统的时域分析问题，分别讨论信号的卷积积分运算，连续信号的时域分解以及 LTI 连续系统响应的计算。系统的输入输出方程采用算子形式表示，使时域分析从系统描述到分析过程都与后面几章讨论的变换域分析相一致，从而形成规范统一的信号与系统的分析方法。

第一节　连续时间基本信号

前面已经指出，一个复杂的信号，可以把它看成是一系列基本信号单元的线性组合。在以后的讨论中，我们将看到各种不同基本信号在信号的分解或合成以及系统特性描述和系统响应计算方面都有十分重要的应用。

下面介绍常用的连续时间基本信号，包括奇异信号、正弦信号和指数信号。

一、奇异信号

我们已经知道 $\delta(t)$ 的积分是 $\varepsilon(t)$，容易证明 $\delta(t)$ 的 n 次积分为

$$\delta^{(-n)}(t)=\underbrace{\int_{-\infty}^{t}\cdots\int_{-\infty}^{t}}_{n}\delta(x)\underbrace{\mathrm{d}x\cdots\mathrm{d}x}_{n}=\frac{t^{n-1}}{(n-1)!}\varepsilon(t)$$

结合考虑 δ 函数的微分运算，可以得到以下系列函数：

$$\cdots,\ \frac{t^{n-1}}{(n-1)!}\varepsilon(t)\ ,\cdots,\ \frac{t^2}{2}\varepsilon(t)\ ,\ t\varepsilon(t)\ ,\ \varepsilon(t)\ ,\ \delta(t),\ \frac{\mathrm{d}\delta(t)}{\mathrm{d}t}\ ,\ \frac{\mathrm{d}^2\delta(t)}{\mathrm{d}t^2}\ ,\cdots,\ \frac{\mathrm{d}^n\delta(t)}{\mathrm{d}t^n}\ ,\cdots$$

或者表示为

$$\cdots,\ \delta^{(-n)}(t)\ ,\cdots,\ \delta^{(-2)}(t)\ ,\ \delta^{(-1)}(t)\ ,\ \delta(t),\delta^{(1)}(t)\ ,\ \delta^{(2)}(t)\ ,\ \delta^{(n)}(t)\ ,\cdots$$

它是由 $\delta(t)$ 及其各次积分和各阶导数组成的一组函数族。自左至右，每一项都是前一项的导数，或者每一项都是后一项的积分。这些函数或其高阶导数会含有一个或多个间断点，且这些间断点上的导数值难以采用常规方法确定。故将这类函数统称为奇异函数或奇异信号。在连续信号与系统的时域分析中，$\delta(t)$ 和 $\delta^{(-1)}(t)=\varepsilon(t)$ 是经常使用的两种基本信号。

二、正弦信号

随连续时间 t 按正弦规律变化的信号称为连续时间正弦信号，简称正弦信号。数学上，

正弦信号可用时间的 sin 函数或 cos 函数表示，本书统一采用 cos 函数。

正弦信号的一般形式表示为

$$f(t)=A\cos(\omega t+\varphi) \tag{2-1}$$

式中，A、ω 和 φ 分别为正弦信号的振幅、角频率和初相。正弦信号波形如图 2-1-1 所示。

正弦信号是周期信号，其周期 T、频率 f 和角频率 ω 之间的关系为

$$T=\frac{2\pi}{\omega}=\frac{1}{f} \tag{2-2}$$

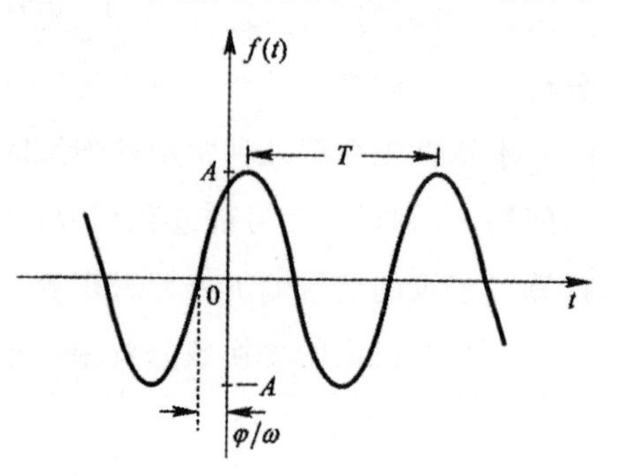

图 2-1-1　正弦信号

连续时间正弦信号是物理学中简谐振荡运动的数学描述。例如，振动物体在弹性媒质中形成的机械波，振动电荷或电荷系在周围空间产生的电磁波，还有声波、光波等物理现象，在一定条件下都可用正弦信号描述。

根据欧拉公式，式(2-1)可写成

$$f(t)=A\cos(\omega t+\varphi)=\frac{A}{2}\left[\mathrm{e}^{j(\omega t+\varphi)}+\mathrm{e}^{-j(\omega t+\varphi)}\right] \tag{2-3}$$

即一个正弦信号可以表示为两个相同周期和异号频率的虚指数信号的加权和。注意式中出现的负(角)频率实际上是不存在的，这里仅仅是一种数学表示。

正弦信号或虚指数信号作为一种基本信号用于连续信号与系统的频域分析。

三、指数信号

连续时间指数信号，简称指数信号，其一般形式为

$$f(t)=A\mathrm{e}^{st} \tag{2-4}$$

根据式中 A 和 s 的不同取值，具体有下面三种。

(1)若 $A=a$ 和 $s=\sigma$ 均为实常数，则 $f(t)$ 为实指数信号，即

$$f(t)=A\mathrm{e}^{st}=a\mathrm{e}^{st} \tag{2-5}$$

其波形如图 2-1-2 所示。当 $\sigma>0$ 时，$f(t)$ 随时间增大按指数增长；当 $\sigma<0$ 时，$f(t)$ 随时间增大按指数衰减；当 $\sigma=0$ 时，$f(t)$ 等于常数 a。

(2)若 $A=1$，$s=j\omega$，则 $f(t)$ 为虚指数信号，即

$$f(t)=A\mathrm{e}^{st}=\mathrm{e}^{j\omega t} \tag{2-6}$$

根据欧拉公式，虚指数信号可以表示为

$$\mathrm{e}^{j\omega t}=\cos\omega t+j\sin\omega t$$

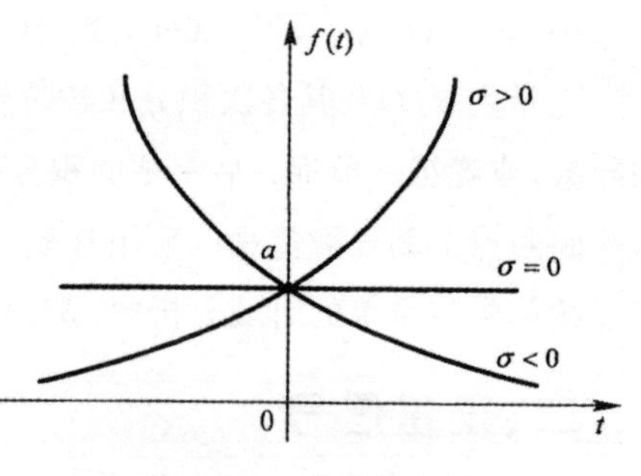

图 2-1-2　实指数信号

表明 $e^{j\omega t}$ 的实部和虚部都是角频率的叫正弦振荡。显然，$e^{j\omega t}$ 也是周期信号，其周期$T=\frac{2\pi}{|\omega|}$。

(3)当 A 和 s 均为复数时，$f(t)$为复指数信号。若设

$$A = |A| e^{j\varphi}$$

$$s = \sigma + j\omega$$

则 $f(t)$可表示为

$$f(t) = Ae^{st} = |A| e^{j\varphi} \cdot e^{(\sigma+j\omega)t} = |A| e^{\sigma t} \cdot e^{j(\omega t+\varphi)}$$

$$= |A| e^{\sigma t}[\cos(\omega t + \varphi) + j\sin(\omega t + \varphi)] \tag{2-7}$$

可见，复指数信号 $f(t)$的实部和虚部都是振幅按指数规律变化的正弦振荡。如图 2-1-3 所示，当 $\sigma > 0$($\sigma < 0$)时，$f(t)$的实部和虚部都是振幅按指数增长(衰减)的正弦振荡；当 $\sigma = 0$ 时，则 $f(t)$的实部和虚部都是等幅的正弦振荡。

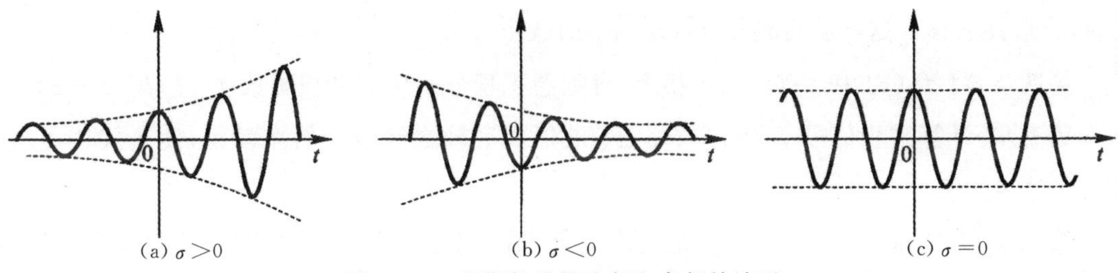

(a) $\sigma>0$　　(b) $\sigma<0$　　(c) $\sigma=0$

图 2-1-3　复指数信号实部和虚部的波形

通常，称复指数信号 Ae^{st} 中的 s 为复频率，s 在复平面中的不同位置，反映了指数信号在时域中的不同变化规律。

复指数信号 e^{st} 是连续信号与系统 S 域分析中使用的一种基本信号。

第二节　卷积积分

在连续信号与系统的时域分析中，一个非常重要的数学工具是一种特殊的积分运算，我们称之为卷积积分，简称卷积。

一、卷积的定义

设 $f_1(t)$和 $f_2(t)$是定义在$(-\infty,\infty)$区间上的两个连续时间信号，我们将积分

$$\int_{-\infty}^{\infty} f_1(\tau) f_2(t-\tau) d\tau$$

定义为 $f_1(t)$ 和 $f_2(t)$ 的卷积(Convolution)，简记为

$$f_1(t) * f_2(t)$$

即

$$f_1(t) * f_2(t) \overset{\text{def}}{=} \int_{-\infty}^{\infty} f_1(\tau) f_2(t-\tau) \mathrm{d}\tau \tag{2-8}$$

式中，τ 为虚设积分变量，t 为参变量，积分的结果为另一个新的连续时间信号。

二、卷积的图解机理

用图形方式描述卷积运算过程，将有助于理解卷积概念和卷积的图解法计算过程。根据式(2-8)，信号 $f_1(t)$ 与 $f_2(t)$ 的卷积运算可通过以下几个步骤来完成：

第一步，画出 $f_1(t)$ 与 $f_2(t)$ 波形，将波形图中的 t 轴改换成 τ 轴，分别得到 $f_1(\tau)$ 和 $f_2(\tau)$ 的波形。

第二步，将 $f_2(\tau)$ 波形以纵轴为中心轴翻转 180°，得到 $f_2(-\tau)$ 波形。

第三步，给定一个 t 值，将 $f_2(-\tau)$ 波形沿 τ 轴平移 $|t|$。在 $t<0$ 时，波形往左移；在 $t>0$ 时，波形往右移。这样就得到了 $f_2(t-\tau)$ 的波形。

第四步，将 $f_1(\tau)$ 和 $f_2(t-\tau)$ 相乘，得到卷积积分式中的被积函数 $f_1(\tau)f_2(t-\tau)$。

第五步，计算乘积信号 $f_1(\tau)f_2(t-\tau)$ 波形与 τ 轴之间包含的净面积，便是式(2-8)卷积在 t 时刻的值。

第六步，令变量 t 在 $(-\infty,\infty)$ 范围内变化，重复第三～第五步操作，最终得到卷积信号 $f_1(t) * f_2(t)$，它是时间变量 t 的函数。

【例题 2.1】 已知信号 $f_1(t)$ 和 $f_2(t)$ 如图 2-2-1(a)和(b)所示。设 $y(t) = f_1(t) * f_2(t)$，求 $y(-1)$和 $y(1)$值。

解：根据卷积的图解机理，画出 $t=-1$ 时 $f_1(\tau)$、$f_2(t-\tau)$ 波形如图 2-2-1(c)所示。考虑到非零被积函数的范围为 $-1<\tau<1$，此范围中的被积函数为常值 $1\times2=2$，故有卷积值

$$y(-1) = \int_{-\infty}^{\infty} f_1(\tau) f_2(-1-\tau) \mathrm{d}\tau = \int_{-1}^{1} (2) = 4$$

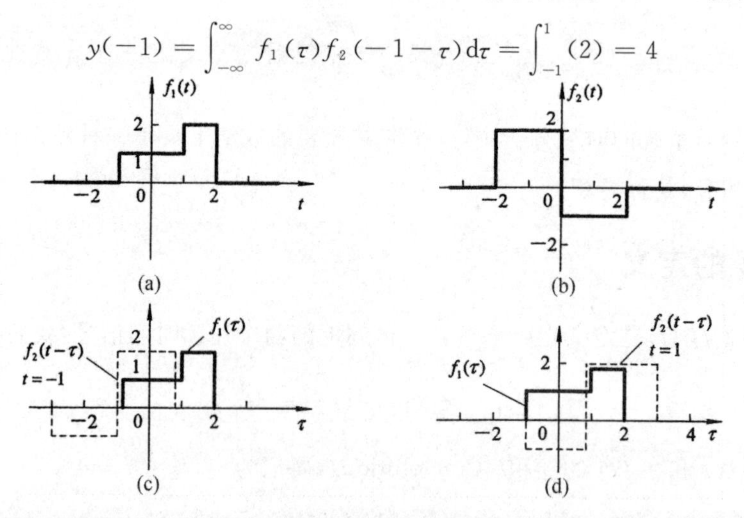

图 2-2-1　例 2.1 图

同理，画出 $t=1$ 时 $f_1(\tau)$、$f_2(t-\tau)$ 波形，如图 2-2-1(d)所示。此时，非零被积函数由两部分组成，一部分位于 $-1<\tau<1$ 区域，其函数值为 $1\times(-1)=-1$；另一部分位于 $1<\tau<2$区域，其函数值为 $2\times2=4$。故有卷积值

$$y(1)=\int_{-\infty}^{\infty}f_1(\tau)f_2(1-\tau)\mathrm{d}\tau=\int_{-1}^{1}(-1)\mathrm{d}\tau+\int_{1}^{2}(4)\mathrm{d}\tau=-2+4=2$$

三、卷积性质

这里给出几个卷积运算的常用性质，利用这些性质可以简化卷积计算。

性质 1 卷积代数

卷积运算满足三个基本代数运算律，即

交换律 $$f_1(t)*f_2(t)=f_2(t)*f_1(t) \tag{2-9}$$

结合律 $$f_1(t)*[f_2(t)*f_3(t)]=[f_1(t)*f_2(t)]*f_3(t) \tag{2-10}$$

分配律 $$f_1(t)*[f_2(t)+f_3(t)]=f_1(t)*f_2(t)+f_1(t)*f_3(t) \tag{2-11}$$

根据卷积定义，证明上述结论的正确性是容易的。

性质 2 $f(t)$ 与奇异信号的卷积

(1)信号 $f(t)$ 与冲激信号 $\delta(t)$ 的卷积等于 $f(t)$ 本身，即

$$f(t)*\delta(t)=f(t) \tag{2-12}$$

证 根据卷积定义和 $\delta(t)$ 的筛选性质，可得

$$f(t)*\delta(t)=\delta(t)*f(t)=\int_{-\infty}^{\infty}f(t-\tau)\delta(\tau)\mathrm{d}\tau=f(t)\int_{-\infty}^{\infty}\delta(\tau)\mathrm{d}\tau=f(t)$$

故式(2-12)成立。作为一个特例，当 $f(t)=\delta(t)$ 时，有

$$\delta(t)*\delta(t)=\delta(t) \tag{2-13}$$

(2)信号 $f(t)$ 与冲激偶 $\delta'(t)$ 的卷积等于 $f(t)$ 的导函数，即

$$f(t)*\delta'(t)=f'(t) \tag{2-14}$$

证 根据式 $\int_{-\infty}^{\infty}f(t)\,\delta'(t)\mathrm{d}\tau=-f'(0)$ 及卷积运算定义和交换律，有

$$f(t)*\delta'(t)=\delta'(t)*f(t)=\int_{-\infty}^{\infty}f(t-\tau)\delta'(\tau)\mathrm{d}\tau=-\left.\frac{\mathrm{d}f(t-\tau)}{\mathrm{d}\tau}\right|_{\tau=0}=f'(t)$$

(3)信号 $f(t)$与跃阶信号 $\varepsilon(t)$ 的卷积等于信号 $f(t)$的积分，即

$$f(t)*\varepsilon(t)=f^{(-1)}(t) \tag{2-15}$$

证 因为

$$f(t)*\varepsilon(t)=\int_{-\infty}^{\infty}f(\tau)\varepsilon(t-\tau)\mathrm{d}\tau=\int_{-\infty}^{t}f(\tau)\mathrm{d}\tau=f^{(-1)}(t)$$

所以，式(2-15)成立。

性质 3 卷积的微分和积分

设 $y(t) = f_1(t) * f_2(t)$，则有如下结论：

(1)微分。 $$y^{(1)}(t) = f_1^{(1)}(t) * f_2(t) = f_1(t) * f_2^{(1)}(t) \tag{2-16}$$

(2)积分。 $$y^{(-1)}(t) = f_1^{(-1)}(t) * f_2(t) = f_1(t) * f_2^{(-1)}(t) \tag{2-17}$$

(3)微积分。$$y(t) = f_1(t) * f_2(t) = f_1^{(1)}(t) * f_2^{(1)}(t) = f_1^{(-1)}(t) * f_2^{(1)}(t) \tag{2-18}$$

证 (1)由式(2-12)和式(2-15)，可得

$$\begin{aligned} y^{(1)}(t) &= \frac{\mathrm{d}}{\mathrm{d}t}[f_1(t) * f_2(t)] = [f_1(t) * f_2(t)] * \delta^{(1)}(t) \\ &= f_1(t) * [f_2(t) * \delta^{(1)}(t)] \\ &= f_1(t) * [f_2^{(1)}(t) * \delta(t)] = f_1(t) * f_2^{(1)}(t) \end{aligned}$$

同理可证

$$y^{(1)}(t) = f_1^{(1)}(t) * f_2(t)$$

卷积分的微分性质表明，两信号卷积分后求导与先对其中一个信号求导后再同另一个信号卷积，其结构相同。

(2)应用式(2-15)及卷积运算的结合律，可得

$$\begin{aligned} y^{(-1)}(t) &= \int_{-\infty}^{t} [f_1(\xi) * f_2(\xi)]\mathrm{d}\xi = [f_1(t) * f_2(t)] * \varepsilon(t) \\ &= f_1(t) * [f_2(t) * \varepsilon(t)] = f_1(t) * f_2^{(-1)}(t) \end{aligned}$$

同理可证

$$y^{(-1)}(t) = f_1^{(-1)}(t) * f_2(t)$$

卷积分的积分性质表明，两个信号卷积后的积分与先对其中一个信号积分后再同另一个信号卷积，其结果相同。

(3)因为

$$\int_{-\infty}^{t} \left[\frac{\mathrm{d}f_1(\xi)}{\mathrm{d}\xi}\right]\mathrm{d}\xi = f_1(t) - f_1(-\infty)$$

$$f_1(t) = \int_{-\infty}^{t} \left[\frac{\mathrm{d}f_1(\xi)}{\mathrm{d}\xi}\right]\mathrm{d}\xi + f_1(-\infty)$$

这样，利用卷积分运算的分配律和卷积的积分性质，可将 $f_1(t) * f_2(t)$ 表示为

$$\begin{aligned} f_1(t) * f_2(t) &= \left\{\int_{-\infty}^{t} \left[\frac{\mathrm{d}f_1(\xi)}{\mathrm{d}\xi}\right]\mathrm{d}\xi + f_1(-\infty)\right\} * f_2(t) \\ &= \frac{\mathrm{d}f_1(t)}{\mathrm{d}t} * \int_{-\infty}^{t} f_2(\xi)\mathrm{d}\xi + f_1(-\infty) * f_2(t) \\ &= f_1^{(1)}(t) * f_2^{(-1)}(t) + f_1(-\infty)\int_{-\infty}^{\infty} f_2(t)\mathrm{d}t \end{aligned} \tag{2-19}$$

同理，可将 $f_2(t)$ 表示为

$$f_2(t) = \int_{-\infty}^{t} \left[\frac{\mathrm{d} f_2(\xi)}{\mathrm{d}\xi} \right] \mathrm{d}\xi + f_2(-\infty)$$

并进一步得到

$$f_1(t) * f_2(t) = f_1^{(-1)}(t) * f_2^{(1)}(t) + f_2(-\infty) \int_{-\infty}^{\infty} f_1(t)\mathrm{d}t \tag{2-20}$$

由式(2-19)、式(2-20)可知，当 $f_1(t)$ $f_2(t)$ 满足

$$f_1(-\infty) \int_{-\infty}^{\infty} f_2(t)\mathrm{d}t = f_2(-\infty) \int_{-\infty}^{\infty} f_1(t)\mathrm{d}t = 0 \tag{2-21}$$

时，式(2-18)成立。

必须指出，使用卷积分性质是有条件的，条件式(2-21)要求：被求导的函数[$f_1(t)$ 或 $f_2(t)$ 在 $t=-\infty$ 处为零]，或者被积分的函数 $f_2(t)$ 或 $f_1(t)$ 在($-\infty$, ∞)区间上的积分值(即函数波形的净面积)为零。而且，这里的两个条件是“或”的关系，只要满足其中一个条件，式(2-18)即成立。

自然，式(2-16)～式(2-18)也可推广用于对一个函数进行 k 次求导，对另一个函数进行 k 次积分的情况，即

$$y^{(k)}(t) = f_1^{(k)}(t) * f_2(t) = f_1(t) * f_2^{(k)}(t) \tag{2-22}$$

$$y^{(-k)}(t) = f_1^{(-k)}(t) * f_2(t) = f_1(t) * f_2^{(-k)}(t) \tag{2-23}$$

$$y(t) = f_1(t) * f_2(t) = f_1^{(k)}(t) * f_2^{(-k)}(t) = f_1^{(-k)}(t) * f_2^{(k)}(t) \tag{2-24}$$

同样，使用式(2-24)时，要求 $f_1(t)$ 或 $f_2(t)$ 满足以下条件：

$$f_1^{(k-1)}(-\infty) \cdot \int_{-\infty}^{\infty} f_2^{[-(k-1)]}(t)\mathrm{d}t = f_2^{(k-1)}(-\infty) \cdot \int_{-\infty}^{\infty} f_1^{[-(k-1)]}(t)\mathrm{d}t = 0$$

性质 4 卷积时移

若 $f_1(t) * f_2(t) = y(t)$，则

$$f_1(t) * f_2(t-t_0) = f_1(t-t_0) * f_2(t) = y(t-t_0) \tag{2-25}$$

式中，t_0 为实常数。

证 按照卷积定义

$$f_1(t) * f_2(t-t_0) = \int_{-\infty}^{\infty} f_1(x) f_2(t-x-t_0)\mathrm{d}x$$

令 $x=\tau-t_0$，则上式可写成

$$f_1(t) * f_2(t-t_0) = \int_{-\infty}^{\infty} f_1(\tau-t_0) f_2(t-\tau)\mathrm{d}\tau = f_1(t-t_0) * f_2(t) \tag{2-26}$$

又因为

$$\begin{aligned} y(t-t_0) &= y(t)\big|_{t\to t-t_0} = [f_1(t) * f_2(t)]\big|_{t\to t-t_0} = [f_2(t) * f_1(t)]\big|_{t\to t-t_0} \\ &= \int_{-\infty}^{t} f_2(\tau) f_1(t-t_0-\tau)\mathrm{d}\tau = f_1(t-t_0) * f_2(t) \end{aligned} \tag{2-27}$$

比较式(2-26)和式(2-27)的结果,可证式(2-25)成立。

由卷积时移性质还可进一步得到如下推论:

若 $f_2(t) * f_1(t) = y(t)$,则

$$f_1(t-t_1) * f_2(t-t_2) = y(t-t_1-t_2) \tag{2-28}$$

式中,t_1 和t_2 为实常数。此推论请读者自行完成。

【例题 2.2】 计算实常数 $K(\neq 0)$与信号 $f(t)$的卷积积分。

解:直接按卷积定义,可得

$$K * f(t) = f(t) * K = \int_{-\infty}^{\infty} Kf(\tau)\mathrm{d}\tau = K[f(t)\text{波形的净面积}] \tag{2-29}$$

表明常数 K 与任意信号 $f(t)$的卷积值等于该信号波形净面积值的 K 倍。

注意,在本例中,如果应用卷积运算的微积分性质来求解,将导致

$$K * f(t) = \frac{\mathrm{d}}{\mathrm{d}t}K * \int_{-\infty}^{t} f(\xi)\mathrm{d}\xi = 0$$

的错误结果。因为常数 K 在 $t=-\infty$ 处不为零,对任意信号 $f(t)$而言,其波形净面积也并非一定为零,故不满足卷积微积分性质的应用条件。

四、常用信号的卷积公式

表 2-2-1 中列出了常用信号的卷积公式

表 2-2-1 常用信号的卷积公式

序号	$f_1(t)$	$f_2(t)$	$f_1(t) * f_2(t)$
1	K(常数)	$f(t)$	$K\cdot[f(t)$ 波形的净面积值$]$
2	$f(t)$	$\delta^{(1)}(t)$	$f^{(1)}(t)$
3	$f(t)$	$\delta(t)$	$f(t)$
4	$f(t)$	$\varepsilon(t)$	$f^{(-1)}(t)$
5	$\varepsilon(t)$	$\varepsilon(t)$	$t\varepsilon(t)$
6	$e^{\alpha t}\varepsilon(t)$	$e^{\alpha t}\varepsilon(t)$	$te^{\alpha t}\varepsilon(t)$
7	$\varepsilon(t)$	$t\varepsilon(t)$	$\frac{1}{2}t^2\varepsilon(t)$
8	$e^{\alpha t}\varepsilon(t)$	$te^{\alpha t}\varepsilon(t)$	$\frac{1}{2}t^2e^{\alpha t}\varepsilon(t)$
9	$\varepsilon(t)$	$e^{\alpha t}\varepsilon(t)$	$\frac{1}{\alpha}(1-e^{\alpha t})\varepsilon(t)$
10	$e^{\alpha_1 t}\varepsilon(t)$	$e^{\alpha_2 t}\varepsilon(t)$	$\frac{1}{\alpha_2-\alpha_1}(e^{\alpha_1 t}-e^{\alpha_2 t})\varepsilon(t)$,$(\alpha_1\neq\alpha_2)$
11	$e^{\alpha_1 t}\varepsilon(t)$	$t\varepsilon(t)$	$\left(\frac{1}{\alpha^2}e^{\alpha t}+\frac{\alpha t-1}{\alpha^2}\right)\varepsilon(t)$
12	$e^{\alpha_1 t}\varepsilon(t)$	$te^{\alpha_2 t}\varepsilon(t)$	$\left[\frac{1}{(\alpha_1-\alpha_2)^2}e^{\alpha_1 t}+\frac{(\alpha_1-\alpha_2)t-1}{(\alpha_1-\alpha_2)^2}e^{\alpha_2 t}\right]\varepsilon(t)$,$\alpha_1\neq\alpha_2$
13	$f_1(t)$	$\delta_T(t)$	$\sum_{m=-\infty}^{\infty} f_1(t-mT)$

第三节 系统的微分算子方程

一、微分算子和积分算子

我们知道，描述连续系统的输入输出方程是微(积)分方程或微(积)分方程组。为了简便，我们把方程中出现的微分和积分符号用如下算子表示：

$$p \overset{\text{def}}{=} \frac{\mathrm{d}}{\mathrm{d}t} \tag{2-30}$$

$$p^{-1} = \frac{1}{p} \overset{\text{def}}{=} \int_{-\infty}^{t} (\,)\mathrm{d}\tau \tag{2-31}$$

式中，p 称为微分算子，p^{-1} 称为微分逆算子或积分算子。这样，可以应用微分或积分算子简化表示微分和积分运算。例如：

$$p f(t) = \frac{\mathrm{d}}{\mathrm{d}t}f(t)$$

$$p^n f(t) = f^{(n)}(t) = \frac{\mathrm{d}^n}{\mathrm{d}t^n}f(t)$$

$$p^{-1} f(t) = \int_{-\infty}^{t} f(\tau)\mathrm{d}\tau$$

对于微分方程

$$\frac{\mathrm{d}^2 y(t)}{\mathrm{d}t^2} + 2\frac{\mathrm{d}y(t)}{\mathrm{d}t} + 3y(t) = \frac{\mathrm{d}f(t)}{\mathrm{d}t} + 5f(t) \tag{2-32}$$

则可表示为

$$p^2 y(t) + 2py(t) + 3y(t) = pf(t) + 5f(t)$$

或者写为

$$(p^2+2p+3)\,y(t) = (p+5)\,f(t) \tag{2-33}$$

这种含微分算子的方程称为微分算子方程。必须强调指出，微分算子方程仅仅是微分方程得一种简化表示，式(2-33)中等号两边表达式的含义是分别对函数 $y(t)$ 和 $f(t)$ 进行相应的求导运算。这种形式上与代数方程类似的表示方法，将用于系统描述和分析，特别是在时域中建立与变换域相一致的系统分析方法方面带来方便和好处。

下面介绍有关微分算子 p 的几个运算性质。

性质1 以 p 的正幂多项式出现的运算式，在形式上可以像代数多项式那样进行展开和因式分解。例如：

$$(p+2)(p+3)y(t) = (p^2+5p+6)y(t)$$

$$(p^2-4)f(t) = (p+2)(p-2)f(t)$$

性质2 设 $A(p)$ 和 $B(p)$ 是 p 的正幂多项式，则

$$A(p)B(p)f(t)=B(p)A(p)f(t) \tag{2-34}$$

性质3 微分算子方程等号两边的 p 公因式不能随便消去。例如，由下面方程

$$py(t)=pf(t)$$

不能随意消去公因子 p 而得到 $y(t)=f(t)$ 的结果。因为 $y(t)$ 与 $f(t)$ 之间可以相差一个常数 c。正确的结果应写为

$$y(t)=f(t)+c$$

同样地，也不能有方程

$$(p+\alpha)y(t)=(p+\alpha)f(t)$$

通过直接消去方程两边的公因式 $(p+\alpha)$ 得到 $y(t)=f(t)$，因为 $y(t)$ 与 $f(t)$ 之间可以相差 ce^{at}，其正确的关系是

$$y(t)=f(t)+ce^{at}$$

性质4 设 $A(p)$、$B(p)$ 和 $D(p)$ 均为 p 的正幂多项式，则

$$D(p)\cdot\frac{A(p)}{B(p)D(p)}f(t)=\frac{A(p)}{B(p)}f(t) \tag{2-35}$$

但是

$$\frac{A(p)}{B(p)D(p)}\cdot D(p)f(t)\neq\frac{A(p)}{B(p)}f(t) \tag{2-36}$$

例如，$p\cdot\frac{1}{p}f(t)=f(t)$，但是 $\frac{1}{p}\cdot pf(t)\neq f(t)$。这是因为

$$p\cdot\frac{1}{p}f(t)=\frac{\mathrm{d}}{\mathrm{d}t}\int_{-\infty}^{t}f(\tau)\mathrm{d}\tau=f(t)$$

而

$$\frac{1}{p}\cdot pf(t)=\int_{-\infty}^{t}\left[\frac{\mathrm{d}}{\mathrm{d}t}f(\tau)\right]\mathrm{d}\tau=f(t)-f(-\infty)\neq f(t)$$

可见，一般而言，对函数进行“先除后乘”算子 p 的运算（对应先积分后求导运算）时，分式的分子与分母中公共 p 算子（或 p 算式）允许消去。而进行“先乘后除”算子 p 的运算时，则不能相消。或者说，当 $f(-\infty)$ 不为零时，对函数乘、除算子 p 的顺序是不能随意颠倒的。

二、LTI 系统的微分算子方程

对于 LTI n 阶连续系统，其输入输出方程是线性、常系数 n 阶微分方程。若系统输入为 $f(t)$，输出为 $y(t)$，则可表示为

$$\begin{aligned}&y^{(n)}(t)+a_{n-1}y^{(n-1)}(t)+\cdots+a_1y^{(1)}(t)+a_0y^{(1)}(t)\\&=b_mf^{(m)}(t)+b_{m-1}f^{(m-1)}(t)+\cdots+b_1f^{(1)}(t)+b_0f^{(0)}(t)\end{aligned} \tag{2-37}$$

用微分算子 p 表示可写成

$$(p^n + a_{n-1}p^{n-1} + \cdots + a_1 p + a_0)y(t) = (b_m p^m + b_{m-1}p^{m-1} + \cdots + b_1 p + b_0)f(t)$$

缩写为

$$\left(\sum_{i=0}^{n} a_i p^i\right)y(t) = \left(\sum_{j=0}^{n} b_j p^j\right)f(t) \tag{2-38a}$$

或进一步简化为

$$A(p)y(t) = B(p)f(t) \tag{2-38b}$$

称该式为系统的微分算子方程，简称算子方程。方程中

$$A(p) = \sum_{i=0}^{n} a_i p^i \qquad B(p) = \sum_{j=0}^{n} b_j p^j$$

并且 a_i 和 b_j 均为常数，$a_n = 1$。

现在将微分算子方程(2-38b)在形式上改写为

$$y(t) = \frac{B(p)}{A(p)}f(t) = H(p)f(t) \tag{2-39}$$

式中

$$H(p) = \frac{B(p)}{A(p)} = \frac{b_m p^m + b_{m-1}p^{m-1} + \cdots + b_1 p + b_0}{p^n + a_{n-1}p^{n-1} + \cdots + a_1 p + a_0} \tag{2-40}$$

它代表了系统将输入转变为输出的作用，或系统对输入的传输作用，故称 $H(p)$ 为响应 $y(t)$ 对激励 $f(t)$ 的传输算子或系统的传输算子。

图 2-3-1 给出了用传输算子 $H(p)$ 表示的 LTI 连续系统输入输出模型。

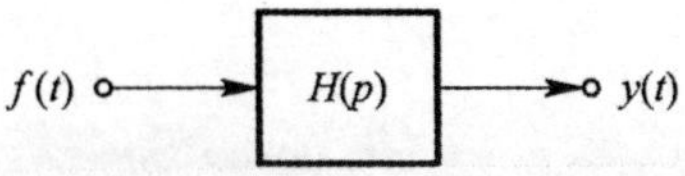

$f(t)$ → $H(p)$ → $y(t)$

图 2-3-1　用 $H(p)$ 表示的系统输入输出模型

三、电路系统算子方程的建立

把电路系统中各基本元件(R、L、C)上的伏安关系(VAR)用微分、积分算子形式表示，可以得到相应的算子模型，如表 2-3-1 所示。表中 pL 和 $\frac{1}{pC}$ 分别称为算子感抗和算子容抗。

表 2-3-1　电路元件的算子模型

元件名称	电路符号	伏安关系(VAR)	VAR 的算子形式	算子模型
电阻	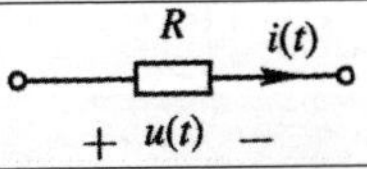 R, $i(t)$, $+\ u(t)\ -$	$u(t) = Ri(t)$	$u(t) = Ri(t)$	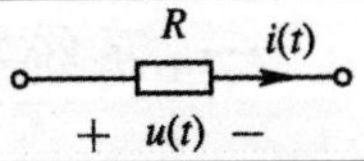 R, $i(t)$, $+\ u(t)\ -$
电感	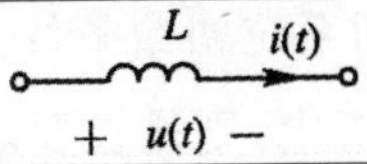 L, $i(t)$, $+\ u(t)\ -$	$u(t) = L\frac{di(t)}{dt}$	$u(t) = pLi(t)$	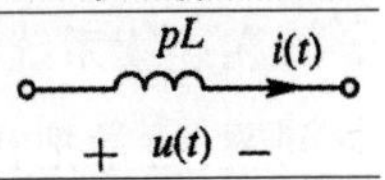 pL, $i(t)$, $+\ u(t)\ -$
电容	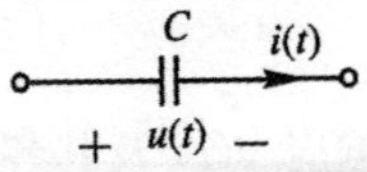 C, $i(t)$, $+\ u(t)\ -$	$u(t) = \frac{1}{C}\int_{-\infty}^{t} i(\tau)d\tau$	$u(t) = \frac{1}{pC}i(t)$	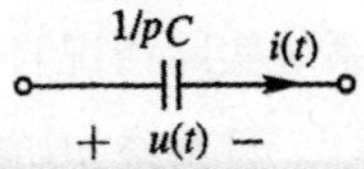 $1/pC$, $i(t)$, $+\ u(t)\ -$

在电路系统中，独立源信号代表激励，待求解的电流、电压是响应。元件用算子模型代换后的电路称为算子模型电路。下面举例说明电路系统算子方程的建立方法。

【例题 2.3】 电路如图 2-3-2(a)所示，试写出 $u_1(t)$对 $f(t)$ 的传输算子。

解：画出算子模型电路，如图 2-3-2(b)所示。由节点电压法列出 $u_1(t)$的方程为

$$\left(\frac{p}{2}+\frac{1}{2}+\frac{1}{2+2p}\right)u_1(t)=f(t)$$

这是一个微积分方程，将上式两边同乘以$(2+2p)$，整理后得微分算子方程

$$(p^2+2p+2)\,u_1(t)=2(p+1)f(t) \tag{2-41}$$

所以 $u_1(t)$对 $f(t)$ 的传输算子为

$$H(p)=\frac{2(p+1)}{p^2+2p+2}$$

它代表的实际含义是

$$u''_1+2\,u'_1(t)+2\,u_1(t)=2\,f'(t)+2f(t) \tag{2-42}$$

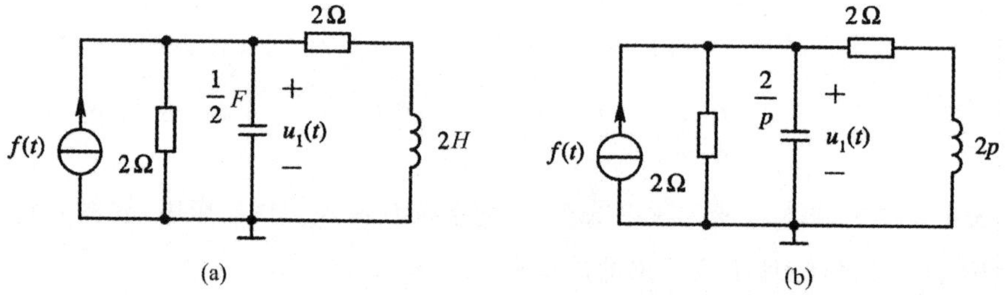

图 2-3-2　例题 2.3 图

第四节　连续系统的零输入响应

前面介绍了基本连续信号、连续信号的卷积运算以及连续系统的算子方程或传输算子描述。在此基础上，下面几节将研究连续系统响应的分析求解方法。按照现代系统理论的基本观点，重点讨论连续系统零输入响应和零状态响应的计算方法。然后，兼顾介绍系统响应的传统(或经典的)微分方程求解方法。

本节先讨论连续系统的零输入响应。

一、系统初始条件

在连续系统的响应计算中，涉及微分方程求解时，需要用到系统初始条件。作为一个数学问题，通常把初始条件假设为一组已知的数据，但在系统分析中，则往往要求分析者根据系统实际情况自行确定。

设系统初始观察时刻 $t=0$。我们知道系统在激励作用下，响应 $y(t)$ 及其各阶导数在 $t=$

0 处可能会发生跳变或出现冲激信号。为了简化分析，避免初始条件计算时出现“函数间断点处求导”的问题，我们往往分别去考察 $y(t)$ 及各阶导数在初始观察时刻前一瞬间 $t=0^-$ 和后一瞬间 $t=0^+$ 时的情况。

根据线性系统的分解性，LTI 系统的全响应 $y(t)$ 可分解为零输入响应 $y_{zi}(t)$ 和零状态响应 $y_{zs}(t)$，即

$$y(t)=y_{zi}(t)+y_{zs}(t) \tag{2-43}$$

在式(2-43)中，分别令 $t=0^-$ 和 $t=0^+$，可得

$$y(0^-)=y_{zi}(0^-)+y_{zs}(0^-) \tag{2-44}$$

$$y(0^+)=y_{zi}(0^+)+y_{zs}(0^+) \tag{2-45}$$

对于因果系统，由于激励在 $t=0$ 时接入，故有 $y_{zs}(0^-)=0$；对于时不变系统，内部参数不随时间变化，故有 $y_{zi}(0^+)=y_{zi}(0^-)$。因此，式(2-44)和式(2-45)可改写为

$$y(0^-)=y_{zi}(0^-)=y_{zi}(0^+) \tag{2-46}$$

$$\begin{aligned} y(0^+)&=y_{zi}(0^-)+y_{zs}(0^+)\\ &=y(0^-)+y_{zs}(0^+) \end{aligned} \tag{2-47}$$

同理，可推得 $y(t)$的各阶导数满足

$$y^{(j)}(0^-)=y_{zi}^{(j)}(0^-)=y_{zi}^{(j)}(0^+) \tag{2-48}$$

$$y^{(j)}(0^+)=y^{(j)}(0^-)+y_{zs}^{(j)}(0^+) \tag{2-49}$$

对于 n 阶连续系统，分别称 $y^{(j)}(0^-)$ $(j=0,1,\cdots,n-1)$和 $y^{(j)}(0^+)$ $(j=0,1,\cdots,n-1)$为系统的 0^- 和 0^+ 初始条件。

式(2-49)给出了系统 0^+ 与 0^- 初始条件之间的相互关系，即系统的 0^+ 初始条件可通过 0^- 初始条件和零状态响应及其各阶导数的初始值来确定。根据状态和状态变量的概念，系统在任一时刻的响应都由这一时刻的状态和激励共同决定。对于因果系统，由于在 $t=0^-$ 时刻，输入激励没有接入系统，故 0^- 初始条件是完全由系统在 0^- 时刻的状态所决定的。或者说，0^- 初始条件反映了系统初始状态的作用效果。

在以“状态”概念为基础的现代系统理论中，一般采用 0^- 初始条件。这是因为一方面，它直接体现了历史输入信号的作用；另一方面对于实际的系统，其 0^- 初始条件也比较容易求得。相反，在传统的微分方程经典解法中，通常采用 0^+ 初始条件，这时 $y^{(j)}(0^+)$ $(j=0,1,\cdots,n-1)$可利用式(2-49)，由 0^- 初始条件和 $y_{zs}^{(j)}(0^+)$ $(j=0,1,\cdots,n-1)$来确定。

二、零输入响应算子方程

设系统响应 $y(t)$ 对输入 $f(t)$ 的传输算子为 $H(p)$，且

$$H(p)=\frac{B(p)}{A(p)}=\frac{b_m p^m+b_{m-1}p^{m-1}+\cdots+b_1 p+b_0}{p^n+a_{n-1}p^{n-1}+\cdots+a_1 p+a_0} \tag{2-50}$$

式中，$A(p)=p^n+a_{n-1}p^{n-1}+\cdots+a_1p+a_0$ 为 p 的 n 次多项式，通常称为系统的特征多项式，方程 $A(p)=0$ 称为系统的特征方程，其根称为系统的特征根。$B(p)=b_mp^m+b_{m-1}p^{m-1}+\cdots+b_1p+b_0$ 为 p 的 m 次多项式。

由式(2-50)，$y(t)$ 和 $f(t)$ 满足的算子方程为

$$A(p)y(t)=B(p)f(t) \tag{2-51}$$

根据零输入响应 $y_{zi}(t)$ 的定义，它是输入为零时，仅由系统的初始状态(或历史输入信号)所引起的响应。所以，$y_{zi}(t)$ 满足的算子方程为

$$A(p)y_{zi}(t)=0 \qquad t\geqslant 0 \tag{2-52}$$

或者具体地说，零输入响应 $y_{zi}(t)$ 是式(2-52)齐次算子方程满足 0^- 初始条件的解。

三、简单系统的零输入响应

简单系统 1　若 $A(p)=p-\lambda$，则 $y_{zi}(t)=c_0e^{\lambda t}$。

此时系统特征方程 $A(p)=0$ 仅有一个特征根 $p=\lambda$。将 $A(p)=p-\lambda$ 代入式(2-52)可得

$$(p-\lambda)y_{zi}(t)=0$$

其实际含义是

$$y'_{zi}(t)-\lambda y_{zi}(t)=0$$

两边乘以 $e^{-\lambda t}$，并整理得

$$\frac{d}{dt}\left[y_{zi}(t)e^{-\lambda t}\right]=0$$

两边取积分 $\int_{0^-}^{t}(\cdot)\,dx$，可求得

$$y_{zi}(t)=y_{zi}(0^-)e^{\lambda t}=c_0e^{\lambda t} \qquad t\geqslant 0$$

式中，c_0 为待定系数，其值由初始条件 $y_{zi}(0^-)$ 确定。因此，可得结论为

$$A(p)=p-\lambda \quad \rightarrow \quad y_{zi}(t)=c_0e^{\lambda t} \quad t\geqslant 0 \tag{2-53}$$

式(2-53)的含义是：$A(p)=p-\lambda$ 对应的零输入响应 $y_{zi}(t)$ 为 $c_0=c_0e^{\lambda t}$。

简单系统 2　若 $A(p)=(p-\lambda)^2$，则 $y_{zi}(t)=(c_0+c_1t)e^{\lambda t}$。

此时，系统特征方程在 $p=\lambda$ 处具有一个二阶重根。将 $A(p)=(p-\lambda)^2$ 代入式(2-52)有

$$(p-\lambda)^2y_{zi}(t)=0 \tag{2-54}$$

将上式改写为

$$(p-\lambda)[(p-\lambda)y_{zi}(t)]=0 \tag{2-55}$$

根据式(2-53)，有

$$(p-\lambda)y_{zi}(t)=c_0e^{\lambda t} \tag{2-56a}$$

或者

$$y'_{zi}(t)-\lambda y_{zi}(t)=c_0\mathrm{e}^{\lambda t} \tag{2-56b}$$

两边乘以 $\mathrm{e}^{-\lambda t}$，再取积分 $\int_{0^-}^{t}(\cdot)\,\mathrm{d}x$，得

$$y_{zi}(t)=(c_0+c_1 t)\mathrm{e}^{\lambda t} \qquad t\geqslant 0 \tag{2-57}$$

式中，c_0 和 c_1 由系统 0^- 初始条件确定。将上述结论推广到一般情况，有

$$A(p)=(p-\lambda)^d \rightarrow y_{zi}(t)=(c_0+c_1 t+c_2 t^2+\cdots+c_{d-1}t^{d-1})\mathrm{e}^{\lambda t} \qquad t\geqslant 0 \tag{2-58}$$

式中，系数 c_0，c_1，…，c_{d-1}，由 $y_{zi}(t)$ 的初始条件确定。

四、一般系统的零输入响应

对于一般情况，设 n 阶 LTI 连续系统，其特征方程 $A(p)=0$ 具有 l 个不同的特征根 λ_i（$i=1,2,\cdots,l$），且 λ_i 是 d_i 阶重根，那么，$A(p)$ 可以因式分解为

$$A(p)=\prod_{i=1}^{l}(p-\lambda_i)^{d_i} \tag{2-59}$$

式中，$d_1+d_2+\cdots+d_i=n$。显然，方程

$$(p-\lambda_i)^{d_i}y_{zii}(t)=0 \qquad i=1,2,\cdots,l \tag{2-60}$$

的解 $y_{zii}(t)$ 也一定满足方程

$$A(p)\,y_{zii}(t)=0 \qquad i=1,2,\cdots,l \tag{2-61}$$

根据线性微分方程解的结构定理，令 $i=1,2,\cdots,l$，将相应方程求和，便得

$$A(p)\left[\sum_{i=1}^{l}y_{zii}(t)\right]=0 \tag{2-62}$$

所以方程 $A(p)\,y_{zi}(t)=0$ 的解为

$$y_{zi}(t)=\sum_{i=1}^{l}y_{zii}(t) \tag{2-63}$$

综上所述，对于一般 n 阶 LTI 连续系统零输入响应的求解步骤是：

第一步，将 $A(p)$进行因式分解，即

$$A(p)=\prod_{i=1}^{l}(p-\lambda_i)^{d_i} \tag{2-64}$$

式中，λ_i 和 d_i 分别是系统特征方程的第 i 个根及其相应的重根阶数。

第二步，根据式(2-58)，求出第 i 个根 λ_i 对应的零输入响应 $y_{zii}(t)$

$$y_{zii}(t)=[c_{i0}+c_{i1}t+c_{i2}t^2+\cdots+c_{i(d_i-1)}t^{d_i-1}]\mathrm{e}^{\lambda_i t} \qquad i=1,2,\cdots,l \tag{2-65}$$

第三步，将所有的 $y_{zii}(t)$（$i=1,2,\cdots,l$）相加，得到系统的零输入响应，即

$$y_{zi}(t)=\sum_{i=1}^{l}y_{zii}(t) \qquad t\geqslant 0 \tag{2-66}$$

第四步，根据给定的零输入响应初始条件 $y_{zi}^{(j)}(0^-)$（$j=0,1,\cdots,l$）或者系统的 0^- 初始条

件 $y^{(j)}(0^-)$（$j=0,1,\cdots,n-1$）确定系数 c_{i0}，c_{i1}，$\cdots$，$c_{i(d_i-1)}$，($i=1,2,\cdots,l$)。

表 2-4-1 列出了 $y_{zi}(t)$ 与 $A(p)$之间的对应关系。

表 2-4-1　$y_{zi}(t)$与 $A(p)$的对应关系

特征根类型	算子多项式 $A(p)$	零输入响应 $y_{zi}(t)$，$t\geqslant 0$
相异单根	$\prod_{i=1}^{l}(p-\lambda)$	$\sum_{i=1}^{n} c_i e^{\lambda_i t}$
d 阶重根	$(p-\lambda_i)^{d_i}$	$(c_0+c_1t+c_2t^2+\cdots+c_{d-1}t^{d-1})e^{\lambda t}$
共轭复根	$[p-(\sigma+j\omega][p-(\sigma-j\omega]$ $=p^2-2\sigma p+(\sigma^2+\omega^2)$	$e^{\sigma t}(c_1\cos\omega t+c_2\sin\omega t)=Ae^{\sigma t}\cos(\omega t+\varphi)$
一般情况	$\prod_{i=1}^{l}(p-\lambda_i)^{d_i}$	$\sum_{i=1}^{l}(c_{i0}+c_{i1}t+c_{i2}t^2+\cdots+c_{id_i-1}t^{d_i-1})e^{\lambda_i t}$

【例题 2.4】 某系统输入输出微分算子方程为

$$(p+1)(p+2)^2 y(t)=(p+3)f(t)$$

已知系统的初始条件 $y(0^-)=3$，$y'(0^-)=-6$，$y''(0^-)=13$，求系统的零输入响应 $y_{zi}(t)$。

解：由题意知 $A(p)=(p+1)(p+2)^2$，因为

$$(p+1)\rightarrow y_{zi1}(t)=c_{10}e^{-t}$$

$$(p+2)^2\rightarrow y_{zi2}(t)=(c_{20}+c_{21}t)e^{-2t}$$

所以

$$y_{zi}(t)=y_{zi1}(t)+y_{zi2}(t)=c_{10}e^{-t}+(c_{20}+c_{21}t)e^{-2t} \tag{2-67}$$

其一阶和二阶导函数为

$$\begin{aligned} y'_{zi}(t)&=-c_{10}e^{-t}+c_{21}e^{-2t}-2(c_{20}+c_{21}t)e^{-2t}\\ &=-c_{10}e^{-t}+(1-2t)c_{21}e^{-2t}-2c_{20}e^{-2t} \end{aligned} \tag{2-68}$$

$$\begin{aligned} y''_{zi}(t)&=c_{10}e^{-t}-2c_{21}e^{-2t}-2[(1-2t)c_{21}-2c_{20}]e^{-2t}\\ &=c_{10}e^{-t}+4(t-1)c_{21}e^{-2t}+4c_{20}e^{-2t} \end{aligned} \tag{2-69}$$

在式(2-67)～式(2-69)中，令 $t=0^-$，并考虑到 $y_{zi}^{(j)}(0^-)=y^{(j)}(0^-)$（$j=0,1,2$），代入初始条件值并整理得

$$y_{zi}(0^-)=c_{20}+c_{21}=3$$

$$y'_{zi}(0^-)=-c_{10}+c_{21}-2c_{20}=-6$$

$$y''_{zi}(t)=c_{10}-4c_{21}+4c_{20}=13$$

联立求解得 $c_{10}=1$，$c_{20}=2$，$c_{21}=-1$。将各系数值代入式(2-67)，最后求得系统的零输入响应为

$$y_{zi}(t)=e^{-t}+(2-t)e^{-2t}\qquad t\geqslant 0 \tag{2-70}$$

第五节　连续系统的零状态响应

按照 LTI 系统分析的基本思想，本节首先以单位冲激信号 $\delta(t)$ 作为基本信号，讨论如何

将连续输入信号分解为众多冲激信号单元的线性组合；然后，求解系统在基本信号 $\delta(t)$ 激励下的零状态响应，并利用 LTI 系统的线性和时不变特性，导出一般信号激励下系统零状态响应的计算方法。在本节中介绍以单位阶跃信号 $\varepsilon(t)$ 作为基本信号时，系统零状态响应的另一种计算公式。

一、连续信号的 $\delta(t)$ 分解

我们已经知道，任一连续信号 $f(t)$ 与单位冲激信号 $\delta(t)$ 卷积运算的结果等于信号 $f(t)$ 本身，即

$$\begin{aligned} f(t) &= f(t) * \delta(t) \\ &= \int_{-\infty}^{\infty} f(\tau)\delta(t-\tau)\mathrm{d}\tau \end{aligned} \tag{2-71}$$

对式(2-71)，从信号的时间域分解观点出发可做如下解释：$\delta(t-\tau)$ 是位于 $t=\tau$ 处的单位冲激信号，$f(\tau)\mathrm{d}\tau$ 与时间 t 无关，可以看成是 $\delta(t-\tau)$ 的加权系数，积分号 $\int_{-\infty}^{\infty}$ 实质上代表求和运算，这样式(2-71)表明任何一个连续信号 $f(t)$ 都可以分解为众多 $\delta(t-\tau)$ 冲激信号分量的线性组合。

我们可以从图形上定性地说明式(2-71)的正确性。

设图 2-5-1(a)中的 $f(t)$ 为待分解信号，$\hat{f}(t)$ 为近似 $f(t)$ 的台阶信号。另设脉冲信号 $p_{\Delta\tau}(t)$ 为

$$p_{\Delta\tau}(t)\begin{cases} \dfrac{1}{\Delta\tau} & 0 \leqslant t \leqslant \Delta\tau \\ 0 & 其余\ t \end{cases} \tag{2-72}$$

其波形如图 2-5-1(b)所示。应用 $p_{\Delta\tau}(t)$ 信号，可将图 2-5-1(a)中的台阶信号 $\hat{f}(t)$ 表示为

$$\begin{aligned} \hat{f}(t) &= \cdots + f(-\Delta\tau)p_{\Delta\tau}(t+\Delta\tau)\cdot\Delta\tau \\ &\quad + f(0)p_{\Delta\tau}(t)\cdot\Delta\tau + f(\Delta\tau)p_{\Delta\tau}(t-\Delta\tau)\cdot\Delta\tau + \cdots \\ &= \sum_{k=-\infty}^{\infty} f(k\Delta\tau)p_{\Delta\tau}(t-\Delta\tau)\Delta\tau \end{aligned} \tag{2-73}$$

由图 2-5-1 可见，当 $\Delta\tau \to 0$，即趋于无穷小量 $\mathrm{d}\tau$ 时，离散变量 $k\Delta\tau$ 将趋于连续变量 $\mathrm{d}\tau$，式(2-73)中的各量将发生如下变化：

$$p_{\Delta\tau}(t) \to \delta(t)$$

$$p_{\Delta\tau}(t-k\Delta\tau) \to \delta(t-\tau)$$

$$f(k\Delta\tau) \to f(\tau)$$

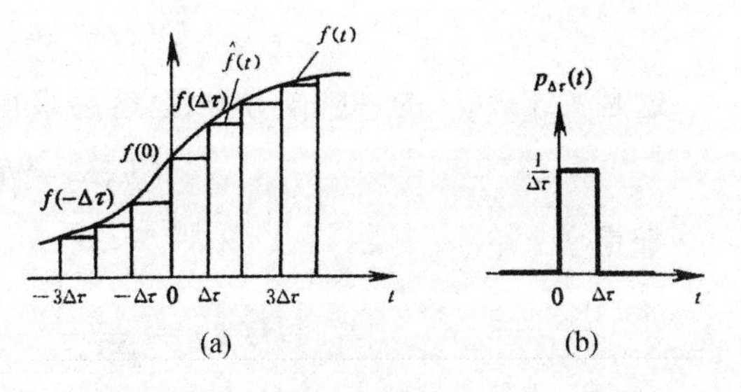

图 2-5-1　连续信号的 $\delta(t)$ 分解

$$\sum_{k=-\infty}^{\infty} \to \int_{-\infty}^{\infty}$$

可见，当 $\Delta\tau \to 0$ 时，式(2-73)将演变为

$$f(t) = \int_{-\infty}^{\infty} f(\tau)\delta(t-\tau)\mathrm{d}\tau$$

这正是式(2-71)。

二、基本信号 $\delta(t)$ 激励下的零状态响应

1. 冲激响应

设初始观察时刻 $t_0=0$。对一个初始状态为零的 LTI 因果连续系统，输入为单位冲激信号时所产生的响应称为单位冲激响应，简称冲激响应，记为 $h(t)$，如图 2-5-2 所示。即

$$h(t) = T\{x(0^-)=0,\ f(t)=\delta(t)\} = H(t)\delta(t)\big|_{x(0^-)=0} \tag{2-74}$$

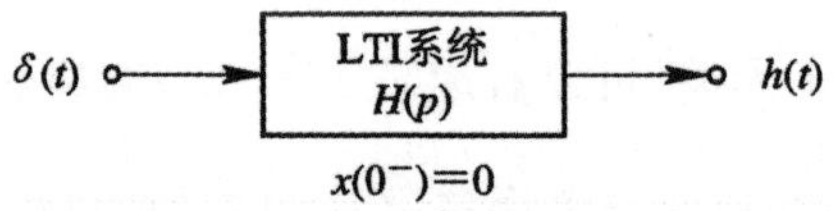

图 2-5-2　冲激相应的定义

2. 冲激响应的计算

设 LTI 连续系统的传输算子为 $H(p)$，现在讨论如何从 $H(p)$ 出发计算冲激响应 $h(t)$。具体做法是先研究若干简单系统的冲激响应，再在此基础上推导出一般系统冲激响应的计算步骤。

简单系统 1　$H(p)=\dfrac{K}{P-\lambda}$

此时，响应 $y(t)$ 和输入 $f(t)$ 满足的微分方程为

$$y'(t)-\lambda y(t) = Kf(t)$$

当系统的初始状态为零时，$y(t)$ 为零状态响应，上式可表示为

$$y'_{zs}(t)-\lambda y_{zs}(t) = Kf(t)$$

根据 $h(t)$的定义，若在上式中令 $f(t)=\delta(t)$，则 $y_{zs}(t)=h(t)$，所以有

$$h'(t)-\lambda h(t) = K\delta(t)$$

这是关于 $h(t)$ 的一阶微分方程，容易求得

$$h(t) = K\,\mathrm{e}^{\lambda t}\varepsilon(t)$$

于是

$$H(p)=\frac{K}{P-\lambda} \to h(t) = K\,\mathrm{e}^{\lambda t}\varepsilon(t) \tag{2-75}$$

式中，符号“ → ”表示“系统 $H(p)$ 对应的冲激响应 $h(t)$ 为…”。

简单系统 2　$H(p)=\dfrac{K}{(p-\lambda)^2}$

此时,系统冲激响应 $h(t)$ 满足的算子方程为

$$(p-\lambda)[(p-\lambda h(t))]=K\delta(t)$$

根据式(2-75),有

$$(p-\lambda)h(t)=K\mathrm{e}^{\lambda t}\varepsilon(t)$$

改写成微分方程为

$$h'(t)-\lambda h(t)=K\mathrm{e}^{\lambda t}\varepsilon(t)$$

上式两边乘以 $\mathrm{e}^{-\lambda t}$,再取积分 $\int_{-\infty}^{t}(\cdot)\,\mathrm{d}x$,代入 $h(-\infty)=0$,最后得

$$h(t)=Kt\,\mathrm{e}^{\lambda t}\varepsilon(t)$$

即

$$H(p)=\frac{K}{(p-\lambda)^2}\rightarrow h(t)=Kt\,\mathrm{e}^{\lambda t}\varepsilon(t) \tag{2-76}$$

将这一结果推广到特征方程 $A(p)=0$ 在 $p=\lambda$ 处有 r 重根的情况,有

$$H(p)=\frac{K}{(p-\lambda)^r}\rightarrow h(t)=\frac{K}{(r-1)!}t^{r-1}\mathrm{e}^{\lambda t}\varepsilon(t) \tag{2-77}$$

简单系统 3　$H(p)=Kp^n$

此时,由于

$$y(t)=Kp^nf(t)$$

因此

$$h(t)=K\delta^{(n)}(t)$$

即

$$H(p)=Kp^n\quad\rightarrow\quad h(t)=K\delta^{(n)}(t) \tag{2-78}$$

对于一般的传输算子 $H(p)$,当 $H(p)$ 为 p 的真分式时,可将它展开成如下形式的部分分式之和,即

$$H(p)=\sum_{j=1}^{l}\frac{K_j}{(p-\lambda_j)^{r_j}} \tag{2-79}$$

设第 j 个分式

$$\frac{K_j}{(p-\lambda_j)^{r_j}}\qquad j=1,2,\cdots,l$$

对应的冲激响应分量为 $h_j(t)$,则应满足如下方程:

$$h_j(t)=\frac{K_j}{(p-\lambda_j)^{r_j}}\delta(t)\qquad j=1,2,\cdots,l$$

对 $h_j(t)$ 求和,有

$$\sum_{j=1}^{l} h_j(t) = \sum_{j=1}^{l} \frac{K_j}{(p-\lambda_j)^{r_j}}\delta(t) = H(p)\delta(t)$$

根据式(2-74),系统 $H(p)$ 相应的冲激响应 $h(t)$ 可表示为

$$h(t) = \sum_{j=1}^{l} h_j(t) \tag{2-80}$$

综上所述,可以得到计算系统冲激响应 $h(t)$ 的一般步骤是:

第一步,确定系统的传输算子 $H(p)$ 。

第二步,将 $H(p)$ 进行部分分式展开写成如下形式:

$$H(p) = \sum_{i=1}^{q} K_i p^i + \sum_{j=1}^{l} \frac{K_j}{(p-\lambda_j)^{r_j}} \tag{2-81}$$

第三步,根据式(2-77)和式(2-78),得到式(2-81)中两项各自对应的冲激响应分量。

第四步,将所有的冲激响应分量相加,得到系统的冲激响应 $h(t)$ 。

常用的 $h(t)$ 与 $H(p)$ 对应关系列于表 2-5-1 中。

表 2-5-1　$h(t)$与$H(p)$的对应关系

序号	$H(p)$ 类型	传输算子 $H(p)$	冲激响应 $h(t)$
1	整数幂	Kp^n	$K\delta^{(n)}(t)$
2	一阶极点	$\frac{K}{P-\lambda}$	$K e^{\lambda t}\varepsilon(t)$
3	高阶重极点	$\frac{K}{(p-\lambda)^r}$	$\frac{K}{(r-1)!}t^{r-1}e^{\lambda t}\varepsilon(t)$
4	二阶极点	$\frac{\beta}{p^2+\beta^2}$	$\sin\beta t\varepsilon(t)$
		$\frac{p}{p^2+\beta^2}$	$\cos\beta t\varepsilon(t)$
		$\frac{K}{P-s}+\frac{K^*}{P-s^*}$ $K=\rho e^{j\varphi}, s=\sigma+j\omega$	$2\rho e^{\sigma t}\cos(\omega t+\varphi)\varepsilon(t)$

【例题 2.5】 描述系统的微分方程为

$$y^{(3)}(t)+5y^{(2)}(t)+8y^{(1)}(t)+4y(t) = f^{(3)}(t)+6f^{(2)}(t)+10f^{(1)}(t)+6f(t) \tag{2-82}$$

求其冲激响应 $h(t)$ 。

解:由系统微分方程得到相应的输入输出算子方程为

$$(p^3+5p^2+8p+4)\,y(t) = (p^3+6p^2+10p+6)\,f(t)$$

写出系统传输算子 $H(p)$,这是一个关于 p 的假分式,通过乘除法,再将得到的真分式进行部分分式展开,其 $H(p)$ 可表示为

$$H(p) = \frac{p^3+6p^2+10p+6}{p^3+5p^2+8p+4} = 1+\frac{1}{p+1}-\frac{2}{(p+2)^2}$$

根据表 2-5-1,有

$$1 \to h_1(t) = \delta(t)$$

$$\frac{1}{p+1} \to h_2(t) = \mathrm{e}^{-t}\varepsilon(t)$$

$$\frac{-2}{(p+2)^2} \to h_3(t) = -2t\,\mathrm{e}^{-2t}\varepsilon(t)$$

再将各冲激分量相加，得到给定系统的冲激响应

$$h(t) = h_1(t) + h_2(t) + h_3(t) = \delta(t) + (\mathrm{e}^{-t} - 2t\,\mathrm{e}^{-2t})\varepsilon(t) \tag{2-83}$$

三、一般信号 $f(t)$ 激励下的零状态响应

在前面的讨论中，我们已经得到了连续信号 $f(t)$ 的 $\delta(t)$ 分解表达式，还有系统在基本信号 $\delta(t)$ 激励下的零状态响应，即冲激响应 $h(t)$ 的计算方法。下面将进一步利用 LTI 的线性和时不变特性，导出一般信号 $f(t)$ 激励下系统零状态响应的求解方法。

设 LTI 连续系统如图 2-5-3 所示。图中，$h(t)$ 为系统的冲激响应，$y_f(t)$ 为系统在一般信号 $f(t)$ 激励下产生的零状态响应。为了叙述方便，我们采用如下简化符号：

$$f(t) \to y(t) \qquad [\mathrm{C}]$$

其含义是：系统在 $f(t)$ 激励下产生的零状态响应是 $y(t)$，[C]中的 C 代表 $f(t) \to y(t)$ 成立所依据的理由。由于

$$\delta(t) \to h(t) \qquad [h(t)\text{ 的定义}]$$

$$\delta(t-\tau) \to h(t-\tau) \qquad [\text{系统的时不变特性}]$$

$$f(\tau)\delta(t-\tau) \to f(\tau)h(t-\tau)\mathrm{d}\tau \qquad [\text{系统的齐次性}]$$

$$\int_{-\infty}^{\infty} f(\tau)\delta(t-\tau)\mathrm{d}\tau \to \int_{-\infty}^{\infty} f(\tau)h(t-\tau)\mathrm{d}\tau \qquad [\text{系统的可加性}]$$

$$f(t) * \delta(t) = f(t) \to f(t) * h(t) \qquad [\text{卷积定义及性质}]$$

因此，LTI 连续系统在一般信号 $f(t)$ 激励下产生的零状态响应为

$$y_{zs}(t) = f(t) * h(t) \tag{2-84}$$

它是激励 $f(t)$ 与冲激响应 $h(t)$ 的卷积积分。

图 2-5-3　系统的零状态响应

四、零状态响应的另一个计算公式

采用单位阶跃信号 $\varepsilon(t)$ 作为基本信号，可以推导出系统零状态响应的另一个计算公式。

1. 连续信号的 $\varepsilon(t)$ 分解

根据卷积运算的微积分性质，有

$$f(t)=f(t)*\delta(t)=f'(t)*[\int_{-\infty}^{t}\delta(x)\mathrm{d}x]=f'(t)*\varepsilon(t)$$

按照卷积运算的定义，信号 $f(t)$ 可表示为

$$f(t)=\int_{-\infty}^{t}f'(\tau)(t-\tau)\mathrm{d}\tau \tag{2-85}$$

与对式(2-71)的理解方式一样，式(2-84)可理解为将信号 $f(t)$ 分解为单位阶跃信号 $\varepsilon(t)$ 的线性组合。

同样，从物理概念上理解式(2-84)也是容易的。设图 2-5-3 中的 $f(t)$ 待分解信号 $\hat{f}(t)$ 为近似表示 $f(t)$ 的台阶信号 $\hat{f}(t)$ 可表示为

$$\begin{aligned}\hat{f}(t)&=\sum_{n=-\infty}^{\infty}\{f(n\Delta\tau)-f[(n-1)\Delta\tau]\}\varepsilon(t-n\Delta\tau)\\&=\sum_{n=-\infty}^{\infty}\frac{\{f(n\Delta\tau)-f[(n-1)\Delta\tau]\}}{\Delta\tau}\varepsilon(t-n\Delta\tau)\cdot\Delta\tau\end{aligned} \tag{2-86}$$

当 $\Delta\tau\to 0$ 时，上式中的各个量将发生如下变化：

$$\Delta\tau\to\mathrm{d}\tau$$

$$n\Delta\tau\to\tau$$

$$\frac{\{f(n\Delta t)-f[(n-1)\Delta\tau]\}}{\Delta\tau}\to\frac{\mathrm{d}f(\tau)}{\mathrm{d}\tau}=f'(\tau)$$

$$\sum_{n=-\infty}^{\infty}\to\int_{-\infty}^{\infty}$$

$$\hat{f}(t)\to f(t)$$

所以，当 $\Delta\tau\to 0$ 时，式(2-86)即演变为式(2-85)，也就是信号 $f(t)$ 的 $\varepsilon(t)$ 分解公式。

上面在 $f(t)=f(t)*\delta(t)$ 的基础上，应用卷积的微积分性质得到了 $\varepsilon(t)$ 分解公式(2-85)。如果在该式的基础上，再应用一次卷积的微积分性质，可得到单位斜升信号 $t\varepsilon(t)$ 形式的分解公式，即

$$f(t)=f''(t)*t\varepsilon(t)=\int_{-\infty}^{\infty}f''(t)(t-\tau)\varepsilon(t-\tau)\mathrm{d}\tau \tag{2-87}$$

如此等等，可以得到将信号 $f(t)$ 分解为 $\delta(t)$ 的一次、二次、…多次积分的奇异信号的分解公式。其中，最常用的是 $\delta(t)$ 和 $\varepsilon(t)$ 的分解公式。

2. 系统的阶跃响应

一个 LTI 连续系统，在基本信号 $\varepsilon(t)$ 激励下产生的零状态响应称为系统的阶跃响应，通常记为 $g(t)$。

按照 $g(t)$的定义,由式(2-84)知

$$g(t)=\varepsilon(t)*h(t)$$

再根据卷积运算性质和 $\delta(t)$的有关性质,有

$$g(t)=\frac{\mathrm{d}}{\mathrm{d}\tau}\varepsilon(t)*\int_{-\infty}^{\infty}h(\tau)\mathrm{d}\tau=\delta(t)*\int_{-\infty}^{t}h(\tau)\mathrm{d}\tau=\int_{-\infty}^{t}h(\tau)\mathrm{d}\tau$$

所以阶跃响应 $g(t)$与冲激响应 $h(t)$ 之间的关系为

$$g(t)=\int_{-\infty}^{t}h(\tau)\mathrm{d}\tau \tag{2-88}$$

或者

$$h(t)=\frac{\mathrm{d}g(t)}{\mathrm{d}t} \tag{2-89}$$

3. 利用 $g(t)$计算零状态响应

根据信号 $f(t)$ 的 $\varepsilon(t)$分解公式(2-85)和 LTI 的线性、时不变特性,我们有如下推导:

$$\varepsilon(t)\rightarrow g(t)\qquad [\text{阶跃响应的定义}]$$

$$\varepsilon(t-\tau)\rightarrow g(t-\tau)\qquad [\text{系统的时不变特性}]$$

$$f'(\tau)\varepsilon(t-\tau)\mathrm{d}\tau\rightarrow f'(\tau)g(t-\tau)\mathrm{d}\tau\qquad [\text{系统的齐次性}]$$

$$\int_{-\infty}^{\infty}f'(\tau)\varepsilon(t-\tau)\mathrm{d}\tau\rightarrow\int_{-\infty}^{\infty}f'(\tau)g(t-\tau)\mathrm{d}\tau\qquad [\text{系统的可加性}]$$

$$f(t)=f'(t)*\varepsilon(t)\rightarrow f'(t)g(t)\qquad [\text{式(2-85)和卷积定义}]$$

所以,系统在一般信号 $f(t)$ 激励下产生的零状态响应为

$$y_{zs}(t)=f'(t)*g(t) \tag{2-90}$$

实际上,对式(2-84)应用卷积运算的微积分性质,并考虑到式(2-88)中给出的 $h(t)$与 $g(t)$的关系,同样可以得到式(2-90)的结果。

第六节 系统微分方程的经典解法

本节介绍直接应用微分方程经典解法来分析系统的方法,亦即经典分析法。

一、齐次解和特解

设 LTI 连续系统的输入输出微分算子方程为

$$A(p)y(t)\rightarrow B(p)f(t) \tag{2-91a}$$

或者

$$y(t)=\frac{B(p)}{A(p)}f(t)=H(p)f(t) \tag{2-91b}$$

式中，$f(t)$ 和 $y(t)$ 分别为系统的输入和输出，传输算子

$$H(p)=\frac{B(p)}{A(p)}=\frac{b_m p^m+b_{m-1} p^{m-1}+\cdots+b_1 p+b_0}{p^n+a_{n-1} p^{n-1}+\cdots+a_1 p+a_0} \tag{2-92}$$

按照微分方程的经典解法，其完全解 $y(t)$ 由齐次解 $y_h(t)$ 和特解 $y_p(t)$ 两部分组成，即

$$y(t)=y_h(t)+y_p(t) \tag{2-93}$$

1. 齐次解

齐次解 $y_h(t)$ 是下面齐次微分算子方程

$$A(p)y_h(t)=0 \tag{2-94}$$

满足 0^+ 初始条件 $y^{(j)}(0^+)(j=0,1,\cdots,n-1)$的解。

显然，式(2-94)在形式上是与零输入响应求解方程式样的。所以，齐次解的求解方法及解的函数形式也与零输入响应解相同。

首先，将 $A(p)$ 因式分解为

$$A(p)=\prod_{i=1}^{l}(p-\lambda_i)^{r_i}$$

式中，λ_i 为特征方程 $A(p)=0$ 的第 i 个根，r_i 是重根的阶数。

然后，分别求解算子方程

$$(p-\lambda_i)^{r_i} y_{hi}(t)=0 \qquad i=1,2,\cdots,l$$

得到齐次解的第 i 个分量，即

$$y_{hi}(t)=[c_{i0}+c_{i1}+\cdots+c_{i(r_i-1)} t^{r_i-1}]\,e^{\lambda_i t} \qquad i=1,2,\cdots,l \tag{2-95}$$

最后，将各分量相加，求得齐次解

$$y_h(t)=\sum_{i=1}^{l} y_{hi}(t) \qquad t>0 \tag{2-96}$$

表 2-6-1 列出了典型特征根形式相应的齐次解表达式。式中，A,B,c_i，φ_i 等为待定系数，在求得式(2-91)完全解后，代入 0^+ 初始条件即可确定。

表 2-6-1 特征根及其相应的齐次解

$A(p)$	特征根	齐次解 $y_h(t)$
$(p-\lambda_i)$	实单根 λ_i	$c_i\,e^{\lambda_i t}$
$(p-\lambda_i)^r$	r 重实根 λ_i	$(c_0+c_1+\cdots+c_{r-1} t^{r-1})\,e^{\lambda_i t}$
$[p^2-2\alpha p+(\alpha^2+\beta^2)]$	共轭复根 $\lambda_{i,2}=\alpha\pm j\beta$	$e^{\alpha t}[A\sin(\beta t)+B\sin(\beta t]$ 或者 $C\,e^{\alpha t}\cos(\beta t+\varphi)$
$[p^2-2\alpha p+(\alpha^2+\beta^2)]^r$	r 重共轭复根	$[c_0\cos(\beta t+\varphi_0)+c_1 t\cos(\beta t+\varphi_1)+\cdots+c_{r-1} t^{r-1}\cos(\beta t+\varphi_{r-1})]\,e^{\alpha t}$

2. 特解

微分方程式(2-91)的特解 $y_p(t)$，其函数形式与输入函数形式有关。将输入函数代入方程式(2-91)的右端，代入后右端的函数式称为“自由项”。根据不同类型的自由项，选择相应的特解函数式，代入原微分方程，通过比较同类项系数求出特解函数式中的待定系数，即可得到方程的特解。

表 2-6-2 列出了几种典型自由项函数相应的特解函数式，供求解方程时选用。表中，Q、P、A、φ 是待定系数。

表 2-6-2 几种典型自由项函数相应的特解

自由项函数	特解函数式 $y_p(t)$
E(常数)	Q
t^r	$Q_0 + Q_1 t + \cdots + Q_r t^r$
$e^{\alpha t}$	$Q_0 e^{\alpha t}$（α 不等于特征根） $(Q_0 + Q_1 t) e^{\alpha t}$（$\alpha$ 等于特征根） $(Q_0 + Q_1 t + \cdots + Q_r t^r) e^{\alpha t}$（$\alpha$ 等于 r 重特征根）
$\cos(\omega t + \theta)$ 或 $\sin(\omega t + \theta)$	$Q_1 \cos(\omega) + Q_2 \sin(\omega t)$ 或 $A\cos(\omega t + \theta)$
$t^r e^{\alpha t} \cos(\omega t + \theta)$ 或 $t^r e^{\alpha t} \sin(\omega t + \theta)$	$(Q_0 + Q_1 t + \cdots + Q_r t^r) e^{\alpha t} \cos(\omega t) + (P_0 + P_1 t + \cdots + P_r t^r) e^{\alpha t} \sin(\omega t)$

二、响应的完全解

将微分方程的齐次解和特解相加就得到系统响应的完全解，即

$$y(t) = y_h(t) + y_p(t) = \sum_{i=1}^{l} [c_{i0} + c_{i1} + \cdots + c_{i(r_i-1)} t^{r_i-1}] e^{\lambda_i t} + y_p(t) \tag{2-97}$$

对于 n 阶系统，需要通过 n 个 0^+ 初始条件来确定完全解中的待定系数。

【例题 2.6】 给定某 LTI 系统的微分方程为

$$y''(t) + 5y(t) + 6y(t) = f(t) \tag{2-98}$$

如果已知：

$$f(t) = e^{-t}, t \geqslant 0 \text{ 及 } y(0) = 3.5, y'(0) = -8.5$$

求上面这种情况下系统响应 $y(t)$ 的完全解。

解：式(2-98)的微分算子方程为

$$(p^2 + 5p + 6) y(t) = f(t)$$

因为

$$A(p) = p^2 + 5p + 6 = (p+2)(p+3)$$

故有特征根 $\lambda_1 = 2$，$\lambda_2 = 3$，微分方程的齐次解为

$$y_h(t) = c_{10} e^{-2t} + c_{20} e^{-3t} \tag{2-99}$$

当输入 $f(t)=\mathrm{e}^{-t}$ 时，由表 2-6-2 可设微分方程特解为

$$y_{\mathrm{p}}(t)=Q\,\mathrm{e}^{-t}$$

将 $y_{\mathrm{p}}(t)$、$y'_{\mathrm{p}}(t)$、$y''_{\mathrm{p}}(t)$ 和 $f(t)$ 代入式(2-55)，整理得

$$2Q\,\mathrm{e}^{-t}=\mathrm{e}^{-t}$$

解得 $Q=0.5$，于是有

$$y_{\mathrm{p}}(t)=0.5\,\mathrm{e}^{-t} \tag{2-100}$$

按式(2-97)，微分方程完全解

$$y(t)=y_{\mathrm{h}}(t)+y_{\mathrm{p}}(t)=c_{10}\,\mathrm{e}^{-2t}+c_{20}\,\mathrm{e}^{-3t}+0.5\,\mathrm{e}^{-t} \tag{2-101}$$

一阶导数

$$y'(t)=-2c_{10}\,\mathrm{e}^{-2t}-3c_{20}\,\mathrm{e}^{-3t}-0.5\,\mathrm{e}^{-t}$$

在上面两式中，令 $t=0$，并考虑已知初始条件，得

$$y(0)=c_{10}+c_{20}+0.5=3.5$$

$$y'(0)=-2c_{10}-3c_{20}-0.5=-8.5$$

解得 $c_{10}=1$，$c_{20}=2$，代入式(2-101)得到响应 $y(t)$ 的完全解

$$y(t)=\underbrace{\mathrm{e}^{-2t}+2\mathrm{e}^{-3t}}_{\substack{\text{齐次解}\\ \text{(自由响应)}}}+\underbrace{0.5\,\mathrm{e}^{-t}}_{\substack{\text{特解}\\ \text{(强迫响应)}}}\qquad t\geqslant 0 \tag{2-102}$$

【练习思考题】

2.1　写出下列复频率 s 所表示的指数信号 e^{st} 的表达式，并画出其波形。

(1)2；　(2)－2；　(3) $-j5$；　(4) $-1+j2$。

2.2　各信号波形如题图 2-1 所示，计算下列卷积，并画出其波形。

(1) $f_1(t)*f_2(t)$；　(2) $f_1(t)*f_3(t)$；

(3) $f_4(t)*f_3(t)$；　(4) $f_4(t)*f_5(t)$。

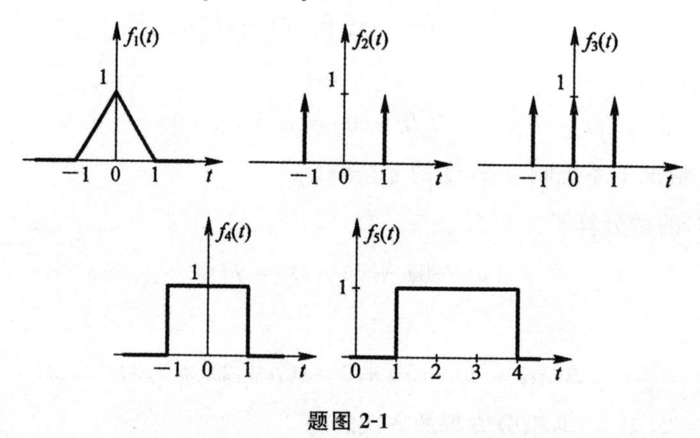

题图 2-1

2.3　已知 $f_1(t)$ 和 $f_2(t)$ 如题图 2-2 所示。设 $f(t)=f_1(t)*f_2(t)$，试求 $f(-1)$、$f(0)$ 和 $f(1)$ 的值。

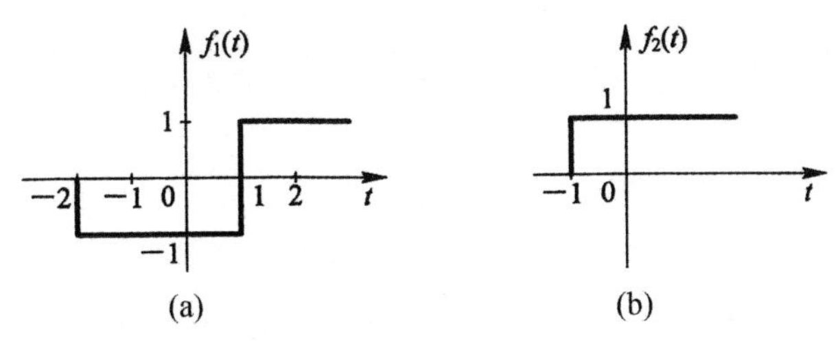

题图 2-2

2.4　某 LTI 系统的输入 $f(t)$ 和冲激响应 $h(t)$ 如题图 2-3 所示，试求系统的零状态响应，并画出波形。

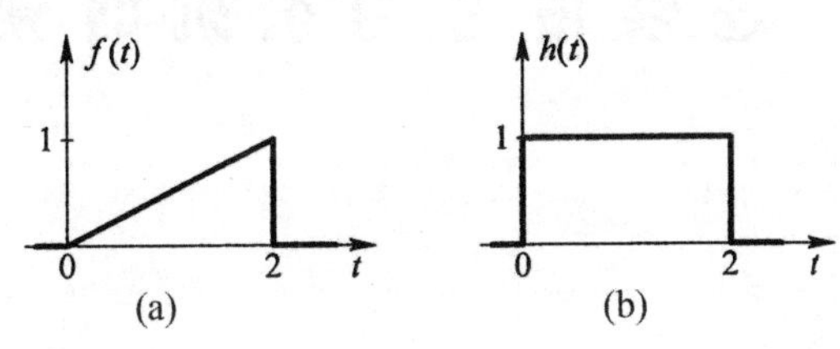

题图 2-3

2.5　如题图 2-4 所示电路，$t<0$ 时已处稳态。$t=0$ 时，开关 S 由位置 a 打至 b。求输出电压 $u(t)$ 的零输入响应、零状态响应和全响应。

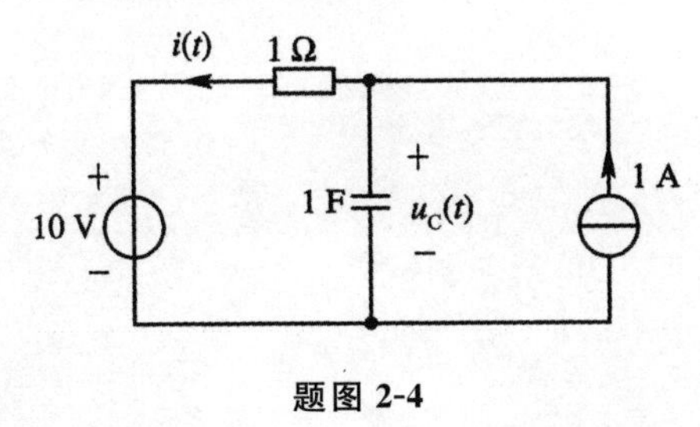

题图 2-4

第三章 连续信号与系统的频域分析

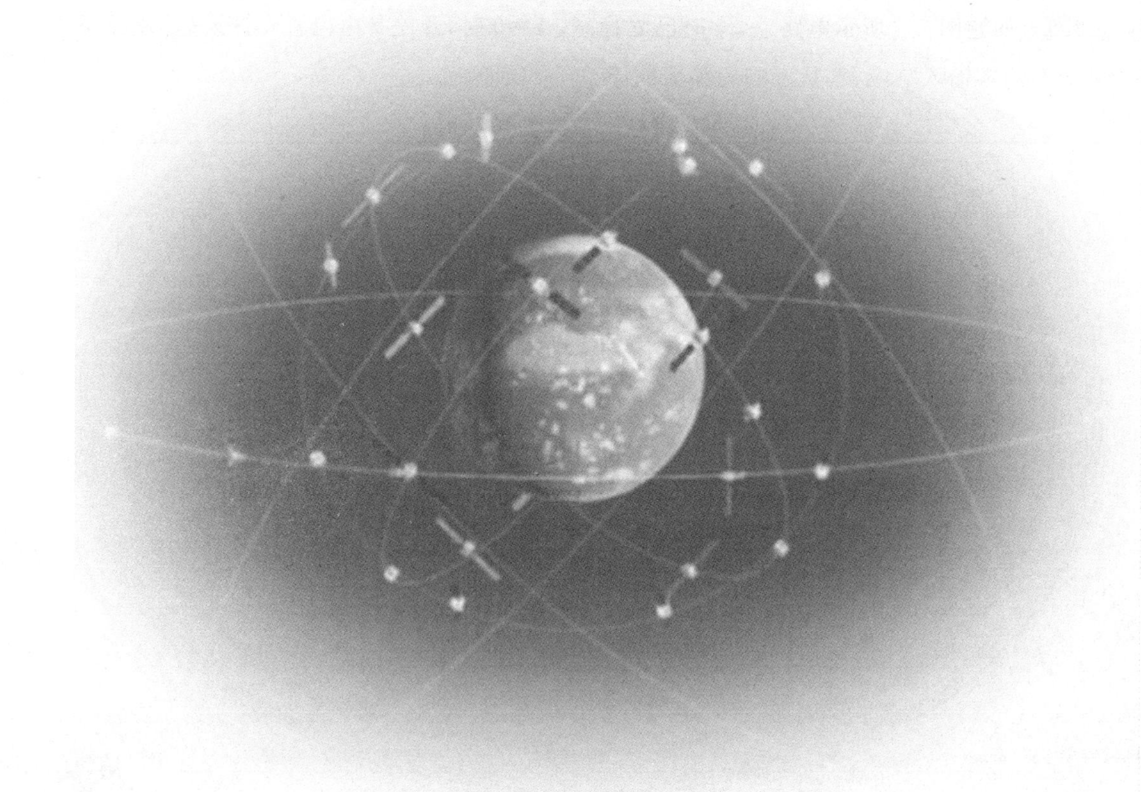

第一节　傅里叶分析及信号的正交分解

一、傅里叶分析

时域分析的核心是 LTI 系统通过“卷积”运算求得任意输入引起的输出。卷积的原理是将信号分解成基本信号的叠加，每个基本分量都对系统产生响应，而总的响应就是各分量激励引起的响应的叠加。“卷积”中应用的基本信号是冲激信号，卷积的过程就是一个将移位和加权后的冲激响应组合起来从而得到总响应的过程。这种方法之所以有效是因为 LTI 系统具有线性和时不变性。

下面思考这样一个问题，当输入信号为复指数信号 $e(t)=\mathrm{e}^{j\omega_1 t}$ 时，通过单位冲激响应为 $h(t)$ 的 LTI 系统，响应是多少？

我们知道，对于 LTI 系统，输出等于输入和单位冲激响应的卷积，即

$$
\begin{aligned}
r(t) &= e(t) * h(t) \\
&= \int_{-\infty}^{+\infty} h(\tau)\mathrm{e}^{j\omega_1(t-\tau)}\mathrm{d}\tau \\
&= \mathrm{e}^{j\omega_1 t}\int_{-\infty}^{+\infty} h(\tau)\,\mathrm{e}^{-j\omega_1 \tau}
\end{aligned}
\tag{3-1}
$$

如果将 $\int_{-\infty}^{+\infty} h(\tau)\mathrm{e}^{j\omega_1(t-\tau)}\mathrm{d}\tau$ 表示成函数 $H(j\omega_1)$，那么一个有趣的现象就出现了，式(3-1)将变成

$$
r(t)=\mathrm{e}^{j\omega_1 t}H(j\omega_1) \tag{3-2}
$$

$\mathrm{e}^{j\omega_1 t}$ 虽然是时间的函数，但它却含有频率的意义，$\mathrm{e}^{j\omega_1 t}$ 的角频率为 ω_1 。

因此，当以 $\mathrm{e}^{j\omega_1 t}$ 作为输入信号时，得到的输出信号与输入信号同频率，而且也是 $\mathrm{e}^{j\omega_1 t}$ 的形式，只是幅度和相位不同。

由此产生了一种新的思路：能不能将信号进行另一种分解，分解成 $\mathrm{e}^{j\omega t}$ 这种基本分量的形式，由此得到的输出是各复指数函数对应的输出之叠加？答案当然是肯定的，因为对于 LTI 系统，当 $e(t)=K_1\,\mathrm{e}^{j\omega_1 t}+K_2\,\mathrm{e}^{j\omega_2 t}$ 时，

$$
r(t)=K_1\,\mathrm{e}^{j\omega_1 t}H(j\omega_1)+K_2\,\mathrm{e}^{j\omega_2 t}H(j\omega_2)
$$

对信号进行复指数函数的分解，这就是著名的傅里叶分析。由于复指数函数含有频率的概念，因此这种分析方法相当于是在频域进行，这就是信号的频域分析，也称为信号的傅里叶分析。

根据欧拉公式

$$
\mathrm{e}^{j\omega t}=\cos(\omega t)+j\sin(\omega t)
$$

因此上述分解方法也相当于将信号分解成正弦函数或余弦函数，即三角级数。

其实，三角级数的概念最早见于古巴比伦时代的预测天体运动中。18 世纪中叶，欧拉(Leonhard Euler，1707—1783)和伯努利(D. Bernoulli)等在振动弦的研究过程中印证了三角级数的概念，但他们最终却抛弃了自己最初的想法。同时拉格朗日(J. L. Lagrange，1736—1813)也强烈批评，坚持“一个具有间断点的函数是不可能用三角级数来表示的”。1768 年生于法国的傅里叶(J. B. J. Fourier，1768—1830)在研究热的传播和扩散理论时，洞察出三角级数的重大意义。1807 年，他向法兰西科学院提交了一篇论文，运用正弦曲线来描述温度分布。论文里有一个在当时具有争议性的论点：任何周期信号都可以用成谐波关系的正弦函数级数来表示。当时有 4 位科学家评审他的论文，其中拉普拉斯和另两位科学家同意傅里叶的观点，而拉格朗日坚决反对，在近 50 年的时间里，拉格朗日坚持认为三角级数无法表示有间断点的函数。几经周折直到 15 年后的 1822 年，傅里叶才在他的 *Theorie analytique de la chaleur*(《热的分析理论》)一书中以另一种方式展示了他的成果。谁是对的呢？拉格朗日是对的：正弦曲线确实无法组合成一个带有间断点的信号。但是，我们可以用正弦曲线来非常逼近地表示它，逼近到两种表示方法不存在能量差别，二者对任何实际的物理系统的作用是相同的，基于此，傅里叶是对的。到 1829 年，德国数学家狄里赫利(Dirichlet)第一次给出了三角级数的收敛条件，严格解释了什么函数可以或不可以由傅里叶级数表示。至此，傅里叶的论点有了数学基础。

不仅如此，傅里叶最重要的另一个成果是，他认为非周期信号可以用“不全成谐波关系的正弦信号加权积分”表示(即后来所谓的傅里叶变换)。为表彰傅里叶的工作，科学界将这种分析方法称为傅里叶分析。傅里叶分析在信号处理、物理学、光学、声学、机械、数论、组合数学、概率、统计、密码学等几乎所有领域都有着广泛的应用，这是傅里叶对人类的最大贡献。

简言之，傅里叶的论点主要有两个，一是周期函数可以表示为谐波关系的正弦函数的加权和；二是非周期函数可以用正弦函数的加权积分表示。由于正弦函数的表达式中既含有时间也含有频率，因此，傅里叶分析实际上揭示了信号的时间特性和频率特性之间的内在联系，是对信号的频率特性的分析，这是傅里叶分析的物理意义。

什么是频域？顾名思义，频域就是频率域，以“频率”为自变量对信号进行分析，分析信号的频率结构(由哪些单一频率的信号合成)，并在频率域中对信号进行描述，这就是信号的频域分析，即傅里叶分析。

二、信号的正交分解

两个正交函数相乘并在某范围内积分，所得积分值为零。由于正交函数具有这样的特性，因此，不同的正交函数分量可以相互分离开，这是将信号分解成正交函数的好处。而且关键的是，时域中的任何波形都可以分解成正交函数，或者说，用完备的正交函数集可以表示任意信号。

正交信号很多，埃尔米特多项式（Hermite Polynomials）、勒让德多项式（Legendre Polynomials）、拉格朗日多项式（Laguerre Polynomials）、贝塞尔函数（Bessel Polynomials）以及正弦函数都是正交函数。尤为值得注意的是，三角函数和复指数函数是正交函数，而且，三角函数集$\{\sin(n\omega_1 t), \cos(n\omega_1 t)\}$和复指数函数集$\{e^{jn\omega_1 t}\}$是完备的正交函数集。

1. 信号的谐波分量分解

尽管正交信号很多，但傅里叶分析选择了正弦函数作为正交函数进行分解，选择正弦函数的理由有以下几点：

（1）正弦波有精确的数学定义。

（2）正弦波及其微分处处存在，而且其值是有界的。可以用正弦波来描述现实中的波形。

（3）时域中的任何波形都可由各个频率的正弦波组合进行完整且唯一的描述。

（4）任何两个不同频率的正弦波都是正交的，因此可以将不同的频率分量相互分离。

其实，最为关键的是，正弦信号含有频率的概念，正弦信号是唯一既含有时间又含有频率变量的函数，从正弦波中既可以看到时间的参量，也可以看到频率的影响。因此，也可以说，正弦波是对频域的描述，这是频域中最重要的规则。

在电气、电子信息、通信、控制等领域中的很多现象，都可以利用正弦波得到满意的解决，如 RLC 电路、互连线的电气效应、通信的带宽、信息码率等。

因此，傅里叶选择了正弦函数进行分解，就具有了非同寻常的工程意义。傅里叶分析几乎涵盖了所有的领域，这是他对人类进步最大的贡献。

以三角函数集$\{\sin(n\omega_1 t), \cos(n\omega_1 t)\}$或复指数函数集$\{e^{jn\omega_1 t}\}$展开的级数，就是傅里叶级数。$\sin(\omega_1 t)$ 和 $\cos(\omega_1 t)$ 是基本的周期信号，与其成谐波关系的函数是 $\sin(n\omega_1 t)$ 和 $\cos(n\omega_1 t)$。$e^{j\omega_1 t}$ 是基本的周期复指教信号，周期为 $T_1 = 2\pi/\omega_1$，与其成谐波关系的函数是复谐波函数 $e^{jn\omega_1 t}$。傅里叶级数就是将信号展开成基本分量和各次谐波分量之和。

2. Dirichlet 条件

Dirichlet 条件是将周期信号展成傅里叶级数的条件，任何周期信号只要满足 Dirichlet 条件，都可以展开成傅里叶级数。Dirichlet 条件包括以下三个方面：

（1）在一个周期内信号 $f(t)$ 是绝对可积的，即

$$\int_T |f(t)|\,\mathrm{d}t < \infty \tag{3-3}$$

这里，$\int_T$ 表示在一个周期 T 内的积分，例如，积分限为 $-T/2 \sim T/2$ 或 $0 \sim T$。

(2)在一个周期内,信号 $f(t)$ 是有界变量,即 $f(t)$ 在一个周期内有有限个极大值或极小值。

(3) 一个周期内,信号 $f(t)$ 是连续的,只有有限个第一类间断点。

这就是 Dirichlet 条件,是信号 $f(t)$ 能进行傅里叶级数展开的充分条件。工程应用中的许多物理信号都能满足 Dirichlet 条件,因此都可以进行傅里叶级数展开。

第二节　周期信号的傅里叶级数展开

一、三角形式的傅里叶级数

三角函数集 $\{\cos(n\omega_1 t), \sin(n\omega_1 t)\}$ 是完备的正交函数,任意周期信号只要满足 Dirichlet 条件,都可以展开成三角形式的傅里叶级数。

假设一个周期信号 $f(t)$,周期为 T_1,角频率为 $\omega_1 = \frac{2\pi}{T_1}$,那么,$f(t)$ 可以表示成三角函数的线性组合:

$$\begin{aligned} f(t) &= a_0 + a_1\cos(\omega_1 t) + b_1\sin(\omega_1 t) + a_2\cos(2\omega_1 t) + b_2\sin(2\omega_1 t) + \cdots \\ &= a_0 + \sum_{n=1}^{+\infty}\left[a_n\cos(n\omega_1 t) + b_n\sin(n\omega_1 t)\right] \end{aligned} \tag{3-4}$$

系数

$$a_0 = \frac{1}{T_1}\int_{T_1} f(t)\mathrm{d}t \tag{3-5}$$

$$a_n = \frac{2}{T_1}\int_{T_1} f(t)\cos(n\omega_1 t)\mathrm{d}t \tag{3-6}$$

$$b_n = \frac{2}{T_1}\int_{T_1} f(t)\sin(n\omega_1 t)\mathrm{d}t \tag{3-7}$$

式中,$\int_{T_1}$ 表示在一个周期 T_1 内的积分。

其中,a_0 是常数项,表示的是直流分量。a_n 和 b_n 都是($n\omega_1$)的函数(n 为整数),或是频率 ω 的函数(但这里 $\omega = n\omega_1$,只能取一系列的离散值),表示的是谐波成分。一般将周期信号本身所具有的频率称为基频,$f_1 = 1/T_1$、$\omega_1 = 2\pi/T_1$ 是周期为 T_1 的周期信号的基本频率,展开式中与原信号频率相同的正余弦分量 a_1、b_1 称为基波分量。而具有基频整数倍(如 $2\omega_1$、$3\omega_1$、…)的正余弦分量 a_2、b_2、a_3、b_3、…称为谐波分量,依次为二次谐波、三次谐波、…。a_n 是余弦项的系数,表示的是 n 次谐波的余弦分量,b_n 表示的是 n 次谐波的正弦分量。

因此,任何周期信号在满足 Dirichlet 的条件下都可以分解为直流分量和一系列正弦、余弦分量,这些正余弦分量的频率是原周期信号频率的整数倍。

二、幅度相位形式的傅里叶级数

将式(3-4)整理：

$$f(t)=a_0+\sum_{n=1}^{+\infty}\sqrt{a_n^2+b_n^2}\left[\frac{a_n}{\sqrt{a_n^2+b_n^2}}\cos(n\omega_1 t)+\frac{b_n}{\sqrt{a_n^2+b_n^2}}\sin(n\omega_1 t)\right]$$

令 $c_0=a_0, c_n=\sqrt{a_n^2+b_n^2}, \tan\phi_n=\dfrac{b_n}{a_n}$，则

$$f(t)=c_0+\sum_{n=1}^{+\infty}c_n\cos(n\omega_1 t-\phi_n) \tag{3-8}$$

这就是幅度相位形式的傅里叶级数，c_0 是直流分量，c_n 表示行次谐波的幅度，$-\phi_n$ 表示 n 次谐波的相位。系数间的关系如图 3-2-1 所示。

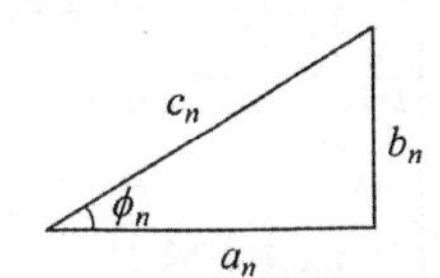

图 3-2-1　三角级数系数间的关系图

其实，幅度相位形式的傅里叶级数是三角形式傅里叶级数的变形，在工程应用中更常使用。

三、指数形式的傅里叶级数

除了可以展成三角级数外，周期信号还可以展成复指数函数 $e^{jn\omega_1 t}$ 的线性组合

$$f(t)=\sum_{n=-\infty}^{+\infty}F_n e^{jn\omega_1 t} \tag{3-9}$$

这就是指数形式的傅里叶级数展开，其中，系数公式

$$F_n=\frac{1}{T_1}\int_{T_1}f(t)e^{jn\omega_1 t}dt \tag{3-10}$$

式(3-9)中，$n\in(-\infty,+\infty)$，负频率的引入是由完备性决定的，是为了平衡正频率从而使求和的结果为实数值。

四、傅里叶级数展开式各系数间的关系

周期信号可以展开成指数形式的傅里叶级数，也可以展开成三角形式或幅度相位形式的傅里叶级数，三种形式的傅里叶级数表达式为

$$\begin{aligned}f(t)&=\sum_{n=-\infty}^{+\infty}F_n e^{jn\omega_1 t}\\&=a_0+\sum_{n=1}^{+\infty}[a_n\cos(n\omega_1 t)+b_n\sin(n\omega_1 t)]\end{aligned}$$

$$= c_0 + \sum_{n=1}^{\infty} c_n \cos(n\omega_1 t - \phi_n)$$

只要求得每种形式展开式中的系数，代入展开式就可得到傅里叶级数。

下面推导三种展开式的系数之间的关系。

$$\begin{aligned} F_n &= \frac{1}{T_1}\int_{T_1} f(t)\mathrm{e}^{-jn\omega_1 t}\mathrm{d}t \\ &= \frac{1}{T_1}\int_{T_1} f(t)\cos(n\omega_1 t)\mathrm{d}t - j\,\frac{1}{T_1}\int_{T_1} f(t)\sin(n\omega_1 t)\mathrm{d}t \\ &= \frac{1}{2}a_n - j\,\frac{1}{2}\,b_n \end{aligned}$$

F_n 一般是复数，可以表示成实部、虚部的形式，也可以表示成模和相位的形式，即

$$F_n = \mathrm{Re}\,F_n + j\mathrm{Im}\,F_n$$

$$F_n = |F_n|\mathrm{e}^{j\varphi_n}$$

由此可得各系数之间的关系：

直流分量

$$a_0 = c_0 = F_0 \tag{3-11}$$

n 次谐波

$$\begin{cases} a_n = 2\mathrm{Re}\,F_n \\ b_n = -2\mathrm{Im}\,F_n \\ c_n = \sqrt{a_n^2 + b_n^2} = 2|F_n| \end{cases} \tag{3-12}$$

【例题 3.1】 求周期性冲激信号 $\delta_{T_1}(t) = \sum\limits_{n=-\infty}^{n=+\infty} \delta(t - nT_1)$（图 3-2-2）的傅里叶级数展开式。

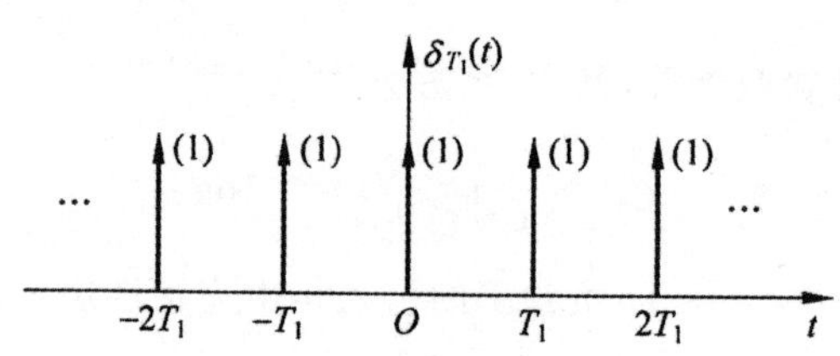

图 3-2-2 周期性冲激信号

解：

(1)先求指数形式的傅里叶级数的系数

$$F_n = \frac{1}{T_1}\int_{-T_1/2}^{T_1/2} \delta(t)\mathrm{e}^{-jn\omega_1 t}\mathrm{d}t = \frac{1}{T_1} \tag{3-13}$$

则指数形式的傅里叶级数展开式为

$$\delta_{T_1}(t) = \sum_{n=-\infty}^{n=+\infty} \frac{1}{T_1}\,\mathrm{e}^{jn\omega_1 t} \tag{3-14}$$

(2)也可以求三角形式的傅里叶级数展开式。

$$a_0 = F_0 = \frac{1}{T_1}, a_n = 2\mathrm{Re}\, F_n = \frac{2}{T_1}, b_n = -2\mathrm{Im}\, F_n = 0$$

则三角形式的傅里叶级数为

$$\delta_{T_1}(t) = \frac{1}{T_1} + \sum_{n=1}^{+\infty} \frac{2}{T_1}\cos(n\omega_1 t) \tag{3-15}$$

式(3-15)表明,周期性冲激信号含有直流分量以及无穷多的余弦分量,所有余弦分量的幅度都是 $c_n = 2/T_1$,表明周期性冲激信号含有$[0, +\infty]$所有的频率成分,而且除直流分量为 $1/T_1$ 外,其余的每个频率分量的幅度都是 $2/T_2$,甚至无穷大的频率成分依然存在。

根据式(3-15)进行图形合成,可以更好地理解傅里叶级数展开的物理意义。图 3-2-3 只是示意性地画出了几个频率成分,但不难想象无穷多频率成分叠加的效果。

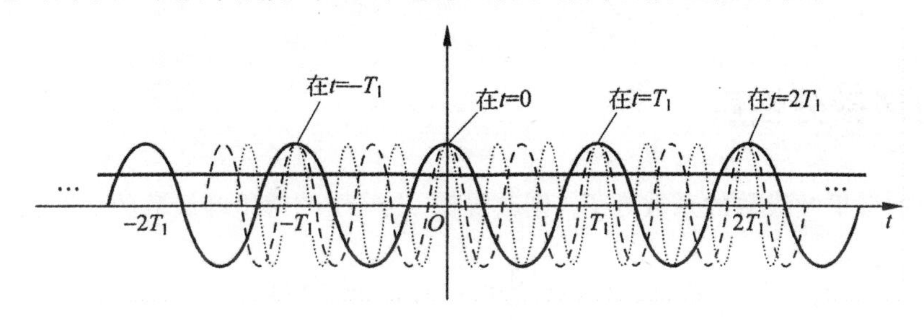

图 3-2-3 周期性冲激信号的傅里叶级数展开

对于任意整数 n, $\cos(n\omega_1 t)$ 在 $t=0, t= T_1, \cdots, t=nT_1$ 时都为 1(顶点),即在 $t=0, T_1, \cdots, nT_1$ 点上,各谐波分量的幅度都为$(nT_1 + \infty \cdot 2/T_1)$,无穷多项相加的结果为无穷大。而在其他时刻,无穷多项余弦信号叠加(函数内插)的结果为零。这与周期性冲激信号是吻合的。

第三节 傅里叶级数的性质

本节分析当周期信号进行某种运算或具有某种对称性时傅里叶级数的表现,运算包括线性叠加、位移、微分等;而当信号具有某种对称性时,其傅里叶级数的系数往往呈现某些特征。

一、线性

由式(3-10)可知,傅里叶级数的系数 F_n与时间信号 $f(t)$之间的积分运算是一种线性运算,因此傅里叶级数的系数满足叠加性和均匀性。如果 $f_1(t)$的傅里叶级数系数为 F_{1n}, $f_2(t)$的傅里叶级数系数为 F_{2n}则$K_1 f_1(t) + K_2 f_2(t)$的傅里叶级数的系数为$K_1 F_{1n} + K_2 F_{2n}$。

二、位移性质

如果 $f(t)$的傅里叶级数系数为 F_n,则 $f(t-\tau)$ 的傅里叶级数系数为 $F_n\,\mathrm{e}^{-jn\omega_1 t}$ 。

证明:根据傅里叶级数的系数公式,$f(t-\tau)$ 的傅里叶级数的系数

$$G_n=\frac{1}{T_1}\int_{t_0}^{t_0+T_1} f(t-\tau)\,\mathrm{e}^{-jn\omega_1 t}\,\mathrm{d}t$$

令 $x=t-\tau$,则上式变为

$$\begin{aligned}G_n&=\frac{1}{T_1}\int_{t_0-\tau}^{t_0+T_1-\tau} f(t-\tau)\,\mathrm{e}^{-jn\omega_1(x+t)}\,\mathrm{d}t\\&=\left[\frac{1}{T_1}\int_{t_0-\tau}^{t_0+T_1-\tau} f(x)\,\mathrm{e}^{-jn\omega_1 x}\,\mathrm{d}x\right]\mathrm{e}^{-jn\omega_1\tau}\\&=F_n\,\mathrm{e}^{-jn\omega_1 t}\end{aligned}$$

三、时域微分性质

若 $f(t)$的傅里叶级数的系数为 F_n,则其导数 $\dfrac{\mathrm{d}}{\mathrm{d}t}f(t)$ 的傅里叶级数的系数为 $jn\omega_1 F_n$ 。

证明:若 $f(t)$的周期为 T_1,则其导数 $\dfrac{\mathrm{d}}{\mathrm{d}t}f(t)$ 也必然是周期为 T_1 的周期信号,$\dfrac{\mathrm{d}}{\mathrm{d}t}f(t)$ 的傅里叶级数系数

$$\begin{aligned}G_n&=\frac{1}{T_1}\int_{t_0}^{t_0+T_1} f'(t)\,\mathrm{e}^{-jn\omega_1 t}\,\mathrm{d}t\\&=\frac{1}{T_1}\left[f(t)\,\mathrm{e}^{-jn\omega_1 t}\right]\Big|_{t_0}^{t_0+T_1}+\frac{1}{T_1}\int_{t_0}^{t_0+T_1} jn\omega_1 f(t)\,\mathrm{e}^{-jn\omega_1 t}\,\mathrm{d}t\\&=jn\omega_1\left[\frac{1}{T_1}\int_{t_0}^{t_0+T_1} f(t)\,\mathrm{e}^{-jn\omega_1 t}\,\mathrm{d}t\right]\\&=jn\omega_1 F_n\end{aligned}$$

对于高阶导数 $\dfrac{\mathrm{d}^k}{\mathrm{d}t^k}f(t)$,其傅里叶级数的系数为 $(jn\omega_1)^k F_n$ 。

有些信号求导后可能出现比较简单甚至冲激函数的形式,对这类信号应用微分性质求傅里叶级数可能会简化运算。但需要注意的是,直流分量要特别考虑。

四、时域奇偶对称性

周期信号的对称性分为两类,一类是整周期对称;另一类是半周期对称。整周期对称包括偶对称和奇对称,半周期对称包括奇谐对称和偶谐对称。

1. 偶对称信号

偶对称信号满足

$$f(t)=f(-t)$$

即 $f(t)$ 是偶函数。可求得其傅里叶级数的系数

$$b_n=\frac{2}{T_1}\int_{-T_1/2}^{T_1/2}f(t)\sin(n\omega_1 t)\mathrm{d}t=0$$

$$a_0=\frac{1}{T_1}\int_{-T_1/2}^{T_1/2}f(t)\mathrm{d}t\neq 0$$

$$a_n=\frac{2}{T_1}\int_{-\frac{T_1}{2}}^{\frac{T_1}{2}}f(t)\cos(n\omega_1 t)\mathrm{d}t=\frac{4}{T_1}\int_0^{T_1/2}f(t)\cos(n\omega_1 t)\mathrm{d}t\neq 0$$

所以,偶对称信号的傅里叶级数展开式为

$$f(t)=a_0+\sum_{n=1}^{+\infty}a_n\cos(n\omega_1 t) \tag{3-16}$$

即偶对称信号只含有直流分量和余弦分量,不含有正弦分量。如本章第二节中的例题 3.1 是偶对称的例子。

2. 奇对称信号

奇对称信号满足

$$f(t)=-f(-t)$$

即 $f(t)$ 是奇函数,其傅里叶级数的系数

$$a_n=\frac{2}{T_1}\int_{-T_1/2}^{T_1/2}f(t)\cos(n\omega_1 t)\mathrm{d}t=0$$

$$a_0=\frac{1}{T_1}\int_{-T_1/2}^{T_1/2}f(t)\mathrm{d}t\neq 0$$

$$b_n=\frac{2}{T_1}\int_{-T_1/2}^{T_1/2}f(t)\sin(n\omega_1 t)\mathrm{d}t=\frac{4}{T_1}\int_0^{T_1/2}f(t)\sin(n\omega_1 t)\mathrm{d}t\neq 0$$

奇对称信号的傅里叶级数展开式为

$$f(t)=\sum_{n=1}^{+\infty}b_n\sin(n\omega_1 t) \tag{3-17}$$

可见,奇对称信号中不含直流分量,也没有余弦分量,仅仅含有正弦分量。

3. 奇谐对称信号

如果信号 $f(t)$ 满足

$$f(t)=-f(t\pm T_1/2) \tag{3-18}$$

这种信号称为奇谐对称信号。图 3-3-1 的信号就是一个奇谐对称信号。

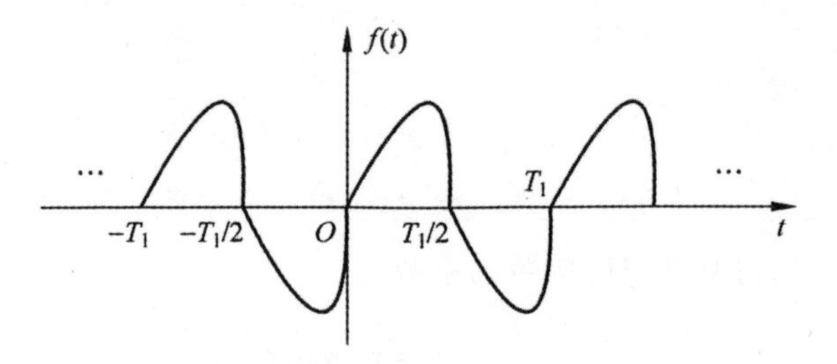

图 3-3-1　奇谐对称信号

实际上，这是一个半周期对称信号，信号平移半个周期后上下翻转与原信号重合。为什么将这种信号称为奇谐对称信号呢?

下面先求傅里叶级数的系数，将 $f(t)$ 表示成两部分

$$f(t)=\begin{cases} f_1(t), & -T_1/2 \leqslant t < 0 \\ -f_1(t-T_1/2), & 0 \leqslant t < T_1/2 \end{cases}$$

则

$$a_0=\frac{1}{T_1}\int_{-T_1/2}^{0} f_1(t)\mathrm{d}t+\frac{1}{T_1}\int_{0}^{T_1/2}[-f_1(t-T_1/2)]\mathrm{d}t=0$$

$$a_n=\frac{2}{T_1}\int_{-T_1/2}^{0} f_1(t)\cos(n\omega_1 t)\mathrm{d}t-\frac{2}{T_1}\int_{0}^{T_1/2}-f_1(t-T_1/2)\cos(n\omega_1 t)\mathrm{d}t$$

令 $\tau=t-T_1/2$，则

$$\begin{aligned} a_n &= \frac{2}{T_1}\int_{-T_1/2}^{0} f_1(t)\cos(n\omega_1 t)\mathrm{d}t-\frac{2}{T_1}\int_{-T_1/2}^{0} f_1(\tau)\cos[n\omega_1(\tau+T_1/2)]\mathrm{d}\tau \\ &= \frac{2}{T_1}\int_{-T_1/2}^{0} f_1(t)\cos(n\omega_1 t)\mathrm{d}t-\frac{2}{T_1}\int_{-T_1/2}^{0} f_1(\tau)\cos(n\omega_1\tau+n\pi)\mathrm{d}\tau \\ &= \begin{cases} \dfrac{4}{T_1}\displaystyle\int_{-T_1/2}^{0} f_1(t)\cos(n\omega_1 t)\mathrm{d}t, & n=2r+1 \\ 0, & n=2r \end{cases} \end{aligned}$$

同理

$$b_n=\begin{cases} \dfrac{4}{T_1}\displaystyle\int_{-T_1/2}^{0} f_1(t)\sin(n\omega_1 t)\mathrm{d}t, & n=2r+1 \\ 0, & n=2r \end{cases}$$

由此，当 n 为偶数时，$a_n=b_n=0$；当 n 为奇数时，$a_n=a_{n2r+1}\neq 0$，$b_n=b_{n2r+1}\neq 0$。

所以，奇谐对称信号的傅里叶级数展开式为

$$f(t)=\sum_{n=1}^{+\infty}\{a_{2r+1}\cos[(2r+1)\omega_1 t]+b_{2r+1}\sin[(2r+1)\omega_1 t]\} \tag{3-19}$$

4. 偶谐对称信号

如果信号 $f(t)$ 满足

$$f(t)=f(t\pm T_1/2) \tag{3-20}$$

将具有这种对称性的信号称为偶谐对称信号。这也是一个半周期对称信号，信号平移半个周期后与原信号重叠。实际上，偶谐对称信号等同于周期为 $T_1/2$ 的偶对称信号。

正是由于周期为 $T_1/2$，所以基本角频率为 $2\omega_1$，谐波成分是基本角频率的整数倍，即 $2n\omega_1$，故这种对称信号将只含有偶次谐波分量。具体证明可以参照奇谐函数的傅里叶级数系数求解过程，这里从略。

第四节　信号的频谱

傅里叶级数展开式依然是时间函数的表示，但展开式的每一项或是直流分量，或是谐波分量。一个信号到底含有什么频率成分以及各频率成分的相对关系，取决于信号的傅里叶级数的系数。当傅里叶级数的系数 $c_k=0$ 时，说明不存在 k 次谐波的频率成分。而当 $c_n>c_m$ 时，说明信号中所含的 n 次谐波分量要比 m 次谐波分量大，即 n 次谐波分量所占的权重更大一些。

为了直观地表示信号所含各频率成分的大小，可以将傅里叶级数的系数与频率的关系画成图形，这就是信号的频谱。

一、信号的“谱”表示

傅里叶级数的系数与时间信号一一对应，不同的时间信号，其傅里叶级数的系数不同。如果将信号的傅里叶级数的系数与频率 ω 的关系表示出来，可以从另外一个角度（即频率的角度）来表示时间信号。

先分析一个简单的信号

$$f(t)=3\cos(\omega_1 t)$$

如果将这个正弦信号在时域用图形表示出来，需要无穷多个点才能连成余弦曲线，其时域波形见图 3-4-1(a)。由于正弦信号的三要素是频率、幅度和相位，只要这三个要素确定，正弦信号就完全确定。这个周期信号只有一个频率，那就是 ω_1，幅度为 3，相位为零。如果画一个坐标系，横坐标代表频率、纵坐标代表幅度或相位，那么在这样的坐标系中，只需表示正弦信号的三要素就可以了。图 3-4-1(b)表示幅度－频率的关系，(c)表示相位－频率的关系，二者合起来就完整地描述了这个正弦信号，当然，这种描述是从频域的角度。在频域，单频正弦信号只需一个点就可以表示。从图 3-4-1(b)看出，信号的频率只有 ω_1，相应的幅度为 3；而图 3-4-1(c)表示相位为零。

需要特别说明的是，图 3-4-1(a)的时域描述和图 3-4-2 的频域描述，都是正弦信号 $3\cos(\omega_1 t)$ 的表示，只是一个在时域（自变量是 t），一个在频域（自变量是 ω），是同一事物的两种表现形式。所谓的“横看成岭侧成峰”，不同的角度，表现的形式不同，但不管观察的角度如何，都是那座山。

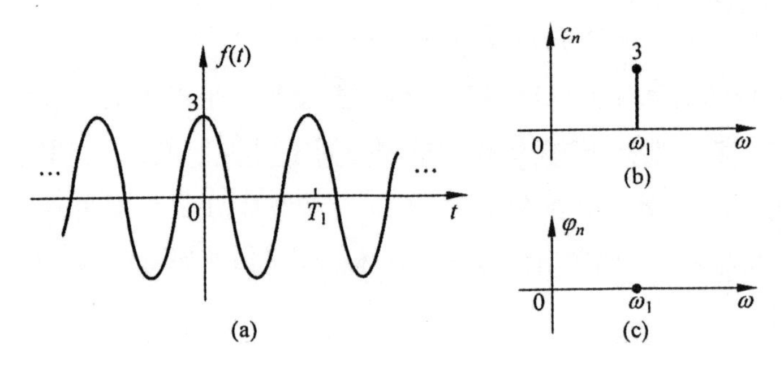

图 3-4-1　正弦信号的时域表示和频域表示

再举一个例子，信号 $f(t)$ 为

$$f(t) = 3\cos(t - \pi/4) + 2\cos(3t + \pi/3)$$

该信号包含两个正弦信号，分别是基波分量和三次谐波，基波频率为 $\omega_1 = 1$，基波分量和三次谐波分量的幅度分别为 3 和 2，对应的相位分别为 $-\pi/4$ 和 $\pi/3$。其他频率成分为 0。画出 $f(t)$ 的频域描述，如图 3-4-2 所示。

$f(t)$ 的时域波形如图 3-4-3 所示，从时域波形中很难直接看出信号所含的频率成分，但在图 3-4-2 的信号频域描述图形中，信号所含的频率成分一目了然，这是信号频域分析的优势所在。

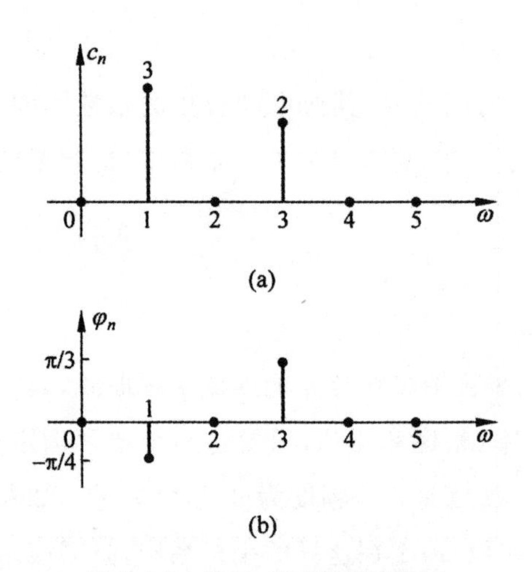

图 3-4-2　信号 $f(t)$ 的频域描述

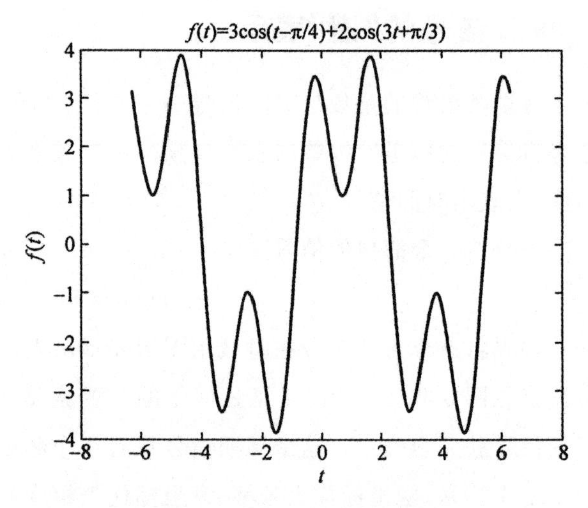

图 3-4-3　$f(t)$ 的时域波形

在信号的频域描述中，幅度谱线的长度代表了频率分量的振幅，相位谱线的长度代表了频率分量的相角大小，它们共同构成信号 $f(t)$ 的"谱"。

二、周期信号的频谱

傅里叶级数表明周期信号可以分解成若干不同幅度、不同相位、不同频率的余弦波的叠加。类似于图 3-4-2，将不同频率成分的幅度或相位画成图形，信号所含的频率成分一目了然，这样的图形称为信号的频谱图，是信号各次谐波分量的图形表示。因此，周期信号的频谱描述了周期信号的谐波组成情况，表示周期信号所含的频率成分。其中，幅度与频率的关系称为幅度频谱，简称幅度谱；相位与频率的关系称为相位频谱，简称相位谱。

周期信号既可以展开成指数形式的傅里叶级数，也可以展开成幅度相位形式的傅里叶级数，由各自系数即可得到指数形式的频谱图和三角形式的频谱图。

指数形式的傅里叶级数展开式

$$f(t)=\sum_{n=-\infty}^{+\infty}F_n\,\mathrm{e}^{jn\omega_1 t}$$

将系数 F_n 表示成模和相位的形式

$$F_n=|F_n|\,\mathrm{e}^{j\varphi_n} \tag{3-21}$$

画出 $|F_n|-\omega$ 和 $\varphi_n-\omega$ 的关系图，即得到指数形式的幅度频谱和相位频谱。

对于幅度相位形式的傅里叶级数展开式

$$f(t)=c_0+\sum_{n=-\infty}^{+\infty}c_n\cos(n\omega_1 t+\varphi_n)$$

其幅度 $c_n-\omega$ 和相角 $\varphi_n-\omega$ 的关系图即为三角形式的幅度频谱和相位频谱。

【例题 3.2】 信号 $f(t)=1+3\cos\left(\omega_1 t-\frac{\pi}{4}\right)-2\cos(3\omega_1 t)$，画出其幅度频谱和相位频谱。

解：将信号整理成标准形式

$$f(t)=1+3\cos\left(\omega_1 t-\frac{\pi}{4}\right)-2\cos(3\omega_1 t-\pi)$$

可以看出，$f(t)$ 自身就是傅里叶级数的表现形式，有直流分量、基波分量和三次谐波分量。画出各谐波成分的幅度及相位与频率的关系，就表示了该信号的幅度频谱和相位频谱，如图 3-4-4 所示。

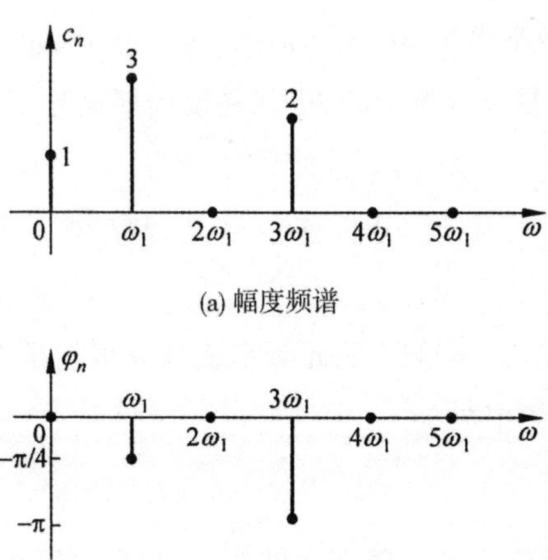

图 3-4-4　例题 3.2 的信号频谱图

本题的频率成分为有限个，一般将这种信号称为有限频宽信号，或称为带限信号。平常我们说的频带，指的是一段频率范围。当信号的傅里叶级数展开式只有有限项，例如当 $n > k_{\max}$ 时，$c_n = 0$，即

$$f(t) = c_0 + \sum_{n=1}^{k_{\max}} c_n \cos(n\omega_1 t + \varphi_n)$$

这种信号就属于带限信号，其最大频率成分是 $k_{\max}\omega_1$。例题 3.2 中的信号的最大角频率是 $3\omega_1$。

三角形式的频谱是正频率分量处的频谱，是实际的物理频谱。指数形式的频谱具有"正、负频率"分量，且关于纵轴对称，幅度频谱满足偶对称，相位频谱满足奇对称。如果将"负频率"分量的幅度频谱以纵轴为对称轴纵向折叠到"正频率"，即与三角形式的幅度频谱相吻合。无论是三角形式的频谱，还是指数形式的频谱，都是信号的频率成分的表示，而且二者在物理上是一致的，仅仅是数学演算上的差别。

三、周期信号频谱的特点

不同的信号具有不同的频谱，表明它们所含的频率成分不同。不过，周期信号的频谱具有一些共同的特点。

1. 离散性

周期信号的频谱是一条条离散的谱线。对于幅度频谱，每条谱线代表某一频率分量的幅度，连接各谱线顶点的曲线(包络线)反映了各频率分量幅度的变化情况。对于相位频谱，每条谱线代表某一频率分量的相位值。

2. 谐波性

周期信号的频谱是在基本频率 ω_1，n 次谐波 $2\omega_1$，…，$3\omega_1$，…，$n\omega_1$ 上的频谱值，谱线间隔为 ω_1。$\omega_1/2$ 或 $(3/2)\omega_1$ 是没有意义的，也就是说周期信号不存在"1/2 次谐波"或"3/2 次谐波"。

例如，某周期信号的周期是 1s，分析该信号是否存在 0.5Hz、1Hz、1.5Hz、2Hz 的频率成分。

实际上，由 $T_1=1\text{s}$ 可知，$f_1=1\text{Hz}$，因此频率成分只可能是 1Hz、2Hz、3Hz…，不可能存在 0.5Hz、1.5Hz 等非谐波频率成分。

3. 收敛性

一般周期信号的频谱理论上有无限多次谐波，从前面例题中不难看出，一般信号高次谐波的幅度总的趋势是逐渐变小的，也就是说信号的高频分量是逐渐衰减的，但不同信号高次谐波的收敛速度不同。如果对信号 $f(t)$ 进行 k 阶求导直至出现 δ 函数，那么其傅里叶级数

将按 $1/n^k$ 的速度收敛(从整体趋势看)。

这个结论可用前面的例题验证。周期性矩形方波和锯齿波信号,求导 1 次就会出现 δ 函数,它们的傅里叶级数的系数都是按 $1/n$ 的速度收敛;半波正弦信号和周期三角脉冲需要求导 2 次才出现 δ 函数,其傅里叶级数的系数按 $1/n^2$ 的速度收敛。如果一个周期信号求导 3 次才出现 δ 函数,那么它的幅度频谱的收敛速度是 $1/n^3$。

事实上,信号波形越平滑,需要越高阶求导才可能出现 δ 函数,因此,信号的高次谐波收敛速度很快,即其高次谐波的幅度越小,说明高频成分越少;而越是变化激烈的信号,其高频成分越丰富。在波形跳变点处,往往求导一次即出现 δ 函数,因此具有较为丰富的高频分量。两个极端的例子是直流信号和冲激信号,一个是最平滑的信号,只含有零频率;另一个是变化最激烈的信号,所含的高频成分异常丰富,在无穷大频点处频谱依然是常数。

表 3-4-1 对一些典型信号的时域和频域进行了对比,从中可以看出时域的平滑对应频域的低频分量,而时域如果剧烈变化,其频域高频成分将变得丰富,即信号中含有很多的高频分量。

表 3-4-1 信号的时域和频域

信号	时域波形	幅度频谱
直流信号	$f(t)$, O, t	$F(\omega)$ 直流信号的频率成分仅在零频。它是非周期信号，其频谱密度为δ函数（将直流信号放于此处仅仅为了对比） O, ω
正弦信号	$f(t)$, …, O, T_1, t	c_n, O, ω_1, $2\omega_1$, $4\omega_1$, $6\omega_1$, $8\omega_1$, …, ω
半波正弦信号	$f(t)$, …, $-T_1$, O, T_1, t	c_n, O, ω_1, $2\omega_1$, $3\omega_1$, $4\omega_1$, $6\omega_1$, $8\omega_1$, …, ω

续表

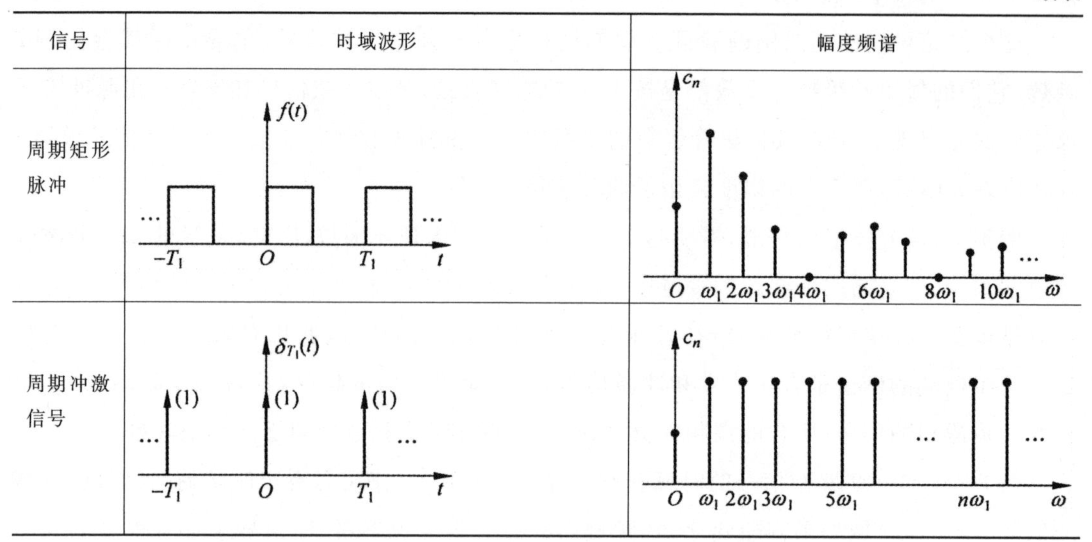

信号	时域波形	幅度频谱
周期矩形脉冲		
周期冲激信号		

第五节 信号的功率谱

周期为 T_1 的周期信号 $f(t)$，其时域功率表达式为

$$P=\frac{1}{T_1}\int_{T_1}|f(t)|^2\mathrm{d}t \tag{3-22}$$

下面推导信号功率的频域表示。

$$P=\frac{1}{T_1}\int_{T_1}|f(t)|^2\mathrm{d}t=\frac{1}{T_1}\int_{T_1}f(t)\,f^*(t)\mathrm{d}t$$

为了在频域求功率，需要将 $f(t)$ 展开成傅里叶级数，

$$\begin{aligned}P&=\frac{1}{T_1}\int_{T_1}\Big(\sum_{n=-\infty}^{+\infty}F_n\,\mathrm{e}^{jn\omega_1 t}\Big)\Big(\sum_{m=-\infty}^{+\infty}F_m\,\mathrm{e}^{jm\omega_1 t}\Big)^*\mathrm{d}t\\&=\sum_{n=-\infty}^{+\infty}F_n\sum_{m=-\infty}^{+\infty}F_m^*\left[\frac{1}{T_1}\int_{T_1}\mathrm{e}^{j(n-m)\omega_1 t}\mathrm{d}t\right]\end{aligned}$$

其中

$$\frac{1}{T_1}\int_{T_1}\mathrm{e}^{j(n-m)\omega_1 t}\mathrm{d}t=\begin{cases}1, & m=n\\0, & m\neq n\end{cases}$$

所以

$$P=\sum_{n=-\infty}^{+\infty}F_nF_n^*=\sum_{n=-\infty}^{+\infty}|F_n|^2 \tag{3-23}$$

这就是周期信号功率的频域求解公式，表明周期信号的平均功率等于频域中直流分量、基波分量以及各次谐波分量的平均功率之和。

将式(3-23)进一步整理

$$P = F_0^2 = \sum_{n=-\infty}^{+\infty} 2\,|F_n|^2 = c_0^2 + \sum_{n=1}^{+\infty} 2\,(c_n/2)^2$$

即

$$P = c_0^2 + \sum_{n=1}^{+\infty} (c_n/\sqrt{2})^2 \tag{3-24}$$

$c_n/\sqrt{2}$ 表示谐波成分的有效值，因此，周期信号的平均功率等于有效值的平方之和。

信号的平均功率既可以在时域求得，也可以在频域通过幅度谱求得。即

$$P = \frac{1}{T_1}\int_{T_1} |f(t)|^2 \mathrm{d}t = \sum_{n=-\infty}^{+\infty} |F_n|^2 = c_0^2 + \sum_{n=1}^{+\infty} (c_n/\sqrt{2})^2 \tag{3-25}$$

式(3-25)体现了能量守恒的概念，称为帕塞瓦尔(Parseval)定理。

第六节　有限项和均方误差

一般周期信号的傅里叶级数有无穷多项，即信号的频率成分有无穷多，但在实际工程中，往往截取其主要的频率成分，即用有限项代替无限项，这样做的结果必然产生误差。

$f(t)$ 的傅里叶级数展开式

$$f(t) = c_0 + \sum_{n=1}^{+\infty} c_n \cos(n\omega_1 t - \phi_n)$$

如果用有限项(例如，前 $N+1$ 项)来逼近原信号，前 $N+1$ 项的傅里叶级数表示式为

$$s_N(t) = c_0 + \sum_{n=1}^{N} c_n \cos(n\omega_1 t - \phi_n)$$

用 $s_N(t)$ 逼近 $f(t)$，引起的误差函数为

$$\varepsilon_N(t) = f(t) - s_N(t) \tag{3-26}$$

则均方误差

$$\begin{aligned}\overline{\varepsilon_N^2(t)} &= \frac{1}{T_1}\int_{t_0}^{t_0+T_1} [f(t) - s_N(t)]^2 \mathrm{d}t \\ &= \overline{f^2(t)} - \overline{s_N^2(t)} \\ &= \left[c_0^2 + \sum_{n=1}^{+\infty} (c_n/\sqrt{2})^2\right] - \left[c_0^2 + \sum_{n=1}^{N} (c_n/\sqrt{2})^2\right]\end{aligned} \tag{3-27}$$

图 3-6-1 表示对周期矩形脉冲信号只取有限项频率成分时的频谱图和时域波形图，随着所取频率成分的增多，波形越来越接近于原信号。

其中矩形方波信号[图 3-6-1(a)]的周期为 $T_1 = 1$，主周期为

$$f_1(t) = 2[u(t + 1/4) - u(t - 1/4)]$$

其傅里叶级数有无穷多项，展开式为

$$f(t)=1+\frac{4}{\pi}\cos(2\pi t)-\frac{4}{3\pi}\cos(6\pi t)+\frac{4}{5\pi}\cos(10\pi t)-\frac{4}{7\pi}\cos(14\pi t)+\cdots$$

该信号的基本频率为 $\omega_1=2\pi$ 。

直流分量加上基本分量[图 3-6-1(b)]

$$f(t)=1+\frac{4}{\pi}\cos(2\pi t)$$

直流分量、基本分量、三次谐波之和[图 3-6-1(c)]

$$f(t)=1+\frac{4}{\pi}\cos(2\pi t)-\frac{4}{3\pi}\cos(6\pi t)$$

当进行前四项相加时，即由直流成分、基本分量、三次谐波和五次谐波组成的信号为

$$f(t)=1+\frac{4}{\pi}\cos(2\pi t)-\frac{4}{3\pi}\cos(6\pi t)+\frac{4}{5\pi}\cos(10\pi t)$$

见图 3-6-1(d)。

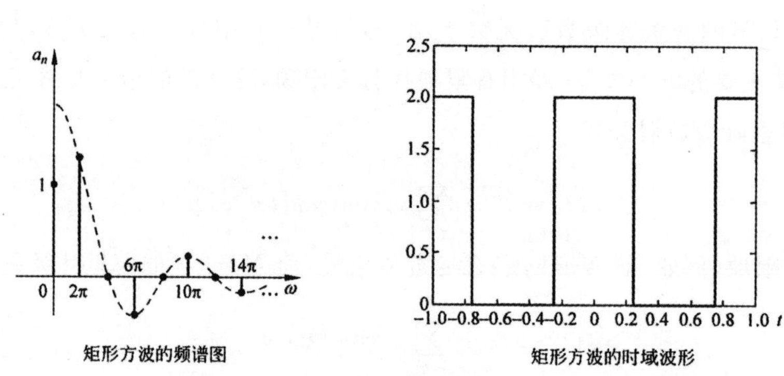

(a) 原信号及其频谱

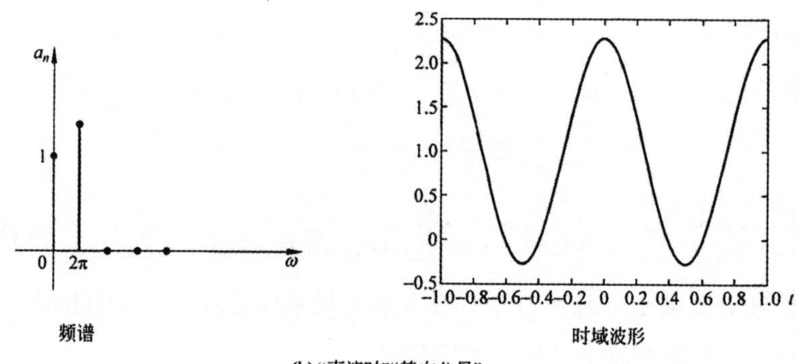

(b) "直流"加"基本分量"

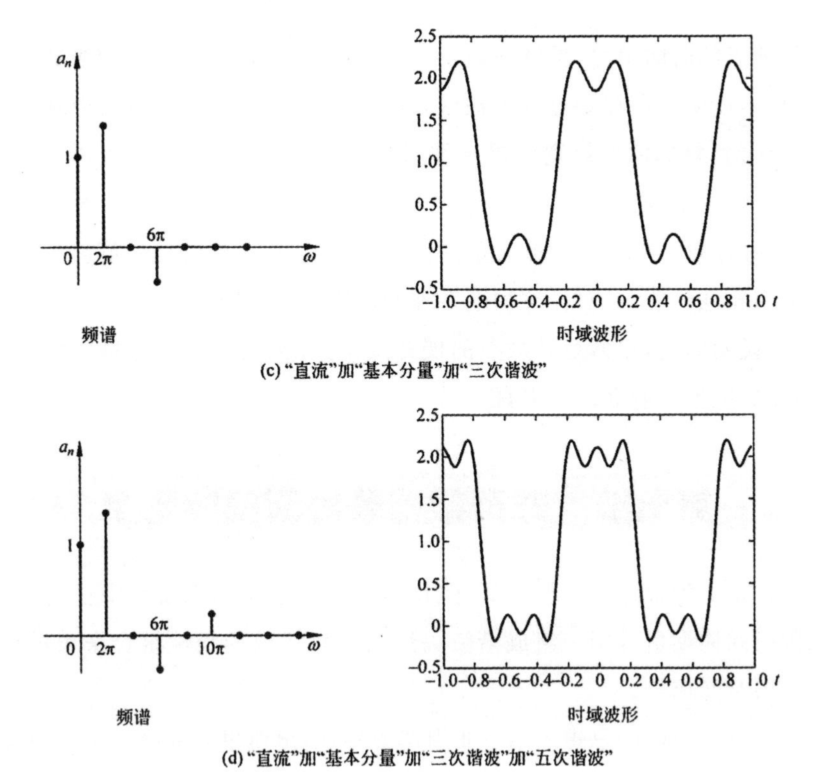

(c)"直流"加"基本分量"加"三次谐波"

(d)"直流"加"基本分量"加"三次谐波"加"五次谐波"

图 3-6-1　傅里叶级数的有限项

从傅里叶级数展开的角度来看，有限项傅里叶级数所取的项数越多，相加后的波形越接近于原来的信号。当 $f(t)$ 为脉冲信号时，低频分量影响脉冲的顶部，而高频分量影响跳变沿。所取的项数越多，所含的高频谐波分量越多，合成后的波形越陡峭。这也印证了"时域波形变化越激烈，所含的高频分量越丰富"的观点。而且所取项数越多，顶部的波纹越小，波纹数越多，整体效果是顶部越近似"平坦"。

但是，对于有间断点的时间信号，当用有限项傅里叶级数逼近原信号时，虽然项数 N 越多顶部波纹越小越平滑，但在间断点处的第一个峰起值（"过冲"）的幅度却不会随着 N 的增大而减小或消失，如图 3-6-2 所示。这个峰值是一个恒定值，约等于间断点处跳变值的 8.95%。即使 $N\to\infty$，无穷多项级数收敛于原信号，但是在间断点处却不收敛。事实上，当 $N\to\infty$时，这 8.95%的过冲也存在，这种现象称为吉布斯（Gibbs）现象，是为了纪念吉布斯（Josiah Gibbs）第一次用数学描述了这种现象。

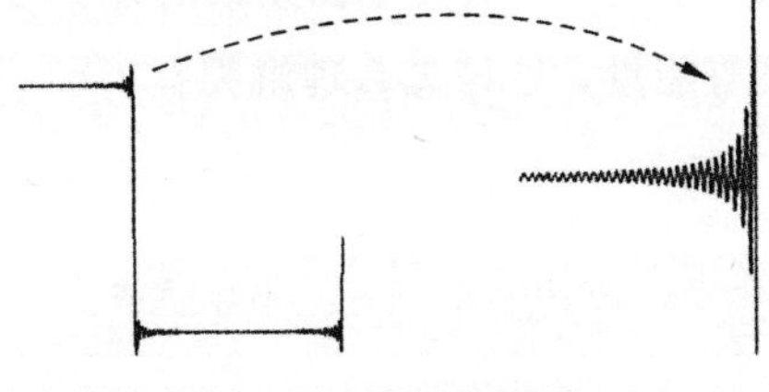

图 3-6-2　Gibbs 现象

对于有间断点的时间信号，虽然在数学上证明原信号和它的傅里叶级数表达式处处相等，但在间断点附近明显存在着过冲或波纹，所取的项数越多，波纹越紧密地集中在间断点附近。当 $N \to \infty$ 时，峰起的波纹宽度趋于零，幅度恒定为 8.95%。由于零宽度的过冲不包含任何能量，所以，当 $N \to \infty$ 时，傅里叶级数表示的信号功率收敛于原信号的功率。而且，当 $N \to \infty$ 时，在任何时刻 t，傅里叶级数表示的函数值都趋近于原信号的值。它们在任意有限的时间间隔上有相同的能量，对任意物理系统的作用是一样的。

另外，需要说明的是，在傅里叶级数的展开式中，如果任一频谱分量的幅度或相位发生相对变化，合成的波形一般会产生失真。

第七节　非周期信号的傅里叶变换

傅里叶级数是一种很好的分析工具，但作用有限。它可以把工程中任何实用的有限时间信号和无限时间周期信号用一组成谐波关系的三角级数的线性组合来表示，但却不能描述非周期的无限时间信号。

本节将把傅里叶级数的思想应用于非周期信号，引出傅里叶变换。最终将发现，傅里叶级数其实只是傅里叶变换的一种特殊情况（只含有离散的频率分量）。

一、从傅里叶级数到傅里叶变换

一个周期信号 $f_{T_1}(t)$ 当其周期 $T_1 \to \infty$ 时将变成非周期信号 $f(t)$，即

$$f(t)=\lim_{T_1\to\infty} f_{T_1}(t) \tag{3-28}$$

在前面的傅里叶级数分析中已经知道，周期信号的频谱 F_n 是一条条离散的谱线，谱线间隔为 ω_1 周期信号 $f_{T_1}(t)$ 的傅里叶级数的系数

$$F_n=\frac{1}{T_1}\int_{-T_1/2}^{T_1/2} f_{T_1}(t)\mathrm{e}^{-jn\omega_1 t}\mathrm{d}t \tag{3-29}$$

当周期 T_1 增大时，谱线间隔 $\omega_1=2\pi/T_1$ 将变小，谱线将变密，但频谱包络依然保持原来的包络形状（因为函数关系并没有改变）。当 $T_1 \to \infty$ 时，显然 $\omega_1 \to 0$，谱线间隔无限变小，谱线连成一片，$n\omega_1 \to \omega$，即离散变量 $n\omega_1$ 趋于连续变量 ω。但同时出现了另一个现象，$F_n \to 0$，即谱线幅度将无限变小趋于零，是信号在频域消失了吗？当然不是，根据 Parserval 能量守恒定理，频域中依然具有能量。这该怎么理解呢？

对式(3-29)取极限

$$\lim_{T_1\to\infty} F_n=\lim_{T_1\to\infty}\frac{1}{T_1}\int_{-T_1/2}^{T_1/2} f_{T_1}(t)\mathrm{e}^{-jn\omega_1 t}\mathrm{d}t$$

考虑式(3-28)，有

$$\lim_{T_1\to\infty}(F_n\cdot T_1)=\lim_{T_1\to\infty}\int_{-T_1/2}^{T_1/2}f_{T_1}(t)\mathrm{e}^{-jn\omega_1 t}\mathrm{d}t$$
$$=\int_{-\infty}^{+\infty}f(t)\ \mathrm{e}^{-j\omega t}\mathrm{d}t$$

定义

$$F(\omega)=\int_{-\infty}^{+\infty}f(t)\ \mathrm{e}^{-j\omega t}\mathrm{d}t \tag{3-30}$$

这就是著名的傅里叶正变换公式，一般用符号 $F[\,]$ 表示，即

$$F[f(t)]=\int_{-\infty}^{+\infty}f(t)\ \mathrm{e}^{-j\omega t}\mathrm{d}t$$

由傅里叶正变换公式可以求出非周期信号 $f(t)$ 的每个连续频率分量。

我们已经知道，傅里叶级数的系数 F_n 表示信号的频谱，那么傅里叶变换 $F(\omega)$ 具有什么含义呢？

根据公式

$$F(\omega)=\lim_{T_1\to\infty}(F_n\cdot T_1)=\lim_{\omega_1\to 0}\frac{2\pi F_n}{\omega_1}=\lim_{f_1\to 0}\frac{F_n}{f_1} \tag{3-31}$$

可知 $F(\omega)$ 表示的是单位频带内的频谱，即频谱密度的概念。因此，$F(\omega)$ 是 $f(t)$ 的频谱密度函数或谱密度。

考虑到 F_n 的量纲是物理信号的单位，如电压信号的频谱的单位是 V，由于频率间隔 f_1 属于频率的范畴，单位是 Hz，因此，电压信号的傅里叶变换 $F(\omega)$ 的单位是 V/Hz。

根据傅里叶积分公式，并不是所有的非周期信号都存在傅里叶变换。只有当 $f(t)$ 满足绝对可积条件时，傅里叶积分才收敛。即

$$\int_{-\infty}^{+\infty}|f(t)|\mathrm{d}t<\infty \tag{3-32}$$

这是傅里叶变换存在的充分条件。虽然这是一个比较苛刻的条件，数学中有些信号无法满足，但工程中的大部分实际信号都满足这个条件，因此，傅里叶分析有非常实际的物理意义。而且，引入冲激函数后，可以对一些傅里叶积分不收敛的信号进行广义傅里叶变换。

将 $F(\omega)$ 写成模和相位的形式

$$F(\omega)=|F(\omega)|\mathrm{e}^{j\varphi(\omega)} \tag{3-33}$$

$|F(\omega)|$ 称为 $f(t)$ 的幅度频谱密度函数，简称幅度谱；$\varphi(\omega)$ 称为相位频谱密度函数，简称相位谱。

下面由傅里叶级数展开式推导傅里叶反变换的公式。

周期信号 $f_{T_1}(t)$ 的傅里叶级数展开式

$$f_{T_1}(t)=\sum_{n=-\infty}^{+\infty}F_n\ \mathrm{e}^{jn\omega_1 t}$$

代入 F_n 的表达式，得

$$f_{T_1}(t)=\sum_{n=-\infty}^{+\infty}\left[\frac{1}{T_1}\int_{-T_1/2}^{T_1/2} f_{T_1}(\tau)\mathrm{e}^{-jn\omega_1\tau}\mathrm{d}\tau\right]\mathrm{e}^{jn\omega_1 t}$$
$$=\sum_{n=-\infty}^{+\infty}\left[\frac{\omega_1}{2\pi}\int_{-T_1/2}^{T_1/2} f_{T_1}(\tau)\mathrm{e}^{-jn\omega_1\tau}\mathrm{d}\tau\right]\mathrm{e}^{jn\omega_1 t}$$

当 $T_1\to\infty$ 时，$f_{T_1}(t)\to f(t)$，而 $n\omega_1\to\omega$，$\sum\limits_{n=-\infty}^{+\infty}\to\int_{-\infty}^{+\infty}$，则 $\omega_1\to\mathrm{d}\omega$。上式变为

$$f(t)=\lim_{T_1\to\infty}\left\{\sum_{n=-\infty}^{+\infty}\left[\frac{\omega_1}{2\pi}\int_{-T_1/2}^{T_1/2} f(\tau)\mathrm{e}^{-jn\omega_1\tau}\mathrm{d}\tau\right]\mathrm{e}^{jn\omega_1 t}\right\}$$
$$=\frac{1}{2\pi}\lim_{T_1\to\infty}\sum_{n=-\infty}^{+\infty}\left[\int_{-\infty}^{+\infty} f(\tau)\mathrm{e}^{-j\omega\tau}\mathrm{d}\tau\right]\mathrm{e}^{j\omega\tau}\omega_1$$
$$=\frac{1}{2\pi}\lim_{\omega_1\to 0}\sum_{n=-\infty}^{+\infty}F(\omega)\mathrm{e}^{j\omega t}\omega_1$$
$$=\frac{1}{2\pi}\int_{-\infty}^{+\infty}F(\omega)\mathrm{e}^{j\omega t}\mathrm{d}\omega$$

即

$$f(\mathrm{t})=\frac{1}{2\pi}\int_{-\infty}^{+\infty}F(\omega)\mathrm{e}^{j\omega t}\mathrm{d}\omega \tag{3-34}$$

这就是傅里叶反变换的公式，用符号表示为 $\mathcal{F}^{-1}[\,]$。傅里叶反变换的公式表明非周期信号也可以进行频率分量的分解，只不过不再是分解成“成谐波关系的正弦信号的加权和”，而是分解成“频率连续变化的正弦函数的加权积分”。将 $f(t)$ 的所有频率分量（无限精度）$F(\omega)$ 重新结合就可以还原出原信号 $f(t)$。

傅里叶变换是“从时域到频域”，而傅里叶反变换是“从频域到时域”。

二、典型信号的傅里叶变换

本节对一些典型信号求解傅里叶变换，画出频谱密度图，分析它们的频域特性，理解信号傅里叶变换的深层含义。

1. 单边指数信号

单边指数信号的时域表达式

$$f(t)=\mathrm{e}^{-at}u(t),a>0$$

根据傅里叶变换公式

$$F(\omega)=\int_{-\infty}^{+\infty}f(t)e^{-j\omega t}\mathrm{d}t=\int_{0}^{+\infty}\mathrm{e}^{-at}\,\mathrm{e}^{-j\omega t}\mathrm{d}t=\int_{0}^{+\infty}\mathrm{e}^{-(a+j\omega)t}\mathrm{d}t$$
$$=\left.\frac{\mathrm{e}^{-(a+j\omega)t}}{-(a+j\omega)}\right|_0^{+\infty}=\frac{1}{a+j\omega} \tag{3-35}$$

这是一个复数表达式，求其模和相位，得到幅度频谱密度函数和相位频谱密度函数

$$\begin{cases} |F(\omega)| = \dfrac{1}{\sqrt{a^2+\omega^2}} \\ \varphi(\omega) = -\arctan(\omega/a) \end{cases}$$

画出其幅度频谱密度和相位频谱密度，如图 3-7-1 所示。非周期信号的频谱密度是连续曲线。

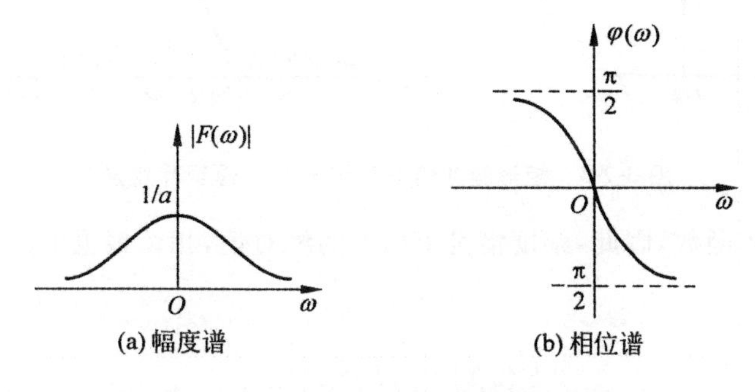

图 3-7-1　单边指数信号的频谱密度图

2. 双边指数信号

双边指数信号的时域表达式

$$f(t) = \mathrm{e}^{-a|t|}, a > 0$$

其傅里叶变换(频域表达式)为

$$F(\omega) = \int_{-\infty}^{0} \mathrm{e}^{at}\mathrm{e}^{-j\omega t}\mathrm{d}t + \int_{0}^{+\infty} \mathrm{e}^{-at}\mathrm{e}^{-j\omega t}\mathrm{d}t = \frac{2a}{a^2+\omega^2}$$

双边指数信号的傅里叶变换是一个正实数，因此

$$\begin{cases} |F(\omega)| = \dfrac{2a}{a^2+\omega^2} \\ \varphi(\omega) = 0 \end{cases}$$

其频谱密度如图 3-7-2 所示，由于是正实数，因此该图也是双边指数信号的幅度谱，相位谱为零。

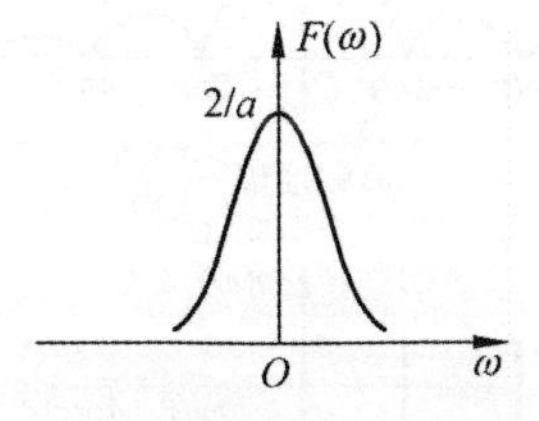

图 3-7-2　双边指数信号的频谱密度图

3. 矩形脉冲信号

这里所说的矩形脉冲实际上是门限信号，工程中有时将具有矩形波形的信号统称为方波。

矩形脉冲信号的傅里叶变换为

$$F(\omega)=\int_{-\tau/2}^{\tau/2} E\,\mathrm{e}^{-j\omega t}\,\mathrm{d}t = E\tau Sa\left(\frac{\omega\tau}{2}\right) \tag{3-36}$$

矩形脉冲信号的傅里叶变换是抽样函数,如图 3-7-3 所示。

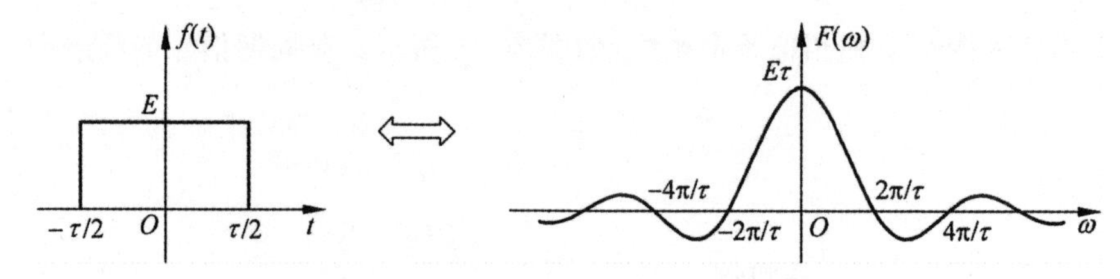

图 3-7-3 矩形脉冲信号的波形及其傅里叶变换

由于 $F(\omega)$ 是实函数,因此,幅度谱是 $F(\omega)$ 的绝对值,相位根据 $F(\omega)$ 的正或负取 0 或 $\pm\pi$。

$$|F(\omega)| = \left|E\tau Sa\left(\frac{\omega\tau}{2}\right)\right|$$

$$\varphi(\omega)=\begin{cases}0, & F(\omega)>0\\ \pm\pi, & F(\omega)<0\end{cases}$$

图 3-7-4 示出其幅度谱和相位谱。

4. 钟形脉冲信号

钟形脉冲信号也称为高斯函数,时间函数表达式

$$f(t) = E\,\mathrm{e}^{-(t/\tau)^2}$$

其傅里叶变换为

$$F(\omega)=\sqrt{\pi}E\tau\,\mathrm{e}^{-(\omega\tau/2)^2} \tag{3-37}$$

高斯函数的傅里叶变换依然是高斯的,如图 3-7-5 所示。高斯函数是速降函数。

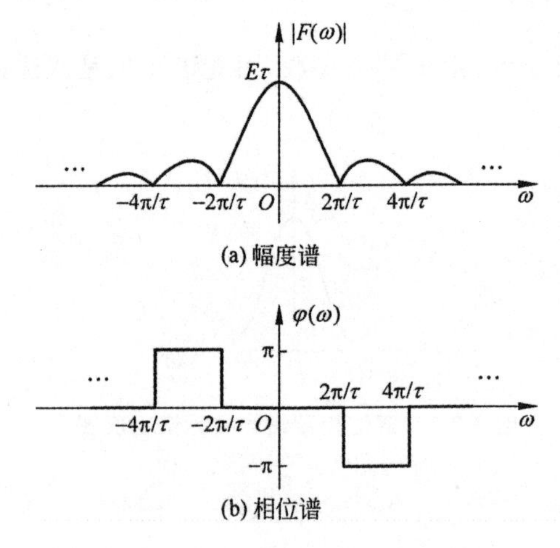

图 3-7-4 矩形脉冲信号的频谱密度图

$$\begin{cases} |F(\omega)| = \sqrt{\pi} E \tau \mathrm{e}^{-(\omega\tau/2)^2} \\ \varphi(\omega) = 0 \end{cases}$$

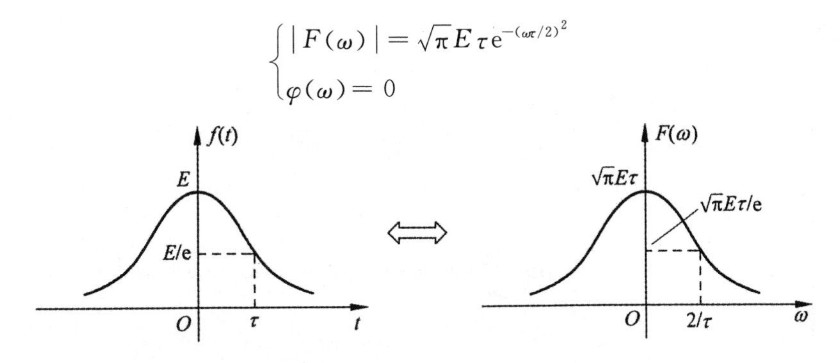

图 3-7-5 高斯信号及其频谱

一个有意思的情况是，如果令 $E=1$，$\tau = 1/\sqrt{\pi}$，则

$$\mathcal{F}[\mathrm{e}^{-\pi t^2}] = \mathrm{e}^{-\pi f^2} \tag{3-38}$$

上面四个信号既典型又实用，下面分析几个典型但特殊的信号，这些信号中有的不符合傅里叶积分的收敛条件，但引入冲激函数的概念后依然可以进行傅里叶分析。

5. 单位冲激信号

$$\mathcal{F}[\delta(t)] = \int_{-\infty}^{+\infty} \delta(t)\,\mathrm{e}^{-j\omega t}\,\mathrm{d}t$$

由于 $\delta(t)\mathrm{e}^{-j\omega t} = \delta(t)$，故

$$\mathcal{F}[\delta(t)] = 1 \tag{3-39}$$

$\delta(t)$ 的傅里叶变换是常数，说明它等量地含有所有的频率成分，频谱密度是均匀的，通常称为均匀谱，或白色谱，如图 3-7-6 所示。

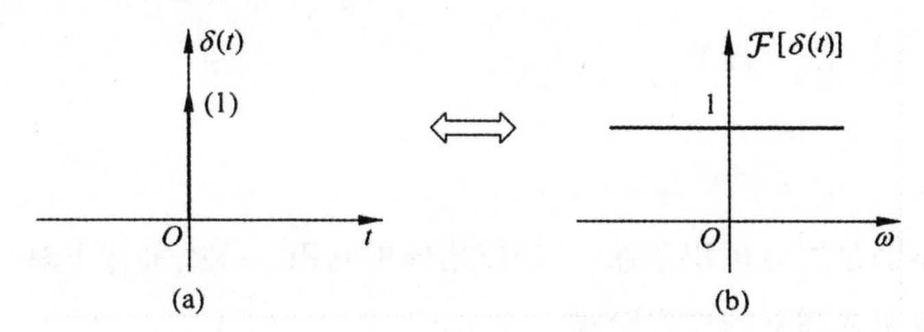

图 3-7-6 冲激信号及其频谱

单位冲激信号是变化最激烈的信号，其频宽无限大，即使无穷大频点依然具有恒定的频率成分。

6. 直流信号

直流信号不满足绝对可积条件，不能直接由傅里叶变换公式求得。为了对直流信号进行傅里叶分析，可借助于矩形信号，当矩形信号的脉宽取极限时就得到直流。因此，将矩形脉冲的傅里叶变换取极限，即可得到直流信号的傅里叶变换。

直流信号

$$f(t)=E$$

其傅里叶变换

$$\mathcal{F}[E]=\int_{-\infty}^{+\infty}E\,\mathrm{e}^{-j\omega t}\,\mathrm{d}t=\lim_{\tau\to\infty}\int_{-\tau}^{+\tau}E\,\mathrm{e}^{-j\omega t}\,\mathrm{d}t$$

$$=\lim_{\tau\to\infty}\frac{2E}{\omega}\sin(\omega\tau)=2\pi E\lim_{\tau\to\infty}\left[\frac{\tau}{\pi}Sa(\omega\tau)\right]$$

可得

$$\mathcal{F}[E]=2\pi E\delta(\omega) \tag{3-40}$$

直流信号的傅里叶变换是“零频”，这与实际是吻合的，如图 3-7-7 所示。

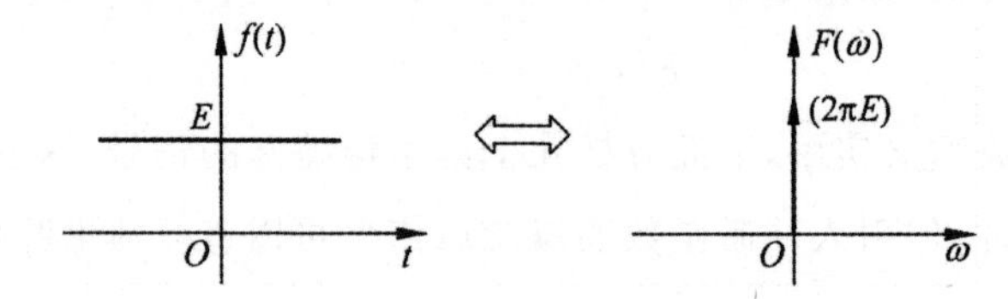

图 3-7-7 直流信号的傅里叶变换

令 $E=1$，有

$$\mathcal{F}[1]=2\pi\delta(\omega) \tag{3-41}$$

由式(3-41)，显然下列式子成立

$$\int_{-\infty}^{+\infty}\mathrm{e}^{\pm j\omega t}\,\mathrm{d}t=2\pi\delta(\omega) \tag{3-42}$$

$$\int_{-\infty}^{+\infty}\mathrm{e}^{\pm j\omega t}\,\mathrm{d}\omega=2\pi\delta(t) \tag{3-43}$$

7. 符号函数

符号函数也不满足绝对可积条件，不能应用傅里叶积分公式进行求解。

将符号函数表示成如下的极限形式

$$f(t)=\mathrm{sgn}(t)=\mathrm{e}^{-a|t|}\,\mathrm{sgn}(t)\big|_{a\to0}$$

$$=\lim_{a\to0}\left[\mathrm{e}^{-at}u(t)-\mathrm{e}^{at}u(-t)\right]$$

因此

$$F(\omega)=\lim_{a\to0}\left[\int_{0}^{+\infty}\mathrm{e}^{-at}\,\mathrm{e}^{-j\omega t}\,\mathrm{d}t-\int_{-\infty}^{0}\mathrm{e}^{at}\,\mathrm{e}^{-j\omega t}\,\mathrm{d}t\right]$$

$$=\lim_{a\to0}\left[\frac{1}{a+j\omega}-\frac{1}{a-j\omega}\right]=\frac{2}{j\omega} \tag{3-44}$$

符号函数的傅里叶变换是一个纯虚数，其幅度谱和相位谱见图 3-7-8。

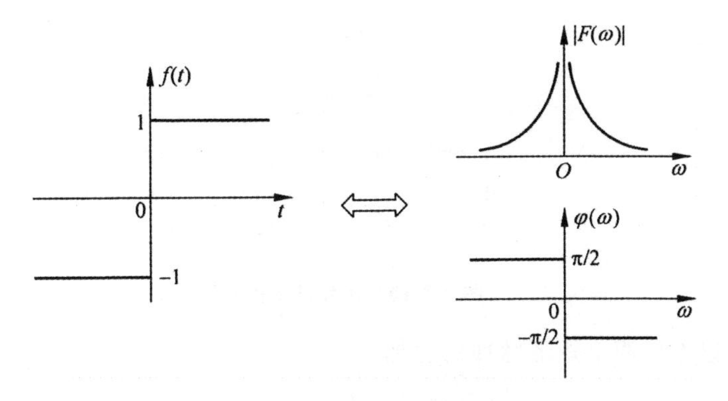

图 3-7-8　符号函数及其频谱图

8. 单位阶跃信号

单位阶跃信号可以表示成直流信号和符号函数相加,即

$$u(t)=\frac{1}{2}+\frac{1}{2}\mathrm{sgn}(t)$$

由直流信号和符号函数的傅里叶变换可得

$$\mathcal{F}[u(t)]=\pi\delta(\omega)+\frac{1}{j\omega} \tag{3-45}$$

单位阶跃信号的波形及幅度频谱如图 3-7-9 所示。

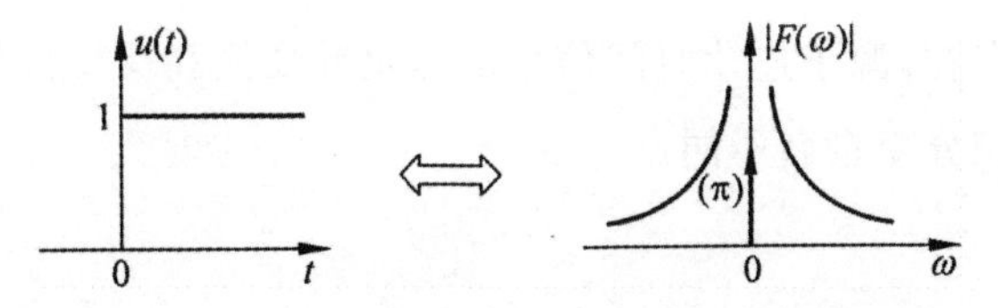

图 3-7-9　单位阶跃信号的波形及其幅度频谱

三、傅里叶变换的性质

通过傅里叶变换,一个时间信号 $f(t)$ 可以表示成频谱密度函数 $F(\omega)$,同样利用傅里叶反变换可以由 $F(\omega)$ 唯一求得 $f(t)$,因此傅里叶分析建立了时域和频域之间的联系。为了更进一步了解时域和频域之间的内在联系,简化运算,便于应用傅里叶变换分析问题,本节介绍傅里叶变换的性质,分析信号在一个域中的变化在另一个域中会有怎样的表现。

1. 线性

傅里叶变换是线性变换,满足线性关系。

若 $\mathcal{F}[f_1(t)]=F_1(\omega)$,$\mathcal{F}[f_2(t)]=F_2(\omega)$,则

$$\mathcal{F}[a_1 f_1(t)+a_2 f_2(t)]=a_1 F_1(\omega)+a_2 F_2(\omega) \tag{3-46}$$

【例题 3.3】 求图 3-7-10 所示信号的傅里叶变换。

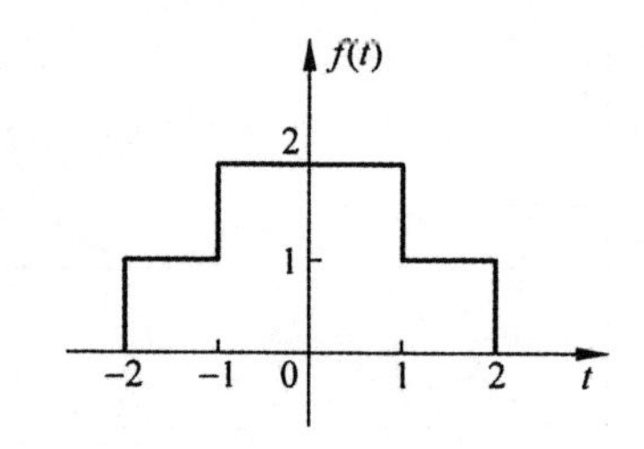

图 3-7-10　例题 3.3 图

解：$f(t)$ 可以看成两个矩形脉冲的叠加

$$f(t)=f_1(t)+f_2(t)$$

其中，

$$f_1(t)=u(t+1)-u(t-1),\quad \mathcal{F}[f_1(t)]=2\mathrm{Sa}(\omega)$$

$$f_2(t)=u(t+2)-u(t-2),\quad \mathcal{F}[f_2(t)]=4\mathrm{Sa}(2\omega)$$

则

$$\mathcal{F}[f(t)]=\mathcal{F}[f_1(t)+f_2(t)]=\mathcal{F}[f_1(t)]+\mathcal{F}[f_2(t)]=2\mathrm{Sa}(\omega)+4\mathrm{Sa}(2\omega)$$

2. 对偶性

若 $\mathcal{F}[f(t)]=F(\omega)$，则

$$\mathcal{F}[f(t)]=2\pi f(-\omega) \tag{3-47}$$

这个性质之所以存在，源于连续时间信号的傅里叶变换和反变换的定义式非常相近，仅仅是 e 的指数符号和积分变量名不同。

证明：

$$f(t)=\frac{1}{2\pi}\int_{-\infty}^{+\infty}F(\omega)\,\mathrm{e}^{j\omega t}\,\mathrm{d}\omega$$

则

$$f(-t)=\frac{1}{2\pi}\int_{-\infty}^{+\infty}F(\omega)\,\mathrm{e}^{-j\omega t}\,\mathrm{d}\omega$$

将变量 t 和 ω 互换符号，得到

$$f(-\omega)=\frac{1}{2\pi}\int_{-\infty}^{+\infty}F(t)\,\mathrm{e}^{-j\omega t}\,\mathrm{d}t$$

等号右端的积分就是 $F(t)$ 的傅里叶变换，故

$$f(-\omega)=\frac{1}{2\pi}F[F(t)]$$

即

$$\mathcal{F}[F(t)]=2\pi f(-\omega)$$

这就是傅里叶变换的对偶性质，表明了信号的时域和频域之间的对称关系。从数学上看，对偶性相当于对一个函数进行傅里叶积分后再傅里叶积分一次，结果等于原函数的转置

乘以 2π。

当 $f(t)$ 是偶函数时，有

$$\mathcal{F}[F(t)]=2\pi f(\omega)$$

利用对偶性可以简化傅里叶变换的分析计算。

例如，$\mathcal{F}[\delta(t)]=1$，则 $\mathcal{F}[1]=2\pi\delta(-\omega)=2\pi\delta(\omega)$。

这比直接用傅里叶积分求解简单得多。

下面例举第二个利用对偶性简化分析的信号——矩形脉冲和抽样函数的傅里叶变换。

前面已经知道，矩形脉冲信号的傅里叶变换是抽样函数，那么根据对偶性，抽样函数的傅里叶变换一定是矩形函数形式，如图 3-7-11 所示。

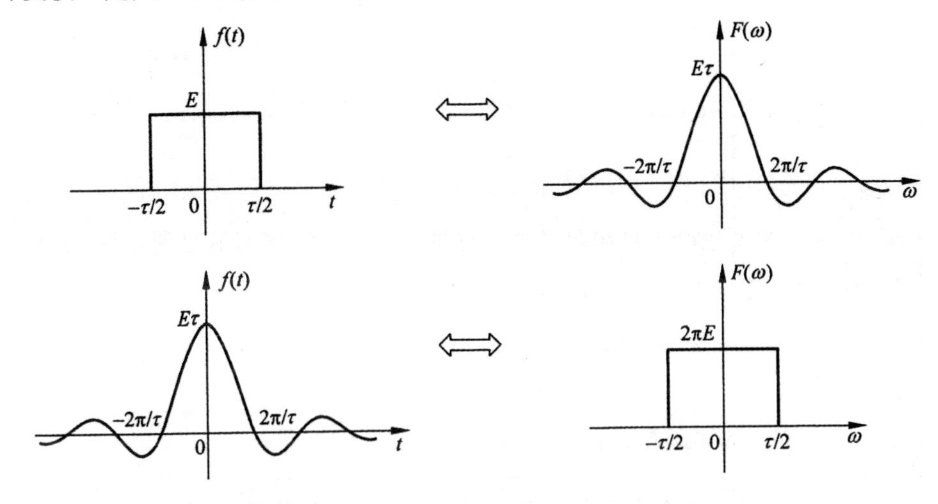

图 3-7-11 矩形脉冲和抽样函数的傅里叶变换对

写出数学表达式，矩形信号

$$f(t)=E\left[u\left(t+\frac{\tau}{2}\right)-u(t-\tau/2)\right]$$

其傅里叶变换

$$F(\omega)=E\tau\mathrm{Sa}(\omega\tau/2)$$

根据对偶性，如果时间信号

$$f(t)=E\tau\mathrm{Sa}(t\tau/2)$$

则其傅里叶变换必为

$$F(\omega)=2\pi E[u(\omega+\tau/2)-u(\omega-\tau/2)]$$

3. 共轭对称性

对于实信号 $f(t)$，其傅里叶变换满足共轭对称性。

$$F(\omega)=\int_{-\infty}^{+\infty}f(t)\mathrm{e}^{-\mathrm{j}\omega t}\mathrm{d}t=\left[\int_{-\infty}^{+\infty}f(t)\mathrm{e}^{\mathrm{j}\omega t}\mathrm{d}t\right]^{*}$$

即

$$F(\omega)=F^{*}(-\omega) \tag{3-48}$$

同样，若时间函数是共轭对称的，即 $f(t)=f^{*}(-t)$，则其傅里叶变换必为实函数。也就是说，如果函数在一个域（时间或频率）中是共轭对称的，则在另一个域中为实数。

对于实信号，将式(3-48)表示成实部和虚部

$$\mathrm{Re}F(\omega)+j\mathrm{Im}F(\omega)=\mathrm{Re}F(-\omega)-j\mathrm{Im}F(-\omega)$$

则有

$$\begin{cases}\mathrm{Re}F(\omega)=\mathrm{Re}F(-\omega)\\ \mathrm{Im}F(\omega)=-\mathrm{Im}F(-\omega)\end{cases} \tag{3-49}$$

以及

$$\begin{cases}|F(j\omega)|=\sqrt{[\mathrm{Re}F(j\omega)]^{2}+[\mathrm{Im}F(j\omega)]^{2}}\\ \varphi(\omega)=\arctan\dfrac{\mathrm{Im}F(\omega)}{\mathrm{Re}F(\omega)}\end{cases} \tag{3-50}$$

由此看出，实信号傅里叶变换满足某种对称性，具体来说，实部满足偶对称，虚部满足奇对称；模满足偶对称，相位满足奇对称。

由实信号的傅里叶变换的共轭对称性，可以简化一些具有某种对称性的信号的傅里叶变换表达式。

(1)如果 $f(t)$ 是 t 的实函数、偶函数，则

$$\begin{aligned}F(\omega)&=\int_{-\infty}^{+\infty}f(t)\mathrm{e}^{-j\omega t}\mathrm{d}t\\ &=\int_{-\infty}^{+\infty}f(t)\cos(\omega t)\mathrm{d}t-j\int_{-\infty}^{+\infty}f(t)\sin(\omega t)\mathrm{d}t\\ &=\int_{-\infty}^{+\infty}f(t)\cos(\omega t)\mathrm{d}t=\mathrm{Re}F(\omega)\end{aligned} \tag{3-51}$$

实偶信号的傅里叶变换 $F(\omega)$ 是 ω 的实函数、偶函数，相位为 0 或 $\pm\pi$。例如，单位冲激信号、矩形脉冲、抽样函数都是实偶函数，它们的傅里叶变换都是实偶的。

(2)如果 $f(t)$ 是 t 的实函数、奇函数，则

$$F(\omega)=\int_{-\infty}^{+\infty}f(t)\mathrm{e}^{-j\omega t}\mathrm{d}t=-j\int_{-\infty}^{+\infty}f(t)\sin(\omega t)\mathrm{d}t=j\mathrm{Im}F(\omega) \tag{3-52}$$

实奇信号的傅里叶变换 $F(\omega)$ 是 ω 的虚函数、奇函数，相位为 $\pm\pi/2$。例如，符号函数是实奇函数，傅里叶变换是纯虚数且奇对称。

(3)对信号进行奇偶分量分解

$$f(t)=f_{e}(t)+f_{o}(t)$$

根据前面的对称性分析，可得

$$\begin{cases}\mathcal{F}[f_e(t)] = \mathrm{Re}F(\omega) \\ \mathcal{F}[f_o(t)] = j\mathrm{Im}F(\omega)\end{cases} \tag{3-53}$$

即一个信号的偶分量的傅里叶变换对应其傅里叶变换的实部，奇分量的傅里叶变换对应其傅里叶变换的虚部。

这可以用一个例子来验证，例如，$u(t)$ 的傅里叶变换

$$\mathcal{F}[u(t)] = \pi\delta(\omega) + \frac{1}{j\omega}$$

将 $u(t)$ 分解成奇偶分量

$$u(t) = \frac{1}{2} + \frac{1}{2}\mathrm{sgn}(t)$$

奇偶分量与傅里叶变换的实虚部之间的对应关系一目了然。

4. 展缩性质

这个性质指的是时间信号被压缩或扩展后，其傅里叶变换的频谱将扩展或压缩。

若 $\mathcal{F}[f(t)] = F(\omega)$，则

$$\mathcal{F}[f(at)] = \frac{1}{|a|}F\left(\frac{\omega}{a}\right) \tag{3-54}$$

当 $a > 1$ 时，时域压缩，频域将扩展；当 $0 < a < 1$ 时，时域扩展，频域将压缩；当 $a-1$ 时，时域翻折，频域也翻折。展缩性质再一次体现了时域和频域之间相反的关系。

证明：当 $a > 0$ 时，

$$\int_{-\infty}^{+\infty} f(at)\mathrm{e}^{-j\omega t}\mathrm{d}t = \frac{1}{a}\int_{-\infty}^{+\infty} f(\tau)\mathrm{e}^{-j(\omega/a)\tau}\mathrm{d}\tau = \frac{1}{a}F\left(\frac{\omega}{a}\right)$$

当 $a < 0$ 时的证明略。

下面以矩形脉冲为例说明展缩性质，如图 3-7-12 所示。

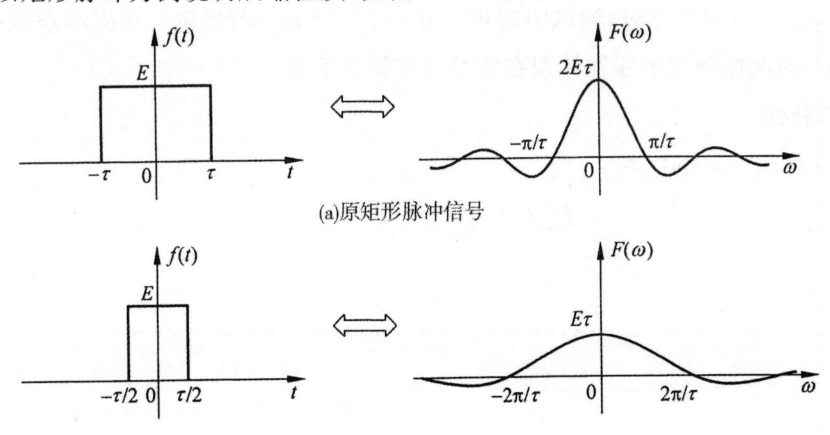

(a)原矩形脉冲信号

(b)时域压缩，频域扩展

图 3-7-12

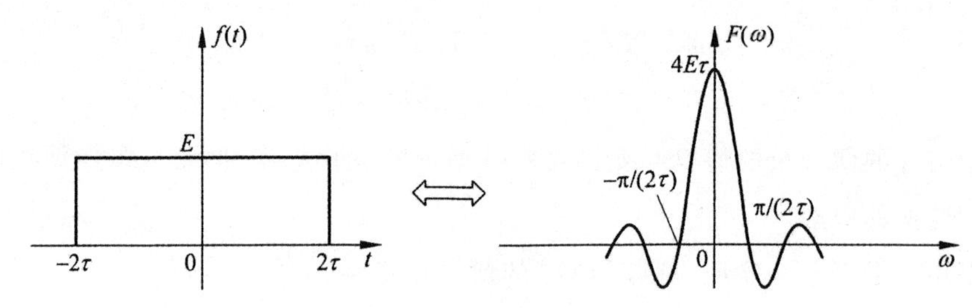

(c) 时域压缩，频域压缩

图 3-7-12 展缩性质

展缩性质在实际中的应用非常多，如声音的录制和播放。如果正常录制后快放，相当于时域压缩，其频域将扩展，额外增加了高频成分，声音听起来尖锐而急促。又如高速通信，每个码所占的时宽很窄，其频带必定很宽，占据带宽很大。

5. 时移特性

若 $F[f(t)]=F(\omega)$，则

$$F[f(t-t_0)]=\mathrm{e}^{-j\omega t_0}F(\omega) \tag{3-55}$$

证明：

$$\begin{aligned}F[f(t-t_0)]&=\int_{-\infty}^{+\infty}f(t-t_0)\mathrm{e}^{-j\omega t}\mathrm{d}t\\&=\int_{-\infty}^{+\infty}f(\tau)\mathrm{e}^{-j\omega(\tau+t_0)}\mathrm{d}\tau\\&=\mathrm{e}^{-j\omega t_0}\int_{-\infty}^{+\infty}f(\tau)\mathrm{e}^{-j\omega\tau}\mathrm{d}\tau\\&=\mathrm{e}^{-j\omega t_0}F(\omega)\end{aligned}$$

信号时域位移后其幅度谱并没有改变，改变的是相位谱。因此，“时域位移”导致“频域相移”。当 $t_0>0$，时域延时，频域中的相位有一个 $(-\omega t_0)$ 的增量。在实际系统中，延时是物理存在的，因此在频域中往往体现在信号负相位的增量。

6. 频移特性

若 $\mathcal{F}[f(t)]=F(\omega)$，则

$$\mathcal{F}[f(t)\mathrm{e}^{j\omega_0 t}]=F(\omega-\omega_0) \tag{3-56}$$

证明：

$$\begin{aligned}\mathcal{F}[f(t)\mathrm{e}^{-j\omega_0 t}]&=\int_{-\infty}^{+\infty}f(t)\mathrm{e}^{j\omega_0 t}\,\mathrm{e}^{-j\omega t}\mathrm{d}t\\&=\int_{-\infty}^{+\infty}f(t)\mathrm{e}^{-j(\omega-\omega_0)t}\mathrm{d}t=F(\omega-\omega_0)\end{aligned}$$

$f(t)\mathrm{e}^{j\omega_0 t}$ 的傅里叶变换与 $f(t)$ 的傅里叶变换函数形式相同，仅仅位移了 ω_0。

同样，

$$\mathcal{F}[f(t)\mathrm{e}^{-j\omega_0 t}] = F(\omega + \omega_0)$$

实际上，$f(t)\mathrm{e}^{j\omega_0 t}$ 这种运算是通信早期的一种调制方式，其频谱密度作位移运算，称为频谱搬移。通常将 $f(t)\mathrm{e}^{j\omega_0 t}$ 称为复调制，实际中是 $f(t)\cos(\omega_0 t)$ 或 $f(t)\sin(\omega_0 t)$，在通信中将 $\cos(\omega_0 t)$ 或 $\sin(\omega_0 t)$ 称为载波。利用欧拉公式以及频移特性，可以求出 $f(t)\cos(\omega_0 t)$ 或 $f(t)\sin(\omega_0 t)$ 的傅里叶变换

$$\mathcal{F}[f(t)\cos(\omega_0 t)] = \frac{1}{2}[F(\omega - \omega_0) + F(\omega + \omega_0)] \tag{3-57}$$

$$\mathcal{F}[f(t)\sin(\omega_0 t)] = \frac{1}{2j}[F(\omega - \omega_0) - F(\omega + \omega_0)] \tag{3-58}$$

7. 时域卷积定理

若 $\mathcal{F}[f_1(t)] = F_1(\omega)$，$\mathcal{F}[f_2(t)] = F_2(\omega)$，则

$$\mathcal{F}[f_1(t) * f_2(t)] = F_1(\omega) \cdot F_2(\omega) \tag{3-59}$$

证明：

$$\begin{aligned}
\mathcal{F}[f_1(t) * f_2(t)] &= \int_{-\infty}^{+\infty} [f_1(t) * f_2(t)]\mathrm{e}^{-j\omega t}\mathrm{d}t \\
&= \int_{-\infty}^{+\infty} \left[\int_{-\infty}^{+\infty} f_1(\tau) f_2(t-\tau)\mathrm{d}\tau\right]\mathrm{e}^{-j\omega t}\mathrm{d}t \\
&= \int_{-\infty}^{+\infty} f_1(\tau)\mathrm{e}^{-j\omega t}\left[\int_{-\infty}^{+\infty} f_2(t-\tau)\mathrm{e}^{-j\omega(t-\tau)}\mathrm{d}t\right]\mathrm{d}\tau \\
&= \int_{-\infty}^{+\infty} f_1(\tau)\mathrm{e}^{-j\omega t} F_2(\omega)\mathrm{d}\tau \\
&= F_2(\omega)\int_{-\infty}^{+\infty} f_1(\tau)\mathrm{e}^{-j\omega t}\mathrm{d}\tau \\
&= F_1(\omega) \cdot F_2(\omega)
\end{aligned}$$

8. 频域卷积定理

若 $\mathcal{F}[f_1(t)] = F_1(\omega)$，$\mathcal{F}[f_2(t)] = F_2(\omega)$，则

$$\mathcal{F}[f_1(t) * f_2(t)] = \frac{1}{2\pi} F_1(\omega) * F_2(\omega) \tag{3-60}$$

证明：

$$\begin{aligned}
\mathcal{F}[f_1(t) * f_2(t)] &= \int_{-\infty}^{+\infty} [f_1(t) \cdot f_2(t)]\mathrm{e}^{-j\omega t}\mathrm{d}t \\
&= \int_{-\infty}^{+\infty} f_2(t)\mathrm{e}^{-j\omega t}\left[\frac{1}{2\pi}\int_{-\infty}^{+\infty} F_1(\Omega)\mathrm{e}^{-j\Omega t}\mathrm{d}\Omega\right]\mathrm{d}t \\
&= \frac{1}{2\pi}\int_{-\infty}^{+\infty} F_1(\Omega)\left[\int_{-\infty}^{+\infty} f_2(t)\mathrm{e}^{-j(\omega-\Omega)t}\mathrm{d}t\right]\mathrm{d}\Omega \\
&= \frac{1}{2\pi}\int_{-\infty}^{+\infty} F_1(\Omega) F_2(\omega - \Omega)\mathrm{d}\Omega
\end{aligned}$$

$$= \frac{1}{2\pi} F_1(\omega) * F_2(\omega)$$

频域卷积定理说明“时域相乘，频域卷积”，与时域卷积定理非常相似，这是傅里叶变换对偶性的又一表现。式(3-60)中的 $1/2\pi$ 是因为频域采用了角频率 ω 的缘故。

两个卷积定理告诉我们，信号在一个域的卷积运算，对应着另一个域的乘法运算，反之亦然。

9. 时域积分特性

若 $F[f(t)] = F(\omega)$，则

$$F\left[\int_{-\infty}^{t} f(\tau)\mathrm{d}\tau\right] = \frac{F(\omega)}{j\omega} + \pi F(0)\delta(\omega) \tag{3-61}$$

证明：

$$\int_{-\infty}^{t} f(\tau)\mathrm{d}\tau = f(t)/u(t)$$

根据时域卷积定理，有

$$\mathcal{F}\left[\int_{-\infty}^{t} f(\tau)\mathrm{d}\tau\right] = \mathcal{F}[f(t)] \cdot \mathcal{F}[u(t)]$$

$$= F(\omega)\left[\pi\delta(\omega) + \frac{1}{j\omega}\right] = \frac{F(\omega)}{j\omega} + \pi F(0)\delta(\omega)$$

10. 时域微分特性

若 $\mathcal{F}[f(t)] = F(\omega)$，则

$$\mathcal{F}\left[\frac{\mathrm{d}}{\mathrm{d}t}f(t)\right] = j\omega F(\omega) \tag{3-62}$$

证明：傅里叶反变换公式

$$f(t) = \frac{1}{2\pi}\int_{-\infty}^{+\infty} F(\omega)\mathrm{e}^{j\omega t}\mathrm{d}\omega$$

两端对 t 求导

$$\frac{\mathrm{d}}{\mathrm{d}t}f(t) = \frac{1}{2\pi}\int_{-\infty}^{+\infty} (j\omega)F(\omega)\mathrm{e}^{j\omega t}\mathrm{d}\omega \tag{3-63}$$

上式等号右端是傅里叶反变换的形式，即 $\frac{\mathrm{d}}{\mathrm{d}t}f(t)$ 是 $(j\omega)F(\omega)$ 的傅里叶反变换，因此

$$(j\omega)F(\omega) = \mathcal{F}\left[\frac{\mathrm{d}}{\mathrm{d}t}f(t)\right]$$

同样，可得高阶微分的傅里叶变换

$$\mathcal{F}\left[\frac{\mathrm{d}^n}{\mathrm{d}t^n}f(t)\right] = (j\omega)^n F(\omega)$$

11. 频域微分特性

若 $\mathcal{F}[f(t)] = F(\omega)$，则

$$\mathcal{F}[-jtf(t)] = \frac{\mathrm{d}}{\mathrm{d}\omega}F(\omega) \tag{3-64}$$

证明:由傅里叶变换公式

$$F(\omega) = \int_{-\infty}^{+\infty} F(t)\mathrm{e}^{-j\omega t}\mathrm{d}t$$

两端对 ω 求导,得

$$\frac{\mathrm{d}}{\mathrm{d}\omega}F(\omega) = \int_{-\infty}^{+\infty}(-jt)f(t)\,\mathrm{e}^{-j\omega t}\mathrm{d}t = F[-jtf(t)]$$

同样,频域高阶微分性质为

$$\mathcal{F}[(-jt)^n f(t)] = \frac{\mathrm{d}^n}{\mathrm{d}\omega^n}F(\omega) \tag{3-65}$$

12. 因果信号的傅里叶变换

因果信号指的是当 $t<0$ 时 $f(t)=0$ 的信号,即单边信号,因此有

$$f(t) = f(t)u(t)$$

上式两端求傅里叶变换,并应用傅里叶变换的频域卷积定理,有

$$F(\omega) = \frac{1}{2\pi}F(\omega) * \left[\pi\delta(\omega) + \frac{1}{j\omega}\right]$$

将 $F(\omega)$ 写成实部和虚部的形式

$$F(\omega) = R(\omega) + jX(\omega)$$

则

$$\begin{aligned} R(\omega)+jX(\omega) &= \frac{1}{2\pi}[R(\omega)+jX(\omega)] * \left[\pi\delta(\omega)+\frac{1}{j\omega}\right] \\ &= \frac{1}{2}[R(\omega)+jX(\omega)] * \delta(\omega) + \frac{1}{2\pi}[R(\omega)+jX(\omega)] * \frac{1}{j\omega} \\ &= \frac{1}{2}[R(\omega)+jX(\omega)] + \frac{1}{2\pi}\left\{\left[R(\omega) * \frac{1}{\omega}\right] + \left[jX(\omega) * \frac{1}{j\omega}\right]\right\} \end{aligned}$$

整理得

$$R(\omega)+jX(\omega) = \frac{1}{\pi}\left[X(\omega) * \frac{1}{\omega}\right] - j\,\frac{1}{\pi}\left[R(\omega) * \frac{1}{\omega}\right]$$

因此

$$\begin{cases} R(\omega) = X(\omega) * \dfrac{1}{\pi\omega} \\ X(\omega) = R(\omega) * \left(-\dfrac{1}{\pi\omega}\right) \end{cases} \tag{3-66}$$

式(3-66)表明,因果信号傅里叶变换的实部由其虚部确定,虚部由其实部确定。即,因果信号的傅里叶变换的实部和虚部之间满足唯一互相被确定的关系,彼此之间互不独立,可

以互算。也说明因果信号频谱的实部包含了其虚部的全部信息，反之亦然。

13. Parseval 定理

实信号 $f(t)$ 的能量定义为

$$E=\int_{-\infty}^{+\infty} f^2(t)\mathrm{d}t$$

这是时域的能量计算公式。下面推导信号 $f(t)$ 在频域中的能量表示。

$$E=\int_{-\infty}^{+\infty} f^2(t)\mathrm{d}t=\int_{-\infty}^{+\infty} f(t)\left[\frac{1}{2\pi}\int_{-\infty}^{+\infty} F(\omega)\mathrm{e}^{j\omega t}\mathrm{d}\omega\right]\mathrm{d}t$$

交换积分次序

$$\begin{aligned}E&=\frac{1}{2\pi}\int_{-\infty}^{+\infty} F(\omega)\left[\int_{-\infty}^{+\infty} f(t)\mathrm{e}^{j\omega t}\mathrm{d}t\right]\mathrm{d}\omega\\&=\frac{1}{2\pi}\int_{-\infty}^{+\infty} F(\omega)F(-\omega)\mathrm{d}\omega\\&=\frac{1}{2\pi}\int_{-\infty}^{+\infty} F(\omega)F^*(\omega)\mathrm{d}\omega\\&=\frac{1}{2\pi}\int_{-\infty}^{+\infty} |F(\omega)|^2\mathrm{d}\omega\end{aligned}$$

因此，信号 $f(t)$ 的能量

$$E=\int_{-\infty}^{+\infty} f^2(t)\mathrm{d}t=\frac{1}{2\pi}\int_{-\infty}^{+\infty} |F(\omega)|^2\mathrm{d}\omega \tag{3-67}$$

这就是 Parseval 定理，也称为能量守恒定理。时域中的能量等于频域中的能量，说明信号在进行傅里叶变换前后，其能量是守恒的。这也从另一个角度说明，信号的时域表示和它的频域表示所含的信息是相同的，只是同一个信号在两个不同域的表现形式而已。另外，式(3-67)也说明，信号的能量只与信号的幅度频谱密度 $|F(\omega)|$ 有关，与相位频谱密度无关。

一般将 $|F(\omega)|^2$ 称为信号 $f(t)$ 的能量谱密度。

第八节 周期信号的傅里叶变换

前面分析了非周期信号的傅里叶变换，对于周期信号，不满足整个时间域内绝对可积的条件，但借助冲激函数，同样可以求其傅里叶变换，表示的是周期信号的频谱密度。

一、典型周期信号的傅里叶变换

先从最简单的周期信号——正余弦信号开始，看看它们的傅里叶变换具有怎样的特点。

1. 正余弦信号的傅里叶变换

正余弦信号是最简单的周期信号，根据欧拉公式

$$\cos(\omega_1 t)=\frac{1}{2}(\mathrm{e}^{j\omega_1 t}+\mathrm{e}^{-j\omega_1 t})$$

$$\sin(\omega_1 t)=\frac{1}{2j}(\mathrm{e}^{j\omega_1 t}-\mathrm{e}^{-j\omega_1 t})$$

得

$$F[\cos(\omega_1 t)]=\frac{1}{2}[2\pi\delta(\omega-\omega_1)+2\pi\delta(\omega+\omega_1)]$$

即

$$F[\cos(\omega_1 t)]=\pi\delta(\omega-\omega_1)+\pi\delta(\omega+\omega_1) \tag{3-68}$$

$\cos(\omega_1 t)$ 的频谱密度如图 3-8-1 所示。

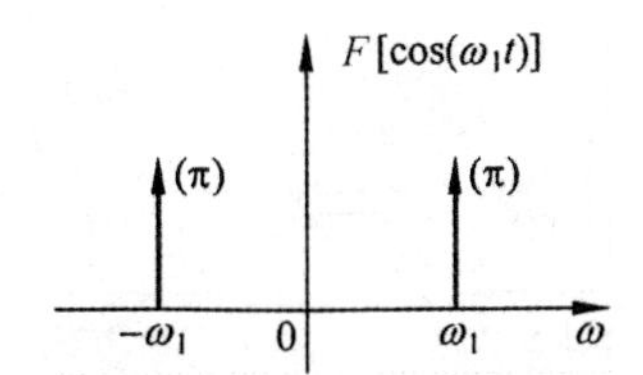

图 3-8-1　$\cos(\omega_1 t)$ 的频谱密度

同样可以得到正弦函数的傅里叶变换

$$\mathcal{F}[\sin(\omega_1 t)]=\mathcal{F}\left[\frac{1}{2j}(\mathrm{e}^{j\omega_1 t}+\mathrm{e}^{-j\omega_1 t})\right]$$

$$=\frac{1}{2j}[2\pi\delta(\omega-\omega_1)-2\pi\delta(\omega+\omega_1)]$$

即

$$\mathcal{F}[\sin(\omega_1 t)]=-j\pi\delta(\omega-\omega_1)+j\pi\delta(\omega+\omega_1) \tag{3-69}$$

正弦函数的傅里叶变换也是 $\pm\omega_1$ 处的 δ 函数，如图 3-8-2 所示。与余弦函数相比，二者幅频特性一样，相频特性是相位相差 $-\pi/2$ 。其实，数学上正弦函数与余弦函数的相角相差就是 $-\pi/2$ ，这也说明正弦函数和余弦函数是正交的。

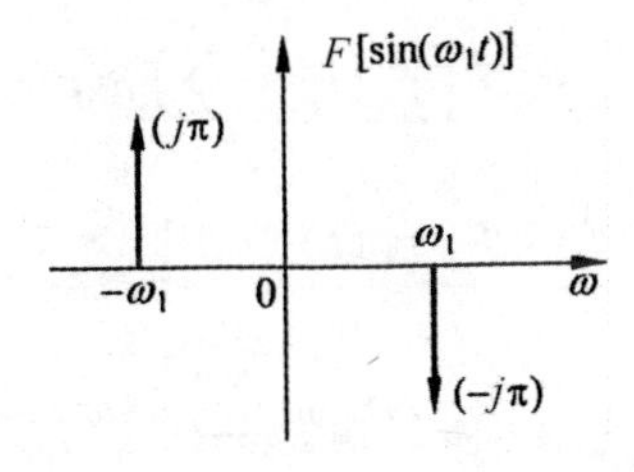

图 3-8-2　$\sin(\omega_1 t)$ 的频谱密度

2. 周期性冲激信号的傅里叶变换

周期性冲激信号不满足绝对可积的条件，也不能由傅里叶变换的积分公式直接求解。首先将其展开成傅里叶级数

$$\delta_{T_1}(t)=\sum_{n=-\infty}^{+\infty}\delta(t-nT_1)=\sum_{n=-\infty}^{+\infty}\frac{1}{T_1}\mathrm{e}^{-jn\omega_1 t}$$

两端进行傅里叶变换

$$\mathcal{F}[\delta_{T_1}(t)]=\mathcal{F}\left[\sum_{n=-\infty}^{+\infty}\frac{1}{T_1}\mathrm{e}^{-j\omega_1 t}\right]=\frac{1}{T_1}\sum_{n=-\infty}^{+\infty}F[\mathrm{e}^{j\omega_1 t}]=\frac{1}{T_1}\sum_{n=-\infty}^{+\infty}2\pi\delta(\omega-n\omega_1)$$

故

$$\mathcal{F}[\delta_{T_1}(t)]=\omega_1\sum_{n=-\infty}^{+\infty}\delta(\omega-n\omega_1) \tag{3-70}$$

可见周期性冲激信号的傅里叶变换是位于谐波点 $n\omega_1$ 处的一系列冲激，其频率成分是谐波成分 $n\omega_1$，其频谱密度如图 3-8-3 所示。

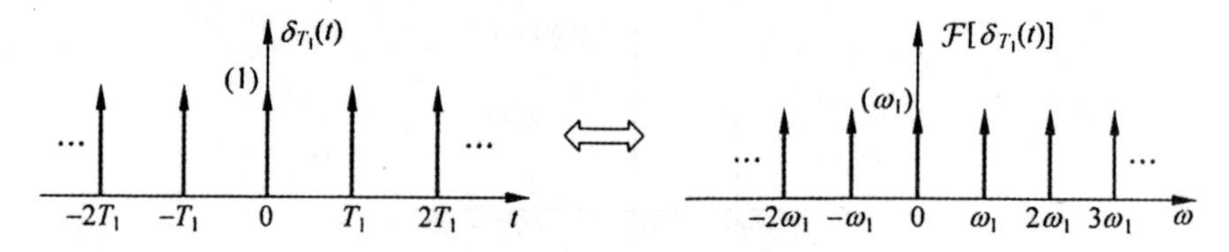

图 3-8-3 周期性冲激信号及其频谱密度

二、一般周期信号的傅里叶变换

不论是单频率的正弦信号，还是频率成分最丰富的周期性冲激信号，它们的傅里叶变换都是冲激函数。下面分析一般周期信号的傅里叶变换，分别从主周期信号的傅里叶变换和周期信号的傅里叶级数的系数出发，推导出一般周期信号的傅里叶变换公式。

1. 用主周期信号的傅里叶变换表示

周期信号可以表示成主周期信号与冲激串的卷积，即

$$f_{T_1}(t)=f_1(t)*\sum_{n=-\infty}^{+\infty}\delta(t-nT_1)$$

则

$$\begin{aligned}\mathcal{F}[f_{T_1}(t)]&=\mathcal{F}\left[f_1(t)*\sum_{n=-\infty}^{+\infty}\delta(t-nT_1)\right]\\&=\mathcal{F}[f_1(t)]\cdot\mathcal{F}\left[\sum_{n=-\infty}^{+\infty}\delta(t-nT_1)\right]\\&=F_1(\omega)\left[\omega_1\sum_{n=-\infty}^{+\infty}\delta(\omega-n\omega_1)\right]\end{aligned}$$

故

$$\mathcal{F}[f_{T_1}(t)]=\sum_{n=-\infty}^{+\infty}\omega_1 F_1(\omega_1)\delta(\omega-n\omega_1) \tag{3-71}$$

一般周期信号的傅里叶变换是一系列在谐波频率点上的冲激，冲激的强度为 $\omega_1 F_1(n\omega_1)=\omega_1 F_1(\omega)\big|_{\omega=n\omega_1}$，按照单周期信号傅里叶变换的 ω_1 倍的包络变化，其频谱密度

如图 3-8-4 所示。

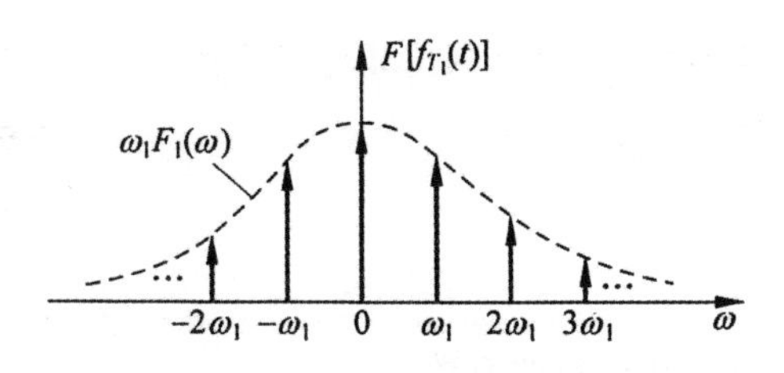

图 3-8-4 一般周期信号的频谱密度

2. 由周期信号的傅里叶级数的系数表示傅里叶变换

将周期信号展开成傅里叶级数

$$f_{T_1}(t)=\sum_{n=-\infty}^{+\infty}F_n\mathrm{e}^{jn\omega_1 t}$$

两端求傅里叶变换

$$\begin{aligned}\mathcal{F}[f_{T_1}(t)]&=\mathcal{F}\Big[\sum_{n=-\infty}^{+\infty}F_n\mathrm{e}^{jn\omega_1 t}\Big]\\&=\sum_{n=-\infty}^{+\infty}F_n F[\mathrm{e}^{jn\omega_1 t}]\\&=\sum_{n=-\infty}^{+\infty}F_n[2\pi\delta(\omega-n\omega_1)]\end{aligned}$$

故

$$\mathcal{F}[f_{T_1}(t)]=\sum_{n=-\infty}^{+\infty}2\pi F_n\delta(\omega-n\omega_1) \tag{3-72}$$

式(3-72)说明周期信号的傅里叶变换是由一串在谐波频率($n\omega_1$)点上的冲激函数组成,其强度等于傅里叶级数系数的 2π 倍,即 $2\pi F_n$ 。

因此,周期信号的傅里叶变换是一系列冲激函数,这些冲激函数位于谐波频率($n\omega_1$)处,其强度等于 $\omega_1 F_1(\omega)\big|_{\omega=n\omega_1}$ 或 $2\pi F_n$,而二者应该相等,故有

$$\omega_1 F_1(\omega)\big|_{\omega=n\omega_1}=2\pi F_n$$

由此得出周期信号傅里叶级数系数的另一个计算公式

$$F_n=\frac{1}{T_1}F_1(\omega)\big|_{\omega=n\omega_1} \tag{3-73}$$

即,周期信号傅里叶级数的系数可以由单周期的傅里叶变换在谐波频率点上的取值除以周期得到。当然,式(3-73)也印证了傅里叶级数的系数公式和傅里叶变换公式之间的关系。

【例题 3.4】 矩形脉冲信号 $f_1(t)$ 如图 3-8-5 所示。

(1)求 $f_1(t)$ 的傅里叶变换并画出其频谱。

(2)如果将 $f_1(t)$ 以 $T_1=4$ 为周期进行周期延拓得到周期信号 $f(t)$,求 $f(t)$ 的傅里叶级数展开式,并画出周期信

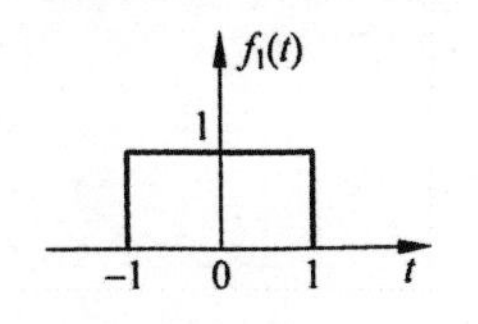

图 3-8-5 矩形脉冲信号

号 $f(t)$ 的频谱图。

(3)求周期信号 $f(t)$ 的傅里叶变换,画出频谱密度图。

解:

(1) $f_1(t)$ 的傅里叶变换

$$F_1(\omega)=2\mathrm{Sa}(\omega)$$

(2)周期信号 $f(t)$ 的傅里叶级数的系数

$$F_n=\frac{1}{T_1}F_1(\omega)\big|_{\omega=n\omega_1}=\frac{1}{2}\mathrm{Sa}(n\omega_1)$$

其中, $\omega_1=\dfrac{2\pi}{T_1}=\dfrac{\pi}{2}$ 。

则 $f(t)$ 的傅里叶级数展开式为

$$f(t)=\sum_{n=-\infty}^{+\infty}\frac{1}{2}\mathrm{Sa}(n\omega_1)\mathrm{e}^{jn\omega_1 t}$$

(3)周期信号的傅里叶变换

$$F(\omega)=\sum_{n=-\infty}^{+\infty}\pi\mathrm{Sa}(n\omega_1)\delta(\omega-n\omega_1)$$

图 3-8-6 分别画出了矩形脉冲信号 $f_1(t)$ 的频谱密度、周期信号 $f(t)$ 的频谱图和频谱密度图。

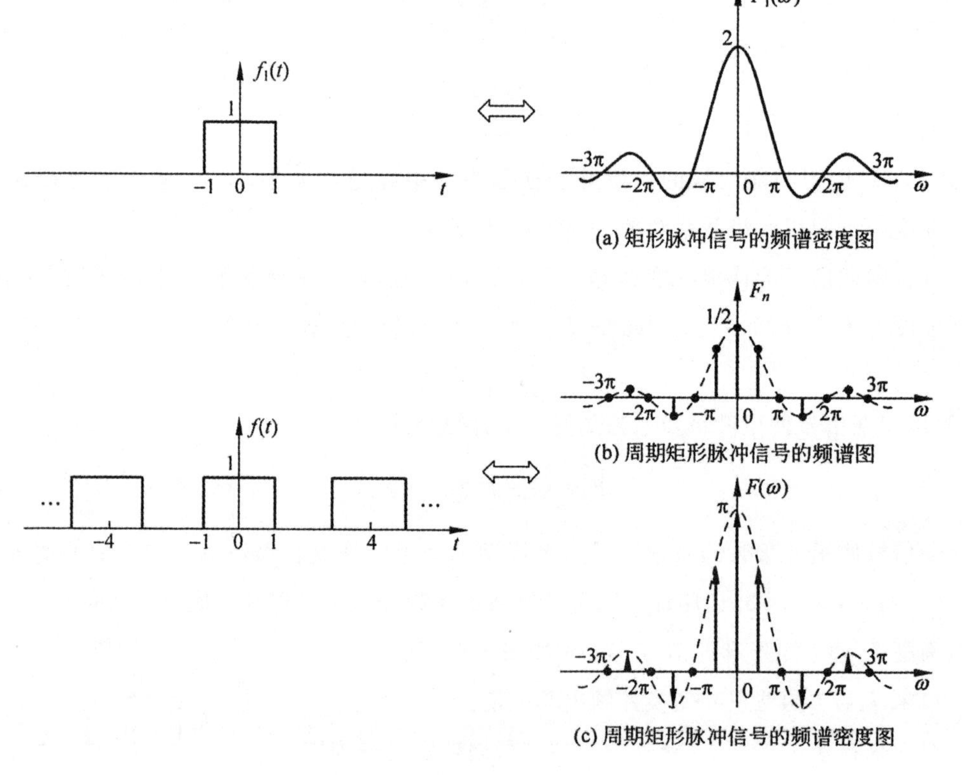

图 3-8-6　例题 3.4 图

周期信号的频谱指的是傅里叶级数的系数，而周期信号的频谱密度指的是傅里叶变换。二者相同点是“时域周期，频域离散”。不同的是，周期信号的傅里叶级数系数是有限值，反映的是频谱的概念；而周期信号的傅里叶变换是冲激函数，不是有限值，反映的是频谱密度（单位频带内的频谱）的概念。

【练习思考题】

3.1 求题图 3-1 所示周期信号的傅里叶级数，并画出其幅度频谱和相位频谱。

3.2 求题图 3-2 所示周期信号的傅里叶级数展开式，并画出其幅度频谱和相位频谱。

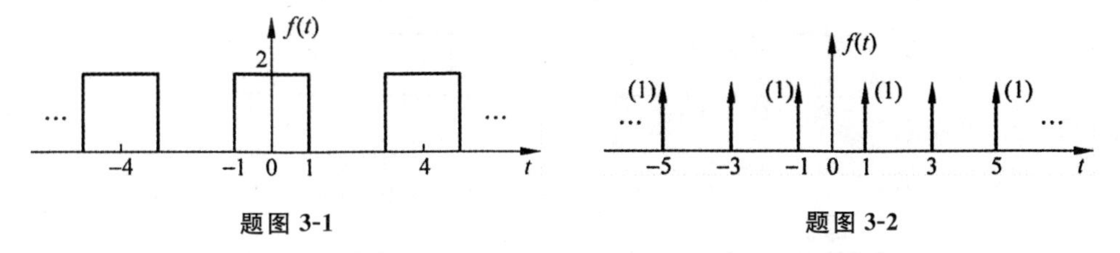

题图 3-1　　题图 3-2

3.3 如果将题图 3-3(a)所示的 $f(t)$ 作为输入信号通过一个 LTI 系统，分析能否产生题图 3-3(b)所示的 $r_1(t)$ 的波形或题图 3-3(c)所示的 $r_2(t)$ 的波形。

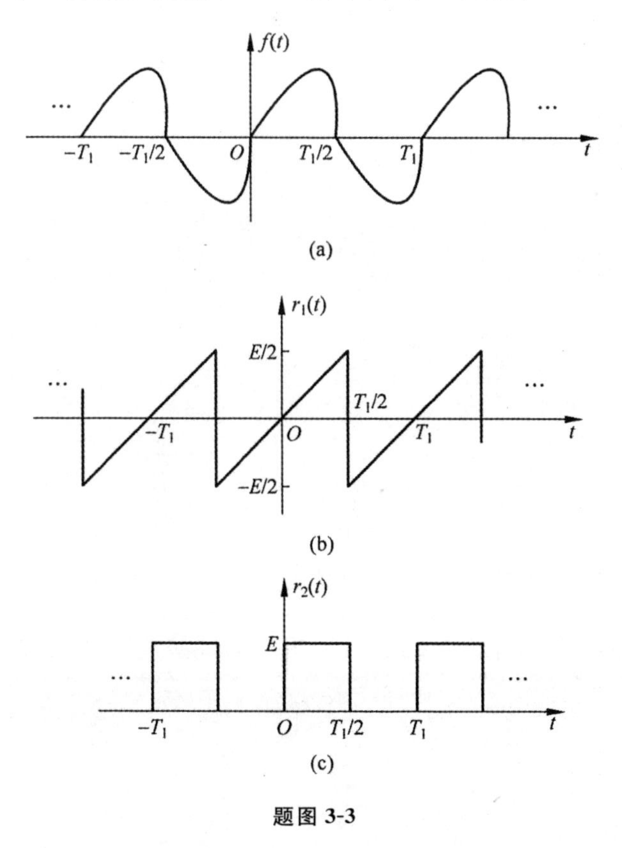

题图 3-3

3.4　一周期信号 $f(t)$ 只含有基波分量和三次谐波分量，且已知 $|F_1|=2$，$|F_3|=1/2$，$\varphi_1=-\pi/2$，$\varphi_3=\pi/2$。

(1)画出该信号的指数形式的幅度频谱和相位频谱。

(2)写出三角形式的傅里叶级数。

(3)判断信号的对称性。

(4)求信号的平均功率。

3.5　求题图 3-4 所示 $F(\omega)$ 的傅里叶反变换 $f(t)$。

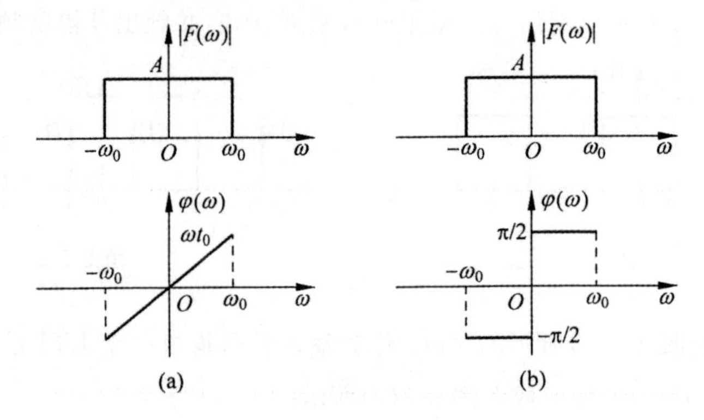

题图 3-4

第四章　连续时间信号与系统的复频域分析

第一节 拉普拉斯变换公式推导

一、从傅里叶变换到拉普拉斯变换

傅里叶变换公式

$$F(j\omega)=\int_{-\infty}^{+\infty}f(t)\,\mathrm{e}^{-j\omega t}\,\mathrm{d}t$$

其收敛条件是 $f(t)$绝对可积。但是,工程中一些很有用的信号,如直流 E、$u(t)$、$\mathrm{e}^{at}u(t)$ 、$u(t)$等,它们的傅里叶积分并不收敛,但如果将信号 $f(t)$乘上一个衰减因子 $\mathrm{e}^{-\sigma t}$ 后再求傅里叶变换,$f(t)\,\mathrm{e}^{-\sigma t}$ 的傅里叶积分就可能收敛。

$$\int_{-\infty}^{+\infty}f(t)\,\mathrm{e}^{-\sigma t}\,\mathrm{e}^{-j\omega t}\,\mathrm{d}t=\int_{-\infty}^{+\infty}f(t)\,\mathrm{e}^{-(\sigma+j\omega)t}\,\mathrm{d}t=F(\sigma+j\omega)\tag{4-1}$$

作变量代换,令

$$s=\sigma+j\omega\tag{4-2}$$

则式(4-1)变成

$$F(s)=\int_{-\infty}^{+\infty}f(t)\,\mathrm{e}^{-st}\,\mathrm{d}t\tag{4-3}$$

这就是双边拉普拉斯变换的公式,用符号 $L_{\mathrm{B}}[f(t)]$或 $F_{\mathrm{B}}(s)$表示。

二、拉普拉斯变换与傅里叶变换的比较

由于拉普拉斯变换是原信号乘上衰减因子 $\mathrm{e}^{-\sigma t}$ 后再做傅里叶变换,因此很多不存在傅里叶变换的信号存在拉普拉斯变换。例如单边指数增长信号

$$f(t)=\mathrm{e}^{at}u(t),a>0$$

它不存在傅里叶变换,但存在拉普拉斯变换

$$F_{\mathrm{B}}(s)=\int_{-\infty}^{+\infty}\mathrm{e}^{at}u(t)\mathrm{e}^{-st}\,\mathrm{d}t=\int_{-\infty}^{+\infty}\mathrm{e}^{at}\,\mathrm{e}^{-st}\,\mathrm{d}t=\frac{1}{s-a}$$

当然,该积分收敛是有条件的,由积分表达式

$$\int_{-\infty}^{+\infty}\mathrm{e}^{at}\,\mathrm{e}^{-st}\,\mathrm{d}t=\int_{-\infty}^{+\infty}\mathrm{e}^{(a-\sigma)t}u(t)\mathrm{e}^{-j\omega t}\,\mathrm{d}t$$

如果上述积分收敛,要求 $a-\sigma<0$,即 $\sigma>a$,或 $\mathrm{Re}(s)>a$ 。这也称为 $f(t)$的拉普拉斯变换的收敛域。

另外,重要的是,傅里叶变换是时域到频域的变换,即 $t\to\omega$ 的变换,ω 是频率,是实变量。拉普拉斯变换是 $t\to s$ 的变换,$s=\sigma+j\omega$ 是复变量,称为 s 平面,如图 4-1-1 所示。

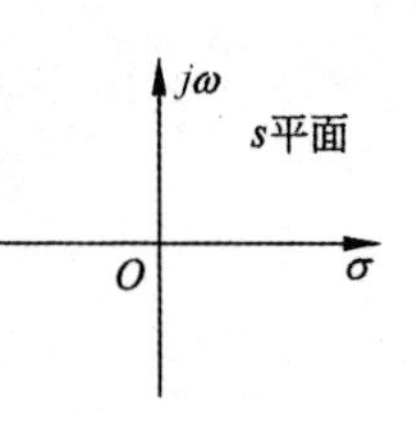

图 4-1-1 s 平面

需要注意的是，s 的虚部 $j\omega$ 就是傅里叶变换的 ω，因此，拉普拉斯变换是时域到复频域的变换。

第二节　单边拉普拉斯变换及其性质

一、单边拉普拉斯变换

对于连续时间域，工程中更多的是因果信号和因果系统，即

$$\text{当 } t<0 \text{ 时，} f(t)=0 \text{ 或 } h(t)=0$$

由此，拉普拉斯变换变成单边积分，一般称为单边拉普拉斯变换，即

$$F(s)=\int_{0}^{+\infty} f(t)\,\mathrm{e}^{-st}\,\mathrm{d}t$$

对于连续时间信号与系统，单边拉普拉斯具有更广泛的应用。

单边拉普拉斯变换的积分下限为 0，但是，取 0_+ 还是 0_- 呢？对于大多数信号，两者没有差别，但对于 δ 函数的拉普拉斯变换，积分下限取 0_+ 还是 0_- 所得的结果完全不同。

$$F(s)=\int_{0_+}^{+\infty} \delta(t)\,\mathrm{e}^{-st}\,\mathrm{d}t=\int_{0_+}^{+\infty} \delta(t)\,\mathrm{d}t=0$$

$$F(s)=\int_{0_-}^{+\infty} \delta(t)\,\mathrm{e}^{-st}\,\mathrm{d}t=\int_{0_-}^{+\infty} \delta(t)\,\mathrm{d}t=1$$

为了明确在 $t=0$ 具有跳变的信号的拉普拉斯变换的积分限，同时考虑到连续时间系统的起始条件，单边拉普拉斯变换积分下限选取 0_-，并用符号 $\mathcal{L}[\,]$ 表示单边拉普拉斯变换，即

$$F(s)=L[f(t)]=\int_{0_-}^{+\infty} f(t)\,\mathrm{d}t \tag{4-4}$$

本章在最后一节分析双边拉普拉斯变换，之前只对因果信号和因果系统进行单边拉普拉斯变换，得出的结论也都是基于因果信号和因果系统。因果信号拉普拉斯变换的收敛域都在收敛轴的右边平面，为简便起见，单边拉普拉斯变换略去收敛域。

二、典型信号的拉普拉斯变换

本节对一些典型信号求拉普拉斯变换，之后可以作为公式使用。

1. 单位冲激信号 $\delta(t)$

$$\mathcal{L}[\delta(t)]=1 \tag{4-5}$$

2. 单位阶跃信号 $u(t)$

$$\mathcal{L}[u(t)]=\int_{0}^{+\infty} u(t)\,\mathrm{e}^{-st}\,\mathrm{d}t=\int_{0}^{+\infty} \mathrm{e}^{-st}\,\mathrm{d}t=\frac{1}{s} \tag{4-6}$$

3. 单边指数信号 $e^{-at}u(t)$

$$\mathcal{L}[e^{-at}u(t)]=\int_{0}^{+\infty} e^{-at}e^{-st}dt=\int_{0}^{+\infty} e^{-(s+a)t}dt=\frac{1}{s+a} \tag{4-7}$$

4. 单边正弦信号 $\sin(\omega_0 t)u(t)$

$$\begin{aligned}\mathcal{L}[\sin(\omega_0 t)u(t)]&=\int_{0}^{+\infty}\sin(\omega_0 t)e^{-st}dt=\int_{0}^{+\infty}\frac{1}{2j}(e^{j\omega_0 t}-e^{-j\omega_0 t})e^{-st}dt\\&=\frac{1}{2j}\left[\frac{-1}{s-j\omega_0}e^{-(s-j\omega_0)t}\Big|_{0}^{+\infty}+\frac{1}{s+j\omega_0}e^{-(s+j\omega_0)t}\Big|_{0}^{+\infty}\right]\\&=\frac{\omega_0}{s^2+\omega_0^2}\end{aligned} \tag{4-8}$$

5. 单边余弦信号 $\cos(\omega_0 t)u(t)$

同样计算可得

$$\mathcal{L}[\cos(\omega_0 t)u(t)]=\frac{s}{s^2+\omega_0^2} \tag{4-9}$$

三、拉普拉斯变换的性质

1. 线性

拉普拉斯变换属于线性变换，若

$$\mathcal{L}[f_1(t)]=F_1(s),\mathcal{L}[f_2(t)]=F_2(s)$$

则

$$\mathcal{L}[K_1f_1(t)+K_2f_2(t)]=K_1F_1(s)+K_2F_2(s) \tag{4-10}$$

式中，K_1、K_2 是常数。

例如，电阻元件，$v(t)=Ri(t)$，则 $V(s)=RI(s)$。其 s 域模型见图 4-2-1。

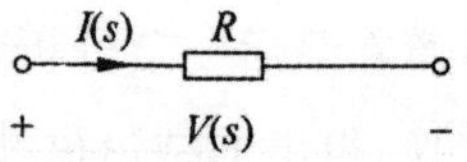

图 4-2-1　电阻元件的 s 域模型

2. 原函数微分

若 $\mathcal{L}[f(t)]=F(s)$，则

$$\mathcal{L}\left[\frac{d}{dt}f(t)\right]=sF(s)-f(0_-) \tag{4-11}$$

证明：应用分部积分法

$$\begin{aligned}\mathcal{L}\left[\frac{d}{dt}f(t)\right]&=\int_{0_-}^{+\infty}\left[\frac{d}{dt}f(t)\right]e^{-st}dt\\&=f(t)e^{-st}\Big|_{0_-}^{+\infty}-\int_{0_-}^{+\infty}f(t)(-se^{-st})dt\\&=-f(0_-)+sF(s)\end{aligned}$$

依次可证明高阶微分的拉普拉斯变换

$$\mathcal{L}[(f'(t))']=s[sF(s)-f(0_-)]-f'(0_-)$$

即

$$\mathcal{L}\left[\frac{\mathrm{d}^2}{\mathrm{d}t^2}f(t)\right]=s^2F(s)-sf(0_-)-f'(0_-) \tag{4-12}$$

$$\mathcal{L}\left[\frac{\mathrm{d}^n}{\mathrm{d}t^n}f(t)\right]=s^nF(s)-s^{n-1}f(0_-)-s^{n-2}f'(0_-)-\cdots-f^{(n-1)}(0_-) \tag{4-13}$$

通过拉普拉斯变换，时域中的微分关系变成了 s 域中的代数关系，除此之外，单边拉普拉斯变换的微分性质只需要起始条件 $f^{(k)}(0_-)$，不牵扯 0_- 到 0_+ 的跳变，这将大大简化系统的分析。通过拉普拉斯变换分析求解连续时间系统既简单又有效。

【例题 4.1】 求 $\delta'(t)$ 的拉普拉斯变换。

解：

$$\mathcal{L}[\delta'(t)]=s\times1-\delta'(0_-)=s \tag{4-14}$$

同样，考虑到 $\delta^{(k)}(0_-)=0$，可知

$$\mathcal{L}[\delta^{(k)}(t)]=s^k \tag{4-15}$$

单位冲激信号的高阶导数的拉普拉斯变换是 s 的多项式。

3. 积分的拉普拉斯变换

若 $\mathcal{L}[f(t)]=F(s)$，则

$$\mathcal{L}\left[\int_{0_-}^{t}f(\tau)\mathrm{d}\tau\right]=\frac{F(s)}{s} \tag{4-16}$$

$$\mathcal{L}\left[\int_{-\infty}^{t}f(\tau)\mathrm{d}\tau\right]=\frac{F(s)}{s}+\frac{f^{-1}(0)}{s} \tag{4-17}$$

其中

$$f^{-1}(0)=\int_{-\infty}^{0_-}f(\tau)\mathrm{d}\tau$$

证明：

$$\int_{-\infty}^{t}f(\tau)\mathrm{d}\tau=\int_{-\infty}^{0_-}f(\tau)\mathrm{d}\tau+\int_{0_-}^{t}f(\tau)\mathrm{d}\tau=f^{-1}(0)+\int_{0_-}^{t}f(\tau)\mathrm{d}\tau$$

两边单边拉普拉斯变换

$$\mathcal{L}\left[\int_{-\infty}^{t}f(\tau)\mathrm{d}\tau\right]=\mathcal{L}[f^{-1}(0)]+\mathcal{L}\left[\int_{0_-}^{t}f(\tau)\mathrm{d}\tau\right]$$

而

$$\mathcal{L}[f^{-1}(0)]=\frac{f^{-1}(0)}{s}$$

$$\mathcal{L}\left[\int_{0_-}^{t} f(\tau)\mathrm{d}\tau\right]=\int_{0_-}^{+\infty}\left[\int_{0_-}^{t} f(\tau)\mathrm{d}\tau\right]\mathrm{e}^{-st}\mathrm{d}t$$

$$=-\frac{\mathrm{e}^{-st}}{s}\int_{0_-}^{t} f(\tau)\mathrm{d}\tau \mid_{0_-}^{+\infty}+\frac{1}{s}\int_{0_-}^{+\infty} f(t)\mathrm{e}^{-st}\mathrm{d}t=\frac{F(s)}{s}$$

4. 时域延时

若 $\mathcal{L}[f(t)]=F(s)$，则

$$\mathcal{L}[f(t-t_0)u(t-t_0)]=\mathrm{e}^{-st_0}F(s) \tag{4-18}$$

证明：

$$\mathcal{L}[f(t-t_0)u(t-t_0)]=\int_{0_-}^{+\infty} f(t-t_0)u(t-t_0)\mathrm{e}^{-st_0}\mathrm{d}t$$

$$=\int_{t_0}^{+\infty} f(t-t_0)\mathrm{e}^{-st}\mathrm{d}t$$

令 $\tau=t-t_0$，则

$$\mathcal{L}[f(t-t_0)u(t-t_0)]=\mathrm{e}^{-st_0}\int_{0}^{+\infty} f(\tau)\mathrm{e}^{-s\tau}\mathrm{d}\tau=\mathrm{e}^{-st_0}F(s)$$

该性质有两点需要注意，首先，式(4-18)是单边拉普拉斯变换的位移性质，因此要求 $t_0>0$(在证明过程中已经体现)，表示的是延时；如果 $t_0<0$，波形左移，那么将有 $[t_0,0_-)$ 部分没有包含在积分区间内。其次，延时性质指的是 $f(t-t_0)u(t-t_0)$ 的拉普拉斯变换，不是 $f(t-t_0)u(t)$ 的拉普拉斯变换。如果 $f(t)$ 本身是单边的，$f(t-t_0)u(t)$ 和 $f(t-t_0)u(t-t_0)$ 一致，但如果 $f(t)$ 是双边信号，$f(t-t_0)u(t-t_0)$ 就不等同于 $f(t-t_0)u(t)$，当然它们的单边拉普拉斯变换也不相等。

5. s 域平移

若 $\mathcal{L}[f(t)]=F(s)$，则

$$\mathcal{L}[\mathrm{e}^{-at}f(t)]=F(s+a) \tag{4-19}$$

证明：

$$\mathcal{L}[\mathrm{e}^{-at}f(t)]=\int_{0_-}^{+\infty}\mathrm{e}^{-at}f(t)\,\mathrm{e}^{-st}\mathrm{d}t=\int_{0_-}^{+\infty} f(t)\mathrm{e}^{-(a+s)t}\mathrm{d}t=F(s+a)$$

6. 展缩变换

若 $\mathcal{L}[f(t)]=F(s)$，则

$$\mathcal{L}[f(at)]=\frac{1}{a}F\left(\frac{s}{a}\right),(a>0) \tag{4-20}$$

如果时域压缩或扩展，s 域将扩展或压缩。

证明：

$$\mathcal{L}[f(at)]=\int_{0_-}^{+\infty} f(at)\,\mathrm{e}^{-st}\mathrm{d}t=\int_{0_-}^{+\infty} f(\tau)\mathrm{e}^{-\left(\frac{s}{a}\right)\tau}\mathrm{d}(\tau/a)=\frac{1}{a}F\left(\frac{s}{a}\right)$$

考虑单边拉普拉斯变换，因此在证明过程中，$a>0$。

7. s 域中的微分和积分

(1) s 域微分。若 $\mathcal{L}[f(t)]=F(s)$，则

$$\mathcal{L}[-tf(t)]=\frac{\mathrm{d}}{\mathrm{d}s}F(s) \tag{4-21}$$

$$\mathcal{L}[(-t)^n f(t)]=\frac{\mathrm{d}^n}{\mathrm{d}s^n}F(s) \tag{4-22}$$

【例题 4.2】 求 $tu(t)$ 的拉普拉斯变换。

解： $\mathcal{L}[u(t)]=\frac{1}{s}$，应用 s 域微分性质，有

$$\mathcal{L}[-tu(t)]=\frac{\mathrm{d}}{\mathrm{d}s}\left(\frac{1}{s}\right)=-\frac{1}{s^2}$$

故

$$\mathcal{L}[tu(t)]=\frac{1}{s^2} \tag{4-23}$$

同样可得

$$\mathcal{L}[t^2u(t)]=\frac{2}{s^3} \tag{4-24}$$

一般

$$\mathcal{L}[t^nu(t)]=\frac{n!}{s^{n+1}} \tag{4-25}$$

(2) s 域积分。若 $\mathcal{L}[f(t)]=F(s)$，且 $\lim\limits_{t\to 0}\left[\frac{f(t)}{t}\right]$ 存在，则

$$\mathcal{L}\left[\frac{f(t)}{t}\right]=\int_s^{+\infty}F(v)\mathrm{d}v \tag{4-26}$$

证明：

$$\begin{aligned}\int_s^{+\infty}F(v)\mathrm{d}v &=\int_s^{+\infty}\int_{0_-}^{+\infty}f(t)\mathrm{e}^{-vt}\mathrm{d}t\mathrm{d}v=\int_{0_-}^{+\infty}f(t)\int_s^{+\infty}\mathrm{e}^{-vt}\mathrm{d}v\mathrm{d}t\\ &=\int_{0_-}^{+\infty}\frac{f(t)}{t}\mathrm{e}^{-st}\mathrm{d}t\end{aligned}$$

故

$$\int_s^{+\infty}F(v)\mathrm{d}v=\mathcal{L}\left[\frac{f(t)}{t}\right]$$

8. 初值定理

在时域求 $f(t)$ 的初值 $f(0_+)$，往往是从 $f(0_-)$ 到 $f(0_+)$，通过物理概念或数学演算找到 0_- 到 0_+ 的跳变量。应用拉普拉斯变换，可以直接通过取极限得到信号的初值。

若 $\mathcal{L}[f(t)]=F(s)$，且 $F(s)$ 是有理真分式，则

$$f(0_{+})=\lim_{s\to\infty}sF(s) \tag{4-27}$$

证明：应用微分性质，有

$$\mathcal{L}[f'(t)]=sF(s)-f(0_{-})$$

而

$$\begin{aligned}\mathcal{L}[f'(t)]&=\int_{0_{-}}^{+\infty}f'(t)\mathrm{e}^{-st}\mathrm{d}t+\int_{0_{+}}^{+\infty}f'(t)\mathrm{e}^{-st}\mathrm{d}t\\&=f(0_{+})-f(0_{-})+\int_{0_{+}}^{+\infty}f'(t)\mathrm{e}^{-st}\mathrm{d}t\end{aligned}$$

即

$$sF(s)-f(0_{-})=f(0_{+})-f(0_{-})+\int_{0_{+}}^{+\infty}f'(t)\mathrm{e}^{-st}\mathrm{d}t$$

则

$$f(0_{+})=sF(s)-\int_{0_{+}}^{+\infty}f'(t)\mathrm{e}^{-st}\mathrm{d}t$$

当 $s\to\infty$ 时，$\int_{0_{+}}^{+\infty}f'(t)\mathrm{e}^{-st}\mathrm{d}t=0$，故

$$f(0_{+})=\lim_{s\to\infty}sF(s)$$

需要注意的是，如果 $F(s)$ 不是有理真分式，需要先对 $F(s)$ 进行化简，化成多项式和有理真分式之和，对其中的有理真分式部分应用式(4-28)，求得的值才是 $f(t)$ 的初值 $f(0_{+})$。

9. 终值定理

若 $\mathcal{L}[f(t)]=F(s)$，则

$$f(+\infty)=\lim_{t\to+\infty}f(t)=\lim_{s\to 0}sF(s) \tag{4-28}$$

证明：在初值定理的证明中，已得

$$f(0_{+})=sF(s)-\int_{0_{+}}^{+\infty}f'(t)\mathrm{e}^{-st}\mathrm{d}t$$

两端取极限 $s\to 0$，有

$$f(0_{+})=\lim_{s\to 0}sF(s)-\lim_{s\to 0}\int_{0_{+}}^{+\infty}f'(t)\mathrm{e}^{-st}\mathrm{d}t=\lim_{s\to 0}sF(s)-\int_{0_{+}}^{+\infty}f'(t)\mathrm{d}t$$

即

$$f(0_{+})=\lim_{s\to 0}sF(s)-f(+\infty)+f(0_{+})$$

故有

$$f(+\infty)=\lim_{s\to 0}sF(s)$$

【例题 4.3】 已知 $F(s)=\frac{s}{s^{2}+1}$，求 $f(t)$ 的终值。

解:当 $s=\pm j$ 时,$F(s)$ 的分母等于零,因此 $F(s)$ 在 $j\omega$ 轴上不解析,此时不能应用终值定理求时间信号的终值,否则,将得到错误的结果。

事实上,$F(s)$ 对应的时间信号 $f(t)=\cos(t)u(t)$,其终值并不存在。

而如果 $F(s)=\dfrac{1}{s}$,$F(s)$ 只在坐标原点不收敛,此时可以应用终值定理,有

$$f(+\infty)=\lim_{s\to 0}sF(s)=\lim_{s\to 0}s\frac{1}{s}=1$$

又如,$F(s)=\dfrac{1}{s-1}$,其 $f(t)=e^{-t}u(t)$,信号不断增长直至无穷大,不能应用终值定理。

10. 卷积定理

(1)时域卷积。若 $\mathcal{L}[f_1(t)]=F_1(s)$,$\mathcal{L}[f_2(t)]=F_2(s)$,则

$$\mathcal{L}[f_1(t)*f_2(t)]=F_1(s)F_2(s) \tag{4-29}$$

和傅里叶变换的时域卷积定理一样,时域卷积,s 域相乘。

证明:

$$\begin{aligned}\mathcal{L}[f_1(t)*f_2(t)]&=\int_0^{+\infty}[f_1(t)*f_2(t)]e^{-st}dt\\&=\int_0^{+\infty}f_1(\tau)e^{-s\tau}[\int_0^{+\infty}f_2(t-\tau)e^{-s(t-\tau)}dt]d\tau\\&=\int_0^{+\infty}f_1(\tau)e^{-s\tau}F_2(s)d\tau\\&=F_2(s)\int_0^{+\infty}f_1(\tau)e^{-s\tau}d\tau\\&=F_1(s)\cdot F_2(s)\end{aligned}$$

【例题 4.4】 求单边周期信号的拉普拉斯变换。

解:先求单边周期性冲激信号的拉普拉斯变换

$$\mathcal{L}[\sum_{n=0}^{+\infty}\delta(t-nT)]=\sum_{n=0}^{+\infty}L[\delta(t-nT)]=\sum_{n=0}^{+\infty}e^{-snT}\left[\frac{1}{1-e^{-sT}}\right] \tag{4-30}$$

对于一般周期信号

$$f_{T_1}(t)=\sum_{k=0}^{+\infty}f_1(t-kT_1)$$

其中 $f_1(t)$ 是主周期,周期信号与其主周期信号的关系为

$$f_{T_1}(t)=\sum_{k=0}^{+\infty}f_1(t-kT_1)=f_1(t)*\sum_{k=0}^{+\infty}\delta(t-kT_1)$$

应用时域卷积定理,可得单边周期信号的拉普拉斯变换

$$F_{T_1}(s)=F_1(s)\cdot L\left[\sum_{k=0}^{+\infty}\delta(t-kT_1)\right]=F_1(s)\frac{1}{1-e^{-sT_1}} \tag{4-31}$$

时域卷积定理是信号与系统中最有力的分析工具，其最重要的应用是系统的滤波分析以及求系统的零状态响应。

在时域求解零状态响应，需要卷积积分运算，即

$$r(t)=e(t)*h(t)$$

根据时域卷积定理，有

$$R(s)=E(s)H(s)$$

因此，在 s 域只需作乘法运算，这将极大地简化分析过程。

(2) s 域卷积。若 $\mathcal{L}[f_1(t)]=F_1(s)$，$\mathcal{L}[f_2(t)]=F_2(s)$，则

$$\mathcal{L}[f_1(t)f_2(t)]=\frac{1}{2\pi j}F_1(s)*F_2(s) \tag{4-32}$$

这个性质表明，时域相乘，s 域卷积。

在结束本节内容之前，将常用的典型信号的拉普拉斯变换和拉普拉斯变换的性质列于表 4-2-1 和表 4-2-2 中。

表 4-2-1　典型信号的拉普拉斯变换

序号	信号 $f(t)$	拉普拉斯变换 $F(s)$
1	$\delta(t)$	1
2	$u(t)$	$\frac{1}{s}$
3	$e^{-at}u(t)$	$\frac{1}{s+a}$
4	$\cos(\omega_0 t)u(t)$	$\frac{s}{s^2+\omega_0^2}$
5	$\sin(\omega_0 t)u(t)$	$\frac{\omega_0}{s^2+\omega_0^2}$
6	$e^{-at}\cos(\omega_0 t)u(t)$	$\frac{s+a}{(s+a)^2+\omega_0^2}$
7	$e^{-at}\sin(\omega_0 t)u(t)$	$\frac{\omega_0}{(s+a)^2+\omega_0^2}$

表 4-2-2　单边拉普拉斯变换的性质

序号	时域 $(t>0)$	s 域
1	$K_1f_1(t)+K_2f_2(t)$	$K_1F_1(s)+K_2F_2(s)$
2	$\frac{d}{dt}f(t)$ $\frac{d^2}{dt^2}f(t)$	$sF(s)-f(0_-)$ $s^2F(s)-sf(0_-)-f'(0_-)$
3	$\int_{-\infty}^{t}f(\tau)d\tau$	$\frac{F(s)}{s}+\frac{f^{(-1)}(0)}{s}$
4	$f(t-t_0)u(t-t_0)$	$e^{-st_0}F(s)$
5	$e^{-at}f(t)$	$F(s+a)$

续表

序号	时域 $(t>0)$	s 域
6	$f(at),a>0$	$\left(\frac{1}{a}\right)F\left(\frac{s}{a}\right),a>0$
7	$(-t)^n f(t)$	$\frac{d^n}{d s^n}F(s)$
8	$\frac{f(t)}{t}$	$\int_s^{+\infty}F(v)dv$
9	$f_1(t)*f_2(t)$	$F_1(s)F_2(s)$
10	$\sum_{k=0}^{+\infty}f_1(t-kT_1)$	$F_1(s)\frac{1}{1-e^{-sT_1}}$
11	初值定理	$f(0_+)=\lim_{s\to\infty}sF(s)$
12	终值定理	$\lim_{t\to+\infty}f(t)=\lim_{s\to 0}sF(s)$

第三节　拉普拉斯反变换

一般情况下,拉普拉斯反变换最简单有效的求解方法是“部分分式展开法”结合“典型信号的拉普拉斯变换”以及“拉普拉斯变换性质”,类似于一种比对的方法。求得反变换 $f(t)$,$t>0$。

一、观察法

本方法适于一些简单的拉普拉斯变换形式,例如,分母是单因子、单阶,简单整理后只需比对一些典型信号的拉普拉斯变换,结合拉普拉斯变换的性质,就可以直接得到时间信号。

【例题 4.5】 已知 $F(s)=\frac{1-2e^{-a(s+1)}}{s+2}$,求拉普拉斯反变换。

解:先将 $F(s)$ 整理,得

$$F(s)=\frac{1-2e^{-a(s+1)}}{s+2}=\frac{1}{s+2}-\frac{2e^{-a}}{s+2}e^{-as}$$

应用典型信号 $e^{-at}u(t)$ 的拉普拉斯变换,以及拉普拉斯变换的延时性质,可得

$$f(t)=e^{-2t}u(t)-2e^{-a}e^{-2(t-a)}u(t-a)=e^{-2t}u(t)-2e^{a}e^{-2t}u(t-a)$$

二、部分分式展开法

一般信号的拉普拉斯变换都是有理分式,这从表 4-2-1 和表 4-2-2 中可以得到印证。

$$F(s)=\frac{A(s)}{B(s)}=\frac{a_m s^m+a_{m+1}s^{m+1}+\cdots+a_1 s+a_0}{b_n s^n+b_{n-1}s^{n-1}+\cdots+b_1 s+b_0} \tag{4-33}$$

这种情况下,最简单的求解拉普拉斯反变换的方法是部分分式展开法,将有理分式展开

成单因子的部分分式，再利用典型信号的拉普拉斯变换（表 4-2-1）即可得到时间信号。对于重根的情况可以再利用 s 域微分性质。

在求解拉普拉斯反变换之前，先介绍两个概念——零点和极点。

将 $F(s)$ 的分子、分母进行因式分解

$$F(s)=\frac{a_m(s-z_1)(s-z_2)\cdots(s-z_m)}{b_n(s-p_1)(s-p_2)\cdots(s-p_n)}$$

令 $F(s)=0$，得 $s=z_1, z_2, \cdots, z_m$，称为 $F(s)$ 的零点。所谓“零点”指的是在 s 平面上，使 $F(s)$ 等于零的 s 点（s 值）。

同样地，令 $F(s)\to\infty$，得 $s=p_1, p_2, \cdots, p_m$，称为 $F(s)$ 的极点，所谓“极点”指的是在 s 平面上，使 $F(s)$ 趋于∞的 s 点（s 值）。

1. $F(s)$ 是有理真分式

有理真分式，指的是 $F(s)$ 的分子阶次比分母阶次低。对于真分式，根据 $F(s)$ 的极点情况进一步划分。

（1）$F(s)$ 的极点是实数，且为一阶。将 $F(s)$ 展开成单阶的部分分式

$$F(s)=\frac{K_1}{s-p_1}+\frac{K_2}{s-p_2}+\cdots+\frac{K_n}{s-p_n} \tag{4-34}$$

其中，K_1、K_2、…、K_n 为待定系数。

将上式两端同乘以 $s-p_i$，并令 $s=p_i$，有

$$\begin{aligned}F(s)(s-p_i)\big|_{s=p_i}&=\frac{K_1}{s-p_1}(s-p_i)\big|_{s=p_i}+\frac{K_2}{s-p_2}(s-p_i)\big|_{s=p_i}+\cdots\\&\quad+\frac{K_i}{s-p_i}(s-p_i)\big|_{s=p_i}+\cdots+\frac{K_n}{s-p_n}(s-p_i)\big|_{s=p_i}\\&=K_i\end{aligned}$$

因此

$$K_i=(s-p_i)F(s)\big|_{s=p_i} \tag{4-35}$$

这就是部分分式 $\dfrac{K_i}{s-p_i}$ 的系数 K_i 的求解公式。实际上，$K_i(i=1,2,\cdots,n)$ 是极点 p_i 处的系数。

系数 K_i 确定后，根据典型信号（指数信号）的拉普拉斯变换，可以直接写出时间信号的表达式

$$f(t)=(K_1e^{p_1t}+K_2e^{p_2t}+\cdots+K_ne^{p_nt})u(t) \tag{4-36}$$

（2）$F(s)$ 极点为共轭复数且无重根的情况。如果 $F(s)$ 的分母因式分解时出现如下形式

$$F(s)=\frac{A(s)}{[(s+\alpha)^2+\beta^2](s-p_1)(s-p_1)\cdots(s-p_{n-2})}$$

式中，p_1，p_2，…，p_{n-2} 为单实根，$\alpha \pm j\beta$ 为共轭复数根。

将 $F(s)$ 部分分式展开，共轭复数根部分不再进一步分解，得到下式

$$F(s)=\frac{K_1}{s-p_1}+\frac{K_2}{s-p_2}+\cdots+\frac{K_{n-2}}{s-p_{n-2}}+\frac{Cs+D}{(s+\alpha)^2+\beta^2} \tag{4-37}$$

式中，K_1、K_2、…、K_{n-2} 以及 C 和 D 为待定系数，其中单实根部分的系数

$$K_i=(s-p_i)F(s)\mid_{s=p_i},i=1,2,\cdots,n-2$$

对应的反变换参见情况(1)。

下面求共轭复数极点部分的反变换。

将 K_i 代入式(4-37)，通分可得系数 C 和 D。对于复数根部分，设

$$F_1(s)=\frac{Cs+D}{(s+\alpha)^2+\beta^2}$$

利用式 $L\left[\mathrm{e}^{-at}\cos(\omega_0 t)u(t)\right]=\dfrac{s+a}{(s+a)^2+\omega_0^2}$ 和式 $L\left[\mathrm{e}^{-at}\sin(\omega_0 t)u(t)=\dfrac{\omega_0}{(s+a)^2+\omega_0^2}\right.$，经过匹配整理

$$F_1(s)=\frac{Cs+D}{(s+\alpha)^2+\beta^2}=\frac{C(s+\alpha)+\beta\left(\dfrac{D-C\alpha}{\beta}\right)}{(s+\alpha)^2+\beta^2}$$

$$=C\frac{s+\alpha}{(s+\alpha)^2+\beta^2}+\left(\frac{D-C\alpha}{\beta}\right)\frac{\beta}{(s+\alpha)^2+\beta^2} \tag{4-38}$$

即得 $F_1(s)$ 的反变换

$$f_1(t)=\left[C\,\mathrm{e}^{-\alpha t}\cos(\beta t)+\left(\frac{D-C\alpha}{\beta}\right)\mathrm{e}^{-\alpha t}\sin(\beta t)\right]u(t)$$

(3) $F(s)$ 为有理真分式且极点为高阶(重极点)情况。设

$$F(s)=\frac{A(s)}{(s-p_1)^r D(s)}$$

其中，$D(s)$ 可分解成单阶因子。对于 $F(s)$ 的重根部分，进行部分分式展开时，要展开成 r 项。

$$F(s)=\underbrace{\frac{A_{11}}{(s-p_1)^r}+\frac{A_{12}}{(s-p_1)^{r-1}}+\cdots+\frac{A_{1r}}{s-p_1}}+\frac{E(s)}{D(s)} \tag{4-39}$$

式(4-39)两端乘以 $(s-p_1)^r$，有

$$(s-p_1)^r F(s)=A_{11}+A_{12}(s-p_1)+\cdots+A_{1r}(s-p_1)^{r-1}+(s-p_1)^r\frac{E(s)}{D(s)} \tag{4-40}$$

令 $s=p_1$，得

$$A_{11}=(s-p_1)^r F(s)\mid_{s=p_1}$$

对式(4-40)求一阶导数，并令 $s=p_1$，得

$$A_{12}=\frac{\mathrm{d}}{\mathrm{d}s}\left[(s-p_1)^r F(s)\right]\mid_{s=p_1}$$

一般系数

$$A_{1i}=\frac{1}{(i-1)!}\frac{\mathrm{d}^{i-1}}{\mathrm{d}s^{i-1}}[(s-p_1)^rF(s)]\mid_{s=p_1} \tag{4-41}$$

2. 当 $m\geqslant n$ 时，$F(s)$ 分子多项式阶次等于或大于分母多项式阶次

这种情况下需要先将 $F(s)$ 分解成有理多项式和有理真分式之和，即

$$F(s)=R(s)+\frac{P(s)}{Q(s)}$$

其中 $R(s)$ 为多项式，$\frac{P(s)}{Q(s)}$ 是有理真分式。有理真分式部分的反变换同上述 1. 中所述方法。

而对于多项式部分的反变换，考虑公式

$$\mathcal{L}[A\delta(t)]=A$$

$$\mathcal{L}[A\delta^{(k)}(t)]=As^{(k)}$$

【例题 4.6】 求 $F(s)=\frac{s^2+3s+1}{s+1}$ 的拉普拉斯反变换。

解：$F(s)$ 的分子阶次大于分母阶次，需要将 $F(s)$ 展开成多项式和有理真分式之和。

$$F(s)=\frac{s(s+1)+2(s+1)-1}{s+1}=s+2-\frac{1}{s+1}$$

则

$$f(t)=\delta'(t)+2\delta(t)-\mathrm{e}^{-t}u(t)$$

第四节 用拉普拉斯变换求解微分方程和分析电路

一、用拉普拉斯变换求解微分方程

在用拉普拉斯变换求解微分方程时，需要用到微分性质

$$\begin{cases}\mathcal{L}\left[\frac{\mathrm{d}}{\mathrm{d}t}f(t)\right]=sF(s)-f(0_-)\\ \mathcal{L}\left[\frac{\mathrm{d}^2}{\mathrm{d}t^2}f(t)\right]=s^2F(s)-sf(0_-)-f'(0_-)\end{cases}$$

【例题 4.7】 连续时间系统的微分方程 $\frac{\mathrm{d}^2}{\mathrm{d}t^2}r(t)+3\frac{\mathrm{d}}{\mathrm{d}t}r(t)+2r(t)=\frac{\mathrm{d}}{\mathrm{d}t}e(t)+3e(t)$，$e(t)=u(t)$，$r(0_-)=1$，$r'(0_-)=2$，用拉普拉斯变换求系统的响应 $r(t)$。

解：微分方程两端进行拉普拉斯变换，根据微分性质，得

$$[s^2R(s)-sr(0_-)-r'(0_-)]+3[sR(s)-r(0_-)]+2R(s)$$

$$=[sE(s)-e(0_-)]+3E(s)$$

其中，$e(0_-)=u(t)\mid_{t=0_-}=0$ 。整理得

$$(s^2+3s+2)R(s)=[sr(0_-)+r'(0_-)+3r(0_-)]+(s+3)E(s)$$

代入 $r(0_-)$ 和 $r'(0_-)$ 的值，并将 $e(t)$ 进行拉普拉斯变换

$$E(s)=\frac{1}{s}$$

得

$$R(s)=\frac{s^2+6s+3}{s(s^2+3s+2)}=\frac{2}{s+1}-\frac{5/2}{s+2}+\frac{3/2}{s}$$

则系统响应

$$r(t)=\left(2\,\mathrm{e}^{-t}-\frac{5}{2}\,\mathrm{e}^{-2t}+\frac{3}{2}\right)u(t)$$

显然，拉普拉斯变换将微分方程变成了代数方程，因此求解微分方程的响应变得非常简单。

另外，根据零输入响应和零状态响应的概念，在 s 域求解 ZIR 和 ZSR 也变得非常容易。

对于一般的微分方程

$$\frac{\mathrm{d}^n}{\mathrm{d}\,t^n}r(t)+a_1\frac{\mathrm{d}^{n-1}}{\mathrm{d}\,t^{n-1}}r(t)+\cdots+a_nr(t)=b_0\frac{\mathrm{d}^m}{\mathrm{d}\,t^m}e(t)+b_1\frac{\mathrm{d}^{m-1}}{\mathrm{d}\,t^{m-1}}e(t)+\cdots+b_me(t)$$

两端拉普拉斯变换

$$\left[s^nR(s)-\sum_{k=0}^{n-1}s^{n-k-1}\,r^k(0_-)\right]+a_1\left[s^{n-1}R(s)-\sum_{k=0}^{n-2}s^{n-k-2}\,r^k(0_-)\right]+\cdots+a_nR(s)$$
$$=b_0\,s^mE(s)+b_1\,s^{m-1}E(s)+\cdots b_mE(s)$$

整理得

$$R(s)=\frac{\sum_{k=0}^{n-1}s^{n-k-1}\,r^k(0_-)+a_1\sum_{k=0}^{n-2}s^{n-k-2}\,r^k(0_-)+\cdots+a_{n-1}r(0_-)}{s^n+a_1\,s^{n-1}+a_2\,s^{n-2}+\cdots+a_n}$$
$$+\frac{b_0\,s^m+b_1\,s^{m-1}+\cdots b_m}{s^n+a_1\,s^{n-1}+a_2\,s^{n-2}+\cdots+a_n}E(s)$$

式中，等号右端第一项与输入信号 $E(s)$ 无关，仅仅由起始条件 $\{r^k(0_-)\}$ 决定，因此，这部分属于零输入响应；第二项由 $E(s)$ 决定，与起始条件无关，因此属于零状态响应。

因此有

$$R_{zi}(s)=\frac{\sum_{k=0}^{n-1}s^{n-k-1}\,r^k(0_-)+a_1\sum_{k=0}^{n-2}s^{n-k-2}\,r^k(0_-)+\cdots+a_{n-1}r(0_-)}{s^n+a_1\,s^{n-1}+a_2\,s^{n-2}+\cdots+a_n} \tag{4-42}$$

$$R_{zs}(s)=\frac{b_0\,s^m+b_1\,s^{m-1}+\cdots b_m}{s^n+a_1\,s^{n-1}+a_2\,s^{n-2}+\cdots+a_n}E(s) \tag{4-43}$$

分别经过拉普拉斯反变换，即可得到零输入响应和零状态响应。

二、用拉普拉斯变换分析电路

拉普拉斯变换作为一个非常强大的线性系统分析工具，不仅求解微分方程异常简单，对于电路，在 s 域分析也很容易。

在第二节拉普拉斯变换的性质中，根据线性性质、微分性质和积分性质，已经推导出电阻、电容、电感等电路元件的 s 域模型，时域里动态元件的电压、电流之间的微分、积分关系在 s 域中变成了代数关系，电路元件在 s 域可作为"阻抗"处理。

图 4-4-1 表示的是三个电路元件的 s 域模型。

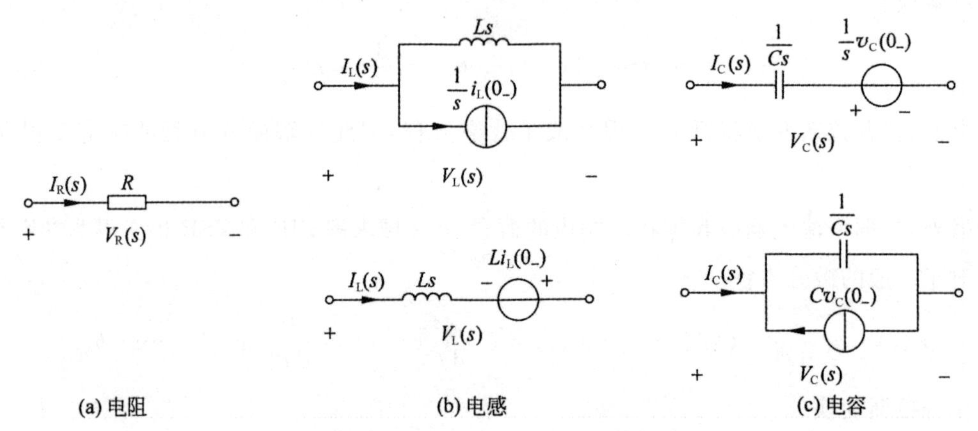

图 4-4-1　电路元件的 s 域等效模型

【例题 4.8】 电路如图 4-4-2 所示，$e_1(t)=2\text{V}$，$e_2(t)=e^{-2t}\text{V}$，$C=1/2\text{F}$，$R=2/5\Omega$，$L=1/2H$。$t<0$ 时开关位于 1，电路达到稳态 $t=0$ 时开关由 1 转到 2 的位置，求电感两端的电压。

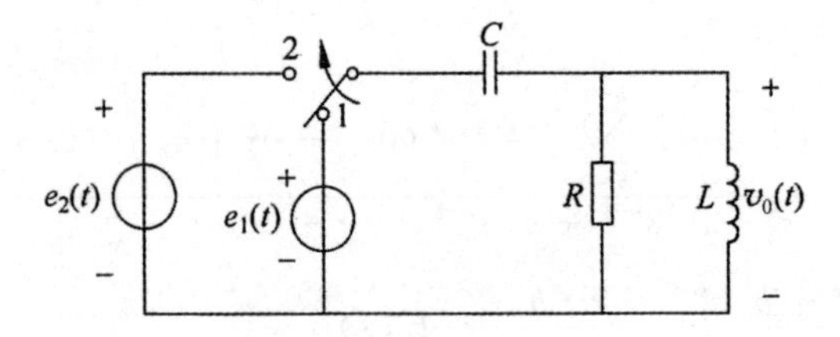

图 4-4-2　例题 4.8 图

解：

(1)确定开关转换前 $t=0_-$ 时刻储能元件的起始状态。$t\leqslant 0_-$ 时电源 $e_1(t)=2\text{V}$，电路达到稳态，因此，$i_L(0_-)=0\text{A}$，$v_C(0_-)=2\text{V}$。

(2)将 $t>0$ 的激励源 $e_2(t)=e^{-2t}u(t)$ 进行拉普拉斯变换，得

$$E_2(s)=\frac{1}{s+2}$$

(3)画出 $t\geqslant 0_+$ 时电路的 s 域等效模型(图 4-4-3)，在 s 域中电路元件等同于阻抗，通过"阻抗"元件的分压、分流关系可以得到关于输出 $V_0(s)$ 的方程。

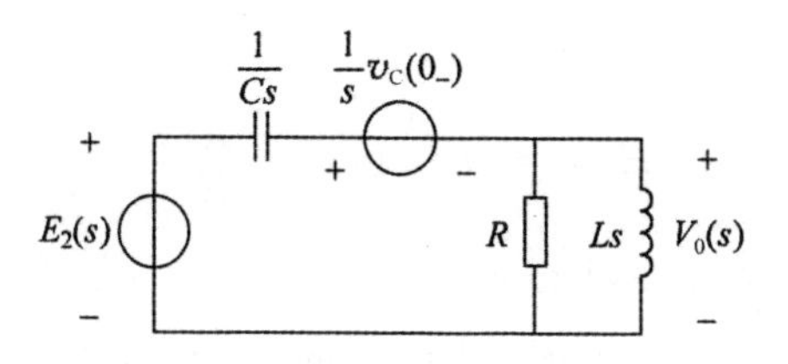

图 4-4-3　电路的 s 域等效模型

(4)根据 s 域等效电路,列写节点电流方程。

$$\frac{V_0(s)}{Ls}+\frac{V_0(s)}{R}=\frac{E_2(s)-\frac{1}{s}v_C(0_-)-V_0(s)}{\frac{1}{Cs}}$$

代入参数,得

$$\frac{V_0(s)}{s/2}+\frac{V_0(s)}{2/5}=\frac{\frac{1}{s+2}-2/s-V_0(s)}{2/s}$$

整理得

$$V_0(s)=\frac{2s}{s^2+5s+4}\cdot\frac{-(s+4)}{2(s+2)}=\frac{-s}{(s+1)(s+2)}$$

(5)求拉普拉斯反变换。将 $V_0(s)$ 部分分式展开

$$V_0(s)=\frac{1}{s+1}+\frac{-2}{s+2}$$

得

$$v_0(t)=(\mathrm{e}^{-t}-2\,\mathrm{e}^{-2t})u(t)$$

第五节　系统函数及零极点

一、系统函数

对于 LTI 系统,系统函数定义为单位冲激响应的拉普拉斯变换,图 4-5-1 描述了系统函数与单位冲激响应之间以及任意输入与其输出之间的关系。

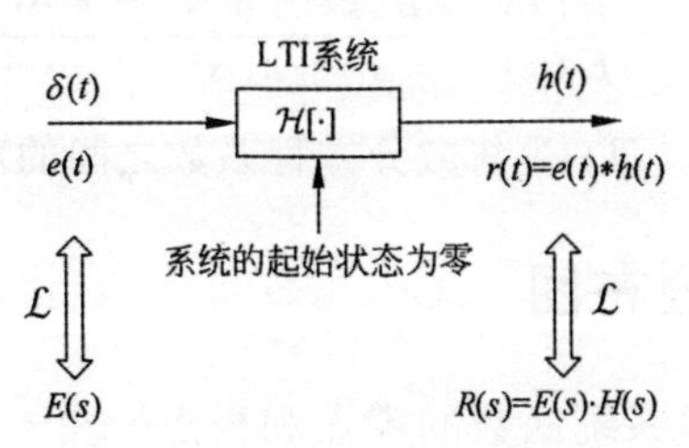

图 4-5-1　LTI 系统的时域和 s 域

由图 4-5-1 可得

$$H(s)=\mathcal{L}[h(t)]=\frac{R(s)}{E(s)} \tag{4-44}$$

$H(s)$ 称为系统函数，等于零状态条件下输出的拉普拉斯变换与输入的拉普拉斯变换之比。系统函数是系统的 s 域表征，是系统固有的，与外加激励无关，与系统的状态无关。

【例题 4.9】 系统微分方程 $\frac{\mathrm{d}^2}{\mathrm{d}t^2}r(t)+3\frac{\mathrm{d}}{\mathrm{d}t}r(t)+2r(t)=\frac{\mathrm{d}}{\mathrm{d}t}e(t)+3e(t)$，求系统函数和单位冲激响应。

解：微分方程两端进行拉普拉斯变换，注意零状态条件下，$r(0_-)=0$，$r'(0_-)=0$，则

$$s^2R(s)+3sR(s)+2R(s)=sE(s)+3E(s)$$

得系统函数

$$H(s)=\frac{R(s)}{E(s)}=\frac{s+3}{s^2+3s+2}$$

将 $H(s)$ 进行部分分式展开

$$H(s)=\frac{2}{s+1}+\frac{-1}{s+2}$$

则

$$h(t)=(2\mathrm{e}^{-t}-\mathrm{e}^{-2t})u(t)$$

系统函数和微分方程都是系统的描述，它们之间有着唯一互相对应的关系。

对 n 阶微分方程

$$\frac{\mathrm{d}^n}{\mathrm{d}t^n}r(t)+a_1\frac{\mathrm{d}^{n-1}}{\mathrm{d}t^{n-1}}r(t)+\cdots+a_nr(t)=b_0\frac{\mathrm{d}^m}{\mathrm{d}t^m}e(t)+b_1\frac{\mathrm{d}^{m-1}}{\mathrm{d}t^m}e(t)+\cdots+b_me(t) \tag{4-45}$$

两端进行拉普拉斯变换(零状态条件下)，有

$$s^nR(s)+a_1s^{n-1}R(s)+\cdots+a_nR(s)=b_0s^mE(s)+b_1s^{m-1}E(s)+\cdots+b_mE(s)$$

则系统函数

$$H(s)=\frac{R(s)}{E(s)}=\frac{b_0s^m+b_1s^{m-1}+\cdots+b_m}{s^n+a_1s^{n-1}+\cdots+a_n} \tag{4-46}$$

观察式(4-45)和式(4-46)，$H(s)$ 与微分方程系数之间的对应关系一目了然。

二、系统的零极点分布图

系统的零点和极点指的是系统函数的零点和极点。在 s 平面上，将系统的零点和极点标示出来，这样的图形就是系统的零极点分布图。

对于 n 阶 LTI 系统，系统函数一般是有理分式，将分子分母因式分解，得

$$H(s)=\frac{a_m(s-z_1)(s-z_2)\cdots(s-z_m)}{b_m(s-p_1)(s-p_2)\cdots(s-p_n)} \tag{4-47}$$

令 $H(s)=0$，得 $s=z_1,z_2,\cdots,z_m$，即系统的零点；令 $H(s)\to\infty$，得 $s=p_1,p_2,\cdots,p_n$，即系统的极点。将 $s=z_1,z_2,\cdots,z_m$ 和 $s=p_1,p_2,\cdots,p_n$ 标在 s 平面上，零点用“圆圈○”表示，极点用“×”表示，得到的就是系统的零极点分布图。

【例题 4.10】 系统的零极点分布如图 4-5-2 所示，且 $\lim\limits_{t\to+\infty}h(t)=10$，求 $H(s)$。

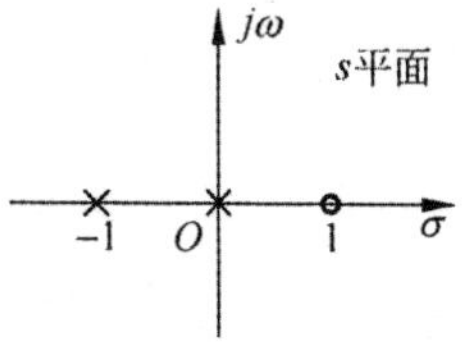

图 4-5-2　例题 4.10 图

解：根据零极点分布，写出系统函数

$$H(s)=K\frac{s-1}{s(s+1)}$$

由终值定理，得

$$\lim_{t\to+\infty}h(t)=\lim_{s\to0}sH(s)=\lim_{s\to0}K\frac{s(s-1)}{s(s+1)}=-K=10$$

即 $K=-10$。故

$$H(s)=-10\frac{s-1}{s(s+1)}$$

读者可以通过求 $h(t)$ 并计算 $h(+\infty)$ 自行验证。

对于 LTI 系统，由系统的零极点分布可以分析系统的很多特性，如时间特性、频率特性、稳定性等，还可以进一步确定系统的各种响应。因此，系统的零极点分析是 LTI 系统分析的重要内容。

第六节　系统的零极点分布与时间特性

一、极点分布与时域波形

下面通过一些实例，分析极点对 $h(t)$ 波形的影响。为了更有说服力，在分析过程中，系统一般只含有极点，不含有零点。

1. 极点位于 s 左半平面

(1)单阶极点。对于单阶实极点的情况，例如

$$H(s)=\frac{1}{s+a},a>0$$

则

$$h(t)=\mathrm{e}^{-at}u(t)$$

可知 $h(t)$ 是单调衰减的，如图 4-6-1(a)所示。

对于单阶复极点的情况，例如

$$H(s)=\frac{\omega_0}{(s+a)^2+\omega_0^2}, a>0$$

则

$$h(t)=e^{-at}\sin(\omega_0 t)u(t)$$

$h(t)$ 振荡衰减，如图 4-6-1(b)所示。

(2)多阶极点。例如，

$$H(s)=\frac{1}{(s+a)^2},\ a>0$$

可知

$$h(t)=t\,e^{-at}u(t)$$

$h(t)$ 的波形总体是衰减的，如图 4-6-1(c)所示。

由此得出第一个结论，如果极点位于 s 左半平面，$h(t)$ 的波形是衰减的。

2. 极点位于 s 右半平面

(1)单阶极点。对于单阶实极点的情况，例如

$$H(s)=\frac{1}{s-a}, a>0$$

则

$$h(t)=e^{at}u(t)$$

$h(t)$ 的波形单调增长，如图 4-6-2(a)所示。

对于单阶复极点的情况，例如

$$H(s)=\frac{\omega_0}{(s-a)^2+\omega_0^2}, a>0$$

则

$$h(t)=e^{at}\sin(\omega_0 t)u(t)$$

$h(t)$ 的波形振荡增长，如图 4-6-2(b)所示。

(2)多阶极点。例如

$$H(s)=\frac{1}{(s-a)^2}$$

可知

$$h(t)=t\,e^{at}u(t)$$

$h(t)$ 的波形也是增长的，而且增长速度更快，如图 4-6-2(c)所示。

由此得出第二个结论，如果极点位于 s 右半平

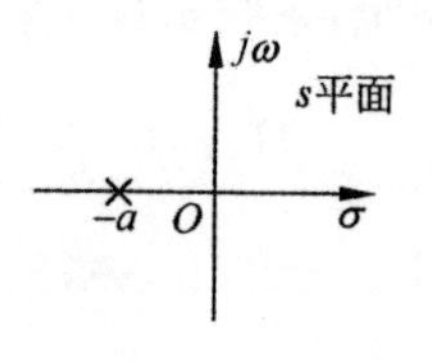

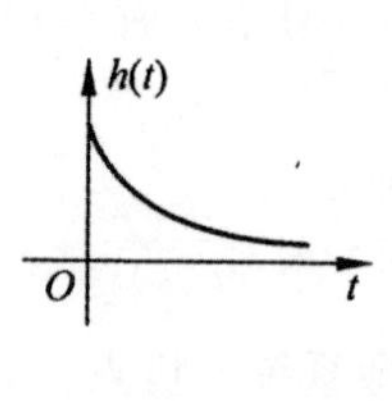

(a)

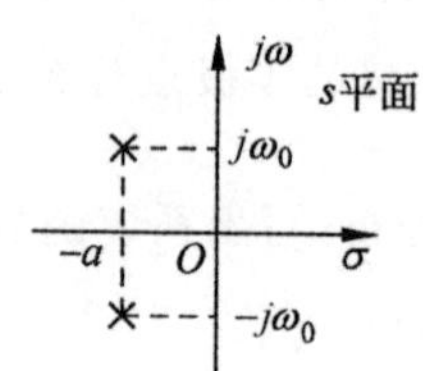

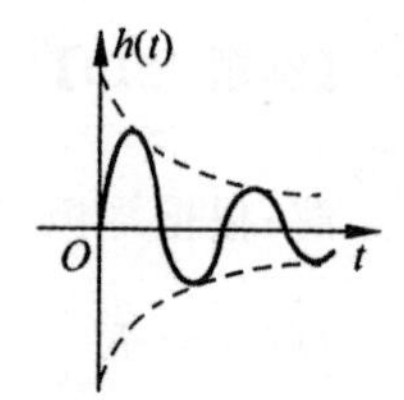

(b)

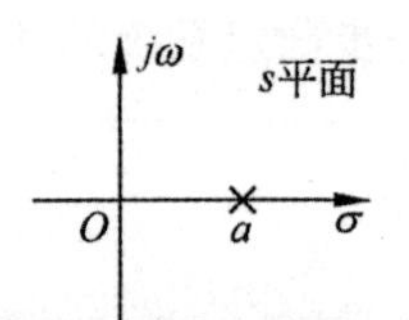

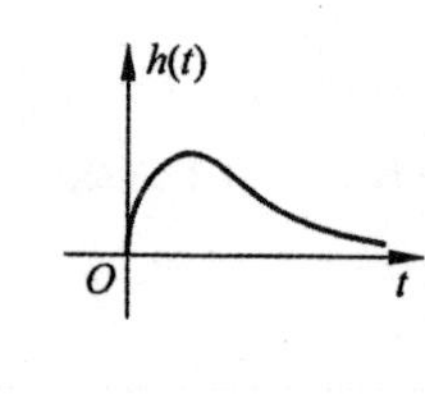

(c)

图 4-6-1　s 左半平面的极点

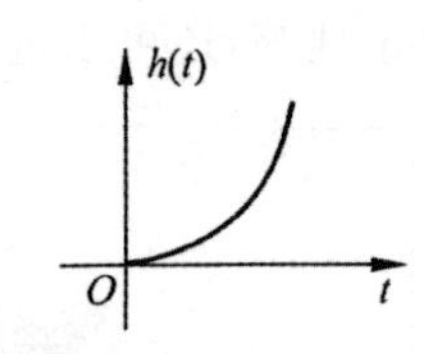

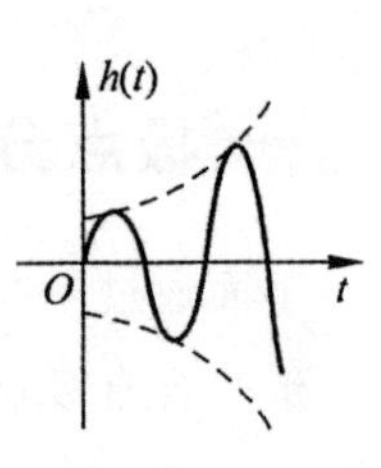

(a)

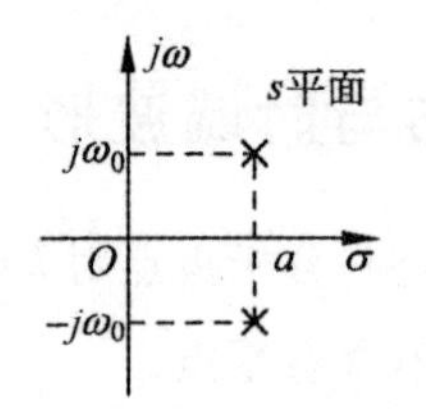

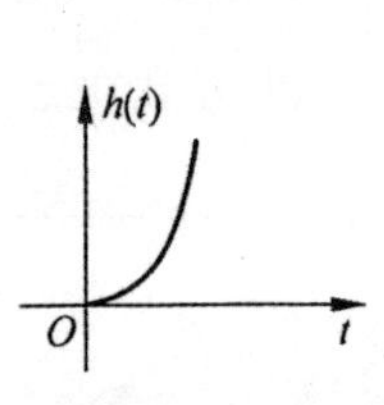

(b)

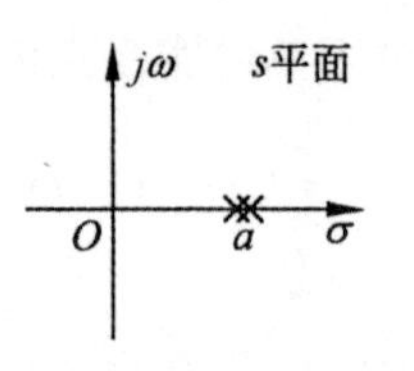

(c)

图 4-6-2　s 右半平面的极点

面，$h(t)$ 的波形是增长的。

3. 极点位于 $j\omega$ 轴上

(1)单阶极点。对于单阶实极点，例如

$$H(s)=\frac{1}{s}$$

则

$$h(t)=u(t)$$

$h(t)$ 是阶跃函数，波形单调等幅，如图 4-6-3(a)所示。

对于单阶复数极点，例如

$$H(s)=\frac{\omega_0}{s^2+\omega_0^2}$$

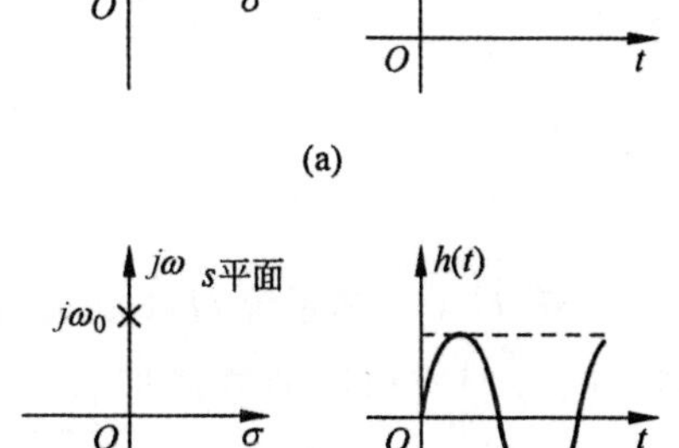

图 4-6-3 $j\omega$ 轴上的单阶极点

则

$$h(t)=\sin(\omega_0 t)u(t)$$

$h(t)$ 的波形是振荡等幅的，如图 4-6-3(b)所示。

由此得出第三个结论，如果单阶极点位于 $j\omega$ 轴上，$h(t)$ 的波形是等幅的。

(2) $j\omega$ 轴上的高阶极点。对于 $j\omega$ 轴上的高阶实极点，例如

$$H(s)=\frac{1}{s^2}$$

可知

$$h(t)=tu(t)$$

$h(t)$ 的波形单调增长，如图 4-6-4(a)所示。

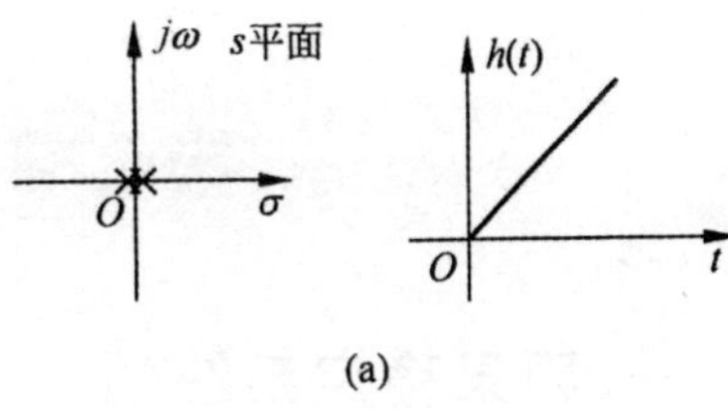

对于 $j\omega$ 轴上的高阶复数极点，例如

$$H(s)=\frac{2\omega_0 s}{(s^2+\omega_0^2)^2}$$

则

$$h(t)=t\sin(\omega_0 t)u(t)$$

$h(t)$ 的波形振荡增长，如图 4-6-4(b)所示。

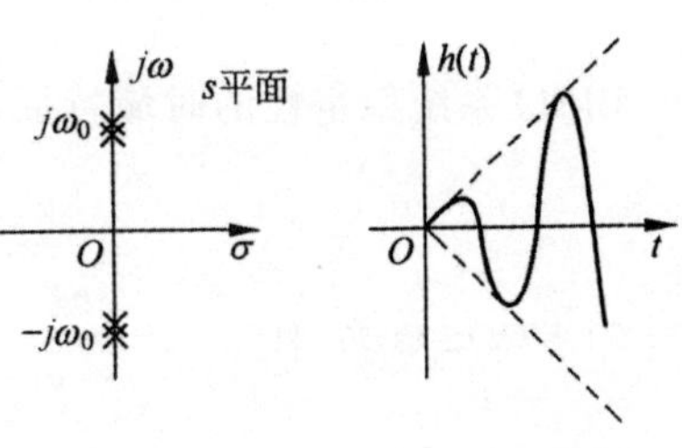

图 4-6-4 $j\omega$ 轴上的多阶极点

由此得出第四个结论，位于 $j\omega$ 轴上的高阶极点，$h(t)$ 的波形是增长的。

实际上，系统的极点决定 $h(t)$ 的波形形状。左半平面的极点，波形衰减；右半平面的极点，波形增长；$j\omega$ 轴上的单阶极点，波形等幅；$j\omega$ 轴上的高阶极点，波形增长。而实数极点对应的波形是单调变化的，复数极点对应的波形是振荡变化的。

二、零点影响波形的幅度和相位

为了证明这个结论，考虑两个具有相同极点而零点不同的系统。

$$H_i(s)=\frac{s+a}{(s+a)^2+\omega_0^2}$$

$$H_j(s)=\frac{s+b}{(s+a)^2+\omega_0^2}$$

系统 $H_i(s)$ 和系统 $H_j(s)$ 具有相同的极点 $-a\pm j\omega_0$，根据前面的分析可知，这两个系统的 $h(t)$ 具有相同的波形形状——振荡衰减。不同的是，两个系统的零点不同，分别是 $z_i=-a$ 和 $z_j=-b$。不同的零点会导致什么不同呢？下面分别求两个系统的 $h(t)$。

$$h_i(t)=\mathrm{e}^{\infty}\cos(\omega_0 t)u(t)$$

而

$$h_j(t)=\left[\mathrm{e}^{-at}\cos(\omega_0 t)+\frac{b-a}{\omega_0}\mathrm{e}^{-at}\sin(\omega_0 t)\right]u(t)$$

$$=\sqrt{\frac{\omega_0^2+(b-a)^2}{\omega_0^2}}\mathrm{e}^{-at}\cos(\omega_0 t+\varphi)u(t)$$

对比 $h_i(t)$ 和 $h_j(t)$，可以发现，二者的幅度和相位不同。因此，零点影响 $h(t)$ 波形的幅度和相位。

第七节　因果系统的稳定性

一、因果稳定系统的 s 域特征

BIBO 系统稳定性的时域特征，即

$$\int_{-\infty}^{+\infty}|h(t)|\mathrm{d}t<\infty$$

对于因果稳定系统，有

$$\int_{-\infty}^{+\infty}|h(t)|\mathrm{d}t<\infty$$

由此可知

$$\lim_{t\to+\infty}h(t)=0$$

因果稳定系统要求 $h(t)$ 的波形总的趋势是衰减的。根据前一节 $H(s)$ 的极点与时域波形的关系可知，极点只有位于 s 左半平面，波形才是衰减的。因此，LTI 因果稳定系统的 s 域特征是系统的极点全部位于 s 左半平面。这是判断因果连续系统是否稳定的一个准则。需要注意的是，如果有零极点相消，在利用系统函数进行稳定性分析之前消去零极点对，但

可能存在潜在不稳定的状况。

二、稳定性的分类

根据因果系统是否具有稳定性，将系统分为三类。第一种是稳定系统，系统函数的所有极点都位于 s 左半平面，$h(t)$ 的波形衰减。第二种是临界稳定系统，系统的一个或多个极点位于 $j\omega$ 轴上且为单阶，此时 $h(t)$ 的波形不随时间衰减，也不随波形增长，而是等幅变化，这种系统称为临界稳定系统。第三种是不稳定系统，系统有多重极点位于 $j\omega$ 轴上或有极点位于 s 右半平面，此时 $h(t)$ 的波形随着时间增长而增长，当 $t \to \infty$ 时，$h(t) \to \infty$，系统不稳定。临界稳定系统是不稳定系统的一种特例。

【例题 4.11】 电路如图 4-7-1 所示，假设图中运算放大器的输入阻抗为 ∞，输出阻抗为零。为使系统稳定，求 A 的取值范围。如果要求电路处于临界稳定状态，求电路的单位冲激响应。

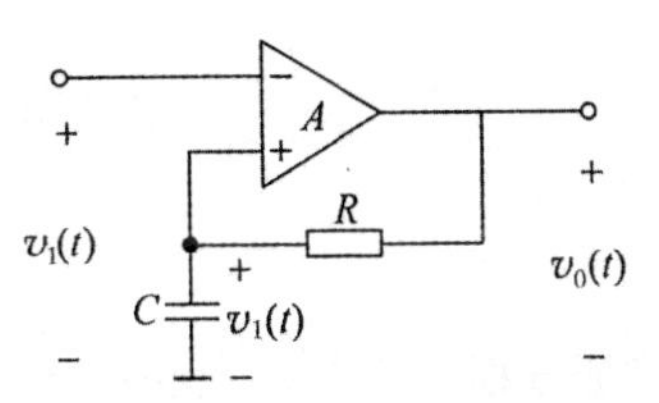

图 4-7-1　例题 4.11 图

解：为了便于分析，设 $v_1(t)$，如图 4-7-1 所示。由于运算放大器的输入阻抗无穷大而输出阻抗为零，故有

$$V_0(s) = -A[V_i(s) - V_1(s)]$$

$$V_1(s) = \frac{1/Cs}{1/Cs + R} V_0(s)$$

消去中间变量 $V_1(s)$，得系统函数

$$H(s) = \frac{V_0(s)}{V_i(s)} = \frac{-(s + 1/RC)A}{s + \dfrac{1-A}{RC}}$$

极点 $p_1 = -\dfrac{1-A}{RC}$，极点为实数，为使系统稳定，极点需要落在 s 左半平面，故

$$-\frac{1-A}{RC} < 0$$

即 $A < 1$。

实际上，该电路中的电阻 R 反馈到了放大器正端，$A < 1$ 使系统稳定就易于理解了。反之，如果 $A > 1$，会导致信号不断增强，系统不稳定。

临界稳定要求极点落在 $j\omega$ 轴上且为单阶，因此

$$p_1 = -\frac{1-A}{RC} = 0$$

即 $A = 1$，此时

$$H(s) = -\frac{s + 1/RC}{s} = -1 - \frac{1}{RC} \cdot \frac{1}{s}$$

此时电路的单位冲激响应为

$$h(t)=-\delta(t)-\frac{1}{RC}u(t)$$

第八节　由零极点分析系统的响应

一、自由响应与强迫响应

对于 n 阶系统，微分方程

$$\frac{\mathrm{d}^n}{\mathrm{d}t^n}r(t)+a_1\frac{\mathrm{d}^{n-1}}{\mathrm{d}t^{n-1}}r(t)+\cdots+a_nr(t)$$

$$=b_0\frac{\mathrm{d}^m}{\mathrm{d}t^m}e(t)+b_1\frac{\mathrm{d}^{m-1}}{\mathrm{d}t^{m-1}}e(t)+\cdots+b_me(t)$$

特征方程

$$\alpha^n+a_1\alpha^{n-1}+a_2\alpha^{n-2}+\cdots+a_n=0 \tag{4-48}$$

因式分解

$$(\alpha-\alpha_1)(\alpha-\alpha_2)\cdots(\alpha-\alpha_n)=0$$

可得特征根 $\alpha=\alpha_1,\alpha_2,\alpha_3,\cdots,\alpha_n$。

另外，由微分方程可得系统函数

$$H(s)=\frac{b_0s^m+b_1s^{m-1}+\cdots+b_m}{s^n+a_1s^{n-1}+a_2s^{n-2}+\cdots+a_n}$$

令

$$s^n+a_1s^{n-1}+a_2s^{n-2}+\cdots+a_n=0 \tag{4-49}$$

因式分解

$$(s-p_1)(s-p_2)\cdots(s-p_n)=0$$

可得极点 $s=p_1,p_2,p_3,\cdots,p_n$。

事实上，式(4-48)和式(4-49)的方程相同，因此有

$$p_1=\alpha_1,p_2=\alpha_2,p_3=\alpha_3,\cdots,p_n=\alpha_n$$

明确了系统极点就是微分方程的特征根之后，就可以在 s 域根据极点分布确定自由响应和强迫响应。

微分方程两边进行拉普拉斯变换

$$\left[s^nR(s)-\sum_{k=0}^{n-1}s^{n-k-1}r^k(0_-)\right]+a_1\left[s^{n-1}R(s)-\sum_{k=0}^{n-2}s^{n-k-2}r^k(0_-)\right]+\cdots+a_nR(s)$$

$$=b_0s^mE(s)+b_1s^{m-1}E(s)+\cdots+b_mE(s)$$

整理得

$$R(s)=\frac{\sum_{k=0}^{n-1}s^{n-k-1}r^{k}(0_-)+a_1\sum_{k=0}^{n-2}s^{n-k-2}r^{k}(0_-)+\cdots+a_{n-1}r(0_-)}{s^n+a_1s^{n-1}+a_2s^{n-2}+\cdots+a_n}+\frac{b_0s^m+b_1s^{m-1}+\cdots+b_m}{s^n+a_1s^{n-1}+a_2s^{n-2}+\cdots+a_n}E(s)$$

令

$$A(s)=\sum_{k=0}^{n-1}s^{n-k-1}r^{(k)}(0_-)+a_1\sum_{k=0}^{n-2}s^{n-k-2}r^{k}(0_-)+\cdots+a_{n-1}r(0_-)$$

$$H(s)=\frac{b_0s^m+b_1s^{m-1}+\cdots+b_m}{s^n+a_1s^{n-1}+a_2s^{n-2}+\cdots+a_n}=\frac{B(s)}{\prod_{i=1}^{n}(s-p_i)}$$

$$E(s)=\frac{C(s)}{\prod_{j=1}^{v}(s-p_j)}$$

式中，p_i 是 $H(s)$ 的极点，p_j 是 $E(s)$ 的极点。

则

$$R(s)=\frac{A(s)}{\prod_{i=1}^{n}(s-p_i)}+\frac{B(s)}{\prod_{i=1}^{n}(s-p_i)}\cdot\frac{C(s)}{\prod_{j=1}^{v}(s-p_j)}$$

$$=\frac{D(s)}{\prod_{i=1}^{n}(s-p_i)\prod_{j=1}^{v}(s-p_j)}\tag{4-50}$$

在有理真分式的情况下，$R(s)$ 部分分式展开为

$$R(s)=\underbrace{\sum_{i=1}^{n}\frac{A_i}{s-p_i}}_{\text{自由响应}}+\underbrace{\sum_{j=1}^{v}\frac{B_j}{s-p_i}}_{\text{强迫响应}}\tag{4-51}$$

由于 p_i 是系统函数的极点，也即微分方程的特征根，因此，$\sum_{i=1}^{n}\frac{A_i}{s-p_i}$ 对应的是齐次解，即自由响应；而 p_j 是激励信号的拉普拉斯变换的极点，因此，$\sum_{j=1}^{v}\frac{B_j}{s-p_j}$ 对应的是特解，即强迫响应。

因此，自由响应

$$r_h(t)=\sum_{i=1}^{n}A_i\mathrm{e}^{P_it},t>0$$

则

$$r_p(t)=\sum_{j=1}^{v}B_j\mathrm{e}^{P_jt},t>0$$

二、暂态响应和稳态响应

在系统的响应中，暂态响应指的是当 $t \to \infty$ 时，响应 $r(t)$ 中消失的部分。而稳态响应指的是，当 $t \to \infty$ 时，响应 $r(t)$ 中依然稳定存在的部分。因此，暂态响应的时间函数必是随着时间而衰减，工程中有意义的稳态响应的时间函数应该是随着时间的延续最后趋于恒定。

考虑极点的影响，由于左半平面的极点对应的波形是衰减的，因此 $R(s)$ 中由左半平面的极点决定的响应属于暂态响应，表示为 $R_{ts}(s)$；位于 $j\omega$ 轴上的单阶极点，对应的波形等幅，当 $t \to \infty$ 不会消失，属于稳态响应，表示为 $R_{ss}(s)$。

完全响应

$$R(s) = R_{ts}(s) + R_{ss}(s)$$

可知

$$R(s) = \underbrace{\frac{2}{s+1} - \frac{5/2}{s+2}}_{\text{暂态响应}} + \underbrace{\frac{3/2}{s}}_{\text{稳态响应}}$$

暂态响应

$$r_{ts}(t) = \left(2\mathrm{e}^{-t} - \frac{5}{2}\mathrm{e}^{-2t}\right)u(t)$$

稳态响应

$$r_{ss}(t) = \frac{3}{2}u(t)$$

由于该因果系统 $H(s)$ 的极点 $p_1 = -1$ 和 $p_1 = -2$ 位于 s 左半平面，因此，该系统是稳定系统。对于因果稳定系统，单位阶跃信号产生的稳态响应依然是阶跃信号，其终值将趋于常数。

虽然输入信号也是单位阶跃信号 $u(t)$，但由于零极点相抵消，输入信号的极点被 $H(s)$ 的零点抵消掉，因此没有剩下稳态响应，只有暂态响应过程。

$$r_{ts}(t) = \mathrm{e}^{-t}\left[\cos(2t) - \frac{3}{2}\sin(2t)\right]u(t)$$

三、单边正弦信号和正弦信号通过稳定系统的响应

单边正弦信号指的是在 $t = 0$ 时加入的正弦信号，即

$$e(t) = A\cos(\omega_0 t)u(t)$$

而正弦信号存在于整个时间域 $(-\infty < t < +\infty)$，即

$$e(t) = A\cos(\omega_0 t)$$

下面分析这两种信号通过稳定系统的响应。

1. 单边正弦信号通过稳定系统的响应

激励信号为单边正弦信号

$$e(t)=A\cos(\omega_0 t)u(t)$$

其拉普拉斯变换为

$$E(s)=\frac{As}{s^2+\omega_0^2}=\frac{As}{(s+j\omega_0)(s-j\omega_0)}$$

设稳定系统的系统函数为

$$H(s)=\frac{\prod_{j=1}^{m} b_0(s-z_j)}{\prod_{i=1}^{n}(s-p_i)}$$

由于系统稳定，故极点 p_i 落在 s 左半平面。

那么，$e(t)$ 通过稳定系统 $H(s)$ 的响应为

$$R(s)=E(s)\cdot H(s)=\frac{As}{(s+j\omega_0)(s-j\omega_0)}\cdot H(s)$$

$$=\frac{As}{(s+j\omega_0)(s-j\omega_0)}\cdot\frac{\prod_{j=1}^{m} b_0(s-z_j)}{\prod_{i=1}^{n}(s-p_i)}\tag{4-52}$$

部分分式展开

$$R(s)=\frac{K_1}{s+j\omega_0}+\frac{K_2}{s-j\omega_0}+\sum_{i=1}^{n}\frac{B_i}{s-p_i}\tag{4-53}$$

式(4-53)前两项的极点 $\pm j\omega_0$ 是输入信号 $E(s)$ 的极点，位于 $j\omega$ 轴上，且为单阶极点，故对应的波形是等幅振荡的，属于稳态响应。而后面的 $\sum$ 项的极点 p_i 是系统函数 $H(s)$ 的极点，由于系统稳定，p_i 落在 s 左半平面，对应的波形是衰减的，属于暂态响应。

因此，暂态响应

$$R_{ts}(s)=\sum_{i=1}^{n}\frac{B_i}{s-p_i}$$

即

$$r_{ts}(t)=\sum_{i=1}^{n}B_i\,e^{p_i t}\ ,t>0$$

稳态响应

$$R_{ss}(s)=\frac{K_1}{s+j\omega_0}+\frac{K_2}{s-j\omega_0}$$

下面确定系数 K_1 和 K_2，根据式(4-52)

$$K_1 = (s + j\omega_0)R(s)\mid_{s=-j\omega_0} = \frac{A}{2}H(-j\omega_0)$$

$$K_2 = (s - j\omega_0)R(s)\mid_{s=j\omega_0} = \frac{A}{2}H(j\omega_0)$$

则

$$R_{ss}(s) = \frac{\frac{A}{2}H(-j\omega_0)}{s + j\omega_0} + \frac{\frac{A}{2}H(j\omega_0)}{s - j\omega_0}$$

反变换得到稳态响应

$$r_{ss}(t) = \frac{A}{2}H(-j\omega_0)\mathrm{e}^{-j\omega_0 t} + \frac{A}{2}H(j\omega_0)\mathrm{e}^{j\omega_0 t}, t > 0 \tag{4-54}$$

将 $H(j\omega_0)$表示成幅度、相位形式

$$H(j\omega_0) = |H(j\omega_0)|\mathrm{e}^{j\arg H(j\omega_0)}$$

根据傅里叶变换的共轭对称性,有

$$H(-j\omega_0) = |H(j\omega_0)|\mathrm{e}^{-j\arg H(j\omega_0)}$$

则式(4-54)成为

$$\begin{aligned} r_{ss}(t) &= \frac{A}{2}|H(j\omega_0)|\mathrm{e}^{-j\arg H(\omega_0)}\mathrm{e}^{-j\omega_0 t} + \frac{A}{2}H(j\omega_0)|\mathrm{e}^{j\arg H(\omega_0)}\mathrm{e}^{j\omega_0 t} \\ &= \frac{A}{2}|H(j\omega_0)|\{\mathrm{e}^{-j[\omega_0 t + \arg H(j\omega_0)]} + \mathrm{e}^{j[\omega_0 t + \arg H(j\omega_0)]}\} \\ &= A|H(j\omega_0)|\cos[\omega_0 t + \arg H(j\omega_0)], t > 0 \end{aligned}$$

因此,当输入信号为单边正弦信号

$$e(t) = A\cos(\omega_0 t)u(t)$$

经过稳定系统,得到的稳态响应为

$$r_{ss}(t) = A|H(j\omega_0)|\cos[\omega_0 t + \arg H(j\omega_0)]u(t) \tag{4-55}$$

其中

$$H(j\omega_0) = H(s)\mid_{s=j\omega_0} \tag{4-56}$$

单边正弦信号通过稳定系统的响应包括两部分,一部分属于暂态响应,由 $H(s)$的极点决定衰减速度;另一部分是稳态响应,由激励信号(单边正弦信号)的极点引起,而且是与激励信号同频率的正弦信号,其幅度和相位由系统在正弦信号频率点的频率响应加权。幅频 $|H(j\omega_0)|$加权于正弦输出的幅度,相频 $\arg|H(j\omega_0)|$加权于正弦输出的相角。

2. 正弦信号通过稳定系统的响应

如果激励信号为正弦信号

$$e(t) = A\cos(\omega_0 t)$$

这是双边信号,不能用单边拉普拉斯变换求解。下面用傅里叶分析方法求解正弦信号

通过稳定系统的响应。

激励信号的傅里叶变换为

$$E(j\omega)=A[\pi\delta(\omega+\omega_0)+\pi\delta(\omega-\omega_0)]$$

对于 BIBO 稳定系统

$$H(j\omega)=H(s)\big|_{s=j\omega}$$

故

$$\begin{aligned}R(j\omega)&=E(j\omega)\cdot H(j\omega)\\&=A[\pi\delta(\omega+\omega_0)+\pi\delta(\omega-\omega_0)]\cdot H(j\omega)\\&=A[\pi H(-j\omega_0)\delta(\omega+\omega_0)+\pi H(j\omega_0)\delta(\omega-\omega_0)]\end{aligned} \tag{4-57}$$

令

$$H(j\omega_0)=|H(j\omega_0)|\mathrm{e}^{j\arg H(j\omega_0)}$$

$$H(-j\omega_0)=|H(j\omega_0)|\mathrm{e}^{-j\arg H(j\omega_0)}$$

代入式(4-57),得

$$\begin{aligned}R(j\omega)&=A[\pi|H(j\omega_0)|\mathrm{e}^{-j\arg H(j\omega_0)}\delta(\omega+\omega_0)+\pi|H(j\omega_0)|\mathrm{e}^{j\arg H(j\omega_0)}\delta(\omega-\omega_0)]\\&=A|H(j\omega_0)|[\pi\mathrm{e}^{-j\arg H(j\omega_0)}\delta(\omega+\omega_0)+\pi\mathrm{e}^{j\arg H(j\omega_0)}\delta(\omega-\omega_0)]\end{aligned}$$

将上式进行傅里叶反变换,考虑

$$\begin{cases}F^{-1}[2\pi\delta(\omega+\omega_0)]=\mathrm{e}^{-j\omega_0 t}\\F^{-1}[2\pi\delta(\omega-\omega_0)]=\mathrm{e}^{j\omega_0 t}\end{cases}$$

则

$$\begin{aligned}r(t)&=A|H(j\omega_0)|\left[\mathrm{e}^{-j\arg H(j\omega_0)}\cdot\frac{1}{2}\mathrm{e}^{-j\omega_0 t}+\mathrm{e}^{j\arg H(j\omega_0)}\cdot\frac{1}{2}\mathrm{e}^{j\omega_0 t}\right]\\&=\frac{1}{2}A|H(j\omega_0)|\{\mathrm{e}^{-j[\omega_0 t+\arg H(j\omega_0)]}+\mathrm{e}^{j[\omega_0 t+\arg H(j\omega_0)]}\}\\&=A|H(j\omega_0)|\cos[\omega_0 t+\arg H(j\omega_0)]\end{aligned} \tag{4-58}$$

这就是正弦信号 $A\cos(\omega_0 t)$ 通过 BIBO 稳定系统的响应,这是一个稳态解,输出依然是同频率的正弦信号,只是幅度和相位被正弦信号的频率点处的频率响应加权。

第九节　系统的零极点分布与频率特性

一、稳定系统频率响应的几何确定法

将 $H(s)$ 表示成零极点的形式

$$H(s)=K\frac{(s-z_1)(s-z_2)\cdots(s-z_m)}{(s-p_1)(s-p_2)\cdots(s-p_n)}$$

令 $s=j\omega$，得到系统的频率响应

$$H(j\omega)=K\frac{(j\omega-z_1)(j\omega-z_2)\cdots(j\omega-z_m)}{(j\omega-p_1)(j\omega-p_2)\cdots(j\omega-p_n)} \tag{4-59}$$

实际上，s 平面（$s=\sigma+j\omega$）的虚轴 $j\omega$ 就是傅里叶变换的自变量频率 ω。为了画出系统的频率响应特性曲线，在具有零极点分布的 s 平面上，将 s 限制为 $j\omega$，即 s 的取值范围仅仅在 s 平面的虚轴上。

对于任意的 ω，式(4-59)的分子、分母的每个因子都可看作为 s 平面的矢量。当频率 ω 改变时，矢量也随之改变，自然，矢量的长度和相角也随之在变，如图 4-9-1 所示。

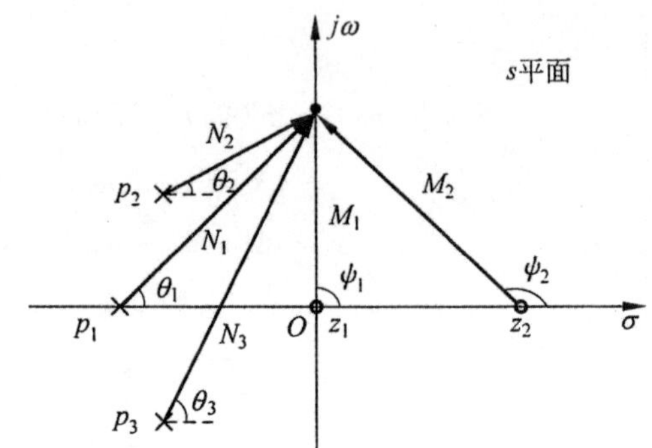

图 4-9-1　几何法确定系统的频率响应

将矢量表示成幅度和相角

$$j\omega-z_k=|j\omega-z_k|\ e^{j\psi_k}$$

$$j\omega-p_i=|j\omega-p_i|\ e^{j\theta_i}$$

则系统频率响应的幅度，即幅频特性为

$$|H(j\omega)|=|K|\ \frac{|j\omega-z_1|\ |j\omega-z_2|\cdots|j\omega-z_m|}{|j\omega-p_1|\ |j\omega-p_2|\cdots|j\omega-p_n|} \tag{4-60}$$

式(4-60)表明，$|H(j\omega)|$ 由“每个零点的矢量长度之积”除以“每个极点的矢量长度之积”并乘以系数 $|K|$ 得到。

系统频率响应的相位，即相频特性

$$\angle H(j\omega)=\angle K+[\angle(j\omega-z_1)+\angle(j\omega-z_2)+\cdots+\angle(j\omega-z_m)]$$
$$-[\angle(j\omega-p_1)+\angle(j\omega-p_2)+\cdots+\angle(j\omega-p_n)] \tag{4-61}$$

$\angle H(j\omega)$ 由系数 K 的相位加上“每个零点的矢量的相角之和”再减去“每个极点的矢量的相角之和”得到。K 是常数，其相位

$$\angle K=\begin{cases}0, & K>0\\ \pm\pi, & K<0\end{cases} \tag{4-62}$$

当频率从直流开始增大直至无穷大频率时，相当于 ω 从 $\omega=0$ 开始增大直至 $\omega\to\infty$，各个矢量的终点将从坐标原点沿着 $j\omega$ 轴向上移动直至无穷远点。那么，各个矢量的长度和相角都将发生变化。画出 $|H(j\omega)|-\omega$ 的关系曲线就是系统的幅频特性，$\angle H(j\omega)-\omega$ 的关系曲线就是系统的相频特性。

将 $H(j\omega)$ 表示成

$$H(j\omega)=|H(j\omega)|\ e^{j\varphi(\omega)}$$

用 M_k 表示分子矢量的长度，ψ_k 为分子矢量的相角；N_i 表示分母矢量的长度，θ_i 是分母矢量的相角，则根据式(4-59)，有

$$|H(j\omega)| = |K| \frac{M_1 M_2 \cdots M_m}{N_1 N_2 \cdots N_n} \tag{4-63}$$

$$\varphi(\omega) = \angle K + (\psi_1 + \psi_2 + \cdots + \psi_m) - (\theta_1 + \theta_2 + \cdots + \theta_n) \tag{4-64}$$

二、系统的频率响应分析举例

【例题 4.12】 RC 电路如图 4-9-2 所示，分析该电路的频率响应特性。

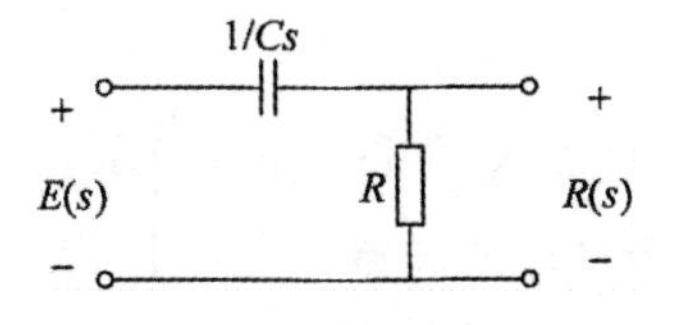

图 4-9-2　例题 4.12 图

解：

$$H(s) = \frac{R}{R + 1/(Cs)} = \frac{s}{s + 1/RC}$$

零点 $z=0$，极点 $p= -1/RC$，系统稳定，画出零极点分布图，如图 4-9-3 所示。

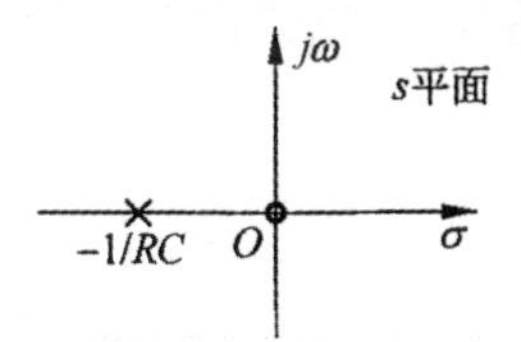

图 4-9-3　电路的零极点图

$$|H(j\omega)| = \frac{M_1}{N_1} \qquad \varphi(\omega) = \psi_1 - \theta_1$$

当 $\omega=0$ 时，$j\omega$ 位于坐标原点，与零点重合，见图 4-9-4(a)，此时 $H(j\omega)$ 的分子等于零，即 $M_1=0$；分母矢量长度 $N_1=1/RC$，则

$$|H(j\omega)| = \frac{M_1}{N_1} = 0$$

当频率从正的一侧趋近于零时，分子矢量的相角为 $\pi/2$，而分母矢量的相角趋近于零，即 $\psi_1 = \pi/2$，$\theta_1=0$，故

$$\varphi(\omega) = \psi_1 - \theta_1 = \pi/2$$

当频率 ω 增大时，矢量终点沿着 $j\omega$ 轴向上移动，见图 4-9-4 (b)，M_1 增大，N_1 也增大，但 M_1 的增大速度大于 N_1 的增大速度，因此，随着 ω 的增大，幅频特性 $|H(j\omega)|$ 将增大。

另外，随着 ω 的增大，分子矢量的相角为 $\pi/2$ 不变，但分母矢量的相角增大，因此，相频特性 $\varphi(\omega) = \psi_1 - \theta_1$ 将变小。

当 $\omega=1/RC$ 时，$M_1 = 1/RC$，$N_1 = \sqrt{2}(1/RC)$，$\psi_1 = \pi/2$，$\theta_1 = \pi/4$，因此

$$|H(j\omega)| = 1/\sqrt{2}\ ,\ \varphi(\omega) = \psi_1 - \theta_1 = \pi/4$$

当频率 ω 趋于正无穷大时，见图 4-9-4 (c)，此时，分子、分母的矢量长度都趋于无穷大，幅频特性

$$|H(j\omega)| = \frac{M_1}{N_1} \rightarrow 1$$

此时，分子矢量的相角为 $\pi/2$，分母矢量的相角也趋于 $\pi/2$，因此，相频特性 $\varphi(\omega) = \psi_1 - \theta_1$ 趋于 0。

画出幅频特性曲线和相频特性曲线，如图 4-9-5 所示。

由此判断，该电路系统是一个高通滤波器。实际上，从电路结构以及输入输出关系也容易判断该 RC 电路具有高通特性。

问题思考，如果系统的输出不是电阻 R 两端的电压，而是电容 C 两端的电压，该电路具有什么滤波特性？系统函数以及零极点又是怎样的？

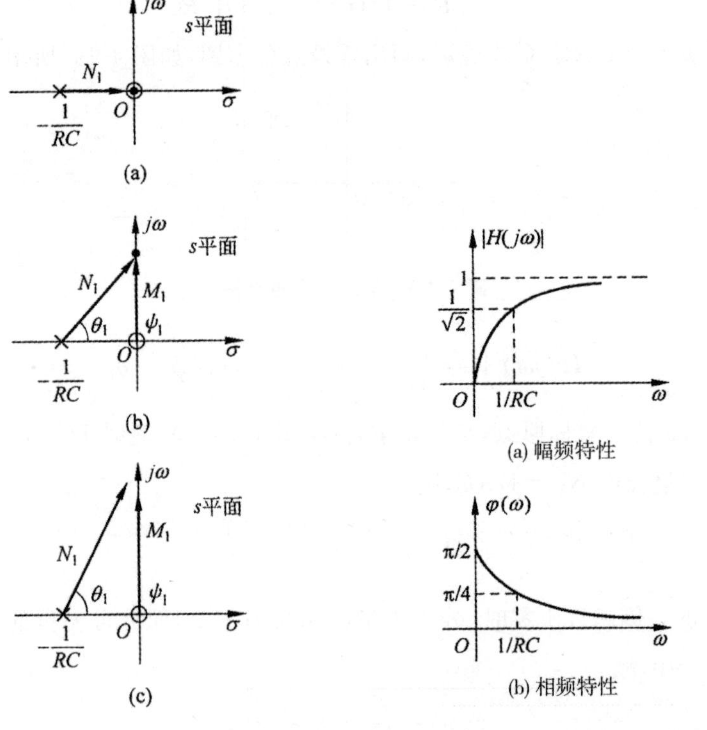

图 4-9-4　频率响应的几何确定法　　　图 4-9-5　例题 4.12 电路的频响特性

第十节　全通系统和最小相位系统

一、全通系统

一般的实际系统，幅频特性 $|H(j\omega)|$ 是 ω 的函数，或具有低通滤波特性，或具有高通、带通等其他滤波性能，信号通过系统后频率成分将被改变。

$$R(j\omega)=E(j\omega)H(j\omega)$$

但是，如果系统的幅频特性是常数，即

$$|H(j\omega)|=K \tag{4-65}$$

则

$$|R(j\omega)|=K|E(j\omega)|$$

这种系统允许信号的频率成分全部等量地通过，这种系统即全通系统。

全通系统的幅频特性如图 4-10-1 所示。

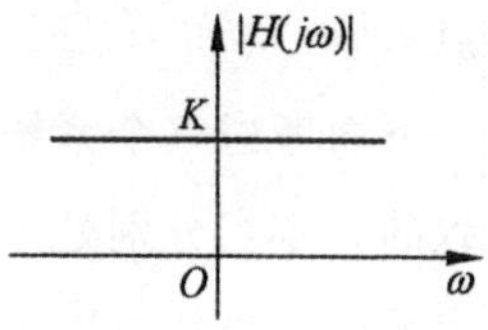

图 4-10-1　全通系统

那么，什么样的零极点分布会使得幅频特性是常数呢？首先要保证系统是稳定的，因此，极点全部位于 s 左半平面，如果零点全部位于 s 右半平面，且与极点关于 $j\omega$ 轴镜像对称，如图 4-10-2 所示，那么根据几何确定法，由于 $N_1=M_1$，$N_2=M_2$，$N_3=M_3$，有

$$|H(j\omega)|=K\frac{N_1N_2N_3}{M_1M_2M_3}=K$$

系统的幅频特性为常数，即全通系统。

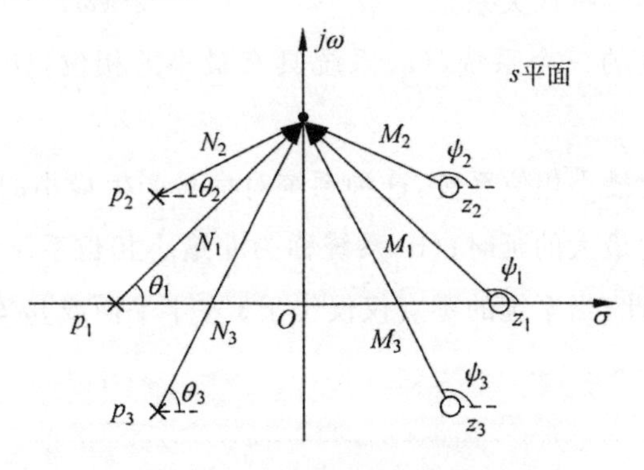

图 4-10-2　全通系统的零极点分布

因此，全通系统的零极点分布特征是，系统函数的极点全部位于 s 左半平面，零点全部位于 s 右半平面，且零极点关于 $j\omega$ 轴呈镜像对称分布。

这样分布的零极点，其相频特性

$$\varphi(\omega)=(\psi_1+\psi_2+\psi_3)-(\theta_1+\theta_2+\theta_3)$$

随着 ω 的变化，相频特性呈现单调衰减的变化趋势。零极点的位置不同(实数零极点或复数零极点)，相频特性曲线会有所不同，但随着 ω 增加单调下降是全通系统相频特性一致的规律。

二、最小相位系统

在实际应用中，很多时候希望信号通过某个系统的延时最小。在信号与系统的频域分析中，时域的延时在频域中体现的是相位特性。最小相位系统具有最小的延时，反之，最大相位系统对信号的延时最大。

在本章第六节零极点与时间特性的关系中，零点影响波形的幅度和相位，因此，对于具有一致的时间特性和滤波特性的系统来讲，最小相位系统或最大相位系统应该考虑的是零点。

下面考虑三个系统，如图 4-10-3 所示，它们的极点完全相同，因此这三个系统的波形是一致的。零点分别处于三种情况，全部位于 s 左半平面、分别位于 s 左右平面以及全部位于 s 右半平面。虽然位置不同，但它们相对应的零点的矢量长度是相等的。因此三个系统的幅频特性也相同，即它们具有相同的滤波特性。

相频特性

$$\varphi(\omega)=(\psi_1+\psi_2+\psi_3)-(\theta_1+\theta_2+\theta_3)$$

由于极点相同，所以三个系统的($\theta_1+\theta_2+\theta_3$)相同，不同的是($\psi_1+\psi_2+\psi_3$)。不难发现，图 4-10-3(a)中的($\psi_1+\psi_2+\psi_3$)最小，图 4-10-3(b)次之，图 4-10-3(c)的($\psi_1+\psi_2+\psi_3$)最大。因此，三个系统的相位特性关系是 $\varphi_a(\omega)<\varphi_b(\omega)<\varphi_c(\omega)$ 。也就是说，具有同样的波形形状、同样的滤波特性的三个系统，(a)系统具有最小的相位，(c)系统具有最大的相位，(b)系统介于二者之间。

一般将(a)系统称为最小相位系统，这种系统对信号产生最小的延时；将(c)系统称为最大相位系统，对信号产生最大的延时；(b)系统称为非最小相位系统。或者将(b)和(c)统称为非最小相位系统。因此，当系统的零点仅仅位于 s 左半平面或 $j\omega$ 轴上时，该系统是最小相位系统。

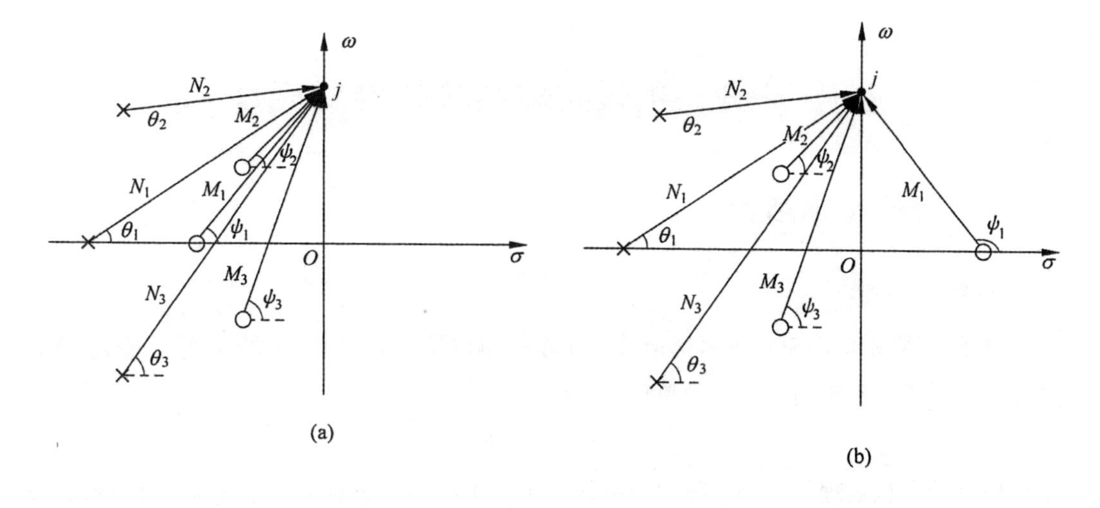

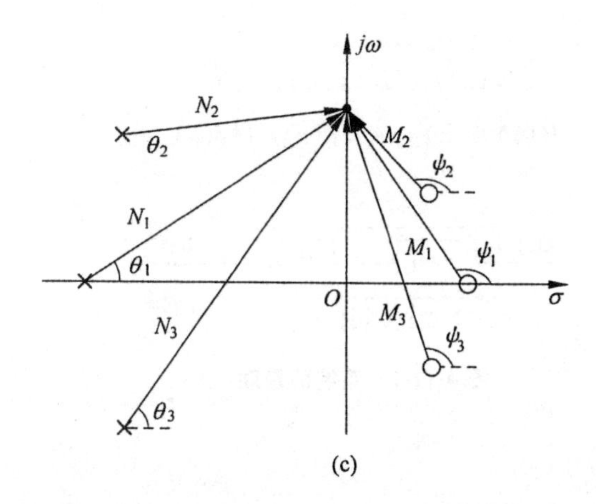

图 4-10-3　最小相位系统以及非最小相位系统的零极点分布图

对于一个非最小相位系统，可以表示成最小相位系统与全通系统的级联，如图 4-10-4 所示。

$$H(s)=H_{\min}(s)\cdot H_{\text{all}}(s) \tag{4-66}$$

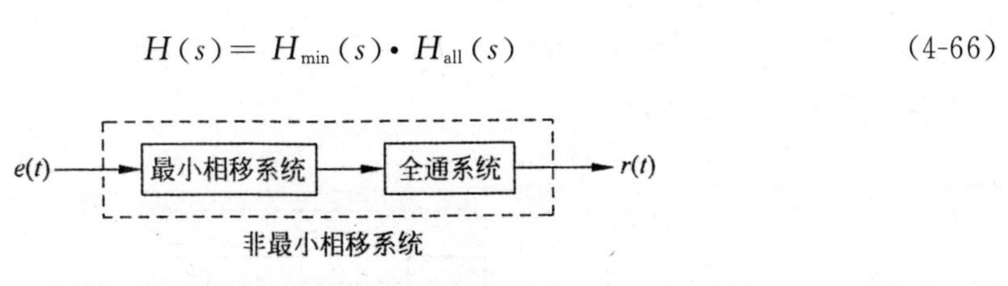

图 4-10-4　非最小相位系统

第十一节　连续时间系统的物理模型

一、系统的基本结构

1. 系统的级联

在时域，级联系统的单位冲激响应等于子系统单位冲激响应做“卷积”运算。而且，交换子系统的前后顺序不影响系统总的单位冲激响应。

$$h(t)=h_1(t)*h_2(t)$$

根据时域卷积定理，在 s 域，级联子系统的系统函数等于子系统的系统函数作“乘法”运算，即

$$H(s)=H_1(s)\cdot H_2(s) \tag{4-67}$$

$$R(s)=E(s)\cdot H_1(s)\cdot H_2(s)$$

级联结构如图 4-11-1 所示。

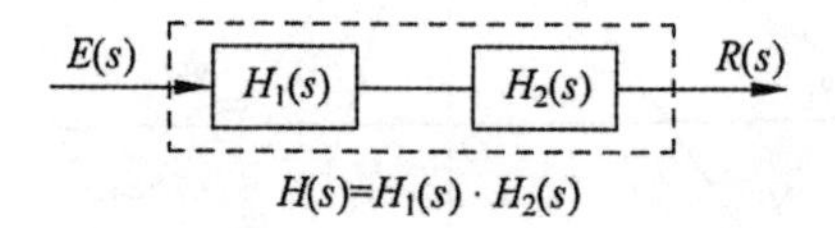

图 4-11-1　系统的级联

2. 系统的并联

并联系统的单位冲激响应等于子系统单位冲激响应做“加法”运算，即

$$h(t)=h_1(t)+h_2(t)$$

两端拉普拉斯变换，可知在 s 域，并联系统的系统函数等于子系统的系统函数相加。

$$H(s)=H_1(s)+H_2(s) \tag{4-68}$$

$$R(s)=E(s)[H_1(s)+H_2(s)]$$

并联结构如图 4-11-2 所示。

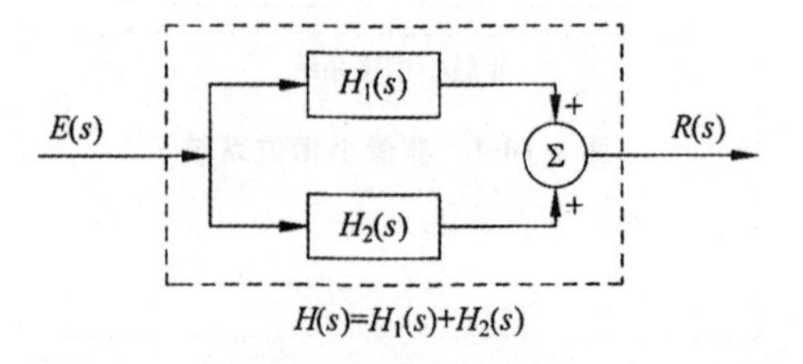

图 4-11-2　系统的并联

3. 反馈系统

图 4-11-3 所示为反馈系统的结构，其中，$G(s)$ 为前向通路的转移函数，$Q(s)$ 为反向通路的转移函数，$\varepsilon(s)$ 为误差函数。

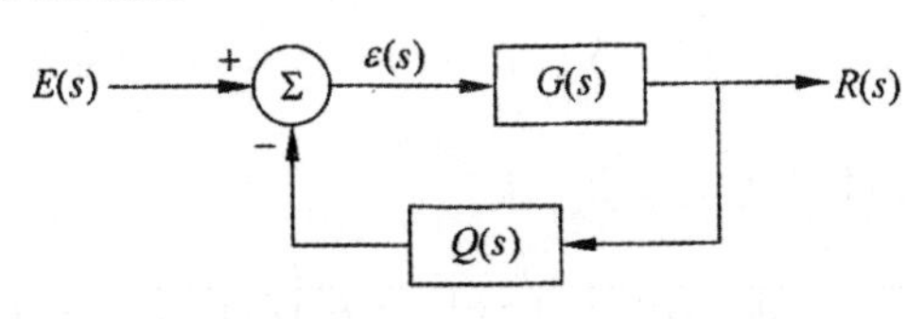

图 4-11-3 反馈系统

根据结构图可以写出

$$\begin{cases}\varepsilon(s)=E(s)-Q(s)\cdot R(s)\\ R(s)=\varepsilon(s)\cdot G(s)\end{cases}$$

消去 $\varepsilon(s)$，得

$$H(s)=\frac{R(s)}{E(s)}=\frac{G(s)}{1+G(s)Q(s)} \tag{4-69}$$

反馈系统是一种非常有用而且常见的系统结构，反馈系统的作用很多，可以通过反馈系统求系统的逆系统；反馈系统还可以改善系统的非线性、拓宽系统的通频带、改善系统的稳定性等。

二、连续时间系统的模拟

连续 LTI 系统的数学模型是微分方程，一个线性常系数微分方程包括加法运算、乘法运算和微分运算，因此，系统模拟需要的元部件应该包括加法器、标量乘法器和微分器。但在实际应用中，微分器对噪声和误差较为敏感，因此一般使用积分器。图 4-11-4 示出了连续时间系统模拟所需要的元部件。

为了简化表示，标量乘法器也可以简化成图 4-11-5。

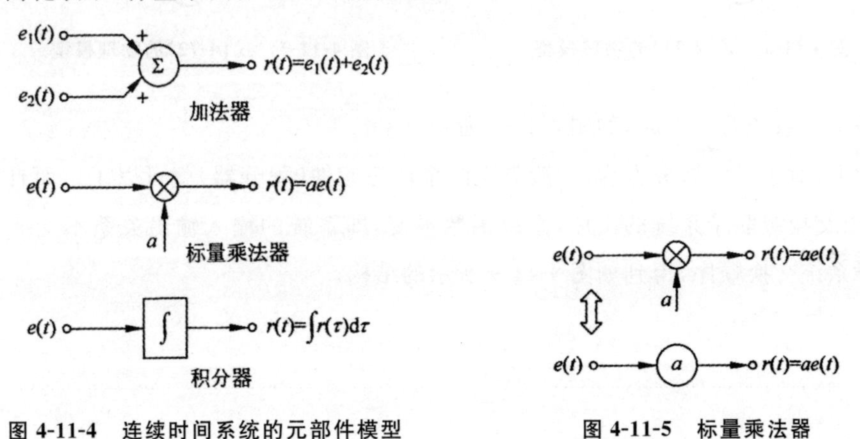

图 4-11-4 连续时间系统的元部件模型

图 4-11-5 标量乘法器

下面以一个例子来说明用积分器、标量乘法器和加法器来模拟连续时间 LTI 系统的过程及方法。

假设某系统的数学模型为

$$\frac{d^2}{dt^2}r(t)+a_1\frac{d}{dt}r(t)+a_2r(t)=b_1\frac{d}{dt}e(t)+b_2e(t) \tag{4-70}$$

为了用积分器模拟，对上式进行两次积分，得

$$r(t)+a_1\int r(t)dt+a_2\iint r(t)dt=b_1\int e(t)dt+b_2\iint e(t)dt$$

设中间变量 $x(t)$，即

$$b_1\int e(t)dt+b_2\iint e(t)dt=x(t) \tag{4-71}$$

以及

$$r(t)+a_1\int r(t)dt+a_2\iint r(t)dt=x(t) \tag{4-72}$$

先模拟式(4-71)，得到图 4-11-6 所示的框图。接下来模拟式(4-72)，将式子整理成

$$r(t)=x(t)-a_1\int r(t)dt-a_2\iint r(t)dt$$

得到图 4-11-7 所示的框图。

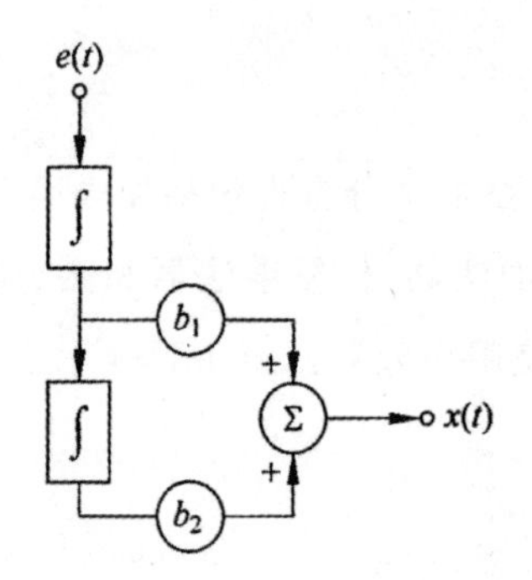

图 4-11-6 式(4-71)的物理模型

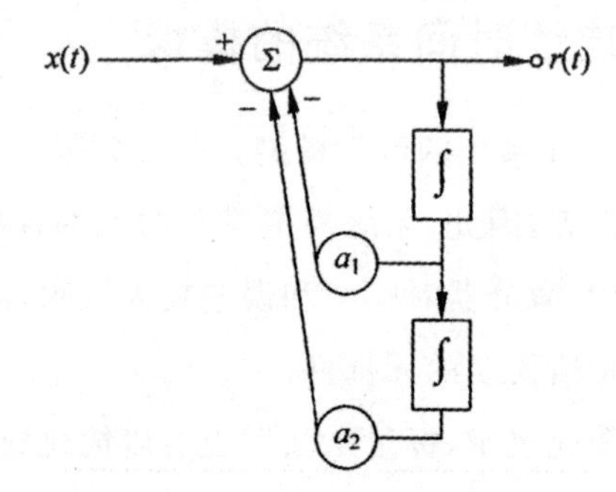

图 4-11-7 式(4-72)的物理模型

将两个子系统合到一起，如图 4-11-8 所示。

实际上，对于二阶微分方程，一般只需两个动态元件(积分器)就可以了。而且对于 LTI 系统，可以交换级联子系统的次序，系统函数不变，即系统的输入输出关系不变。为此将左右两个子系统交换顺序，得到如图 4-11-9 所示的结构。

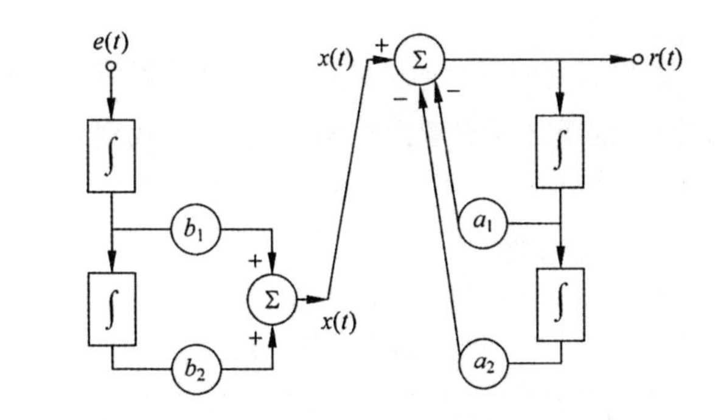

图 4-11-8　总的物理模型

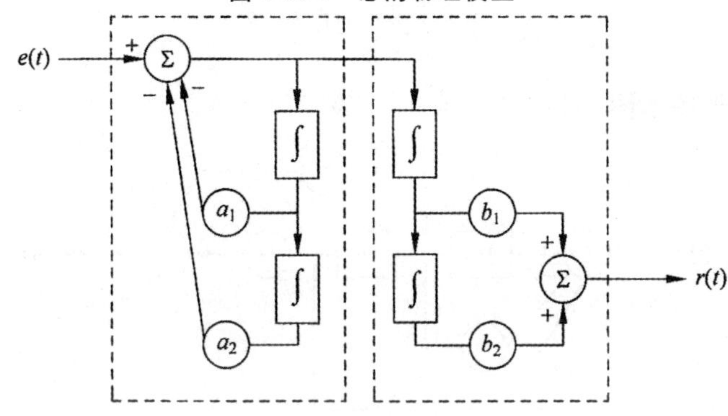

图 4-11-9　交换子系统的顺序

省却其中一对背靠背的积分器，就得到如图 4-11-10 所示的系统结构。

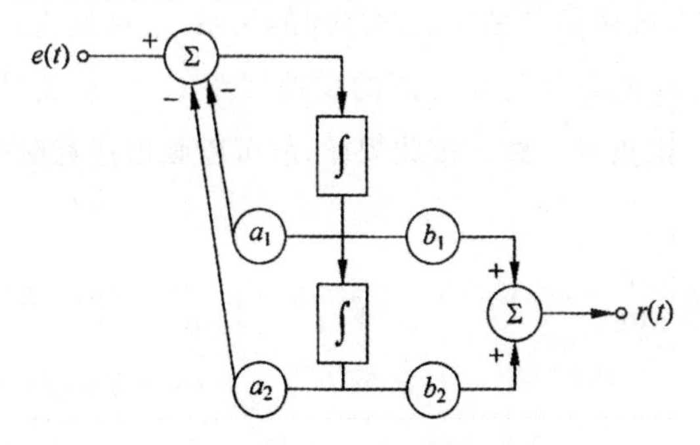

图 4-11-10　省却一对积分器

将图形逆时针旋转 90°，画成习惯画法，如图 4-11-11 所示。

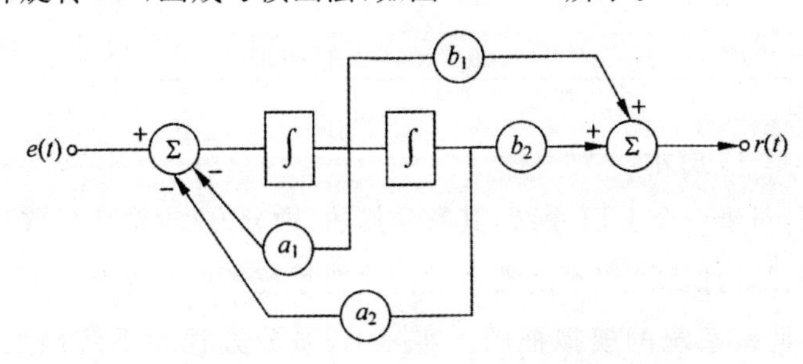

图 4-11-11　微分方程的物理模型

这就是式(4-70)微分方程表示的系统的模拟框图,也即该系统的物理模型。

其实,微分方程和其模拟框图之间有着内在的对应关系,找到对应关系,就可以由微分方程直接画出系统的框图。

首先根据微分方程写出系统函数

$$H(s)=\frac{b_1 s+b_2}{s^2+a_1 s+a_2}$$

将 $H(s)$ 写成积分器($1/s$)的形式

$$H(s)=\frac{b_1/s+b_2/s^2}{1+a_1/s+a_2/s^2} \tag{4-73}$$

其对应的模拟框图如图 4-11-12 所示,$1/s$ 表示积分器。

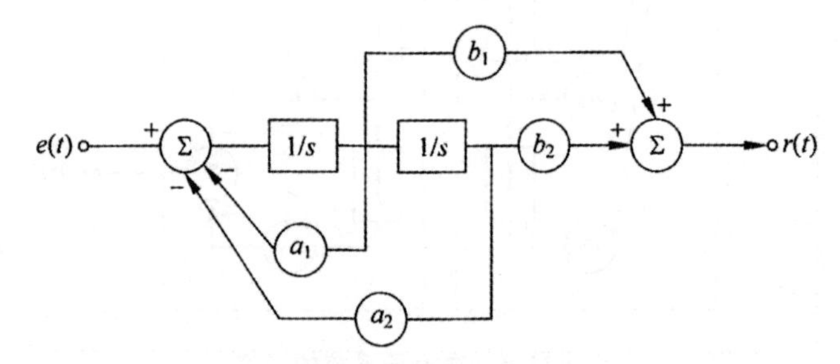

图 4-11-12 物理模型

对比积分器形式的系统函数与系统框图之间的关系,不难发现,当系统函数 $H(s)$ 的分母常数项归一化后,$H(s)$ 的分母对应框图的反馈回路部分,正负号相反;$H(s)$ 的分子对应框图的前向通路部分,正负号一致。按此规律,就可以画出任意阶微分方程的模拟框图。

例如,

$$\frac{\mathrm{d}^2}{\mathrm{d}t^n}r(t)+a_1\frac{\mathrm{d}^{n-1}}{\mathrm{d}t^{n-1}}r(t)+\cdots+a_n r(t)=b_0\frac{\mathrm{d}^m}{\mathrm{d}t^m}e(t)+b_1\frac{\mathrm{d}^{m-1}}{\mathrm{d}t^{m-1}}e(t)+\cdots+b_m e(t) \tag{4-74}$$

则

$$H(s)=\frac{b_0 s^m+b_1 s^{m-1}+\cdots+b_m}{s^n+a_1 s^{n-1}+a_2 s^{n-2}+\cdots+a_n}$$

$$=\frac{b_0/s^{n-m}+b_1/s^{n-m+1}+b_2/s^{n-m+2}+\cdots+b_{m-1}/s^{n-1}+b_m/s^n}{1+a_1/s+a_2/s^2+\ldots+a_{n-1}/s^{n-1}+a_n/s^n}$$

其模拟框图如图 4-11-13 所示。

需要说明的是,对于一个 LTI 系统,其数学描述(微分方程、系统函数)是唯一确定的,但其物理模型(系统的结构框图)却不是唯一的。改变系统的内部结构,只要保证端口的输入输出关系不变,都是该系统的模拟框图。实际上,微分方程和系统函数属于系统的端口分析。

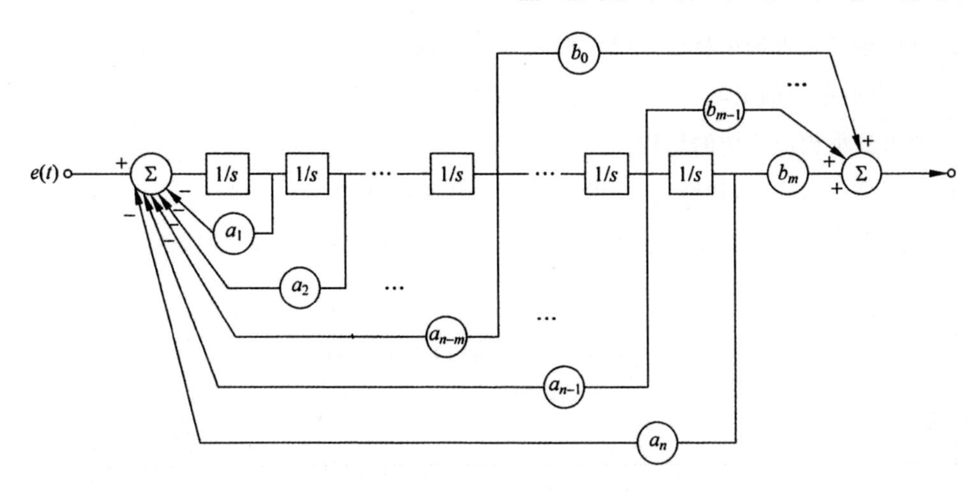

图 4-11-13　微分方程的模拟框图

【练习思考题】

4.1　求下列信号的拉普拉斯变换。

(1) $f(t)=2\delta(t)+3e^{-2t}u(t)$　　(2) $f(t)=e^{-2t}\cos(2t)u(t)$

(3) $f(t)=te^{-2t}u(t)$　　(4) $f(t)=\sin(2t)u(t-1)$

4.2　LTI 系统的系统函数 $H(s)=\dfrac{s+2}{s^2+5s+6}$，求下列各项。

(1)系统的单位冲激响应。

(2)输入信号为 $e(t)=e^{-2t}u(t)$ 的零状态响应。

(3)列写系统的微分方程。

4.3　题图 4-1 所示的反馈系统，分析下列问题：

(1)写出 $H(s)=\dfrac{V_2(s)}{V_1(s)}$。

(2) K 满足什么条件时系统稳定？

(3)在临界稳定条件下，求系统冲激响应 $h(t)$。

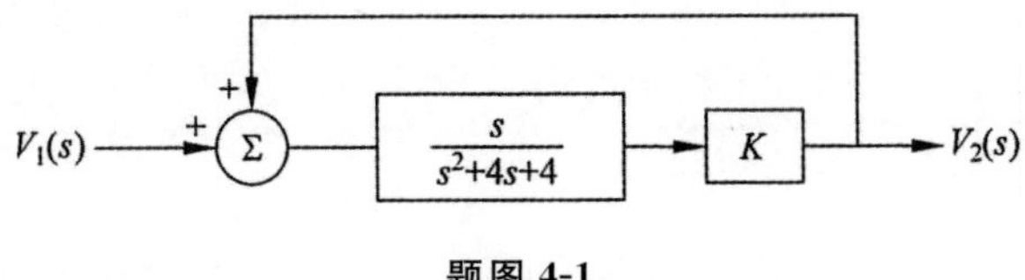

题图 4-1

4.4　系统的微分方程为

$$\frac{d^2}{dt^2}r(t)+5\frac{d}{dt}r(t)+4r(t)=\frac{d}{dt}e(t)-2e(t)$$

(1)画出系统的一种模拟框图。

(2)分析系统是否最小相位系统？如果不是，用数学表示式将其表示成最小相位系统和全通系统的级联。

(3)画出最小相位系统的结构。

(4)分别画出结构(1)和结构(3)的幅频特性和相频特性。

4.5 某 LTI 系统，输入信号 $e(t)=2\mathrm{e}^{-3t}u(t)$，在该输入下的响应为 $r(t)$，即 $r(t)=H[e(t)]$，又已知

$$H\left[\frac{\mathrm{d}}{\mathrm{d}t}e(t)\right]=-3r(t)+\mathrm{e}^{-2t}u(t)$$

建立系统的微分方程。

第五章　离散时间信号与系统的时域分析

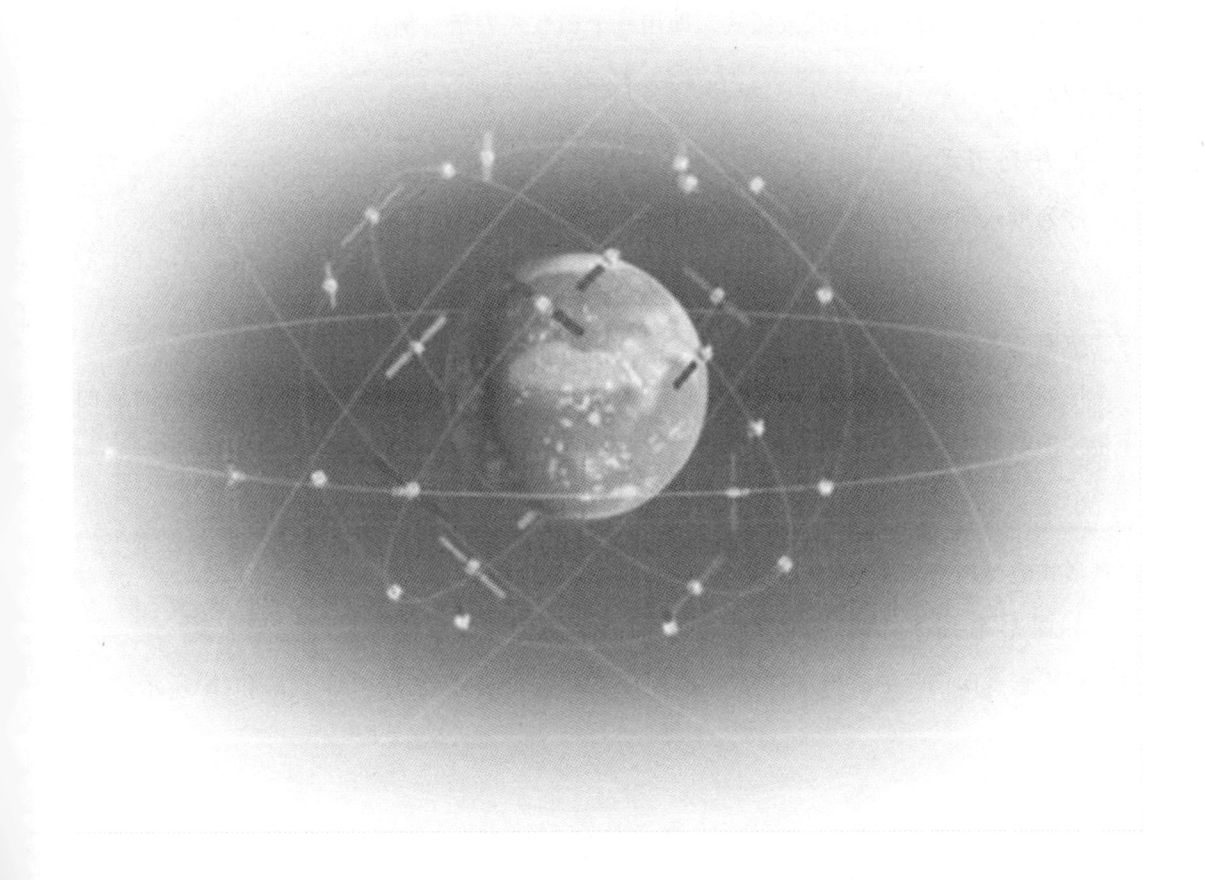

第一节　离散时间信号与离散系统

一、离散信号概述

在一些离散的瞬间才有定义的信号称为离散时间信号，简称为离散信号。这里“离散”是指信号的定义域——时间是离散的，它只取某些规定的值。也就是说，离散信号是定义在一些离散时刻 $t_n(n=0,\pm1,\pm2,\pm3,\cdots)$ 上的信号，在其余的时刻，信号没有定义。时刻 t_n 和 t_{n+1} 之间的间隔 $T_n=t_{n+1}-t_n$ 可以是常数，也可以随 n 而变化，我们只讨论 T_n 等于常数的情况。若令相继时刻 t_n 与 t_{n+1} 之间的间隔为 T，则离散信号只在均匀离散时刻 $t=\cdots,-2T,-T,0,T,2T,\cdots$ 时有定义，它可以表示为 $f(nT)$。为了方便，不妨把 $f(nT)$ 简记为 $f(n)$，这样的离散信号也常称为序列，变量 n 也称为序号。本书中序列与离散信号不加区别。

一个离散时间信号 $f(n)$ 可以用以下三种方法来描述。

1. 解析形式

解析形式（又称闭合形式或闭式），即用一个函数式表示。例如 $f_1(n)=2(-1)^n$，$f_2(n)=(\frac{1}{2})^n$。

2. 序列形式

序列形式即将 $f(n)$ 表示成按 n 逐个递增的顺序排列的一列有顺序的数。例如

$$f_1(n)=\{\cdots,-2,\underset{\uparrow}{2},-2,2,\cdots\},\qquad f_2(n)=\{\cdots,2,\underset{\uparrow}{1},\frac{1}{2},\frac{1}{4},\frac{1}{8},\cdots\}$$

序列下面的↑标记出 $n=0$ 的位置。

序列形式有时也表示为另一种形式，即在大括号的右下角处标出第一个样值点对应的序号 n 的取值。这种表示形式比较适合有始序列。例如

$$f_3(n)=\{-1,1,\frac{1}{2},2,-1,\frac{1}{2}\}_{-2},f_4(n)=\{1,\frac{1}{2},\frac{1}{4},\frac{1}{8}\cdots\}$$

序列形式适合用来表示有限长序列。

3. 图形形式

图形形式即信号的波形。例如上面 $f_1(n)$ 和 $f_3(n)$ 分别如图 5-1-1(a)和(b)所示。

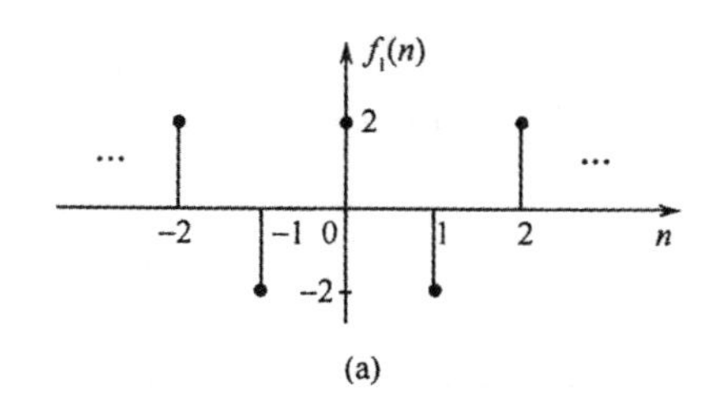

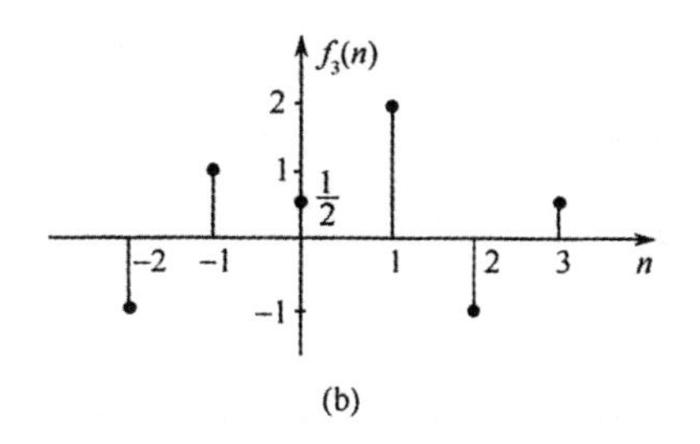

图 5-1-1　离散信号的波形

二、典型的离散信号

1. 单位样值(Unit Sample)序列 $\delta(n)$

$$\delta(n)=\begin{cases}0, n \neq 0 \\ 1, n=0\end{cases} \tag{5-1}$$

$\delta(n)$ 的波形如图 5-1-2(a)所示。

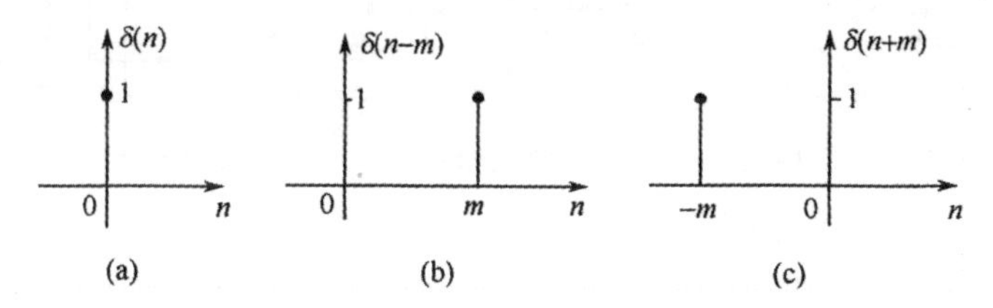

图 5-1-2　$\delta(n)$，$\delta(n-m)$和$\delta(n+m)$的波形

此序列只在 $n=0$ 处取单位值 1，其余样点上都为零。$\delta(n)$ 也称为“单位取样”“单位函数”“单位脉冲”或“单位冲激”。$\delta(n)$ 对于离散系统分析的重要性，类似于 $\delta(t)$ 对于连续系统分析的重要性，但 $\delta(t)$ 是一种广义函数，可理解为在 $t=0$ 处脉宽趋于零，幅度为无限大的信号；而 $\delta(n)$ 则在 $n=0$ 处具有确定值，其值等于 1。

发生在 $n=m$ 和 $n=-m$ 的单位样值序列分别表示为

$$\delta(n-m)=\begin{cases}0, n \neq m \\ 1, n=m\end{cases} \tag{5-2}$$

$$\delta(n+m)=\begin{cases}0, n \neq -m \\ 1, n=-m\end{cases} \tag{5-3}$$

它们的波形分别如图 5-1-2(b)和(c)所示。

2. 单位阶跃序列 $U(n)$

$$U(n)=\begin{cases}1, n \geqslant 0 \\ 0, n<0\end{cases} \tag{5-4}$$

$U(n)$ 的波形如图 5-1-3(a)所示。

像 $U(n)$ 这样的信号，只在 $n\geqslant 0$ 才有非零值，称为因果信号或因果序列；而只在 $n<0$ 才有非零值的信号，称为反因果序列；只在 $n_1\leqslant n\leqslant n_2$ 才有非零值的信号，称为有限长序列。相应地，移位（延时）单位阶跃序列 $U(n-m)$ 定义为

$$U(n-m)=\begin{cases}1, n\geqslant m\\0, n<m\end{cases} \tag{5-5}$$

$U(n-m)$ 的波形如图 5-1-3(b)所示。

3. 矩形序列 $G_N(n)$

$$G_N(n)=\begin{cases}1, 0\leqslant n\leqslant N-1\\0, 其他\end{cases} \tag{5-6}$$

$G_N(n)$ 的波形如图 5-1-4 所示。

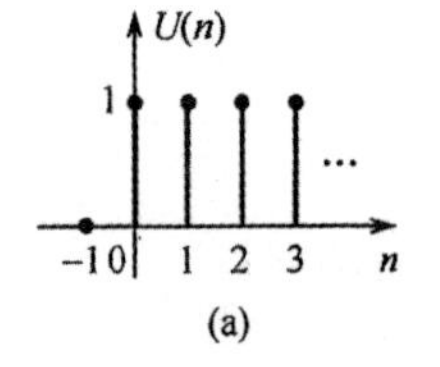

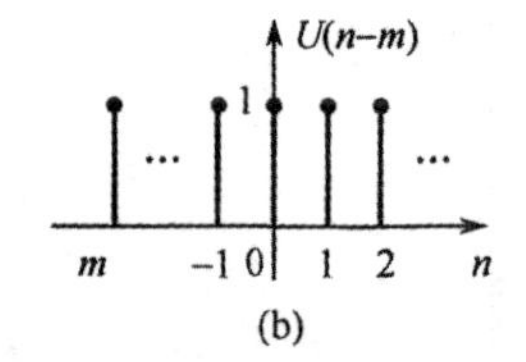

图 5-1-3 $U(n)$和$U(n-m)$($m<0$)的波形

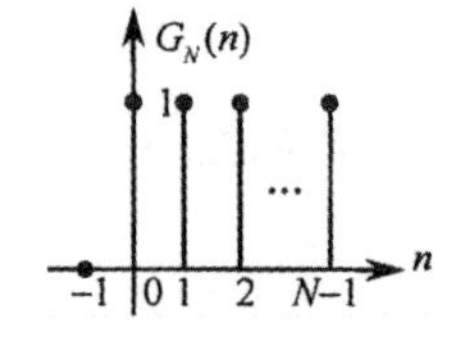

图 5-1-4 $G_N(n)$的波形

以上三种序列之间有如下关系：

$$U(n)=\sum_{k=0}^{\infty}\delta(n-k)=\sum_{k=-\infty}^{n}\delta(k) \tag{5-7}$$

$$\delta(n)=U(n)-U(n-1) \tag{5-8}$$

$$G_N(n)=U(n)-U(n-N) \tag{5-9}$$

4. 单边指数序列 $a^nU(n)$

$$f(n)=a^nU(n) \tag{5-10}$$

$a^nU(n)$ 的波形如图 5-1-5 所示。

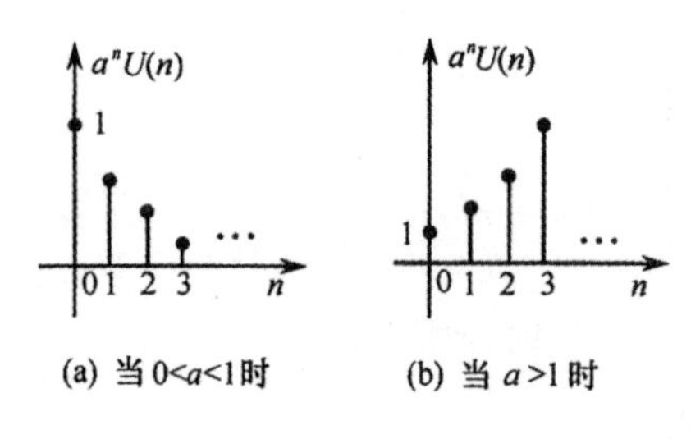

图 5-1-5 $a^nU(n)$的波形

此外，还有因果斜生序列 $nU(n)$，正弦（余弦）序列 $\sin\omega_0 n$ 或 $\cos\omega_0 n$ 等。

三、离散信号的基本运算

1. 信号相加(减)

两信号相加(减),将两信号的对应样点值相加(减)即可。例如

$$G_N(n)=U(n)-U(n-N),U(n)=\sum_{k=0}^{\infty}\delta(n-k)$$

2. 信号相乘(除)

两信号相乘(除),将各信号的对应样点值相乘(除)即可。例如任一因果信号可表示成 $f(n)U(n)$ 。

3. 信号移位

设 $m>0$,则 $f(n-m)$ 是原信号 $f(n)$ 逐项右移 m 位得到的信号, $f(n+m)$ 是原信号 $f(n)$ 逐项左移 m 位得到的信号,如图 5-1-6 所示。

显然,任何离散信号 $f(n)$ 都可以看成由 $\delta(n)$ 的移位相加所构成的,即

$$f(n)=\sum_{m=-\infty}^{\infty}f(m)\delta(n-m) \tag{5-11}$$

这正是离散信号的脉冲分解形式。

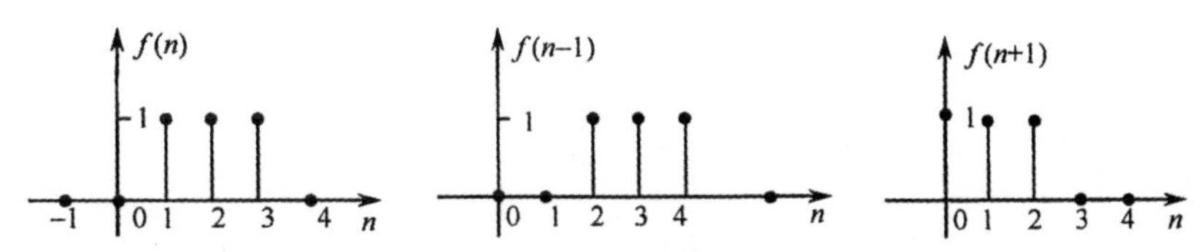

图 5-1-6　信号移位实例

【例题 5.1】　若 $f(n)=G_4(n)$,求 $f\left(\frac{1}{2}n\right)$ 和 $f(2n)$ 。

解:由于

$$f(n)=\begin{cases}1,n=0,1,2,3\\0,其他\end{cases}$$

则

$$f\left(\frac{1}{2}n\right)=\begin{cases}1,\frac{1}{2}n=0,1,2,3\\0,其他\end{cases}$$

即

$$f\left(\frac{1}{2}n\right)=\begin{cases}1,n=0,2,4,6\\0,其他\end{cases}$$

而

$$f(2n)=\begin{cases}1,2n=0,1,2,3\\0,其他\end{cases}$$

因为 n 只能取整数值,所以

$$f(2n)=\begin{cases}1,n=0,1\\0,其他\end{cases}$$

$f(n)$、$f\left(\frac{1}{2}n\right)$ 和 $f(2n)$ 的波形如图 5-1-7(a)(b)和(c)所示。

4. 信号反折(翻转)

信号的反折是原信号以纵轴为对称轴翻转 180°所得的信号，如图 5-1-8 所示。

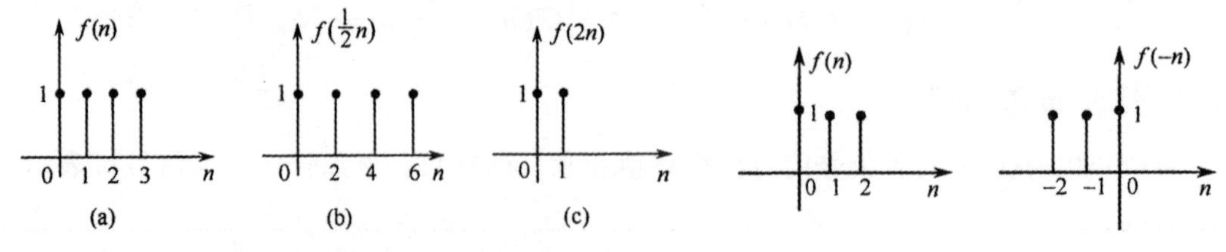

图 5-1-7　$f(n)$、$f\left(\frac{1}{2}n\right)$ 和 $f(2n)$ 的波形

图 5-1-8　信号 $f(n)$ 翻转的例子

四、离散系统响应的求解方法

LTI 离散系统用常系数线性差分方程描述，要求出系统响应，便要解此差分方程。一个 N 阶离散系统的差分方程的一般形式可表示为

$$y(n)+a_1y(n-1)+\cdots+a_Ny(n-N)=b_0f(n)+b_1f(n-1)+\cdots+b_Mf(n-M)$$

或

$$y(n)+\sum_{k=1}^{N}a_ky(n-k)=\sum_{i=0}^{M}b_lf(n-l) \tag{5-12}$$

式中，a_k，b_l 为常数，N 和 M 中的大者称为此差分方程的阶数，也称为系统的阶数。

求解此方程一般有以下几种方法。

1. 迭代法

迭代法包括手算逐次代入求解或利用计算机求解。这种方法概念清楚，也比较简单，但一般只能得到其数值解，不能直接给出一个完整的解析式。

【例题 5.2】 已知 $y(n)=\frac{1}{2}y(n-1)+\frac{1}{2}f(n)$，$f(n)=\delta(n)$，$y(-1)=0$，求 $y(n)$。

解：用迭代法。

$n=0$ 时　$y(0)=\frac{1}{2}y(-1)+\frac{1}{2}f(0)=\frac{1}{2}\delta(0)=\frac{1}{2}$

$n=1$ 时　$y(1)=\frac{1}{2}y(0)+\frac{1}{2}f(1)=(\frac{1}{2})^2$

$n=2$ 时　$y(2)=\frac{1}{2}y(1)=(\frac{1}{2})^3$

$$\vdots$$

所以　$y(n)=\left(\frac{1}{2}\right)^{n+1}$，$n\geqslant 0$

2. 时域经典法

与微分方程的时域经典法类似，先分别求出差分方程的齐次解和特解，然后代入边界条件求待定系数。这种方法便于从物理概念说明各响应分量之间的关系，但求解过程比较烦琐，在解决具体问题时不宜采用。

3. 分别求零输入响应和零状态响应

可以利用求齐次解的方法得到零输入响应，利用卷积和(简称卷积)的方法求零状态响应。与连续时间系统的情况类似，卷积方法在离散系统分析中占有十分重要的地位。这种方法也叫时域法。

4. 变换域方法

类似于连续时间系统分析中的拉普拉斯变换方法，利用 z 变换方法解差分方程有许多优点，这是实际应用中简便而有效的方法。

第二节 离散系统的零输入响应

LTI 离散系统的响应 $y(n)$ 也可分解为零输入响应和零状态响应之和。零输入响应是激励为零时仅由初始状态引起的响应，用 $y_x(n)$ 表示。

在零输入条件下，式(5-12)等号右端均为零，化为齐次方程，即

$$y(n)+\sum_{k=1}^{N}a_k y(n-k)=0 \tag{5-13}$$

因此零输入响应与差分方程的齐次解具有相同的形式。式(5-13)的特征方程为

$$\lambda^N+a_1\lambda^{N-1}+\cdots+a_{N-1}\lambda+a_N=0 \tag{5-14}$$

特征方程的根 $\lambda_1,\lambda_2,\cdots,\lambda_N$ 称为差分方程的特征根。

当特征根均不相同时，零输入响应(或齐次解)具有以下形式：

$$y_x(n)=C_1\lambda_1^n+C_2\lambda_2^n+\cdots+C_N\lambda_N^n=\sum_{i=1}^{N}C_i\lambda_i^n,\quad n\geqslant 0 \tag{5-15}$$

因为我们仅讨论因果系统在因果信号作用下的响应，故式(5-15)中响应的时间范围为$n\geqslant 0$。

为了确定式(5-15)中的系数 C_i，设系统的初始条件为 $y_x(0)$，$y_x(1)$，…，$y_x(N-1)$，代入式(5-15)中可得

$$\begin{aligned}
y_x(0)&=C_1+C_2+\cdots+C_N\\
y_x(1)&=C_1\lambda_1+C_2\lambda_2+\cdots+C_N\lambda_N\\
&\vdots\\
y_x(N-1)&=C_1\lambda_1^{N-1}+C_2\lambda_2^{N-1}+\cdots+C_N\lambda_N^{N-1}
\end{aligned}$$

$$\text{解此方程组,得}\quad \begin{bmatrix} C_1 \\ C_2 \\ \vdots \\ C_N \end{bmatrix} = \begin{bmatrix} 1 & 1 & \cdots & 1 \\ \lambda_1 & \lambda_2 & \cdots & \lambda_N \\ \lambda_1^2 & \lambda_2^2 & \cdots & \lambda_N^2 \\ \cdots & \cdots & \cdots & \cdots \\ \lambda_1^{N-1} & \lambda_2^{N-1} & \cdots & \lambda_N^{N-1} \end{bmatrix}^{-1} \begin{bmatrix} y_x(0) \\ y_x(1) \\ \vdots \\ y_x(N-1) \end{bmatrix} \tag{5-16}$$

需要注意的是,初始条件 $y_x(0)$, $y_x(1)$, …, $y_x(N-1)$ 是"零输入"条件下的一组初始值,与差分方程的边界条件 $y(0),y(1),\cdots,y(N-1)$ 不一定相同,有时需要通过式(5-12)和式(5-13)从给定的 N 个边界条件求出 $y_x(0)$, $y_x(1)$, …, $y_x(N-1)$。

当特征方程存在重根时,零输入响应(或齐次解)的形式将略有不同。假定 λ_1 是特征方程(5-14)的 r 重根,那么,在零输入响应中,相应于 λ_1 的部分将有 r 项:

$$(C_1 n^{r-1} + C_2 n^{r-2} + \cdots + C_{r-1} n + C_r)\lambda_1^n \tag{5-17}$$

于是

$$y_x(n) = (C_1 n^{r-1} + C_2 n^{r-2} + \cdots + C_{r-1} n + C_r)\lambda_1^n + C_{r+1}\lambda_2^n + \cdots + C_N \lambda_N^n, \quad n \geqslant 0 \tag{5-18}$$

其中,系数 C_i 仍用式(5-16)求得。

【例题 5.3】 已知一因果系统的差分方程为

$$y(n) - 3y(n-1) + 2y(n-2) = f(n-1) - 3f(n-2)$$

$y_x(0)=0, y_x(1)$,求 $y_x(n)$ 。

解:特征方程为 $$\lambda^2 - 3\lambda + 2 = 0$$

解得特征根 $\lambda_1 = 1, \lambda_2 = 2$,是两个不等的单根,所以

$$y_x(n) = C_1\lambda_1^n + C_2\lambda_2^n = C_1 2^n, \quad n \geqslant 0$$

代入初始条件计算 C_1, C_2,得

$$\begin{cases} C_1 + C_2 = y_x(0) = 0 \\ C_1 + 2C_2 = y_x(1) = 1 \end{cases} \Rightarrow \begin{cases} C_1 = -1 \\ C_2 = 1 \end{cases}$$

所以 $$y_x(n) = -1 + 2^n, \quad n \geqslant 0$$

第三节 离散系统的单位样值响应

在连续 LTI 系统中,单位冲激 $\delta(t)$ 作用于系统引起的零状态响应 $h(t)$ 对连续系统的分析非常重要;对于离散 LTI 系统,我们同样来研究单位样值序列 $\delta(n)$ 作用于系统产生的零状态响应——单位样值响应。

一、单位样值响应的定义

激励为 $\delta(n)$ 时系统的零状态响应，称为单位样值响应，用 $h(n)$ 表示。类似地，激励为 $U(n)$ 时系统的零状态响应，称为单位阶跃响应，用 $g(n)$ 表示。$h(n)$ 与 $g(n)$ 的示意图如图 5-3-1 所示。

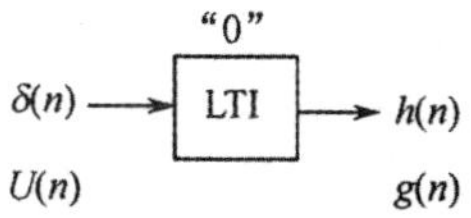

“0”
$\delta(n)$ → LTI → $h(n)$
$U(n)$ $g(n)$

图 5-3-1 单位样值响应与单位阶跃响应

$U(n)=\sum_{k=0}^{\infty}\delta(n-k)$，$\delta(n)=U(n)-U(n-1)$，根据系统的线性和时不变性，可知 $g(n)=\sum_{k=0}^{\infty}h(n-k)$，$h(n)=g(n)-g(n-1)$。因此，我们只讨论单位样值响应。

二、单位样值响应的求解

这里仅讨论由以下形式的差分方程描述的因果系统的单位样值响应的求解问题：

$$y(n)+a_1y(n-1)+\cdots+a_Ny(n-N)=f(n) \tag{5-19}$$

根据单位样值响应的定义，令 $f(n)=\delta(n)$，则 $h(n)$ 应满足以下差分方程

$$h(n)+a_1h(n-1)+\cdots+a_Nh(n-N)=\delta(n) \tag{5-20}$$

并且 $h(-1)=h(-2)=\cdots=h(-N)=0$。

首先，当 $n<0$ 时，方程(5-20)等号右边为零，即系统输入为零；另外，初始状态都为零。这样根据系统的因果性可知，此时的响应 $h(n)$ 应为零，即 $h(n)=0$，$n<0$。故 $h(n)$ 是因果信号。

其次，当 $n>0$ 时，$\delta(n)=0$，式(5-20)变成齐次方程，因此 $h(n)$ 应该与齐次解(或零输入响应)具有相同的形式。

最后，对于 $n=0$，由式(5-20)可得

$$h(0)=-a_1h(-1)-a_2h(-2)-\cdots-a_Nh(-N)+\delta(0)=1$$

因此激励 $\delta(n)$ 对系统的作用等效为初始条件 $h(0)$。

综合上述，$h(n)$ 可以表示为

$$h(n)=\sum_{i=1}^{N}C_i\lambda_i^n\text{，}n\geqslant 0\quad\text{(特征根为单根情形)}$$

$$=\left(\sum_{i=1}^{N}C_i\lambda_i^n\right)U(n) \tag{5-21}$$

并受以下初始条件约束：$h(0)=1$，$h(-1)=h(-2)=\cdots=h(-N+1)=0$。

在式(5-21)中 $\lambda_i(i=1,2,\cdots,N)$ 是系统的 N 个特征单根，如果存在重根，则 $h(n)$ 的表达式参照式(5-18)做相应修改；而系数 $C_i(i=1,2,\cdots,N)$ 则根据上述约束条件求得。

如果因果系统由以下形式的差分方程来描述：

$$y(n)+a_1y(n-1)+\cdots+a_Ny(n-N)=\sum_{k=0}^{M}b_kf(n-k) \tag{5-22}$$

那么在时域中求解系统的单位样值响应就需要结合系统的线性和时不变性质。本书对此不做讨论，读者可参阅相关文献。

第四节　离散系统的零状态响应——卷积和

与连续系统类似，当系统初始状态为零，仅由输入 $f(n)$ 所引起的响应称为零状态响应，用 $y_f(n)$ 表示，如图 5-4-1 所示。

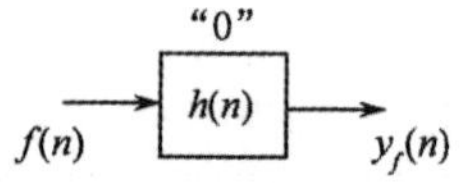

"0"
$f(n)$ → $h(n)$ → $y_f(n)$

图 5-4-1　离散系统的零状态响应

下面讨论 LTI 离散系统对任意输入的零状态响应。

一、卷积和

在 LTI 连续时间系统中，首先把激励信号分解为一系列冲激函数的叠加，然后求出各个冲激函数单独作用于系统时的响应，最后把这些响应叠加即可得到系统对该信号的零状态响应。这个叠加的过程表现为求卷积积分。在 LTI 离散系统中，可以采用大致相同的方法进行分析。由式(5-11)可知，任意离散信号均可分解为一系列移位样值信号的叠加。如果系统的单位样值响应已知，那么，由时不变性不难求得每个移位样值信号作用于系统的响应。把这些响应相加就得到系统对于该信号的零状态响应。这个相加过程表现为求"卷积和"。

将式(5-11)重写为

$$\begin{aligned}f(n)&=\sum_{m=-\infty}^{\infty}f(m)\delta(n-m)\\&=\cdots+f(-2)\delta(n+2)+f(-1)\delta(n+1)\\&\quad+f(0)\delta(n)+f(1)\delta(n-1)+\cdots\end{aligned} \tag{5-23}$$

因为 $\delta(n)$ 作用下的零状态响应为 $h(n)$，表示为

$$\delta(n)\rightarrow h(n)$$

根据 LTI 系统的线性和时不变性，有

$$f(-2)\delta(n+2)\rightarrow f(-2)h(n+2)$$

$$f(-1)\delta(n+1) \to f(-1)h(n+1)$$
$$f(0)\delta(n) \to f(0)h(n)$$
$$f(1)\delta(n-1) \to f(1)h(n-1)$$
$$\vdots$$
$$f(m)\delta(n-m) \to f(m)h(n-m)$$
$$\vdots$$

所以 $f(n)$ 激励下系统的零状态响应为

$$f(n) \to \sum_{m=-\infty}^{\infty} f(m)h(n-m)$$

即
$$y_f(n) = \sum_{m=-\infty}^{\infty} f(m)h(n-m)$$

记
$$f(n) * h(n) = \sum_{m=-\infty}^{\infty} f(m)h(n-m) \tag{5-24}$$

则称式(5-24)为 $f(n)$ 与 $h(n)$ 的卷积和，仍简称为卷积。于是得到

$$y_f(n) = f(n) * h(n) \tag{5-25}$$

这便是 LTI 离散系统在任一激励下零状态响应的时域计算公式，该式表明零状态响应等于激励信号和系统单位样值响应的卷积。对式(5-24)进行变量置换可得到卷积和的另一种表示

$$y_f(n) = \sum_{m=-\infty}^{\infty} f(n-m)h(m) = h(n) * f(n) \tag{5-26}$$

这表明，两序列进行卷积的次序是无关紧要的，可以互换。

卷积和公式(5-24)可以推广至任意两个序列的情形，即任意两个序列 $f_1(n)$ 和 $f_2(n)$ 的卷积定义为

$$f(n) = f_1(n) * f_2(n) = \sum_{m=-\infty}^{\infty} f_1(m)f_2(n-m) \tag{5-27}$$

若记
$$W_n(m) = f_1(m)f_2(n-m)$$

式中，m 为自变量，n 看作常量，那么

$$f(n) = f_1(n) * f_2(n) = \sum_{m=-\infty}^{\infty} W_n(m) \tag{5-28}$$

如果序列 $f_1(m)$ 为因果序列，即有 $n<0, f_1(n)=0$，则式(5-27)中求和下限可改写为零，于是

$$f_1(n) * f_2(n) = \sum_{m=0}^{\infty} f_1(m)f_2(n-m) \tag{5-29}$$

如果 $f_1(n)$ 不受限制，而 $f_2(n)$ 为因果序列，那么式(5-28)中，当 $n-m<0$，即 $m>n$ 时，$f_2(n-m)=0$，因而求和的上限可改写为 n，故

$$f_1(n) * f_2(n) = \sum_{m=-\infty}^{\infty} f_1(m)f_2(n-m) \tag{5-30}$$

如果 $f_1(n)$、$f_2(n)$ 均为因果序列，则

$$f_1(n) * f_2(n) = \sum_{m=0}^{\infty} f_1(m) f_2(n-m), \quad n \geqslant 0$$

$$= \left[\sum_{m=0}^{\infty} f_1(m) f_2(n-m) \right] U(n) \tag{5-31}$$

表明两因果序列的卷积仍为因果序列。

二、卷积和的性质

1. 交换律

$$f_1(n) * f_2(n) = f_2(n) * f_1(n) \tag{5-32}$$

式(5-32)说明，输入为 $f_1(n)$ 而单位样值响应为 $f_2(n)$ 的系统的响应，与输入为 $f_2(n)$ 而单位样值响应 $f_1(n)$ 的系统的响应完全一样。

2. 分配律

$$f_1(n) * [f_2(n) + f_3(n)] = f_1(n) * f_2(n) + f_1(n) * f_3(n) \tag{5-33}$$

式(5-33)可直接由卷积的定义证明(略)。卷积和的分配律说明，图 5-4-2(a)所示的并联系统，可以用图 5-4-2(b)所示的单个系统来等效，图 5-4-2(b)的单位样值响应 $h(n)$，是图 5-4-2(a)中并联的各子系统单位样值响应 $h_1(n)$与$h_2(n)$之和 。即

$$h(n) = h_1(n) + h_2(n)$$

3. 结合律

$$f_1(n) * f_2(n) * f_3(n) = f_1(n) * \{f_2(n) * f_3(n)\}$$

$$= f_2(n) * \{f_1(n) * f_3(n)\} \tag{5-34}$$

结合律说明，一个级联的 LTI 离散系统，一般也可以随意交换级联的次序而不影响结果。因此图 5-4-3 所示的三个系统级联，可用一个系统来等效，总的单位样值响应为：

$$h(n) = h_1(n) * h_2(n) * h_3(n) = h_2(n) * h_3(n) * h_1(n)$$

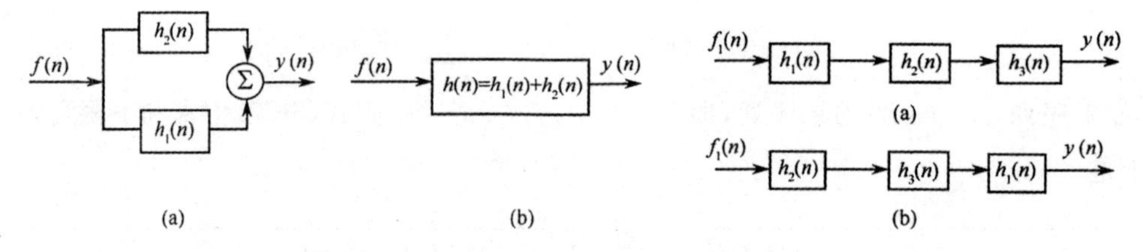

图 5-4-2 卷积和的分配律

图 5-4-3 卷积和的结合律

4. 序列与 $\delta(n)$ 的卷积

$$f(n) * \delta(n) = f(n) \tag{5-35}$$

同样

$$f(n) * \delta(n-m) = f(n-m) \tag{5-36}$$

5. 移不变性

若
$$f_1(n) * f_2(n) = y(n)$$
则
$$f_1(n-m) * f_2(n+k) = y(n-m+k) \tag{5-37}$$

6. 序列与单位阶跃序列的卷积

$$f(n) * U(n) = \sum_{m=-\infty}^{n} f(m) \tag{5-38}$$

证明：根据卷积和的定义有

$$f(n) * U(n) = \sum_{m=-\infty}^{\infty} f(m) * U(n-m) = \sum_{m=-\infty}^{n} f(m) * U(n-m) = \sum_{m=-\infty}^{n} f(m)$$

特别地，若 $f(n)$ 为因果序列时

$$f(n) * U(n) = \left[\sum_{m=0}^{n} f(m)\right] U(n)$$

三、卷积和的计算

在计算两序列的卷积时，除了利用卷积的定义来计算之外，一般有以下四种方法。

1. 图解法

利用式(5-27)计算卷积时，参变量 n 的不同取值往往会使实际的求和上、下限发生变化。因此，正确划分 n 的不同区间并确定相应的求和上、下限是十分关键的步骤。这可以借助作图的方法解决，故称为图解法。图解法计算 $f_1(n)$与$f_2(n)$ 卷积的过程如下。

(1)以 m 为自变量做出 $f_1(m)$ 和 $f_2(n-m)$ 的信号波形。其中 $f_2(n-m)$ 是先将 $f_2(m)$ 反折得到 $f_2(-m)$，然后将 $f_2(-m)$ 平移 n 得到的[$n>0$ 时，$f_2(-m)$ 向右移 n 个单位；$n<0$ 时，$f_2(-m)$ 向左移 $|n|$ 个单位]。

(2)从负无穷处(即 $n=-\infty$)将 $f_2(n-m)$ 逐渐向右移动，根据 $f_2(n-m)$ 与 $f_1(m)$ 波形重叠的情形划分 n 的不同区间，确定各区间上 $W_n(m)$ 的表达式以及相应的求和上、下限。

(3)对每个区间，将相应的 $W_n(m)$ 对 m 求和，得到该区间的卷积和 $f(n)$ 。

【例题 5.4】 已知 $f(n)=U(n-1)-U(n-8)$，$h(n)=\frac{1}{2}[U(n)-U(n-3)]$，求 $y(n)=f(n)*h(n)$ 。

解：用图解法。

(1)做出 $f(m)$ 和 $h(n-m)$ 的波形，如图 5-4-4(a)所示。

(2)当 $n<1$ 时，$W_n(m)=0$，故 $y(n)=0$，如图 5-4-4(b)所示。

(3)当 $1 \leqslant n < 3$ 时，$W_n(m)$ 的表达式为

$$W_n(m)=\begin{cases}\frac{1}{2}, 1 \leqslant m \leqslant n \\ 0, \text{其他}\end{cases}$$，如图 5-4-4(c)所示。

所以
$$y(n)=\sum_{m=1}^{n}W_n(m)=\sum_{m=1}^{n}\frac{1}{2}=\frac{1}{2}n$$

(4)当 $3\leqslant n<8$ 时，$W_n(m)$ 的表达式为

$$W_n(m)=\begin{cases}\frac{1}{2},n-2\leqslant m\leqslant n\\0,\text{其他}\end{cases}$$，如图 5-4-4(d)所示。

所以
$$y(n)=\sum_{m=n-2}^{n}W_n(m)=\sum_{m=n-2}^{n}\frac{1}{2}=\frac{3}{2}$$

(5)当 $8\leqslant n<9$ 时，$W_n(m)$ 的表达式为

$$W_n(m)=\begin{cases}\frac{1}{2},n-2\leqslant m\leqslant 7\\0,\text{其他}\end{cases}$$，如图 5-4-4(e)所示。

所以
$$y(n)=\sum_{m=n-2}^{7}W_n(m)=\sum_{m=n-2}^{7}\frac{1}{2}=\frac{10-n}{2}$$

(6)当 $n>9$ 时，$W_n(m)=0$，故 $y(n)=0$。

将上述结果综合起来，得

$$y(n)=\begin{cases}0, & n<1\text{ 或 }n>9\\\frac{1}{2}n, & 1\leqslant n<3\\\frac{3}{2}, & 3\leqslant n<8\\\frac{1}{2}(10-n), & 8\leqslant n\leqslant 9\end{cases}$$

其波形如图 5-4-4(f)所示。

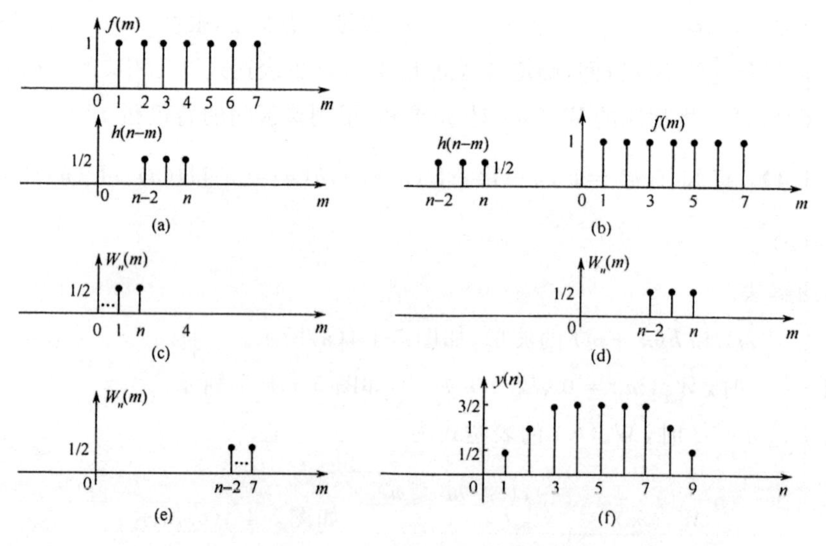

图 5-4-4　例题 5.4 的图

2. 竖乘法(对位相乘求和)

我们仅以例题 5.4 所给定的信号来说明这种方法的求解过程。将 $f(n)$ 和 $h(n)$ 的样值按右端对齐,进行如下排列并做乘法:

$$
\begin{array}{ccccccccc}
 & & 1 & 1 & 1 & 1 & 1 & 1 & 1)_1 \\
 & & & & & & \frac{1}{2} & \frac{1}{2} & \left.\frac{1}{2}\right)_0 \\
\hline
 & & \frac{1}{2} & \frac{1}{2} & \frac{1}{2} & \frac{1}{2} & \frac{1}{2} & \frac{1}{2} & \frac{1}{2} \\
 & \frac{1}{2} & \frac{1}{2} & \frac{1}{2} & \frac{1}{2} & \frac{1}{2} & \frac{1}{2} & \frac{1}{2} & \\
\frac{1}{2} & \frac{1}{2} & \frac{1}{2} & \frac{1}{2} & \frac{1}{2} & \frac{1}{2} & \frac{1}{2} & & \\
\hline
\frac{1}{2} & 1 & \frac{3}{2} & \frac{3}{2} & \frac{3}{2} & \frac{3}{2} & \frac{3}{2} & 1 & \left.\frac{1}{2}\right)_{0+1=1}
\end{array}
$$

乘积的结果便是序列 $y(n)$ 的各样值,且 $y(n)$ 的起始点坐标为两序列起始点坐标之和。即

$$y(n)=\left\{\frac{1}{2},1,\frac{3}{2},\frac{3}{2},\frac{3}{2},\frac{3}{2},\frac{3}{2},1,\frac{1}{2}\right\}_1$$

结果与例题 5.5 完全相同。与作图法相比,当两个序列是有限长序列时,竖乘法更为便捷。但值得注意的是,在用竖乘法过程中,不论是相乘还是相加,不能进位。

3. 利用性质

将两信号分别用 $\delta(n)$ 的移位加权和来表示,再利用卷积和的性质来计算。仍以例题 5.5所给定的信号说明这种方法的计算过程。

$f(n)$ 可以表示为 $f(n)=\delta(n-1)+\delta(n-2)+\cdots+\delta(n-7)$

$h(n)$ 可以表示为 $h(n)=\frac{1}{2}\delta(n)+\frac{1}{2}\delta(n-1)+\frac{1}{2}\delta(n-2)$

于是

$$
\begin{aligned}
y(n)&=[\delta(n-1)+\delta(n-2)+\cdots+\delta(n-7)]*\left[\frac{1}{2}\delta(n)+\frac{1}{2}\delta(n-1)+\frac{1}{2}\delta(n-2)\right]\\
&=\frac{1}{2}\delta(n-1)+\delta(n-2)+\frac{3}{2}\delta(n-3)+\frac{3}{2}\delta(n-4)+\frac{3}{2}\delta(n-5)+\\
&\quad\frac{3}{2}\delta(n-6)+\frac{3}{2}\delta(n-7)+\delta(n-8)+\frac{1}{2}\delta(n-9)
\end{aligned}
$$

4. 变换域方法

将时域卷积转换成 z 域相乘的方法计算卷积和。

第五节　离散系统响应的时域分析

与连续系统的时域分析类似,LTI 离散系统的时域分析也是将全响应分解为零输入响应 $y_x(n)$ 和零状态响应 $y_f(n)$ 之和,分别求出系统的 $y_x(n)$ 和 $y_f(n)$，两者相加即为系统的全响应,即

$$y(n) = y_x(n) + y_f(n)$$

其中

$$y_x(n) = \sum_{i=1}^{N} C_i \lambda_i^n \text{（系统特征根为单根的情形）}$$

$$y_f(n) = f(n) * h(n) = \sum_{m=-\infty}^{n} f(m)h(n-m)$$

下面举例说明时域分析的过程。

【例题 5.5】 已知因果系统的差分方程为 $y(n)-1.5y(n-1)+0.5y(n-2)=f(n)$，且 $y(-1)=1, y(-2)=3$,求 $f(n)=U(n)$ 时系统的全响应。

解:(1)求 $y_x(n)$。

易知特征方程为 $\lambda^2-1.5\lambda+0.5=0$，解得特征根为 $\lambda_1=0.5, \lambda_2=1$,所以

$$y_x(n) = C_1 \cdot 0.5^n + C_2, n \geqslant 0$$

因为 $n<0$ 时,$f(n)=0$,所以 $y_x(-1)=y(-1)=1, y_x(-2)=y(-2)=3$，代入上式,可得

$$\begin{cases} \dfrac{C_1}{0.5}+C_2=1 \\ \dfrac{C_1}{0.5^2}+C_2=3 \end{cases} \Rightarrow \begin{cases} C_1=1 \\ C_2=-1 \end{cases}$$

故 $y_x(n)=0.5^n-1, n \geqslant 0$

(2)求 $y_f(n)$。

首先求单位样值响应 $h(n)$，它是因果序列且与 $y_x(n)$ 具有相同的形式,所以

$$h(n) = [A_1(0.5)^n + A_2]U(n)$$

两个初始条件为:$h(0)=1, h(-1)=0$,代入上式得

$$\begin{cases} A_1+A_2=1 \\ \dfrac{A_1}{0.5}+A_2=0 \end{cases} \Rightarrow \begin{cases} A_1=-1 \\ A_2=2 \end{cases}, \text{所以 } h(n)=(2-0.5^n)U(n)$$

于是

$$y_f(n) = f(n)*h(n) = U(n)*(2-0.5^n)U(n)$$

$$=2\left(\sum_{m=0}^{n}1\right)U(n) - \left(\sum_{m=0}^{n}0.5^m\right)U(n) \qquad \text{[利用式(5-31)]}$$

$$=2(n+1)U(n)-\left(\frac{1+0.5^{n+1}}{1-0.5}\right)U(n)=(2n+0.5^n)U(n)$$

所以，全响应为 $y(n)=y_x(n)+y_f(n)=(2n-1+2\cdot 0.5^n)U(n)$

【练习思考题】

5.1 离散信号 $f(n)$ 的波形如题图 5-1 所示，试画出下列信号的波形。

(1) $f(n+1)+(n-1)$　　(2) $f(n+1)-(n-1)$

(3) $f(n-1)$　　(4) $f(2n)$

(5) $f(\frac{n}{2})$　　(6) $f(n+1)f(n-1)$

(7) $f(n)[U(n+1)-U(n-2)]+f(n)$　　(8) $f(-n-1)U(n)$

(9) $f(-n-1)\delta(n)$　　(10) $f(-n-1)U(-n+1)$

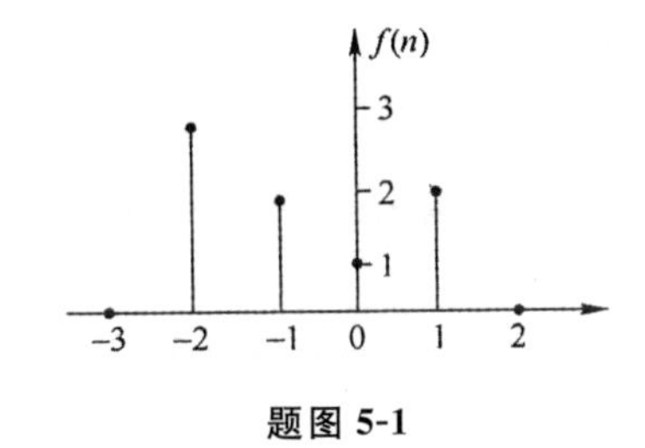

题图 5-1

5.2 求下列因果信号的卷积。

(1) $\{10,-3,6,8,4,0,1\}_0 * \{0.5,0.5,0.5,0.5\}_0$　　(2) $\{2,1,3,2,4\}_{-1} * \{0,1,4,2\}_0$

(3) $\{3,2,1,-3\}_{-1} * \{4,8,-2\}_{-1}$　　(4) $\{1,1\}_0 * \{2,2\}_0 * \{1,1\}_0$

(5) $\{1,2,3,4,\cdots\}_0 * \{1,-2,1\}_0$　　(6) $\{0,1,2,3\}_{-1} * \{1,1,1,1\}_0$

5.3 已知 LTI 因果系统的差分方程为 $y(n)+0.5y(n-1)=f(n)$。

(1)求系统的单位样值响应 $h(n)$；

(2)求系统对下列输入的响应：(a) $f(n)=(-0.5)^nU(n)$；(b) $f(n)=\delta(n)+0.5\delta(n-1)$。

5.4 已知 LTI 因果系统的差分方程及初始条件为

$$y(n+2)+3y(n+1)+2y(n)=f(n),\ y_x(0)=1,\ y_x(1)=2$$

(1)绘出系统框图；

(2)求系统的单位样值响应 $h(n)$。

5.5 因果系统如题图 5-2 所示。

(1)求系统方程；

(2)求系统的单位样值响应 $h(n)$ 和单位阶跃响应 $g(n)$；

(3)在激励 $f(n)=(n-2)U(n)$，初始条件 $y(0)=1$ 下，求系统的全响应。

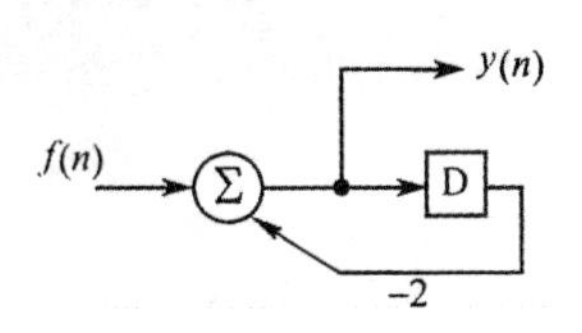

题图 5-2

第六章　离散时间信号与系统的 z 域分析

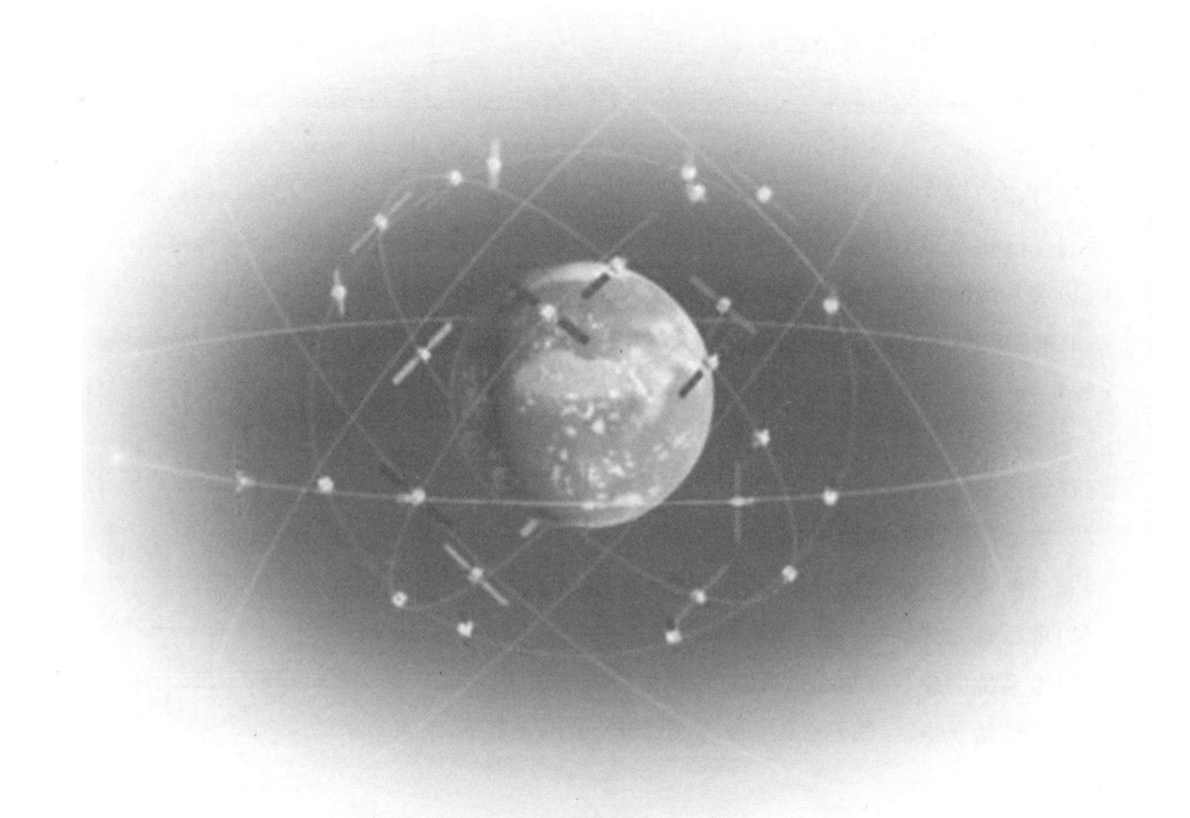

第一节　离散信号的 z 变换

一、z 变换的定义

z 变换的定义可以借助抽样信号的拉氏变换引出。若连续信号 $f(t)$经均匀冲激抽样，则抽样信号$f_s(t)$可以表示为

$$f_s(t)=f(t)\delta_T(t)=\sum_{n=-\infty}^{\infty}f(nT)\delta(t-nT) \tag{6-1}$$

式中，T 为抽样间隔。对上式两边取双边拉氏变换，因为 $\delta(t-nT)\leftrightarrow e^{-nTs}$，可得$f_s(t)$的双边拉氏变换为

$$F_s(t)=L[f_s(t)]=\sum_{n=-\infty}^{\infty}f(nT)e^{-nTs} \tag{6-2}$$

令 $z=e^{sT}$ 或 $s=\frac{1}{T}\ln z$，则式(6-2)变成了复变量 z 的函数，用 $F(z)$表示，即

$$F(z)=\sum_{n=-\infty}^{\infty}f(nT)z^{-n}$$

为了简便，序列 $f(nT)$用 $f(n)$表示，即 $f(T)=f(nT)=f(t)\big|_{t=nT}$，于是上式变为

$$F(z)=\sum_{n=-\infty}^{\infty}f(n)z^{-n} \tag{6-3}$$

式(6-3)称为序列 $f(n)$的双边 z 变换，通常记为

$$F(z)=\mathcal{L}[f(n)]=\sum_{n=-\infty}^{\infty}f(n)z^{-n} \tag{6-4}$$

这样，已知一个序列便可由式(6-4)确定一个 z 变换函数 $F(z)$。反之，如果给定 $F(z)$，则 $F(z)$的逆变换记为$\mathcal{L}^{-1}[F(z)]$，并由以下的围线积分给出

$$f(n)=\mathcal{L}^{-1}[F(z)]=\frac{1}{2\pi j}\oint_C F(z)\,z^{n-1}dz \tag{6-5}$$

式中，C 是包围 $F(z)z^{n-1}$所有极点的逆时针闭合积分路线。下面推导之。

因为
$$F(z)=\sum_{n=-\infty}^{\infty}f(n)z^{-n}$$

对此式两边分别乘以z^{m-1}，然后沿围线 C 积分，得

$$\oint_C F(z)\,z^{m-1}dz=\oint_C\Big[\sum_{n=-\infty}^{\infty}f(n)z^{-n}\Big]z^{m-1}dz$$

交换积分与求和的次序，得

$$\oint_C F(z)\,z^{m-1}dz=\sum_{n=-\infty}^{\infty}f(n)\oint_C z^{m-n-1}dz \tag{6-6}$$

根据复变函数理论中的柯西定理，知

$$\oint_C z^{k-1}\mathrm{d}z = \begin{cases} 2\pi j, & k=0 \\ 0, & k\neq 0 \end{cases}$$

这样式(6-6)的右边只存在 $m=n$ 一项，其余各项均等于零。于是式(6-6)变成

$$\oint_C F(z)\, z^{n-1}\mathrm{d}z = 2\pi j f(n)$$

即

$$f(n)=\frac{1}{2\pi j}\oint_C F(z)z^{n-1}\mathrm{d}z$$

此即式(6-5)。

这样，式(6-4) 和式(6-5) 便构成了一对 z 变换对。为简便起见以 $f(n)$ 与 $F(z)$ 之间的关系仍简记为

$$f(n)\leftrightarrow F(z) \tag{6-7}$$

与拉氏变换类似，z 变换亦有单边与双边之分。序列 $f(n)$ 的单边 z 变换定义为

$$F(z)=\mathcal{L}[f(n)]\sum_{n=0}^{\infty} f(n)z^{-n} \tag{6-8}$$

即求和只对 n 的非负值进行(不论 $n<0$ 时 $f(n)$ 是否为零)。而 $F(z)$ 的逆变换仍由式(6-5) 给出，只是将 n 的范围限定为 $n\geqslant 0$，即

$$f(n)=\mathcal{L}^{-1}[F(z)]=\begin{cases} 0, & n<0 \\ \dfrac{1}{2\pi j}\oint_C F(z)z^{n-1}\mathrm{d}z, & n\geqslant 0 \end{cases} \tag{6-9}$$

或写为

$$f(n)=\mathcal{L}^{-1}[F(z)]=\left[\frac{1}{2\pi j}\oint_C F(z)z^{n-1}\mathrm{d}z\right]U(n) \tag{6-10}$$

不难看出，式(6-8) 等于 $f(n)U(n)$ 的双边 z 变换，因而 $f(n)$ 的单边 z 变换也可写为

$$F(z)=\sum_{n=-\infty}^{\infty} f(n)U(n)\, z^{-n} \tag{6-11}$$

由以上定义可见，如果 $f(n)$ 是因果序列，则其单、双边 z 变换相同，否则二者不等。在拉氏变换中我们主要讨论单边拉氏变换，这是由于在连续系统中，非因果信号的应用较少。对于离散系统，非因果序列也有一定的应用范围，因此，讨论单边 z 变换，适当兼顾双边 z 变换。讨论中在不致混淆的情况下，将两种变换统称为 z 变换，$f(n)$ 与 $F(z)$ 的关系统一由式(6-7) 表示。

二、z 变换的收敛域

由定义可知，序列的 z 变换是 z 的幂级数，只有当该级数收敛时，z 变换才存在。

对任意给定的序列 $f(n)$，使 z 变换定义式幂级数 $\sum_{n=-\infty}^{\infty} f(n)z^{-n}$ 或 $\sum_{n=0}^{\infty} f(n)z^{-n}$ 收敛的复

变量 z 在 z 平面上的取值区域，称为 z 变换 $F(z)$ 的收敛域，也常用 ROC 表示。

根据幂级数理论，式(6-4) 或式(6-8) 所示级数收敛的充分必要条件是满足绝对可和条件，即要求

$$\sum_{n=-\infty}^{\infty} |f(n)z^{-n}| < \infty \tag{6-12}$$

下面用实例来研究不同形式的序列 z 变换的收敛域问题。

【例题 6.1】　求以下有限长序列的双边 z 变换：(1)$\delta(n)$，(2)$f(n)=\{1,2,1\}_{-1}$。

解：(1) 由式(6-4)，单位样值序列的 z 变换为

$$F(z)=\sum_{n=-\infty}^{\infty}\delta(n)z^{-n}=1$$

即

$$\delta(n)\leftrightarrow 1$$

$F(z)$ 是与 z 无关的常数，因而其 ROC 是 z 的全平面。

(2)$f(n)$ 的双边 z 变换为

$$F(z)=\sum_{n=-\infty}^{\infty}f(n)\,z^{-n}=z+2+\frac{1}{z}$$

由上式可知，除 $z=0$ 和 $z=\infty$ 外，对任意 z，$F(z)$ 有界，因此其 ROC 为 $0<|z|<\infty$。

【例题 6.2】　求因果序列 $f_1(n)=a^nU(n)$ 的双边 z 变换(a 为常数)。

解：设 $f_1(n)\leftrightarrow F_1(z)$，则

$$F_1(z)=\sum_{n=-\infty}^{\infty}f_1(n)z^{-n}=\sum_{n=0}^{\infty}(az^{-1})^n$$

利用等比级数求和公式，上式仅当公比 az^{-1} 满足 $|az^{-1}|<1$，即 $|z|>|a|$ 时收敛，此时

$$F_1(z)=\frac{1}{1-az^{-1}}=\frac{z}{z-a}$$

故其收敛域为 $|z|>|a|$，这个收敛域在 z 平面上是半径为 $|a|$ 的圆外区域，如图 6-1(a) 所示。显然它也是单边 z 变换的收敛域。

【例题 6.3】　求反因果序列 $f_2(n)=-a^nU(-n-1)$(a 为常数) 的 z 变换。

解：$f_2(n)$的(双边)z 变换为

$$F_2(n)=\sum_{n=-\infty}^{\infty}-a^nU(-n-1)\,z^{-n}=\sum_{n=-\infty}^{-1}-a^{-1}\,z^{-n}=-\sum_{n=-\infty}^{-1}(a^{-1}z)^n$$
$$=-\frac{a^{-1}z}{1-a^{-1}z}=\frac{z}{z-a}$$

上式成立的条件是 $|a^{-1}\,z^n|<1$，即$z<|a|$，此即$F_2(z)$ 的收敛域。因此该反因果序列的收敛域是 z 平面上半径为 $|a|$ 的圆的内部，如图 6-1 (b) 所示。

【例题 6.4】　求双边序列 $f_3(n)=a^{|n|}$ ($|a|<1$) 的双边 z 变换。

解：$f_3(n)$的双边 z 变换为

$$F_3(z)=\sum_{n=-\infty}^{\infty}a^{|n|}z^{-n}=\sum_{n=-\infty}^{\infty}a^{-n}z^{-n}+\sum_{n=-\infty}^{\infty}a^{n}z^{-n}=\frac{-z}{z-1/a}+\frac{z}{z-a}$$

上式中第一项级数收敛的条件是$|az|<1$，即$|z|<1/|a|$，第二项级数收敛的条件是$|az^{-1}|<1$，即$|z|>|a|$。因此$F_3(z)$存在的条件是$|a|<|z|<1/|a|$。因为$|a|<1$，所以这个不等式是可以满足的。因此$F_3(z)$的收敛域为$|a|<|z|<1/|a|$，这个区域是 z 平面上半径分别为$|a|$和$|1/a|$的两个圆之间的圆环，如图 6-1(c) 所示。

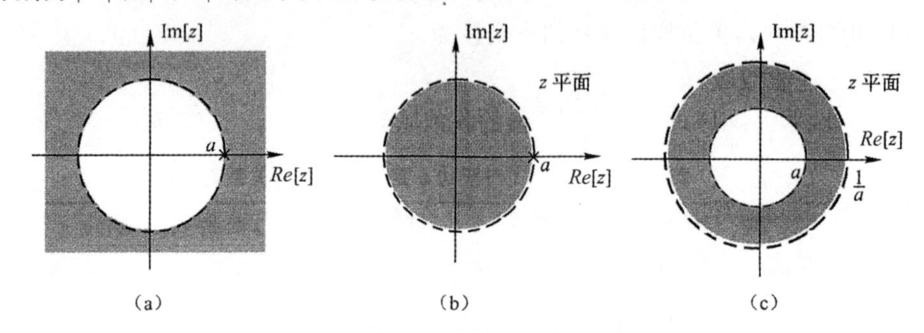

图 6-1　例 6.2、例 6.3、例 6.4 的收敛域

至此，我们研究了四种类型序列 z 变换的收敛域。综合上述讨论，可得到以下结论：

(1) z 变换函数在收敛域内是解析函数，且无任何极点。

(2) 有限长序列 z 变换的收敛域是整个 z 平面，可能不包括 $z=0$ 和 / 或 $z=\infty$。

(3) 因果序列若存在 z 变换，则其单、双边变换相同，收敛域也相同，均为$|z|>R_1$ 在 z 平面上是半径为R_1 的圆的外部。如果变换是有理的，那么R_1 等于 $F(z)$ 极点中的最大模值，即收敛域位于 z 平面内最外层极点的外边。

(4) 反因果序列的 z 变换若存在，则其收敛域为$|z|<R_2$，在 z 平面上是以R_2 为半径的圆的内部。如果变换是有理的，那么R_2 等于 $F(z)$ 极点中的最小模值，即收敛域位于 z 平面内最内层极点的里边。反因果序列的单边 z 变换均为零，无研究意义。

(5) 双边序列若存在 z 变换，则其双边变换的收敛域是名平面内由$R_1<|z|<R_2$ 所确定的圆环。

(6) 因为单边 z 变换可以看作序列因果部分($n\geqslant 0$) 的双边三变换，故其收敛域与因果序列的情形类同，这个收敛域是唯一的，因此讨论单边 z 变换时可以不注明收敛域。对于双边变换，不同序列的变换可以有相同的表示式，只是收敛域不同(见例题 6.2 和例题6.3)。因此双边 z 变换必须标注收敛域，才能唯一确定其对应的时间序列。

为便于对比，将各类序列的双边三变换的收敛域列于表 6-1-1。

表 6-1-1　序列形式与双边 z 变换收敛域的关系

序列形式		z 变换收敛域	
有限长序列 ① $n_1<0$，$n_2>0$	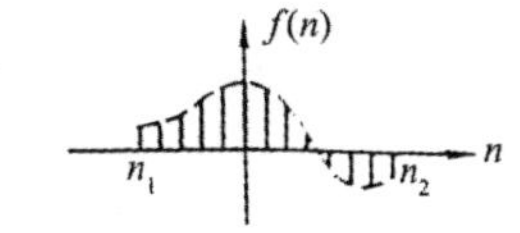	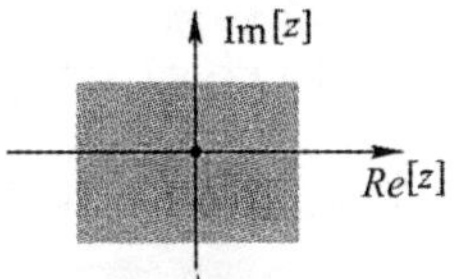	$\infty>\|z\|>0$
② $n_1\geqslant 0$，$n_2>0$	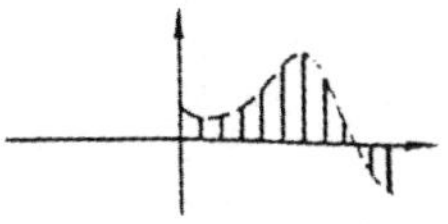	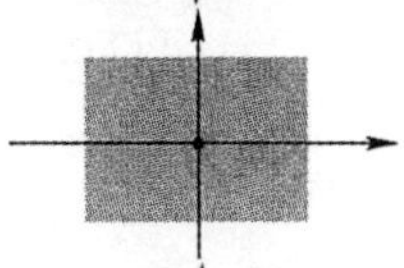	$\|z\|>0$
③ $n_1<0$，$n_2\leqslant 0$	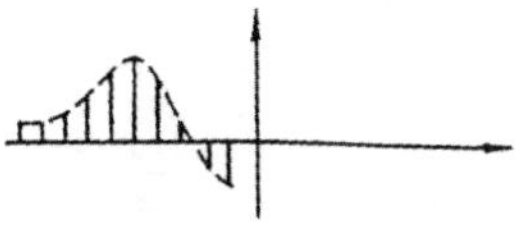	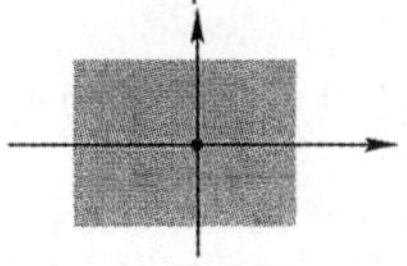	$\infty>\|z\|$
右边序列 ① $n_1<0$，$n_2=\infty$	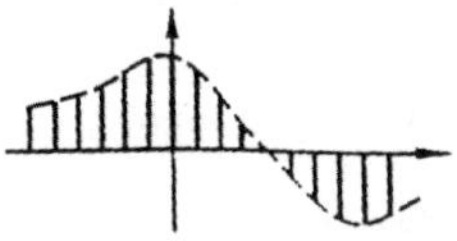	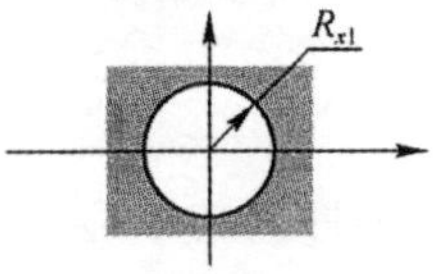	$\infty>\|z\|>R_{x1}$
② $n_1\geqslant 0$，$n_2=\infty$ （因果序列）	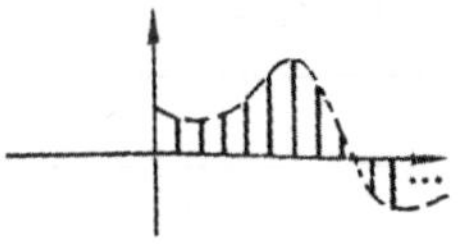	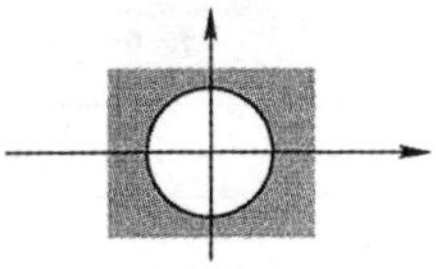	$\|z\|>R_{x1}$
左边序列 ① $n_1=-\infty$，$n_2>0$	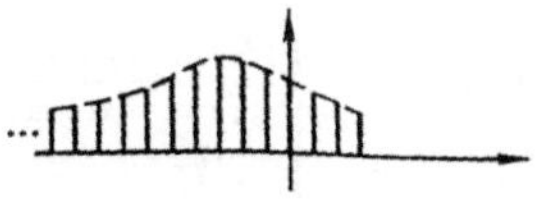	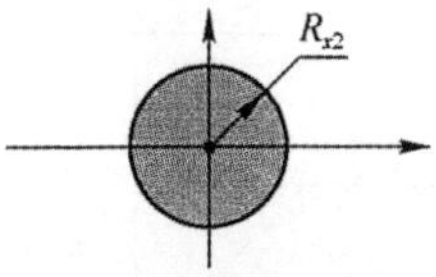	$R_{x2}>\|z\|>0$
② $n_1=-\infty$，$n_2\leqslant 0$	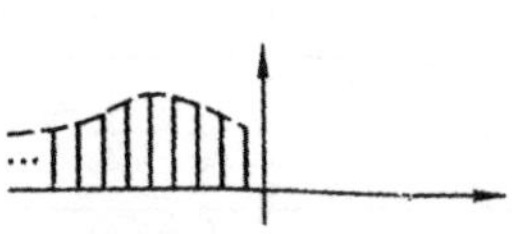	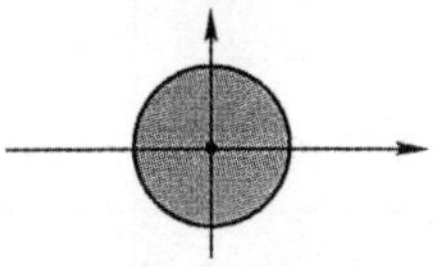	$R_{x2}>\|z\|$
双边序列 $n_1=-\infty$ $n_2=\infty$	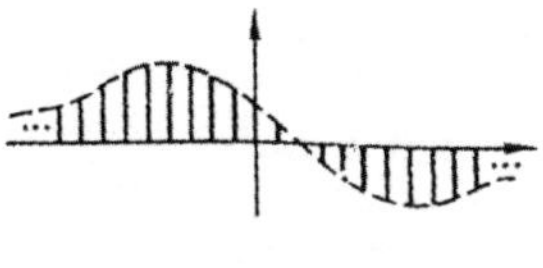	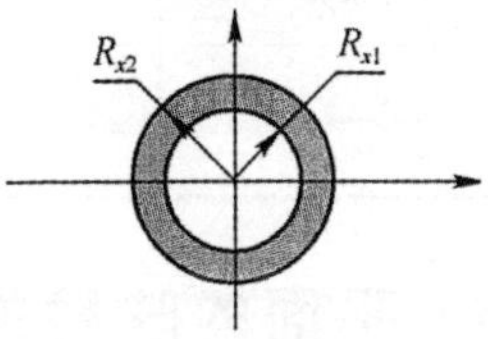	$R_{x2}>\|z\|>R_{x1}$

三、常用离散信号的单边 z 变换

1. 单位样值序列 $\delta(n)$

由例题 6.1 已知

$$\delta(n)\leftrightarrow 1 \tag{6-13}$$

2. 单位阶跃序列 $U(n)$

将 $U(n)$ 代入式(6-8),得

$$L[U(n)]=\sum_{n=0}^{\infty}U(n)z^{-n}=\sum_{n=0}^{\infty}(z^{-1})^{n}$$

若 $|z^{-1}|<1$,即 $|z|>1$,该级数收敛,此时有

$$L[U(n)]=\frac{1}{1-z^{-1}}=\frac{z}{z-1}$$

故
$$U(n)\leftrightarrow\frac{z}{z-1} \tag{6-14}$$

3. 单边指数序列 $a^{n}U(n)$(a 为任意常数)

在例题 6.2 中已求得
$$L[a^{n}U(n)]=\frac{z}{z-a}$$

所以
$$a^{n}U(n)\leftrightarrow\frac{z}{z-a} \tag{6-15}$$

表 6-1-2 列出了典型序列的单边 z 变换,以供查阅。

表 6-1-2 典型序列的单边 z 变换

序列	单边 z 变换	收敛域	序列	单边 z 变换	收敛域
$f(n)$	$F(z)=\sum_{n=0}^{\infty}f(n)z^{-n}$	$\lvert z\rvert>R$	$e^{jn\omega_0}$	$\frac{z}{z-e^{j\omega_0}}$	$\lvert z\rvert>1$
$\delta(n)$	1	$\lvert z\rvert\geqslant 0$	$\sin(n\omega_0)$	$\frac{z\sin\omega_0}{z^2-2z\cos\omega_0+1}$	$\lvert z\rvert>1$
$f(n-m)(m>0)$	z^{-m}	$\lvert z\rvert>0$	$\cos(n\omega_0)$	$\frac{z(z-\cos\omega_0)}{z^2-2z\cos\omega_0+1}$	$\lvert z\rvert>1$
$U(n)$	$\frac{z}{z-1}$	$\lvert z\rvert>1$	$\beta^{n}\sin(n\omega_0)$	$\frac{\beta z\sin\omega_0}{z^2-2\beta z\cos\omega_0+\beta^2}$	$\lvert z\rvert>\lvert\beta\rvert$
n	$\frac{z}{(z-1)^2}$	$\lvert z\rvert>1$	$\beta^{n}\cos(n\omega_0)$	$\frac{z(z-\beta\cos\omega_0)}{z^2-2\beta z\cos\omega_0+\beta^2}$	$\lvert z\rvert>\lvert\beta\rvert$
e^{bn}	$\frac{z}{z-e^{b}}$	$\lvert z\rvert>\lvert e^{b}\rvert$			

四、z 平面与 s 平面的映射关系

在本节介绍 z 变换的定义时,已经给出了复变量 z 与 s 有如下关系:

$$z=e^{sT}\quad 或\quad s=\frac{1}{T}\ln z \tag{6-16}$$

式中,T 是抽样间隔。

为了说明在式(6-16)下 s 复平面与 z 复平面的映射关系,将 s 表示成直角坐标形式,而把 z 表示成极坐标形式,即

$$s = \sigma + j\omega, z = r\,e^{j\theta} \tag{6-17}$$

将式(6-17)代入式(6-16)得

$$r\,e^{j\theta} = e^{(\sigma + j\omega)T}$$

于是得到

$$r = e^{\sigma T} \tag{6-18}$$

$$\theta = \omega T = 2\pi \frac{\omega}{\omega_s}$$

式中，抽样角频率 ω_s。

式(6-18)表明 s 到 z 平面的映射关系如下：

(1) s 平面上的虚轴($\sigma = 0, s = j\omega$)映射为 z 平面上的单位圆；其右半平面($\sigma > 0$)映射为 z 平面上单位圆的外部；而左半平面($\sigma < 0$)映射为 z 平面上单位圆的内部。

(2) s 平面上的实轴($\omega = 0, s = \sigma$)映射为 z 平面的正实轴($\theta = 0$)，而原点($\sigma = 0, \omega = 0$)映射为 z 平面上 $z = 1$ 的点($r = 1, \theta = 0$)；通过 $j\frac{k\omega_s}{2}$($k = \pm 1, \pm 3, \cdots$)而平行于实轴的直线映射为 z 平面的负实轴。

(3) 因为 $e^{j\omega T}$ 是以 $\omega_s = 2\pi/T$ 为周期的函数，而 $\theta = \omega T$，因此当在 s 平面上沿着虚轴 ω 从 $-\pi/T$ 变化到 π/T 时，在 z 平面上沿单位圆 θ 从 $-\pi$ 变化到 π，刚好是一个圆周。ω 沿虚轴每变化 ω_s，则 z 平面上 θ 沿单位圆转一圈。

s 到 z 平面的映射关系如表 6-1-3 所示。

表 6-1-3　z 平面与 s 平面的映射关系

s 平面($s = \sigma + j\omega$)		z 平面($z = re^{j\theta}$)	
虚轴 ($\sigma = 0$ $s = j\omega$)	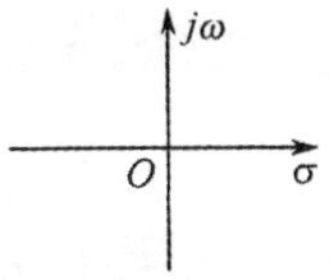	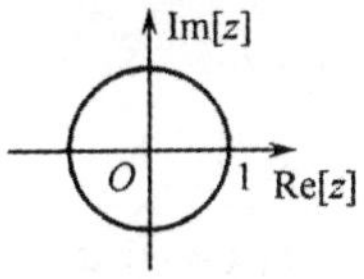	单位圆 ($r = 1$， θ 任意)
左半平面 ($\sigma < 0$)	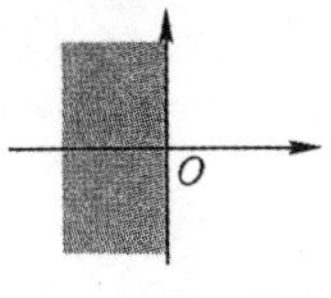	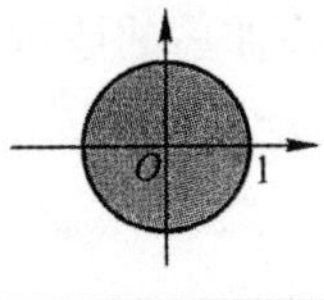	单位圆内 ($r < 1$， θ 任意)
右半平面 ($\sigma > 0$)	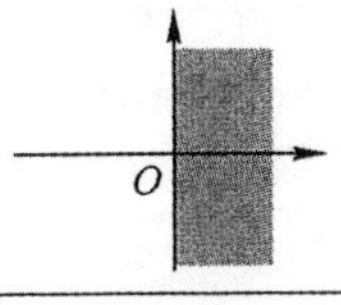	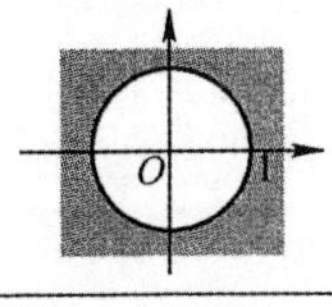	单位圆外 ($r > 1$， θ 任意)
平行于虚轴的 直线(σ 为常数)	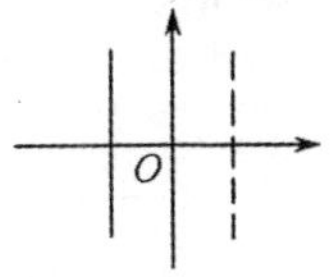	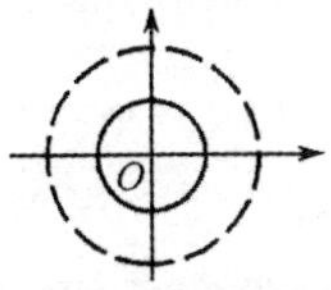	圆 ($\sigma > 0, r > 1$； $\sigma < 0, r < 1$)

续表

s平面（$s=\sigma+j\omega$）		z平面（$z=re^{j\theta}$）	
实 轴（$\omega=0$，$s=\sigma$）	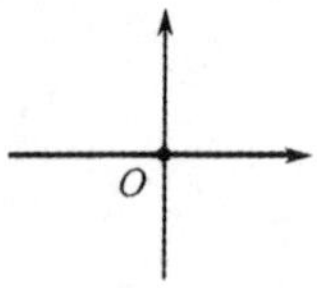	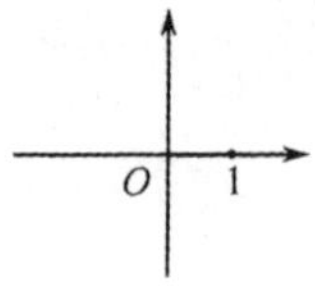	正实轴（$\theta=0$，r任意）
平行于实轴的直线（ω为常数）	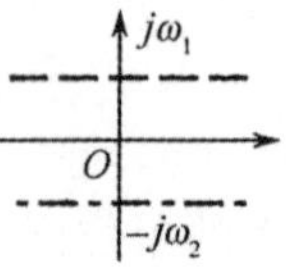	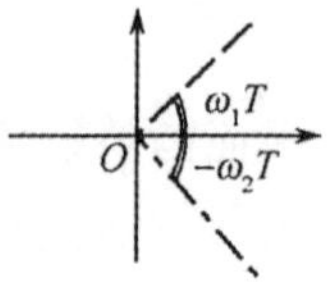	始于原点的辐射线（θ为常数，r任意）
通过$\pm j\frac{k\omega_s}{2}$平行于实轴的直线（$k=1,3,\cdots$）	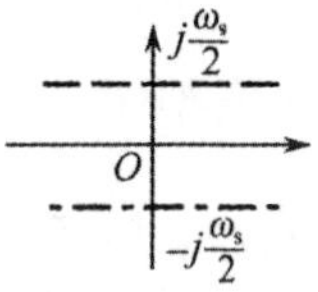	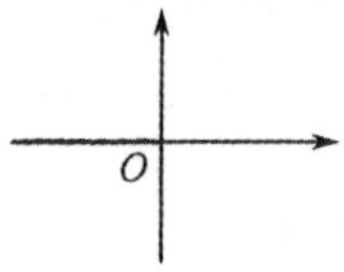	负实轴（$\theta=\pi$，r任意）

第二节　z变换的基本性质

本节讨论z变换（包括单边、双边）的基本性质。绝大多数性质对单边、双边z变换是相同的，少数对单边、双边z变换有差别的性质，在讨论中将予以说明。

一、线性特性

设
$$\begin{cases} f_1(n)\leftrightarrow F_1(z), & R_1<|z|<R_2, R_1\text{可为零}, R_2\text{可以为}\infty\text{，下同} \\ f_2(n)\leftrightarrow F_2(z), & R_3<|z|<R_4 \end{cases}$$

则
$$a_1 f_1(n)+a_2 f_2(n)\leftrightarrow a_1 F_1(z)+a_2 F_2(z) \tag{6-19}$$

式中，a_1，a_2为任意常数。相加后的收敛域至少是两个函数$F_1(z)$、$F_2(z)$收敛域的重叠部分，有些情况下收敛域可能会扩大。

二、移位特性

单边变换与双边变换的移位特性差别很大，下面分别进行讨论。

1. 双边z变换

若
$$f(n)\leftrightarrow F(z),\ R_1<|z|<R_2$$

则
$$f(n-m)\leftrightarrow z^{-m}F(z),\ R_1<|z|<R_2 \tag{6-20}$$

式中，m为任意整数。

证明：根据双边z变换的定义，可得

$$\mathcal{L}[f(n-m)]=\sum_{n=-\infty}^{\infty}f(n-m)z^{-n}=z^{-m}\sum_{k=-\infty}^{\infty}f(k)z^{-k}=z^{-m}F(z)$$

一般来说,移位不会改变收敛域,至多是 $z=0$ 和 / 或 $z=\infty$ 处的收敛情况发生变化。

2. 单边 z 变换

若
$$f(n)\leftrightarrow F(z)$$

则
$$f(n-m)\leftrightarrow z^{-m}\left[F(z)+\sum_{k=-m}^{-1}f(k)z^{-k}\right] \tag{6-21}$$

$$f(n+m)\leftrightarrow z^{m}\left[F(z)-\sum_{k=0}^{m-1}f(k)z^{-k}\right] \tag{6-22}$$

证明:根据单边 z 变换的定义

$$\mathcal{L}[f(n-m)]=\sum_{n=0}^{\infty}f(n-m)z^{-n}=z^{-m}\sum_{k=0}^{\infty}f(n-m)z^{-(n-m)}$$

令 $n-m=k$,则有 $\mathcal{L}[f(n-m)]=z^{-m}\sum_{k=-m}^{\infty}f(k)z^{-k}$

$$=z^{-m}\left|\sum_{k=0}^{\infty}f(k)z^{-k}+\sum_{k=-m}^{-1}f(k)z^{-k}\right|$$

$$=\left[F(z)+\sum_{k=-m}^{-1}f(k)z^{-k}\right]$$

此即式(6-21)。类似地可证明式(6-22)。

上述讨论并未限制 $f(n)$ 为何种序列。如果 $f(n)$ 是因果序列,则式(6-21) 变为

$$f(n-m)\leftrightarrow z^{-m}F(z) \tag{6-23}$$

而式(6-22) 不变。

【例题 6.5】 求矩形序列$G_N(n)$ 的 z 变换。

解:因为 $G_N(n)=U(n)-U(n-N)$, $U(n)\leftrightarrow\dfrac{z}{z-1}$

由线性及移位特性,得

$$G_N(n)\leftrightarrow\frac{z}{z-1}-z^{-N}\frac{z}{z-1}=\frac{z}{z-1}(1-z^{-N})$$

【例题 6.6】 求序列 $f(n)=\sum_{m=0}^{\infty}\delta(n-mN)$ 的 z 变换。

解:因为 $\delta(n)\leftrightarrow 1$,由移位特性 $\delta(n-mN)\leftrightarrow z^{-mN}$,再由线性特性,得

$$f(n)\leftrightarrow 1+z^{-N}+z^{-2N}+\cdots=\sum_{m=0}^{\infty}(z^{-N})^{m}=\frac{1}{1-z^{-N}}$$

三、尺度变换特性

若
$$f(n)\leftrightarrow F(z),\ R_1<|z|<R_2$$

则 $$a^n f(n) \leftrightarrow F\left(\frac{z}{a}\right),\ R_1 < \left|\frac{z}{a}\right| < R_2 \tag{6-24}$$

式中,a 为任意常数。

证明:因为 $$\mathcal{L}[a^n f(n)] = \sum_{n=-\infty}^{\infty} a^n f(n) z^{-2n} = \sum_{n=-\infty}^{\infty} f(n)\left(\frac{z}{a}\right)^{-n}$$

与 z 交换的定义式比较,即有

$$\sum_{n=-\infty}^{\infty} f(n)\left(\frac{z}{a}\right)^{-n} = F\left(\frac{z}{a}\right),\text{且收敛域变为}R_1 < \left|\frac{z}{a}\right| < R_2$$

所以 $$a^n f(n) \leftrightarrow F\left(\frac{z}{a}\right)$$

【例题 6.7】 用尺度变换特性求$a^n U(n)$ 的 z 变换。

解:因为 $$U(n) \leftrightarrow \frac{z}{z-1},\ |z| > 1$$

由尺度变换特性 $$a^n U(n) \leftrightarrow \frac{\frac{z}{a}}{\frac{z}{a}-1} = \frac{z}{z-a},\ |z| > |a|$$

四、时间翻转特性

若 $$f(n) \leftrightarrow F(z),\ R_1 < |z| < R_2$$

则 $$f(-n) \leftrightarrow F(z^{-1}),\ R_1 < |z^{-1}| < R_2 \text{ 或} \frac{1}{R_2} < |z| < \frac{1}{R_1} \tag{6-25}$$

证明:因为 $$F(z) = \sum_{n=-\infty}^{\infty} f(n) z^{-n}$$

所以 $$\mathcal{L}[f(-n)] = \sum_{n=-\infty}^{\infty} f(-n) z^{-n} = \sum_{n=-\infty}^{\infty} f(n) z^{n} = \sum_{n=-\infty}^{\infty} f(n)(z^{-1})^{-n} = F(z^{-1})$$

由于单边变换只对 $n \geqslant 0$ 部分求级数和,故不存在时间翻转特性。

五、z 域微分(时域线性加权)

若 $$f(n) \leftrightarrow F(z),\ R_1 < |z| < R_2$$

则 $$nf(n) \leftrightarrow -z\frac{\mathrm{d}}{\mathrm{d}z}F(z),\ R_1 < |z| < R_2 \tag{6-26}$$

证明:因为 $$F(z) = \sum_{n=-\infty}^{\infty} f(n) z^{-n}$$

两边对 z 求导数,得 $$\frac{\mathrm{d}F(z)}{\mathrm{d}z} = \frac{\mathrm{d}}{\mathrm{d}z}\left(\sum_{n=-\infty}^{\infty} f(n) z^{-n}\right)$$

交换求导与求和的次序,上式变为

$$\frac{\mathrm{d}F(z)}{\mathrm{d}z}=\sum_{n=-\infty}^{\infty}f(n)\frac{\mathrm{d}}{\mathrm{d}z}(z^{-n})=-z^{-1}\sum_{n=-\infty}^{\infty}nf(n)z^{-n}=z^{-1}L[nf(n)]$$

所以
$$nf(n)\leftrightarrow -z\frac{\mathrm{d}}{\mathrm{d}z}F(z)$$

【例题 6.8】　求 $nU(n)$ 的 z 变换。

解：因为
$$nU(n)\leftrightarrow \frac{z}{z-1}$$

由 z 域微分性质，可得
$$nU(n)\leftrightarrow -z\frac{\mathrm{d}}{\mathrm{d}z}\left(\frac{z}{z-1}\right)=\frac{z}{(z-1)^2} \tag{6-27}$$

六、卷积定理

1. 时域卷积定理

若
$$\begin{cases}f_1(n)\leftrightarrow F_1(z), & R_1<|z|<R_2\\ f_2(n)\leftrightarrow F_2(z), & R_3<|z|<R_4\end{cases} \tag{6-28}$$

则
$$f_1(n)*f_2(n)\leftrightarrow F_1(z)F_2(z)$$

收敛域至少为两函数收敛域的重叠部分，有可能会扩大。

证明：
$$f_1(n)*f_2(n)=\sum_{m=-\infty}^{\infty}f_1(m)f_2(n-m)$$

代入 z 变换的定义式中，得

$$\begin{aligned}L[f_1(n)*f_2(n)]&=\sum_{n=-\infty}^{\infty}\left[\sum_{n=-\infty}^{\infty}f_1(m)f_2(n-m)\right]z^{-n}\\&=\sum_{n=-\infty}^{\infty}f_1(m)\sum_{n=-\infty}^{\infty}f_2(n-m)z^{-n}\\&=\left(\sum_{n=-\infty}^{\infty}f_1(m)z^{-m}\right)F_2(z)=F_{12}(z)F_2(z)\end{aligned}$$

所以
$$f_1(n)*f_2(n)\leftrightarrow F_1(z)F_2(z)$$

以上是双边变换的情形。对于单边变换，应加上限制：$f_1(n)=f_2(n)=0,n<0$ 时，即 $f_1(n)$ 和 $f_2(n)$ 均为因果序列。

【例题 6.9】　计算卷积 $U(n)*U(n+1)$。

解：因为
$$U(n)\leftrightarrow \frac{z}{z-1}$$

由移位特性
$$U(n+1)\leftrightarrow \frac{z^2}{z-1}$$

注意，本例中 $U(n+1)$ 为非因果信号，故不能用单边变换求解。则由卷积定理可得

$$U(n)*U(n+1)\leftrightarrow \frac{z^3}{(z-1)^2}=z\left[\frac{z}{z-1}+\frac{z}{(z-1)^2}\right]$$

从而 $$U(n)*U(n+1)=L^{-1}\left[z\frac{z}{z-1}+z\frac{z}{(z-1)^2}\right]=(n+2)U(n+1)$$

2. z 域卷积定理(序列相乘)

若
$$\begin{cases}f_1(n)\leftrightarrow F_1(z), & R_1<|z|<R_2\\ f_2(n)\leftrightarrow F_2(z), & R_1<|z|<R_2\end{cases}$$

则
$$f_1(n)f_2(n)\leftrightarrow\frac{1}{2\pi j}\oint_C\frac{F_1(\lambda)F_2(z/\lambda)}{\lambda}\mathrm{d}\lambda \tag{6-29}$$

式中,C 是$F_1(\lambda)$与$F_2(z/\lambda)$收敛域公共部分内逆时针方向的围线。这里对收敛域及积分围线的选取限制较严,因而限制了它的应用,不再赘述。

七、初值定理和终值定理

若 $f(n)$的终值 $f(\infty)$存在,且 $f(n)$的单边 z 变换为 $F(z)$,则

$$f(0)=\lim_{z\to\infty}F(z) \tag{6-30}$$

$$f(\infty)=\lim_{z\to 1}(z-1)F(z) \tag{6-31}$$

证明:因为 $F(z)=\sum_{n=0}^{\infty}f(n)z^{-n}=f(0)+f(1)z^{-1}+f(2)z^{-2}+\cdots$

当 $z\to\infty$ 时,上式右边除了第一项 $f(0)$ 外,其余各项都趋近于零,所以

$$\lim_{z\to\infty}F(z)=f(0)$$

此即式(6-31)。

下面证明式(6-31)。

由移位特性可知

$$f(n+1)-f(n)\leftrightarrow zF(z)-zf(0)-F(z)=(z-1)F(z)-zf(0)$$

另外,由单边 z 变换的定义,得

$$\mathcal{L}[f(n+1)-f(n)]=\sum_{n=0}^{\infty}[f(n+1)-f(n)]z^{-n}$$

比较上面两式可得 $(z-1)F(z)=zf(0)+\sum_{n=0}^{\infty}[f(n+1)-f(n)]z^{-n}$

两边取 $z\to 1$ 的极限,得

$$\begin{aligned}\lim_{z\to 1}(z-1)F(z)&=f(0)+\lim_{z\to 1}\sum_{n=0}^{\infty}[f(n+1)-f(n)]z^{-n}\\&=f(0)+[f(1)-f(0)]+[f(2)-f(1)]+\cdots\\&=f(0)-f(0)+f(\infty)\end{aligned}$$

即式(6-31)得证。

由上述推导可以看出,$(z-1)F(z)$ 的收敛域应包含单位圆,为此,$F(z)$ 的极点至多在单

位圆上有 1 个一阶极点 $z=1$，其余极点必须都在单位圆内。

如果对双边 z 变换应用初、终值定理，则需将 $f(n)$ 限制为因果序列。

z 变换的性质归纳列于表 6-2-1，以便查阅。

表 6-2-1　单、双边 z 变换的性质

性质名称	时域函数	单边 z 变换 $F(z)$	双边 z 变换 $F_b(z)$
线性特性	$a_1 f_1(n)+a_2 f_2(n)$	$a_1 F_1(z)+a_2 F_2(z)$	$a_1 F_{b1}(z)+a_2 F_{b2}(z)$
移位特性	$f(n\pm m),m>0$	—	$z^{\pm m}\cdot F_b(z)$
	$f(n-m)U(n-m),m>0$	$z^{-m}\cdot F(z)$	…
	$f(n-m)U(n),m>0$	$z^{-m}\cdot F(z)+\sum\limits_{n=-m}^{-1} f(n)z^{-n-m}$	…
	$f(n+m)U(n),m>0$	$z^{m}\cdot F(z)-\sum\limits_{n=0}^{m-1} f(n)z^{m-n}$	…
z 域尺度变换特性	$a^n\cdot f(n)$	$F(\frac{z}{a})$	$F_b(\frac{z}{a})$
时域卷积定理	$f_1(n)*f_2(n)$	$F_1(z)\cdot F_2(z)$	$F_{b1}(z)\cdot F_{b2}(z)$
z 域微分	$n\cdot f(n)$	$-z\frac{\mathrm{d}F(z)}{\mathrm{d}z}$	$-z\frac{\mathrm{d}F_b(z)}{\mathrm{d}z}$
z 域积分	$\frac{1}{n+m}f(n),n+m>0$	$z^m\int_z^{\infty}\frac{F(\eta)}{\eta^{m+1}}\mathrm{d}\eta$	$z^m\int_z^{\infty}\frac{F_b(\eta)}{\eta^{m+1}}\mathrm{d}\eta$
移动累和性	$\sum\limits_{i=-\infty}^{m} f(i)$	$\frac{z}{z-1}F(z)$	$\frac{z}{z-1}F_b(z)$
初值定理	$f(n)$（因果序列）	$f(0)=\lim\limits_{z\to\infty}F(z)$	$f(0)=\lim\limits_{z\to\infty}F_b(z)$
终值定理	$f(n)$（因果序列，且 $f(\infty)$ 为有界值）	$f(\infty)=\lim\limits_{z\to 1}(z-1)F(z)$	$f(\infty)=\lim\limits_{z\to 1}(z-1)F_b(z)$

第三节　逆 z 变换

与拉氏变换类似，用 z 变换分析离散系统时，往往需要从变换函数 $F(z)$ 确定对应的时间序列，即求 $F(z)$ 的逆 z 变换。求逆 z 变换的方法有留数法、幂级数展开法（长除法）和部分分式展开法。下面我们只讨论用部分分式展开法求有理函数的逆变换。

设

$$F(z)=\frac{N(z)}{D(z)}=\frac{b_M z^M+b_{M-1}z^{M-1}+\cdots+b_1 z+b_0}{z^N+a_{N-1}z^{N-1}+\cdots+a_1 z+a_0} \tag{6-32}$$

因为 z 变换的基本形式是$\frac{z}{z-z_k}$，在利用部分分式展开的时候，通常先将$\frac{F(z)}{z}$展开，然后每个分式乘以 z，这样，对于一阶极点，$F(z)$ 便可以展开为$\frac{z}{z-z_k}$形式。

另外，对于单边变换(或因果序列)，它的收敛域为$|z|>R$，为保证在 $z=\infty$ 处收敛，其分母多项式的阶次不低于分子多项式的阶次，即满足 $N\geqslant M$。只有双边变换才可能出现 $M>N$。下面以 $N\geqslant M$ 为例说明部分分式展开法，此时$\frac{F(z)}{z}$为真分式。

如果$\frac{F(z)}{z}$只含一阶极点，则可以展开为

$$\frac{F(z)}{z}=\sum_{k=0}^{N}\frac{A_k}{z-z_k}\qquad(\text{其中} z_0=0)$$

即

$$F(z)=\sum_{k=0}^{N}\frac{A_k z}{z-z_k}\tag{6-33}$$

式中

$$A_k=(z-z_k)\frac{F(z)}{z}\bigg|_{z=z_k}\tag{6-34}$$

展开式中的每一项$\frac{A_k z}{z-z_k}$的逆变换是以下两种情形之一：

$$A_k\ (z_k)^n U(n)\leftrightarrow\frac{A_k z}{z-z_k},|z|>|z_k|\tag{6-35}$$

或

$$-A_k\ (z_k)^n U(-n-1)\leftrightarrow\frac{A_k z}{z-z_k},|z|<|z_k|\tag{6-36}$$

根据 $F(z)$ 各极点与收敛域的位置关系选择式(6-35) 或式(6-36)。如果极点位于收敛域的内侧，则关于该极点的展开项的逆变换为因果序列，由式(6-35) 得到；如果极点位于收敛域的外侧，则关于该极点的展开项的逆变换为反因果序列，由式(6-36) 得到。逐个考察 $F(z)$ 的各极点，即可得到完整的逆 z 变换。

如果$\frac{F(z)}{z}$中含有高阶极点，不妨设z_1 是 r 阶极点，其余为一阶极点，此时 $F(z)$ 应展开为

$$F(z)=\frac{A_{11}z}{(z-z_1)^r}+\frac{A_{12}z}{(z-z_1)^{r-1}}+\cdots+\frac{A_{1r}z}{z-z_1}(\text{单极点展开项})\tag{6-37}$$

式中，单极点展开项按式(6-33) 展开，而A_{1k} 由下式计算：

$$A_{1k}=\frac{1}{(k-1)!}\frac{d^{k-1}}{\mathrm{d}z^{k-1}}(z-z_1)^r\frac{F(z)}{z}\bigg|_{z=z_1}\tag{6-38}$$

【例题 6.10】 已知 $F(z)=\frac{z^3+2z^2+1}{z(z-1)(z-0.5)}$，$|z|>1$，求 $f(n)$。

解：因为

$$\frac{F(z)}{z}=\frac{z^3+2z^2+1}{z^2(z-1)(z-0.5)}$$

由式(6-34) 和式(6-38) 可得展开式

$$\frac{F(z)}{z}=\frac{6}{z}+\frac{2}{z^2}+\frac{8}{z-1}+\frac{-13}{z-0.5}$$

所以
$$F(z)=6+\frac{2}{z}+\frac{8z}{z-1}+\frac{-13z}{z-0.5}$$

因为 $|z|>1$，所以 $f(n)=6\delta(n)+2\delta(n-1)+8U(n)-13\,(0.5)^nU(n)$。

第四节　离散系统的 z 域分析

一、差分方程的变换解

LTI 离散系统是用常系数线性差分方程描述的，如果系统是因果的，并且输入为因果信号，那么可以用单边 z 变换来求解差分方程。与应用拉氏变换解微分方程相似，此时可以将差分方程变换为 z 变换函数的代数方程，并且利用单边 z 变换的移位特性可以将系统的初始条件包含在代数方程中，从而能够方便地求得系统的零输入响应、零状态响应及全响应。

设因果 LTI 离散系统的差分方程为

$$\begin{aligned}&y(n)+a_{N-1}y(n-1)+\cdots+a_1y(n-N+1)+a_0y(n-N)\\&=b_Mf(n)+b_{M-1}f(n-1)+\cdots+b_0f(n-M)\end{aligned}\tag{6-39}$$

如果 $f(n)$ 为因果信号，对式(6-39) 进行单边三变换，并设 $f(n)\leftrightarrow F(z)$，$y(n)\leftrightarrow Y(z)$，利用单边 z 变换的移位特性，可以得到

$$\begin{aligned}&Y(z)+a_{N-1}[z^{-1}Y(z)+y(-1)]+a_{N-2}[z^{-2}Y(z)+z^{-1}y(-1)+y(-2)]+\cdots\\&=(b_M+b_{M-1}z^{-1}+\cdots+b_1z^{-M+1}+b_0z^{-M})F(z)\end{aligned}$$

对上式进行整理可得到如下形式的方程

$$(1+a_{N-1}z^{-1}+\cdots+a_0z^{-N})Y(z)-M(z)=(b_M+b_{M-1}z^{-1}+\cdots+b_1z^{-M+1}+b_0z^{-M})F(z)\tag{6-40}$$

其中
$$M(z)=-a_{N-1}P_1(z)-a_{N-2}P_2(z)-\cdots-a_0P_N(z)$$

它是与各初始状态 $y(-1),y(-2),\cdots,y(-N)$ 有关的 z 的多项式。由式(6-40) 可解得

$$Y(z)=\frac{M(z)}{D(z)}+\frac{N(z)}{D(z)}F(z)\tag{6-41}$$

式中
$$D(z)=1+a_{N-1}z^{-1}+\cdots+a_0z^{-N}=z^{-N}(z^N+a_{N-1}z^{N-1}+\cdots+a_1z+a_0)\tag{6-42}$$

$$N(z)=b_M+b_{M-1}z^{-1}+\cdots+b_1z^{-M+1}+b_0z^{-M}=z^{-M}(b_Mz^M+b_{M-1}z^{M-1}+\cdots+b_0)\tag{6-43}$$

$D(z)$ 称为差分方程的特征多项式。

式(6-41) 中 $M(z)$ 只与响应在 $n<0$，即未施加激励 $F(n)$ 时的初始状态有关，因而式中

第一项是零输入响应$y_x(n)$的z变换$Y_x(z)$；式中第二项仅与激励$F(n)$的z变换$F(z)$以及系统特性[由$N(z)$,$D(z)$表征]有关，因而是零状态响应$y_f(n)$的z变换$Y_f(z)$。于是式(6-41)可以写为

$$Y(z)=Y_x(z)+Y_f(z) \tag{6-44}$$

其中

$$Y_x(z)=\frac{M(z)}{D(z)},Y_f(z)=\frac{N(z)}{D(z)}F(z) \tag{6-45}$$

这样，求得$Y_x(z)$与$Y_f(z)$后取逆变换即可得到系统的零输入响应、零状态响应以及全响应

$$y(n)=y_x(n)+y_f(n) \tag{6-46}$$

其中

$$y_x(n)=\mathcal{L}^{-1}[Y_x(z)]=\mathcal{L}^{-1}\left[\frac{M(z)}{D(z)}\right] \tag{6-47}$$

$$y_f(n)=\mathcal{L}^{-1}[Y_f(z)]=\mathcal{L}^{-1}\left[\frac{N(z)}{D(z)}F(z)\right] \tag{6-48}$$

二、系统函数

如上所述，零状态响应$y_f(n)$的z变换为

$$Y_f(z)=\frac{N(z)}{D(z)}F(z)$$

式中，$F(z)$是激励$f(n)$的z变换。

定义系统函数为系统零状态响应的z变换与激励的z变换之比，用$H(z)$表示，即

$$H(z)=\frac{Y_f(z)}{F(z)}=\frac{N(z)}{D(z)} \tag{6-49}$$

由式(6-42)和式(6-43)可知，由系统的差分方程可直接求得系统函数。由式(6-49)，系统的零状态响应之z变换为

$$Y_f(z)=H(z)F(z) \tag{6-50}$$

而根据卷积定理 $$y_f(n)=f(n)*h(n)$$

两边取z变换，有 $$Y_f(z)=\mathcal{L}[h(n)]F(z)$$

因此系统函数$H(z)$是系统单位样值响应的z变换，即

$$\left.\begin{aligned}\mathcal{L}[h(n)]&=H(z)\\ h(n)&=\mathcal{L}^{-1}[H(z)]\end{aligned}\right\} \tag{6-51}$$

或 $$h(n)\leftrightarrow H(z)$$

于是，根据式(6-51)，可以利用z变换方法方便地求解系统的单位样值响应。进一步地求出激励的z变换，然后由式(6-50)求出$Y_f(z)$，再对$Y_f(z)$取逆z变换即可得到$y_f(n)$。

三、离散系统因果性、稳定性与 $H(z)$ 的关系

一个离散 LTI 系统为因果系统的充分必要条件是

$$h(n)=0, \quad n<0$$

或

$$h(n)=h(n)U(n)$$

即 $h(n)$ 为因果序列。

由于因果序列 z 变换的收敛域是 $|z|>R$，因此，如果系统函数的收敛域具有 $|z|>R$ 的形式，则该系统是因果的；否则，系统是非因果的。这样系统因果性的充分必要条件可以用 $H(z)$ 表示，即系统函数 $H(z)$ 的收敛域为

$$|z|>R, \qquad R \text{ 为某非负实数}$$

类似地，可以用系统函数来研究稳定性问题。已知离散系统为稳定系统的充分必要条件是

$$\sum_{n=-\infty}^{\infty}|h(n)|<M, \qquad M \text{ 为有界正值}$$

上式表明，$\sum\limits_{n=-\infty}^{\infty}|h(n)z^{-n}|$ 在单位圆 $|z|=1$ 上是收敛的，根据收敛域的定义，单位圆在 $H(z)=\sum\limits_{n=-\infty}^{\infty}h(n)z^{-n}$ 的收敛域内。因此，系统为稳定的充分必要条件可以表示为：系统函数 $H(z)$ 的收敛域包含单位圆。

如果系统是因果的，那么稳定性的条件是 $H(z)$ 的收敛域为包含单位圆在内的某个圆的外部，由于收敛域中不能含有极点，故 $H(z)$ 的所有极点均应在单位圆内。因此，因果系统稳定的充分必要条件是：$H(z)$ 的所有极点均在单位圆内。

四、应用双边 z 变换分析离散系统举例

应用单边 z 变换，只能分析因果系统在因果信号作用下的响应。如果涉及非因果系统或 / 和 非因果信号，则需使用双边 z 变换进行分析。

事实上，离散系统的差分方程本身并不包含系统因果性、稳定性等信息，由差分方程仅能确定 $H(z)$ 的表达式，并不能够确定其收敛域，除非事先已经知道系统的某些特性（如因果性）。下面举例说明利用双边 z 变换分析离散系统。

【例题 6.11】　已知某反因果系统的差分方程为 $y(n)-5y(n-1)+6y(n-2)=f(n)$，若 $f(n)=U(n)$，求响应 $y(n)$。

解：因为系统是反因果的，故采用双边 z 变换。方程两边取双边 z 变换，得

$$Y(z)(1-5z^{-1}+6z^{-2})=F(z)$$

所以 $$Y(z)=\frac{1}{1-5z^{-1}+6z^{-2}}F(z)=\frac{z^3}{(z^2-5z+6)(z-1)}$$

因为系统是反因果的，其系统函数 $H(z)=\frac{Y(z)}{F(z)}=\frac{z^2}{z^2-5z+6}$ 的收敛域为 $|z|<2$，而 $F(z)$ 的收敛域是 $|z|>1$，因此 $Y(z)$ 的收敛域为 $1<|z|<2$。将 $Y(z)$ 做部分分式展开，可得

$$Y(z)=\frac{\frac{1}{2}z}{z-1}-\frac{4z}{z-2}+\frac{\frac{9}{4}z}{z-3}$$

$Y(z)$ 的收敛域在极点 $z=1$ 的外侧，故

$$\mathcal{L}^{-1}\left[\frac{\frac{1}{2}z}{z-1}\right]=\frac{1}{2}U(n)$$

$Y(z)$ 的收敛域在 $z=2,z=3$ 这两个极点的内侧，故

$$\mathcal{L}^{-1}\left[-\frac{4z}{z-2}+\frac{\frac{9}{4}z}{z-3}\right]=(4\times 2^n-\frac{9}{4}\times 3^n)U(-n-1)$$

从而所求响应为 $$y(n)=\left(4\times 2^n-\frac{9}{4}\times 3^n\right)U(-n-1)+\frac{1}{2}U(n)$$

第五节　离散系统的频率响应

与连续系统中的频率响应类似，在离散系统中，也经常需要研究系统在不同频率正弦信号作用下的特性。因此，有必要研究离散系统的频率响应特性及稳态响应；为了讨论这些问题，我们先定义序列的傅里叶变换。

一、序列的傅里叶变换

序列的傅里叶变换又称离散时间傅里叶变换(Discrete Time Fourier Transform，DTFT)。

序列 $f(n)$ 的 z 变换为 $$F(z)=\sum_{n=-\infty}^{\infty}f(n)z^{-n}$$

$$f(n)=\frac{1}{2\pi j}\oint_C F(z)z^{n-1}\mathrm{d}z$$

由 s 到 z 平面的映射关系可知，s 平面上的虚轴($s=j\omega$)对应于 z 平面上的单位圆($|z|=1$ 或 $|z|=\mathrm{e}^{j\omega}$。这样，定义单位圆上的 z 变换为序列的傅里叶变换，用 $F(\mathrm{e}^{j\omega})$ 表示，即

$$F(\mathrm{e}^{j\omega})=F(z)\big|_{z=j\omega}=\sum_{n=-\infty}^{\infty}f(n)\mathrm{e}^{-jn\omega} \tag{6-52}$$

而逆变换为 $$f(n)=\frac{1}{2\pi j}\oint_{|z|=1}F(z)z^{n-1}\mathrm{d}z$$

$$= \frac{1}{2\pi j}\oint_{|z|=1} F(e^{j\omega}) e^{jn\omega} \cdot e^{-j\omega} d(e^{j\omega})$$

$$= \frac{1}{2\pi j}\int_{-\pi}^{\pi} F(e^{j\omega}) e^{jn\omega} \cdot e^{-j\omega} \cdot j e^{j\omega} d\omega$$

$$= \frac{1}{2\pi}\int_{-\pi}^{\pi} F(e^{j\omega}) e^{jn\omega} d\omega \tag{6-53}$$

$F(e^{j\omega})$是 ω 的复函数,可以表示为

$$F(e^{j\omega}) = |F(e^{j\omega})| e^{-j\varphi(\omega)} = \mathrm{Re}[F(e^{j\omega})] + j\mathrm{Im}[F(e^{j\omega})] \tag{6-54}$$

$F(e^{j\omega})$表示 $f(n)$ 的频域特性,也称为 $f(n)$ 的频谱,$|F(e^{j\omega})|$为 $f(n)$ 的幅度谱,$\varphi(\omega)$ 为 $f(n)$ 的相位谱,二者都是 ω 的连续函数。

二、离散系统的频率响应特性

1. 定义

离散系统的单位样值响应 $h(n)$ 的傅里叶变换,称离散系统的频率响应,用 $H(e^{j\omega})$ 表示。这样,离散系统的单位样值响应 $h(n)$ 与频率响应 $H(e^{j\omega})$ 是一对傅里叶变换,即

$$H(e^{j\omega}) = H(z)|_{z=e^{j\omega}} = \sum_{n=-\infty}^{\infty} h(n) e^{-jn\omega} \tag{6-55}$$

$H(e^{j\omega})$ 通常是复数,所以一般可写成

$$H(e^{j\omega}) = |H(e^{j\omega})| e^{j\varphi(\omega)} \tag{6-56}$$

式中,$|H(e^{j\omega})|$是离散系统的幅频响应,$\varphi(\omega)$ 是离散系统的相频响应。

2. 频率响应的几何确定法

频率响应除了可以按定义求出外,还可以用几何方法简便而直观地求出。

对离散系统,若已知 $H(z) = b_m \dfrac{\prod_{j=1}^{M}(z-z_j)}{\prod_{i=1}^{N}(z-p_i)}$ （不妨设$b_m > 0$）

则 $H(e^{j\omega}) = b_m \dfrac{\prod_{j=1}^{M}(e^{j\omega}-z_j)}{\prod_{i=1}^{N}(e^{j\omega}-p_i)} = |H(e^{j\omega})| e^{j\varphi(\omega)}$

令

$$e^{j\omega} - z_j = A_j e^{j\varphi_j}, e^{j\omega} - p_i = B_i e^{j\theta_i}$$

则幅频响应

$$|H(e^{j\omega})| = b_m \frac{\prod_{j=1}^{M} A_j}{\prod_{i=1}^{N} B_i} \tag{6-57}$$

相频响应

$$\varphi(\omega) = \sum_{j=1}^{M} \varphi_j - \sum_{i=1}^{N} \theta_j \tag{6-58}$$

显然,式中A_j,φ_j分别表示z平面上零点z_j到单位圆上某点$e^{j\omega}$的矢量($e^{j\omega}-z_j$)的长度和夹角,B_i,θ_i表示极点P_i到$e^{j\omega}$的矢量($e^{j\omega}-p_i$)的长度和夹角,如图6-5-1所示。

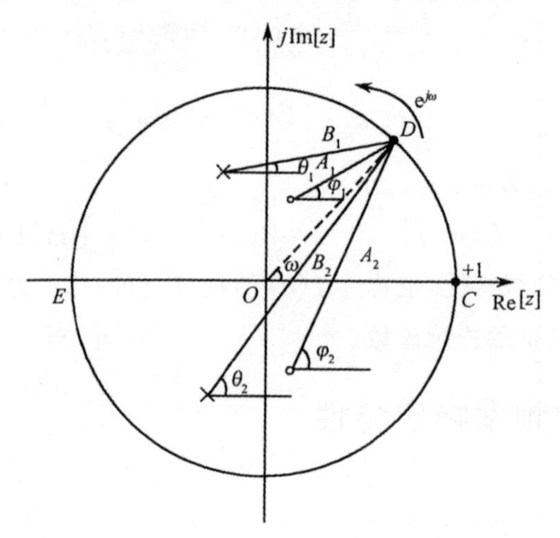

图 6-5-1　频率响应 $H(e^{j\omega})$ 的几何确定法

如果单位圆上的D点随ω的取值不同而不断移动,就可以得到全部的频率响应。利用这种方法,找出不同ω取值的相应D点,就可以用描点的方法近似描绘出系统的幅度响应和相位响应。

三、离散系统的稳态响应

1. 单边指数信号作用下的稳态响应

设因果稳定系统的输入为$f(n)=e^{jn\omega_0}U(n)$,系统函数为$H(z)$,则

$$\mathcal{L}[f(n)]=F(z)=\frac{z}{z-e^{j\omega_0}}$$

根据z域分析的思路,系统响应的z变换为

$$\mathcal{L}[y(n)]=Y(z)=H(z)\cdot F(z)$$

即
$$Y(z)=\frac{z}{z-e^{j\omega_0}}\cdot H(z)=\frac{Az}{z-e^{j\omega_0}}+\sum_{i=1}^{N}\frac{A_i z}{z-z_i}$$

其中
$$A=(z-e^{j\omega_0})\frac{Y(z)}{z}=H(z)\big|_{z=e^{j\omega_0}}=H(e^{j\omega_0})$$

z_i是$H(z)/z$的极点。

因为系统是稳定的,$H(z)$的极点都位于单位圆内。当$n\to\infty$时,求和项所对应的各指数衰减序列都趋于零。

若此系统的稳态响应用$y_{ss}(n)$表示,则

$$\mathcal{L}[y_{ss}(n)]=Y_{ss}(z)=\frac{Az}{z-e^{j\omega_0}}=\frac{H(e^{j\omega_0})z}{z-e^{j\omega_0}}$$

将上式取逆变换得

$$y_{ss}(n)=H(e^{j\omega_0})e^{jn\omega_0}U(n) \tag{6-59}$$

2. 正弦信号作用下的稳态响应

设因果稳定系统的输入为

$$f(n)=\sin n\omega_0\cdot U(n)$$

其 z 变换为　$F(z)=\mathcal{L}[f(n)]=\dfrac{z\sin\omega_0}{z^2+2z\cos\omega_0+1}=\dfrac{z\sin\omega_0}{(z-e^{j\omega_0})(z-e^{-j\omega_0})}$

于是系统响应的 z 变换为

$$Y(z)=F(z)H(z)=\frac{z\sin\omega_0}{(z-e^{j\omega_0})(z-e^{-j\omega_0})}H(z)$$

因为系统是稳定的，$H(z)$ 的极点均位于单位圆内，它不会与 $F(z)$ 的极点重合。所以

$$Y(z)=\frac{az}{z-e^{j\omega_0}}+\frac{bz}{z-e^{-j\omega_0}}+\sum_{i=1}^{N}\frac{A_iz}{z-z_i} \tag{6-60}$$

式中　$a=(z-e^{j\omega_0})\dfrac{Y(z)}{z}\bigg|_{z=e^{j\omega_0}}=\dfrac{H(e^{j\omega_0})}{2j},b=-\dfrac{H(e^{j\omega_0})}{2j}$

z_i 是$\dfrac{H(z)}{z}$的极点。

注意到 $H(e^{j\omega_0})$与 $H(e^{-j\omega_0})$是复数共轭的，令

$$H(e^{j\omega_0})=|H(e^{j\omega_0})|e^{j\varphi},H(e^{-j\omega_0})=|H(e^{j\omega_0})|e^{-j\varphi}$$

代入式(6-60) 得　$Y(z)=\left|\dfrac{H(e^{j\omega_0})}{2j}\right|\left(\dfrac{z\,e^{j\varphi}}{z-e^{j\omega_0}}-\dfrac{z\,e^{-j\varphi}}{z-e^{-j\omega_0}}\right)+\displaystyle\sum_{i=1}^{N}\frac{A_iz}{z-z_i}$

显然，$Y(z)$ 的逆变换为

$$y(n)=\frac{H(e^{j\omega_0})}{2j}[e^{j(n\omega_0+\varphi)}-e^{-j(n\omega_0+\varphi)}]U(n)+\left(\sum_{i=1}^{N}A_i\,z_i^n\right)U(n)$$

当 $n\to\infty$ 时，后一项趋于零，故稳态响应为

$$y_{ss}(n)=|H(e^{j\omega_0})|\sin(n\omega_0+\varphi)U(n) \tag{6-61}$$

如果输入为双边序列，则输出也是双边的，结果与式(6-61) 相似。

【例题 6.12】　已知某 LTI 因果系统的差分方程为

$$y(n)-y(n-1)+\frac{1}{2}y(n-2)=f(n-1)$$

试求：(1) 系统函数 $H(z)$ 及频率响应 $H(e^{j\omega})$；(2) 单位样值响应 $h(n)$；(3) 若激励 $f(n)=5\cos(n\pi)$，求稳态响应$y_{ss}(n)$。

解：(1) 由差分方程得

$$H(z)=\frac{z^{-1}}{1-z^{-1}+0.5\,z^{-2}}=\frac{z}{z^2-z+0.5}$$

其频率响应

$$H(e^{j\omega})=H(z)\big|_{z=e^{j\omega}}=\frac{e^{j\omega}}{e^{2j\omega}-e^{j\omega}+0.5}$$

根据 $H(z)$ 的零、极点分布，通过几何方法可以大致估计出频率响应的形状，如图 6-5-2 所示。

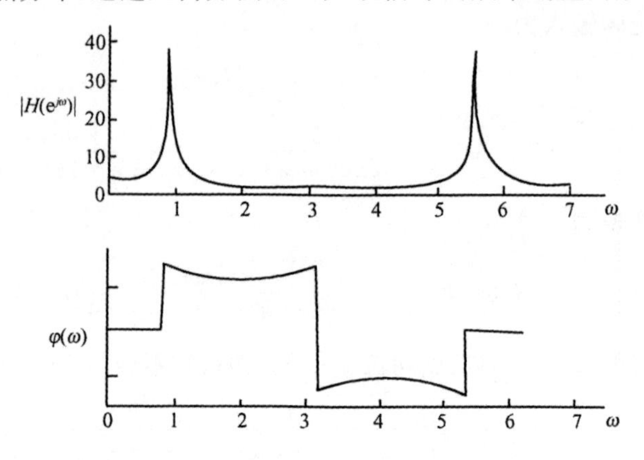

图 6-5-2　例题 6.12 的频率响应曲线

（2）由前面讨论可得

$$H_z=\frac{z}{z^2-z+0.5}=\frac{-jz}{\left(z-\frac{\sqrt{2}}{2}e^{\frac{\pi}{4}j}\right)}+\frac{jz}{\left(z-\frac{\sqrt{2}}{2}e^{-\frac{\pi}{4}j}\right)}$$

对上式逆变换得　$h(n)=\mathcal{L}^{-1}[H_z]=-j\left(\frac{\sqrt{2}}{2}e^{\frac{\pi}{4}j}\right)^n U(n)+j\left(\frac{\sqrt{2}}{2}e^{-\frac{\pi}{4}j}\right)^n$

$$=2\left(\frac{1}{\sqrt{2}}\right)^n\sin\left(\frac{n\pi}{4}\right)U(n)$$

（3）因为

$$H(e^{j\omega})=\frac{e^{j\omega}}{e^{2j\omega}-e^{j\omega}+0.5}$$

故当激励 $f(n)=5\cos(n\pi)$ 时，$\omega=\pi$，则

$$H(e^{j\pi})=\frac{e^{j\pi}}{e^{2j\pi}-e^{j\pi}+0.5}=-0.4=0.4\,e^{j\pi}$$

仿照式(6-61)，稳态响应为

$$y_{ss}(n)=5\left|H(e^{j\pi})\right|\cos(n\pi+\pi)=-2\cos(n\pi)$$

【练习思考题】

6.1　已知离散时间信号 $f(n)$ 的 z 变换为 $F(z)$，且

（1）$f(n)$ 是实的因果序列；　　（2）$F(z)$ 只有两个极点，其中之一为 $z=0.5\,e^{j\frac{\pi}{3}}$；

（3）$F(z)$ 在原点有二阶零点；　　（4）$F(1)=8/3$；

试求 $F(z)$ 并指出其收敛域。

6.2　离散时间 LTI 系统的框图如题图 6-1 所示，求：

(1) 系统函数 $H(z)$；　(2) 系统单位样值响应 $h(n)$；　(3) 系统单位阶跃响应 $g(n)$。

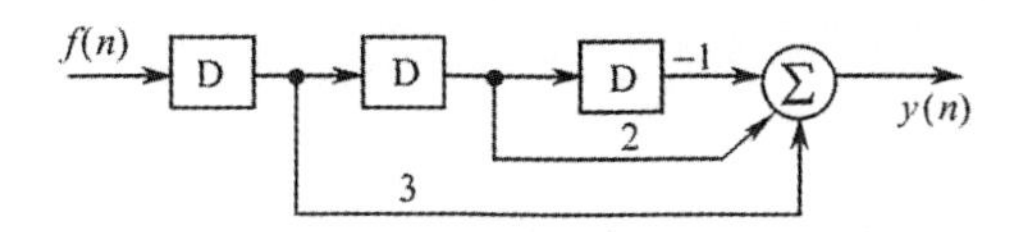

题图 6-1

6.3　已知描述 LTI 因果离散系统的差分方程为

$y_1(n)=f(n)+y_2(n),y_2(n)=-5y_1(n-1)-6y_1(n-2),y(n)=y_1(n)+y_1(n-1)$

(1) 求系统函数 $H(z)$；　(2) 求系统的差分方程；　(3) 求系统的单位样值响应 $h(n)$；

(4) 求当激励为 $f(n)=(0.5^n+0.25^n)U(n)$ 时，系统的零状态响应 $y_f(n)$。

6.4　一 LTI 因果离散系统的系统框图如题图 6-2 所示，求

(1) 系统函数 $H(z)$；(2) 系统的差分方程；

(3) 系统的单位样值响应 $h(n)$；

(4) 若已知激励为 $f(n)=\delta(n)+0.5^nU(n)$ 时，求系统的零状态 $y_f(n)$。

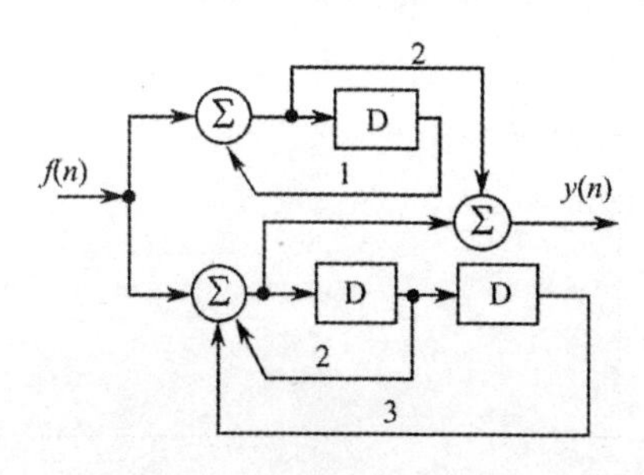

题图 6-2

6.5　已知某离散时间 LTI 因果系统的零、极点图如题图 6-3 所示，且系统的 $H(\infty)=4$。

(1) 求系统函数 $H(z)$；　(2) 求系统的单位样值响应 $h(n)$；

(3) 求系统的差分方程；

(4) 若已知激励为 $f(n)$ 时，系统的零状态响应为 $y(n)=0.5^nU(n)$，求 $f(n)$。

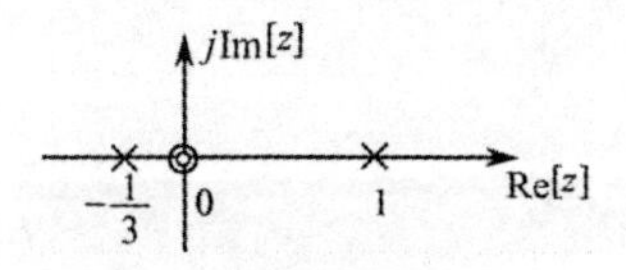

题图 6-3

第七章　系统的状态变量分析法

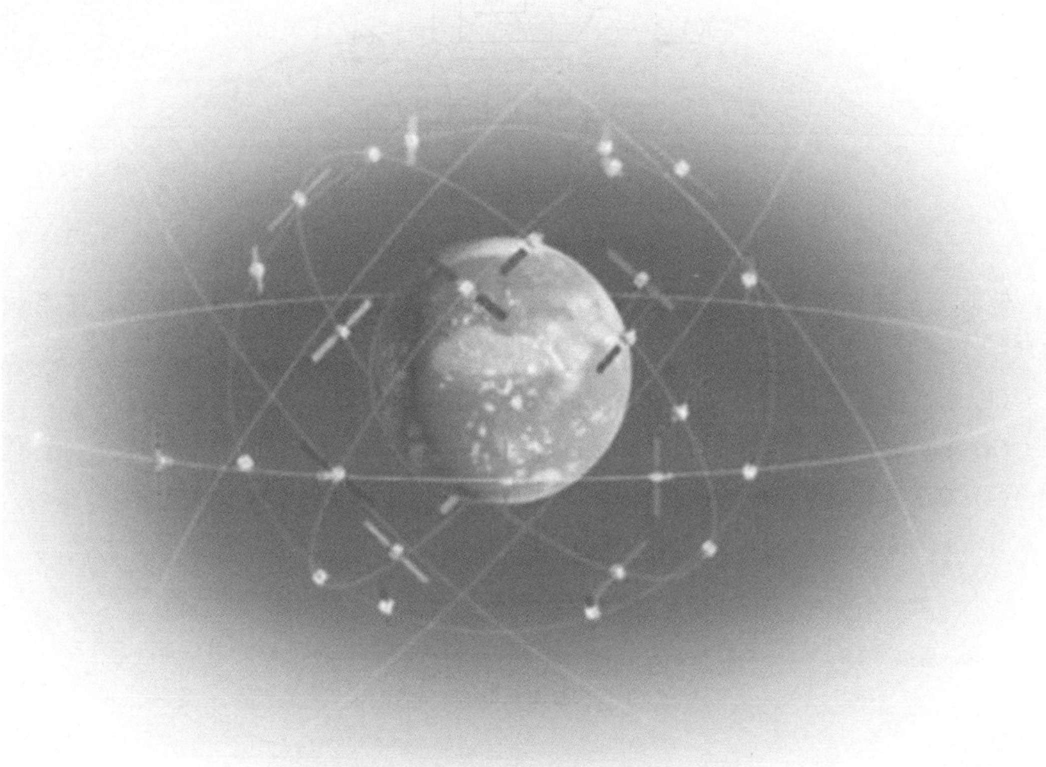

本章主要介绍连续时间系统和离散时间系统的状态变量分析法，着重介绍如何建立它们的状态方程和输出方程，以及应用变换域方法求解和分析这类系统。

第一节　系统的状态变量和状态方程

系统的输入－输出描述法，着眼点仅在于系统的响应与激励之间的关系。例如，由图7-1-1所示的串联谐振电路构成的二阶动态系统，如果只关心其激励 $x(t)$ 与响应——电容两端电压 $v_C(t)$ 之间的关系，则该系统可用二阶微分方程式(7-1)来描述。一般地，对于单输入单输出连续时间系统，输入－输出分析法的数学模型是一个高阶微分方程；而对于多输入多输出系统的数学模型，则是一组高阶联立微分方程。此外，一旦系统数学模型建立之后，就不再关心其内部状态的变化情况，而只对其响应变化感兴趣。这是端口描述法的特点，也是它的局限，不能全面揭示系统的内部特性。

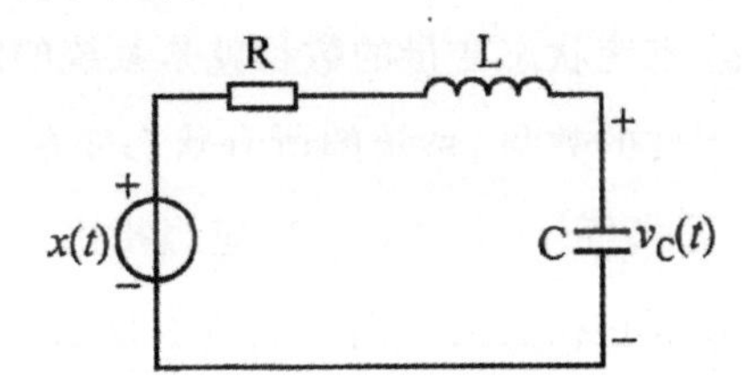

图 7-1-1　二阶动态系统

$$\frac{d^2 v_C(t)}{dt^2}+2\alpha\frac{d v_C(t)}{dt}+\Omega_0^2 v_C(t)=\Omega_0^2 x(t) \tag{7-1}$$

其中 $\alpha=\dfrac{R}{2L}$，$\Omega_0=\dfrac{1}{\sqrt{LC}}$。

用状态变量法来研究系统的特点是，不仅研究系统输出的变化情况，还要研究系统内部状态变量的变化。现仍以图7-1-1为例来说明。如果感兴趣的不仅是电容上的电压 $v_C(t)$，而且还希望知道在激励 $x(t)$ 作用下，电感中电流 $i_L(t)$ 的变化情况，这时可以列出方程组式

$$\begin{cases}\dfrac{di_L(t)}{dt}=-\dfrac{R}{L}i_L(t)-\dfrac{1}{L}v_C(t)+\dfrac{1}{L}x(t)\\[2ex]\dfrac{dv_C(t)}{dt}=-\dfrac{1}{C}i_L(t)+0\cdot v_C(t)+0\cdot x(t)\end{cases} \tag{7-2}$$

系统的响应 $y(t)$ 是电容上电压 $v_C(t)$，于是有

$$y(t)=0\cdot i_L(t)+0\cdot x(t)+v_C(t) \tag{7-3}$$

式(7-2)是以 $i_L(t)$ 和 $v_C(t)$ 作为变量的一阶联立微分方程组。对于图7-1-1所示的二阶谐振电路，只要知道 $i_L(t)$ 和 $v_C(t)$ 的初始情况和加入激励 $x(t)$ 的情况，就可完全确定电路的全部行为。这种描述系统的方法就称为系统的状态变量分析法，其中 $i_L(t)$ 和 $v_C(t)$ 称为该电路的状态变量。式(7-2)和式(7-3)分别为系统的状态方程和输出方程，也能表示成矢量矩阵形式

$$\begin{bmatrix} \dfrac{\mathrm{d}i_{\mathrm{L}}(t)}{\mathrm{d}t} \\ \dfrac{\mathrm{d}v_{\mathrm{C}}(t)}{\mathrm{d}t} \end{bmatrix} = \begin{bmatrix} -\dfrac{R}{L} & -\dfrac{1}{L} \\ \dfrac{1}{C} & 0 \end{bmatrix} \begin{bmatrix} i_{\mathrm{L}}(t) \\ v_{\mathrm{C}}(t) \end{bmatrix} + \begin{bmatrix} \dfrac{1}{L} \\ 0 \end{bmatrix} [x(t)] \tag{7-4}$$

$$y(t) = [0 \quad 1] \begin{bmatrix} i_{\mathrm{L}}(t) \\ v_{\mathrm{C}}(t) \end{bmatrix} \tag{7-5}$$

对于高阶系统而言，其状态变量的个数较多，但状态方程和输出方程的形式仍与式(7-4)和式(7-5)相同；而如果输入信号和输出信号的个数也比较多，则式(7-4)和式(7-5)中向量或矩阵的维数会增加。

对于动态系统而言，其状态是表示该系统的一组数目最少的数据，只要知道 $t=t_0$ 时的这组数据和 $t \geqslant t_0$ 时的系统输入，就能完全确定系统在 $t \geqslant t_0$ 的任何时间的行为。这组数据就称为系统在 $t=t_0$ 时刻的状态，也就是说，系统的状态是相互独立的。能够表示系统状态随时间 t 变化的变量称为状态变量。系统状态变量的数目就是系统的阶次。或者说，系统状态变量的数目就是系统中独立储能元件的数目。系统的所有状态变量可以组合成一个状态矢量表示，如上例中$[i_{\mathrm{L}}(t), v_{\mathrm{C}}(t)]^{\mathrm{T}}$，见式(7-4)和式(7-5)。应当指出，并不是任何一个系统都存在状态变量，譬如一个纯电阻网络，它在任何时刻的响应仅仅取决于该时刻的激励，而与其在过去时刻的值无关，这种即时系统(无记忆系统 memoryless system)不能用状态变量法分析。状态变量法只适用于动态系统(有记忆系统 memory system)。

式(7-2)形式的一阶联立微分方程组称为状态方程(state equation)，它描述了系统状态变量的一阶导数与状态变量和激励的关系。式(7-3)形式的代数方程称为输出方程(output equation)，它描述了系统输出与状态变量和激励之间的关系。式(7-4)和式(7-5)是状态方程和输出方程的矩阵表达形式，而其中状态矢量的各个坐标就是描述系统行为的各个状态变量。

状态变量分析法对于离散时间系统也是同样适用的，只不过对于离散时间系统，其状态变量 $\lambda[n]$ 是离散时间信号，状态方程是一阶联立差分方程组。

上述关于状态变量和状态方程的基本概念，可用于讨论系统状态方程和输出方程的一般形式。

1. LTI 连续时间系统状态方程和输出方程的一般形式

一个动态连续时间系统的时域数学模型都是用输入、输出信号的各阶导数来描述的。连续时间系统的状态方程是各状态变量的一阶联立微分方程组。对于 LTI 系统，状态方程和输出方程的右端为状态变量和输入信号的线性组合，如 k 阶 LTI 系统的状态方程和输出方程一般具有如下两种形式

$$\begin{cases}\dot{\lambda}_1(t)=a_{11}\lambda_1(t)+a_{12}\lambda_2(t)+\cdots+a_{1k}\lambda_k(t)+b_{11}x_1(t)+b_{12}x_2(t)+\cdots+b_{1m}x_m(t)\\ \dot{\lambda}_2(t)=a_{21}\lambda_1(t)+a_{22}\lambda_2(t)+\cdots+a_{2k}\lambda_k(t)+b_{21}x_1(t)+b_{22}x_2(t)+\cdots+b_{2m}x_m(t)\\ \vdots\\ \dot{\lambda}_k(t)=a_{k1}\lambda_1(t)+a_{k2}\lambda_2(t)+\cdots+a_{kk}\lambda_k(t)+b_{k1}x_1(t)+b_{k2}x_2(t)+\cdots+b_{km}x_m(t)\end{cases} \tag{7-6}$$

和

$$\begin{cases}y_1(t)=c_{11}\lambda_1(t)+c_{12}\lambda_2(t)+\cdots+c_{1k}\lambda_k(t)+d_{11}x_1(t)+d_{12}x_2(t)+\cdots+d_{1m}x_m(t)\\ y_2(t)=c_{21}\lambda_1(t)+c_{22}\lambda_2(t)+\cdots+c_{2k}\lambda_k(t)+d_{21}x_1(t)+d_{22}x_2(t)+\cdots+d_{2m}x_m(t)\\ \vdots\\ y_r(t)=c_{r1}\lambda_1(t)+c_{r2}\lambda_2(t)+\cdots+c_{rk}\lambda_k(t)+d_{r1}x_1(t)+d_{r2}x_2(t)+\cdots+d_{rm}x_m(t)\end{cases} \tag{7-7}$$

式中，$\lambda_1(t),\lambda_2(t),\cdots,\lambda_k(t)$为系统的$k$个状态变量；

$\dot{\lambda}_1(t)$为第i个状态变量$\lambda_i(t)$的一阶导数，即$\dot{\lambda}_1(t)=\dfrac{\mathrm{d}\lambda_i(t)}{\mathrm{d}t},i=1,2,\cdots,k$；

$x_1(t),x_2(t),\cdots,x_m(t)$为系统的$m$个输入信号；

$y_1(t),y_2(t),\cdots,y_r(t)$为系统的$r$个输出信号。

如果用矢量矩阵(vector matrix)形式表示，则状态方程可写为

$$\dot{\lambda}(t)_{k\times1}=A_{k\times k}\lambda(t)_{k\times1}+B_{k\times m}x(t)_{m\times1} \tag{7-8}$$

输出方程可写为

$$y(t)_{r\times1}=C_{r\times k}\lambda(t)_{k\times1}+D_{r\times m}x(t)_{m\times1} \tag{7-9}$$

其中，$\dot{\lambda}(t)=[\dot{\lambda}_1(t),\dot{\lambda}_2(t),\cdots,\dot{\lambda}_k(t)]^{\mathrm{T}},\lambda(t)=[\lambda_1(t),\lambda_2(t),\cdots,\lambda_k(t)]^{\mathrm{T}}$

$x(t)=[x_1(t),x_2(t),\cdots,x_m(t)]^{\mathrm{T}},\ y(t)=[y_1(t),y_2(t),\cdots,y_r(t)]^{\mathrm{T}}$

$$A=\begin{bmatrix}a_{11}&a_{12}&\cdots&a_{1k}\\a_{21}&a_{22}&\cdots&a_{2k}\\\vdots&\vdots&\ddots&\vdots\\a_{k1}&a_{k2}&\cdots&a_{kk}\end{bmatrix},\quad B=\begin{bmatrix}b_{11}&b_{12}&\cdots&b_{1m}\\b_{21}&b_{22}&\cdots&b_{2m}\\\vdots&\vdots&\ddots&\vdots\\b_{k1}&b_{k2}&\cdots&b_{km}\end{bmatrix}$$

$$C=\begin{bmatrix}c_{11}&c_{12}&\cdots&c_{1k}\\c_{21}&c_{22}&\cdots&c_{2k}\\\vdots&\vdots&\ddots&\vdots\\c_{r1}&c_{r2}&\cdots&c_{rk}\end{bmatrix},\quad D=\begin{bmatrix}d_{11}&d_{12}&\cdots&d_{1m}\\d_{21}&d_{22}&\cdots&d_{2m}\\\vdots&\vdots&\ddots&\vdots\\d_{r1}&d_{r2}&\cdots&d_{rm}\end{bmatrix}$$

系数矩阵A,B,C,D表示系统的机构参数。对于线性时不变系统，它们都是常量矩阵(constant matrix)。

2. LTI 离散时间系统状态方程和输出方程的一般形式

对于一个动态的离散时间系统，它的时域数学模型是一个高阶差分方程，其转台方程是各状态变量的一阶联立差分方程组。

设一个有 m 个输入$x_1[n],x_2[n],\cdots,x_m[n]$，$r$ 个输出$y_1[n],y_2[n],\cdots,y_r[n]$的 k 阶 LTI 离散时间系统，若将其 k 个状态变量记为$\lambda_1[n],\lambda_2[n],\cdots,\lambda_k[n]$，则其状态方程和输出方程可以写成

$$\lambda[n+1]=A\lambda[n]+Bx[n] \tag{7-10}$$

$$y[n]=C\lambda[n]+Dx[n] \tag{7-11}$$

式中，

$$\lambda[n]=\{\lambda_1[n],\lambda_2[n],\cdots,\lambda_k[n]\}^{\mathrm{T}}$$

$$x[n]=\{x_1[n],x_2[n],\cdots,x_m[n]\}^{\mathrm{T}}$$

$$y[n]=\{y_1[n],y_2[n],\cdots,y_r[n]\}^{\mathrm{T}}$$

分别是状态矢量、输入矢量(input vector) 和输出矢量(output vector)。系数矩阵 A,B,C,D 的形式与连续时间系统的形式相同。

用状态变量分析法研究系统具有如下优点：

(1) 便于研究系统内部的一些物理量在信号转换过程中的变化。这些物理量可以用状态矢量的一个分量表现出来，从而便于研究其变化规律。

(2) 系统的状态变量分析法与系统的复杂程度无关。复杂系统和简单系统的数学模型形式都相似，表现为一些状态变量的线性组合，因而这种分析法更适用于多输入多输出系统。

(3) 状态变量分析法还适用于非线性和时变系统，因为一阶微分方程或差分方程是研究非线性和时变系统的有效方法。

(4) 状态方程的主要参数鲜明地表征了系统的关键性能，可以用来定性地研究系统的稳定性及如何控制各个参数使系统的性能达到最佳等，因而在控制系统分析和设计中得到了广泛的应用。

(5) 由于状态方程都是一阶联立微分方程组或一阶联立差分方程组，因而便于采用数值解法，为使用计算机分析系统提供了有效的途径。

下面开始研究连续时间系统和离散时间系统状态方程的建立和求解(变换域) 方法。而关于状态方程更深入、更详细的讨论，读者可以阅读现代控制理论等教材。

第二节　连续时间系统状态方程的建立

建立状态方程的方法大致可分为直接法(direct method) 和间接法(indirect method) 两种。直接法是根据给定的电网络直接列写出状态方程和输出方程。间接法是根据系统的数学

模型描述，如输入－输出方程、系统函数或系统的信号流图等，列写状态方程和输出方程。但无论采用哪种方法，建立状态方程的基本步骤都包括：

(1) 确定状态变量的个数，它等于系统的阶数；

(2) 选择状态变量；

(3) 编写联系状态变量的一阶微分方程组和输出变量的代数方程组；

(4) 对步骤(3) 中所编写的方程组进行化简，为求解方便起见，一般写成矢量矩阵的形式。

一、系统状态方程的直接编写

对给定的网络(或电路) 建立状态方程时，首先必须确定电路中包含的储能元件(因为无记忆电路不能应用状态变量分析法)，如电容、电感等。从而上述的 4 个步骤可具体化为：

(1) 确定状态变量的个数：它等于独立的储能元件的个数，即独立电感和电容个数之和；

(2) 选择状态变量：一般选择流过电感的电流 $i_L(t)$ 和电容两端电压 $v_C(t)$ 作为状态变量：

(3) 编写微分方程：依据网络约束条件(即 KVL 和 KCL) 来建立电路方程；

(4) 消去非状态变量：运算化简成状态方程的标准形式，并写成矢量矩阵形式。

由于状态变量是相互独立的，因而选择流过独立电感的电流和独立电容两端的电压作为状态变量。例如，图 7-2-1(a) 是只含电容的回路，显然，根据 KVL，图中任何一个电容电压都能由其余两个电容电压求得，也就是说三个电容中只有两个电容是相互独立的储能元件，因而只能选择两个电容电压作为状态变量。同样对于图 7-2-1(b)，它是只含有电容和理想电压源的回路，因而两个电容电压中只能选择其中之一作为状态变量。类似地，对图 7-2-2(a) 所示的只含自感的节点(割集)，只能选择其中的两个电感电流作为状态变量；而对图 7-2-2(b) 的只含自感和理想电流源的节点(割集)，只能选择两个自感电流的其中之一作为状态变量。总之，系统状态变量的数目与系统独立储能元件的数目是相等的。

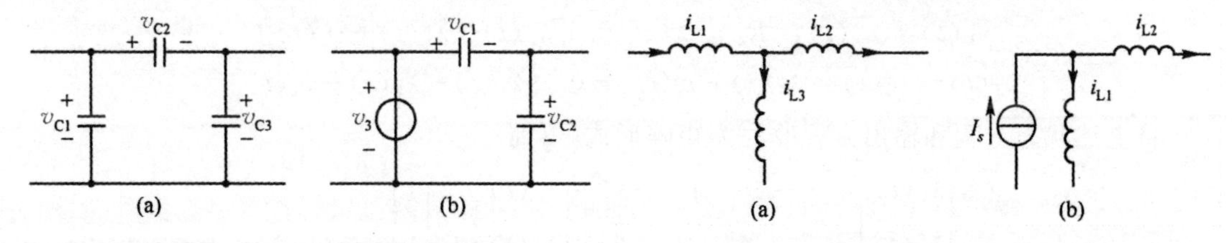

图 7-2-1　非独立的电容储能元件

图 7-2-2　非独立的电感储能元件

【例题 7.1】　如图 7-2-3 所示电路，若以电阻 R_2 上的电压 $v_5(t)$ 和电源电流 $i_1(t)$ 作为输出，编写状态方程和输出方程，其中 $R_1 = R_2 = 1\Omega, L_1 = L_2 = 0.5\text{H}, C = 0.5\text{F}$。

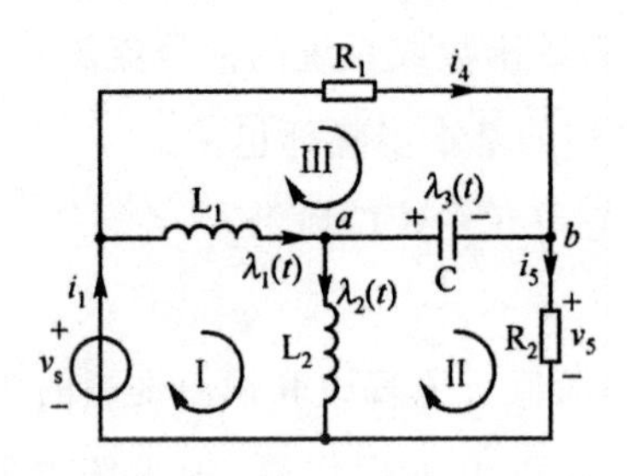

图 7-2-3　例题 7.1 电路

解：选电感中电流 $i_{L1}(t)$ 和 $i_{L2}(t)$，以及电容两端电压 $v_C(t)$ 作为状态变量，即有 $\lambda_1(t)=i_{L1}(t)$，$\lambda_2(t)=i_{L2}(t)$，$\lambda_3(t)=v_C(t)$。

对于图 7-2-3 的节点 a 编写电流方程为

$$C\dot{\lambda}_3(t)=\lambda_1(t)-\lambda_2(t) \tag{7-12}$$

对于电路中回路 Ⅱ 和 Ⅲ，编写电压方程为

$$L_2\dot{\lambda}_2(t)=\lambda_3(t)+R_2 i_5(t) \tag{7-13}$$

$$L_1\dot{\lambda}_1(t)=-\lambda_3(t)+R_1 i_4(t) \tag{7-14}$$

为了消除非状态变量 $i_5(t)$ 和 $i_4(t)$，编写由 $v_s(t)$、R_1 和 R_2 组成的回路电压方程

$$v_s(t)=R_1 i_4(t)+R_2 i_5(t) \tag{7-15}$$

和节点 b 的电流方程

$$i_5(t)=i_4(t)+C\dot{\lambda}_3(t) \tag{7-16}$$

由式(7-12)、式(7-13) 和式(7-14)，以及给定的元件参数得到

$$\begin{cases} i_4(t)=0.5[v_s(t)-\lambda_1(t)+\lambda_2(t)] \\ i_5(t)=0.5[v_s(t)+\lambda_1(t)-\lambda_2(t)] \end{cases}$$

从而，由式(7-12)、式(7-13) 和式(7-14) 得到的状态方程为

$$\begin{cases} \dot{\lambda}_1(t)=-\lambda_1(t)+\lambda_2(t)-2\lambda_3(t)+v_s(t) \\ \dot{\lambda}_2(t)=\lambda_1(t)-\lambda_2(t)+2\lambda_3(t)+v_s(t) \\ \dot{\lambda}_3(t)=2\lambda_1(t)-2\lambda_2(t) \end{cases}$$

电路的输出，即 R_2 上的电压 $v_5(t)$ 和电源电流 $i_1(t)$，可写成

$$y_1(t)=v_5(t)=R_2 i_5(t)=0.5[\lambda_1(t)-\lambda_2(t)+v_s(t)]$$

$$y_2(t)=i_1(t)=\lambda_1(t)+i_4(t)=0.5[\lambda_1(t)+\lambda_2(t)+v_s(t)]$$

将上述状态方程和输出方程改写为矩阵形式，得到

$$\begin{bmatrix} \dot{\lambda}_1(t) \\ \dot{\lambda}_2(t) \\ \dot{\lambda}_3(t) \end{bmatrix}=\begin{bmatrix} -1 & 1 & -2 \\ 1 & -1 & 2 \\ 2 & -2 & 0 \end{bmatrix}\begin{bmatrix} \lambda_1(t) \\ \lambda_2(t) \\ \lambda_3(t) \end{bmatrix}+\begin{bmatrix} 1 \\ 1 \\ 0 \end{bmatrix}\cdot v_s(t)$$

$$\begin{bmatrix} y_1(t) \\ y_2(t) \end{bmatrix}=\frac{1}{2}\begin{bmatrix} 1 & -1 & 0 \\ 1 & 1 & 0 \end{bmatrix}\begin{bmatrix} \lambda_1(t) \\ \lambda_2(t) \\ \lambda_3(t) \end{bmatrix}+\frac{1}{2}\begin{bmatrix} 1 \\ 1 \end{bmatrix}\cdot v_s(t)$$

二、系统状态方程的间接编写

由于连续系统的状态方程是由一阶联立方程组构成的，如果已知系统的信号流图(流图中 s^{-1} 表示积分器)，从而可以选择积分器的输出作为状态变量，这样就可以方便地写出系统的状态方程。因此，连续系统的状态方程间接编写的一般步骤为：

(1) 确定状态变量的个数，它等于系统的阶数。

(2) 根据给定系统的表示方式，如微分方程、冲激响应或系统函数等，模拟出系统的信号流图。

(3) 选择信号流图中积分器的输出作为状态变量。

(4) 根据信号流图的运算规则，编写状态方程和输出方程。

(5) 化简上述方程，并写成矢量矩阵的形式。

由于系统的信号流图具有三种不同的结构，即直接型、级联型和并联型，因而依据不同结构的信号流图所列写的状态方程是不同的。请看下例。

【例题 7.2】　分别给出用直接型、级联型和并联型结构实现下式所示系统的状态方程和输出方程。

$$H(s)=\frac{2s+8}{s^3+6s^2+11s+6} \tag{7-17}$$

解：(1) 直接型。将系统函数写为便于绘制信号流图的标准形式

$$H(s)=\frac{2s^{-2}+8s^{-3}}{1+6s^{-1}+11s^{-2}+6s^{-3}} \tag{7-18}$$

直接型的信号流图如图 7-2-4 所示。

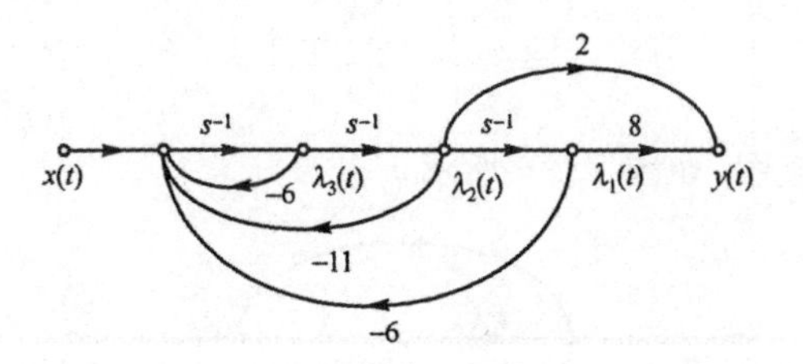

图 7-2-4　例题 7.2 的直接型的信号流图

选择积分器的输出作为状态变量，则建立状态方程如下

$$\dot{\lambda}_1(t)=\dot{\lambda}_2(t),\dot{\lambda}_2(t)=\dot{\lambda}_3(t),\dot{\lambda}_3(t)=-6\lambda_1(t)-11\lambda_2(t)-6\lambda_3(t)+x(t)$$

输出方程为

$$y(t)=8\lambda_1(t)+2\lambda_2(t)$$

写成矢量矩阵形式

$$\begin{bmatrix}\dot{\lambda}_1(t)\\ \dot{\lambda}_2(t)\\ \dot{\lambda}_3(t)\end{bmatrix}=\begin{bmatrix}0 & 1 & 0\\ 0 & 0 & 1\\ -6 & -11 & -6\end{bmatrix}\begin{bmatrix}\lambda_1(t)\\ \lambda_2(t)\\ \lambda_3(t)\end{bmatrix}+\begin{bmatrix}0\\ 0\\ 1\end{bmatrix}x(t) \tag{7-19}$$

$$y(t)=\begin{bmatrix}8 & 2 & 0\end{bmatrix}\begin{bmatrix}\dot{\lambda}_1(t)\\ \dot{\lambda}_2(t)\\ \dot{\lambda}_3(t)\end{bmatrix} \tag{7-20}$$

直接型的信号流图还可以有另一种转置的形式，如图 7-2-5 所示。用类似的方法可以建立状态方程与输出方程

$$\begin{bmatrix}\dot{\lambda}_1(t)\\ \dot{\lambda}_2(t)\\ \dot{\lambda}_3(t)\end{bmatrix}=\begin{bmatrix}0 & 1 & -6\\ 1 & 0 & -11\\ 0 & 1 & -6\end{bmatrix}\begin{bmatrix}\lambda_1(t)\\ \lambda_2(t)\\ \lambda_3(t)\end{bmatrix}+\begin{bmatrix}8\\ 2\\ 0\end{bmatrix}x(t) \tag{7-21}$$

$$y(t)=\begin{bmatrix}0 & 0 & 1\end{bmatrix}\begin{bmatrix}\lambda_1(t)\\ \lambda_2(t)\\ \lambda_3(t)\end{bmatrix} \tag{7-22}$$

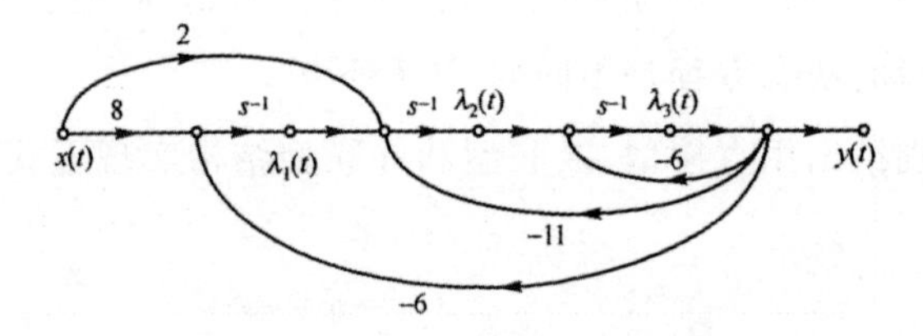

图 7-2-5　图 7-2-4 的信号流图的转置形式

从式(7-17) 和式(7-21) 可以看出，当信号流图互为转置时，其系数矩阵 A 亦互为转置。同时，它们的系数矩阵 B 和 C 互换。

(2) 级联型。将式(7-17) 所示的系统函数 $H(s)$ 分解为

$$H(s)=\frac{1}{s+1}\cdot\frac{s+4}{s+4}\cdot\frac{2}{s+3} \tag{7-23}$$

可以画出级联型的信号流图，如图 7-2-6 所示。

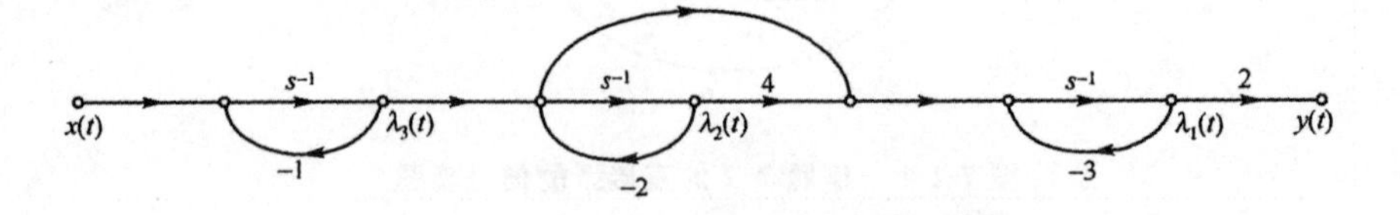

图 7-2-6　例题 7.2 的级联型的信号流图

选择积分器的输出作为状态变量，见图 7-2-6，则状态方程和输出方程为

$$\dot{\lambda}_1(t)=-3\lambda_1(t)+4\lambda_2(t)+[\lambda_3(t)-2\lambda_2(t)]=-3\lambda_1(t)+2\lambda_2(t)+\lambda_3(t)$$

$$\dot{\lambda}_2(t)=-2\lambda_2(t)+\lambda_3(t)$$

$$\dot{\lambda}_3(t)=-\lambda_3(t)+x(t)$$

$$y(t)=2\lambda_1(t)$$

写成矢量矩阵形式

$$\begin{bmatrix}\dot{\lambda}_1(t)\\ \dot{\lambda}_2(t)\\ \dot{\lambda}_3(t)\end{bmatrix}=\begin{bmatrix}-3 & 2 & 1\\ 0 & -2 & 1\\ 0 & 0 & -1\end{bmatrix}\begin{bmatrix}\lambda_1(t)\\ \lambda_2(t)\\ \lambda_3(t)\end{bmatrix}+\begin{bmatrix}0\\ 0\\ 1\end{bmatrix}x(t) \tag{7-24}$$

$$y(t)=[2\ 0\ 0]\begin{bmatrix}\lambda_1(t)\\ \lambda_2(t)\\ \lambda_3(t)\end{bmatrix}$$

可见级联结构形式的系数矩阵 A 是三角阵，其对角线元素就是系统函数的极点。

(3) 并联型。将式(7-17) 所示的系统函数 $H(s)$ 展开为部分分式

$$H(s)=\frac{3}{s+1}+\frac{-4}{s+2}+\frac{1}{s+3} \tag{7-25}$$

其并联型的信号流图如图 7-2-7 所示。

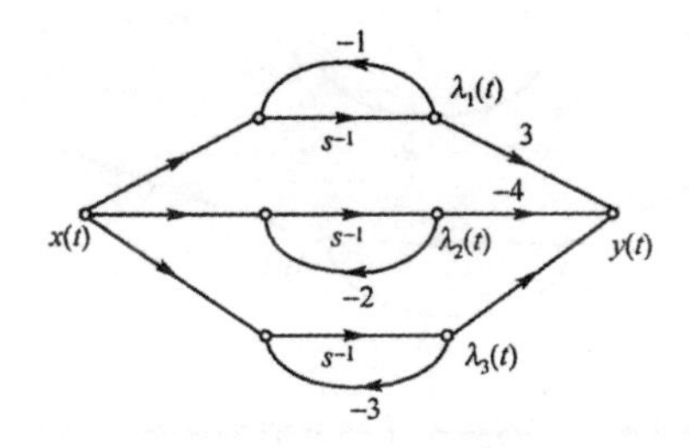

图 7-2-7　例题 7.2 的并联型的信号流图

选择积分器的输出作为状态变量，则状态方程和输出方程为

$$\dot{\lambda}_1(t)=-\lambda_1(t)+x(t)$$

$$\dot{\lambda}_2(t)=-2\lambda_2(t)+x(t)$$

$$\dot{\lambda}_3(t)=-3\lambda_1(t)+x(t)$$

$$y(t)=3\lambda_1(t)-4\lambda_2(t)+\lambda_3(t)$$

写成矢量矩阵形式

$$\begin{bmatrix}\dot{\lambda}_1(t)\\ \dot{\lambda}_2(t)\\ \dot{\lambda}_3(t)\end{bmatrix}=\begin{bmatrix}-1 & 0 & 0\\ 0 & -2 & 1\\ 0 & 0 & -3\end{bmatrix}\begin{bmatrix}\lambda_1(t)\\ \lambda_2(t)\\ \lambda_3(t)\end{bmatrix}+\begin{bmatrix}1\\ 1\\ 1\end{bmatrix}x(t) \tag{7-26}$$

$$y(t)=[3\quad -4\quad 1]\begin{bmatrix}\dot{\lambda}_1(t)\\ \dot{\lambda}_2(t)\\ \dot{\lambda}_3(t)\end{bmatrix} \tag{7-27}$$

可见并联结构的系数矩阵 A 为对角阵，对角线元素也是系统函数的极点，也是系数矩阵 A 的特征根。

根据线性代数理论，容易证明，式(7-19)、式(7-21)、式(7-25) 和式(7-26) 中的系数矩

阵 A 都是相似矩阵。

【例题 7.3】 用并联结构形式列出下面系统函数的状态方程和输出方程

$$H(s)=\frac{s+4}{(s+1)^3(s+2)(s+3)}$$

解:用并联结构形式表示时,应将系统函数展开为部分分式的形式,即

$$H(s)=\frac{3/2}{(s+1)^3}+\frac{-7/4}{(s+1)^3}+\frac{15/8}{s+1}+\frac{-2}{s+2}+\frac{1/8}{s+3}$$

对应于上式的信号流图如图 7-2-8 所示。

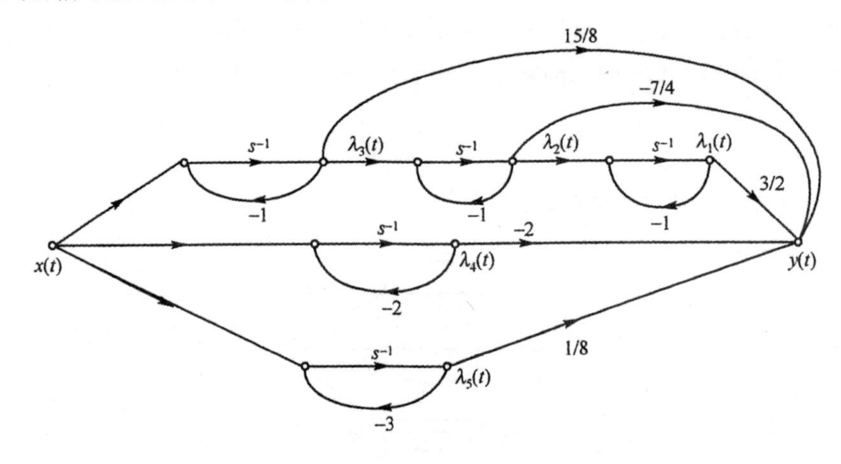

图 7-2-8 例题 7.3 的并联型的信号流图

选积分器的输出作为状态变量,如图 7-2-8 中所标的 $\lambda_i, i=1,2,3,4,5$,则有

$$\dot{\lambda}_1(t)=-\lambda_1(t)+\lambda_2(t)$$

$$\dot{\lambda}_2(t)=-\lambda_2(t)+\lambda_3(t)$$

$$\dot{\lambda}_3(t)=-\lambda_3(t)+x(t)$$

$$\dot{\lambda}_4(t)=-2\lambda_4(t)+x(t)$$

$$\dot{\lambda}_5(t)=-3\lambda_5(t)+x(t)$$

$$y(t)=\frac{3}{2}\lambda_1(t)-\frac{7}{4}\lambda_2(t)+\frac{15}{8}\lambda_3(t)-2\lambda_4(t)+\frac{1}{8}\lambda_5(t)$$

写成矢量矩阵形式

$$\begin{bmatrix}\dot{\lambda}_1(t)\\ \dot{\lambda}_2(t)\\ \dot{\lambda}_3(t)\\ \dot{\lambda}_4(t)\\ \dot{\lambda}_5(t)\end{bmatrix}=\left[\begin{array}{ccc:cc}-1 & 1 & 0 & 0 & 0\\ 0 & -1 & 1 & 0 & 0\\ 0 & 0 & -1 & 0 & 0\\ \hdashline 0 & 0 & 0 & -2 & 0\\ 0 & 0 & 0 & 0 & -3\end{array}\right]\begin{bmatrix}\lambda_1(t)\\ \lambda_2(t)\\ \lambda_3(t)\\ \lambda_4(t)\\ \lambda_5(t)\end{bmatrix}+\begin{bmatrix}0\\0\\0\\0\\0\end{bmatrix}x(t)$$

$$y(t)=\begin{bmatrix}\frac{3}{2} & -\frac{7}{4} & \frac{15}{8} & -2 & \frac{1}{8}\end{bmatrix}\begin{bmatrix}\dot{\lambda}_1(t)\\ \dot{\lambda}_2(t)\\ \dot{\lambda}_3(t)\\ \dot{\lambda}_4(t)\\ \dot{\lambda}_5(t)\end{bmatrix}$$

这表明，当系统函数的特征根具有重根时，系数矩阵 A 为约当矩阵形式(对角阵是约当矩阵的一种特殊情况)。线性代数中已经证明，任何矩阵都和约当矩阵相似。因此，对于同一系统而言，选择不同的状态变量，编写的状态方程的系数矩阵 A 都是相似的，且系数矩阵 A 的特征正好是系统的极点，因而矩阵 A 又称为系统矩阵。

第三节　连续时间系统状态方程的求解

在本章第一节，我们已给出连续时间系统状态方程和输出方程的一般形式为

$$\dot{\lambda}_1(t)=A\lambda(t)+Bx(t) \tag{7-28}$$

$$y(t)=C\lambda(t)+Dx(t) \tag{7-29}$$

式中，$x(t)=[x_1(t),x_2(t),\cdots,x_m(t)]^{\mathrm{T}}$ 为输入矢量；

$y(t)=[y_1(t),y_2(t),\cdots,y_r(t)]^{\mathrm{T}}$ 为输出矢量；

$\lambda(t)=[\lambda_1(t),\lambda_2(t),\cdots,\lambda_k(t)]^{\mathrm{T}}$ 为状态矢量；

A,B,C,D 是系数矩阵，对于线性时不变系统，它们都是常量矩阵。

通常可以利用时域方法或变换域方法求解状态方程，其中时域解法需要用到“矩阵指数”，往往需要借助于计算机求解；而变换域解法则较为简便。本教材只介绍变换域求解方法，即应用拉氏变换求解连续系统的状态方程和输出方程。对时域解法有兴趣的读者，可以参阅相关的参考书。

对式(7-28)和式(7-29)两边进行拉普拉斯变换，得到

$$s\Lambda(s)-\lambda(0^-)=A\Lambda(s)+BX(s) \tag{7-30}$$

$$Y(s)=C\Lambda(s)+DX(s) \tag{7-31}$$

式中，$\Lambda(s)=\mathcal{L}[\lambda(t)]=[\mathcal{L}[\lambda_1(t)],\mathcal{L}[\lambda_2(t)],\cdots,\mathcal{L}[\lambda_k(t)]]^{\mathrm{T}}$ 为状态矢量的拉氏变换；

$X(s)=\mathcal{L}[x(t)]=[\mathcal{L}[x_1(t)],\mathcal{L}[x_2(t)],\cdots,\mathcal{L}[x_m(t)]]^{\mathrm{T}}$ 为输入矢量的拉氏变换；

$Y(s)=\mathcal{L}[y(t)]=[\mathcal{L}[y_1(t)],\mathcal{L}[y_2(t)],\cdots,\mathcal{L}[y_r(t)]]^{\mathrm{T}}$ 为输出矢量的拉氏变换；

$\lambda(s)=[\lambda_1(0^-),\lambda_2(0^-),\cdots,\lambda_k(0^-)]^{\mathrm{T}}$ 为系统的起始状态。

对式(7-30)和式(7-31)整理，得

$$\Lambda(s)=(sI-A)^{-1}\lambda(0^-)+(sI-A)^{-1}BX(s) \tag{7-32}$$

$$Y(s)=C(sI-A)^{-1}\lambda(0^-)+[C(sI-A)^{-1}B+D]X(s) \tag{7-33}$$

式(7-32)和式(7-33)就是系统状态矢量和输出矢量的拉氏变换，对其取拉氏逆变换，得到其时域表达式为

$$\lambda(t)=\mathcal{L}^{-1}[\Lambda(s)]=\mathcal{L}^{-1}[(sI-A)^{-1}\lambda(0^-)]+\mathcal{L}^{-1}[(sI-A)^{-1}B]*\mathcal{L}^{-1}[X(s)] \tag{7-34}$$

$$y(t)=\mathcal{L}^{-1}[Y(s)]=\underbrace{\mathcal{L}^{-1}\{C[(sI-A)^{-1}\lambda(0^-)]\}}_{\text{零输入解}}+\underbrace{\mathcal{L}^{-1}[C(sI-A)^{-1}B+D]*\mathcal{L}^{-1}[X(s)]}_{\text{零状态解}} \tag{7-35}$$

可以看出，计算过程中的关键步骤是求$(sI-A)^{-1}$，为了方便起见，定义矩阵

$$\Phi(s)=(sI-A)^{-1}$$

其逆变换$\varphi(t)$，则$\Phi(s)$称为系统的状态转移函数矩阵(state transition function matrix)。而$\varphi(t)$称为状态转移矩阵(state transition matrix)。记

$$H(s)=C\Phi(s)B+D=C(sI-A)^{-1}B+D \tag{7-36}$$

则式(7-33)中等号右端的第二项可以写成$H(s)X(s)$，与系统零状态响应的拉氏变换表示一致，即

$$Y_{ZS}(s)=H(s)X(s) \tag{7-37}$$

所以，将$H(s)$称为系统函数矩阵(system function matrix)或特征矩阵，它是一个$r\times m$阶矩阵，即

$$H(s)=\begin{bmatrix} H_{11}(s) & H_{12}(s) & \cdots & H_{1m}(s) \\ H_{21}(s) & H_{22}(s) & \cdots & H_{2m}(s) \\ \vdots & \vdots & \ddots & \vdots \\ H_{r1}(s) & H_{r2}(s) & \cdots & H_{rm}(s) \end{bmatrix}$$

矩阵中第i行第j列的元素$H_{ij}(s)$表示，第i个输出分量对于第j个输入(其他输入均为零)分量的系统函数。$H(s)$的拉氏逆变换称为系统的冲激响应矩阵(impulse response matrix)，即

$$h(t)=L^{-1}[H(s)] \tag{7-38}$$

【例题 7.4】 已知线性时不变系统的状态方程和输出方程为

$$\begin{bmatrix} \dot{\lambda}_1(t) \\ \dot{\lambda}_2(t) \end{bmatrix}=\begin{bmatrix} 1 & 2 \\ 0 & -1 \end{bmatrix}\begin{bmatrix} \lambda_1(t) \\ \lambda_2(t) \end{bmatrix}+\begin{bmatrix} 0 & 1 \\ 1 & 0 \end{bmatrix}\begin{bmatrix} x_1(t) \\ x_2(t) \end{bmatrix}$$

$$\begin{bmatrix} y_1(t) \\ y_2(t) \end{bmatrix}=\begin{bmatrix} 1 & 1 \\ 0 & -1 \end{bmatrix}\begin{bmatrix} \lambda_1(t) \\ \lambda_2(t) \end{bmatrix}+\begin{bmatrix} 1 & 0 \\ 1 & 0 \end{bmatrix}\begin{bmatrix} x_1(t) \\ x_2(t) \end{bmatrix}$$

其起始状态矢量和输入信号矢量分别为

$$\begin{bmatrix} \dot{\lambda}_1(0^-) \\ \dot{\lambda}_2(0^-) \end{bmatrix}=\begin{bmatrix} 1 \\ -1 \end{bmatrix},\begin{bmatrix} x_1(t) \\ x_2(t) \end{bmatrix}=\begin{bmatrix} u(t) \\ \delta(t) \end{bmatrix}$$

试求系统的状态变量和输出信号。

解: $\Phi(s) = (sI - A)^{-1}$

$$= \begin{bmatrix} s-1 & -2 \\ 0 & s+1 \end{bmatrix} = \frac{1}{(s-1)(s+1)} \begin{bmatrix} s+1 & 2 \\ 0 & s-1 \end{bmatrix} \begin{bmatrix} \frac{1}{s-1} & \frac{2}{(s+1)(s-1)} \\ 0 & \frac{1}{s+1} \end{bmatrix}$$

系统状态矢量的拉氏变换为

$$\Lambda(\mathrm{s}) = (\mathrm{s}I - A)^{-1}\lambda(0^-) + (sI - A)^{-1}BX(s)$$

$$= \begin{bmatrix} \frac{1}{s-1} & \frac{2}{(s+1)(s-1)} \\ 0 & \frac{1}{s+1} \end{bmatrix} \begin{bmatrix} 1 \\ -1 \end{bmatrix} + \begin{bmatrix} \frac{1}{s-1} & \frac{2}{(s+1)(s-1)} \\ 0 & \frac{1}{s+1} \end{bmatrix} \begin{bmatrix} 0 & 1 \\ 1 & 0 \end{bmatrix} \begin{bmatrix} \frac{1}{s} \\ 1 \end{bmatrix}$$

$$= \begin{bmatrix} \frac{1}{s+1} \\ -\frac{1}{s+1} \end{bmatrix} + \begin{bmatrix} \frac{-2}{s} + \frac{1}{s+1} + \frac{2}{s-1} \\ \frac{1}{s} - \frac{1}{s+1} \end{bmatrix} = \begin{bmatrix} \frac{-2}{s} + \frac{2}{s+1} + \frac{2}{s-1} \\ \frac{1}{s} - \frac{2}{s+1} \end{bmatrix}$$

所以系统的状态矢量　$\begin{bmatrix} \dot{\lambda}_1(t) \\ \dot{\lambda}_2(t) \end{bmatrix} = \begin{bmatrix} 2\mathrm{e}^{-t} + 2\mathrm{e}^{t} - 2 \\ 1 - 2\mathrm{e}^{-t} \end{bmatrix} u(t)$

系统输出的拉氏变换为

$$Y(s) = C(sI - A)^{-1}\lambda(0^-) + [C(sI - A)^{-1}B + D]X(s)$$

$$= \begin{bmatrix} 1 & 1 \\ 0 & -1 \end{bmatrix} \begin{bmatrix} \frac{1}{s-1} & \frac{2}{(s+1)(s-1)} \\ 0 & \frac{1}{s+1} \end{bmatrix} \begin{bmatrix} 1 \\ -1 \end{bmatrix} +$$

$$\left(\begin{bmatrix} 1 & 1 \\ 0 & -1 \end{bmatrix} \begin{bmatrix} \frac{1}{s-1} & \frac{2}{(s+1)(s-1)} \\ 0 & \frac{1}{s+1} \end{bmatrix} \begin{bmatrix} 0 & 1 \\ 1 & 0 \end{bmatrix} + \begin{bmatrix} 1 & 0 \\ 1 & 0 \end{bmatrix} \right) \begin{bmatrix} \frac{1}{s} \\ 1 \end{bmatrix}$$

$$= \begin{bmatrix} 0 \\ \frac{1}{s-1} \end{bmatrix} + \begin{bmatrix} \frac{2}{s-1} \\ \frac{1}{s+1} \end{bmatrix}$$

其中,第一部分是系统的零输入解,第二部分是系统的零状态解。从而其输出信号为

$$\begin{bmatrix} y_1(t) \\ y_2(t) \end{bmatrix} = \begin{bmatrix} 2\mathrm{e}^{-t} \\ 2\mathrm{e}^{-t} \end{bmatrix} u(t)$$

【例题 7.5】　利用状态变量法求如图 7-3-1(a) 所示系统的系统函数矩阵。

解: 将系统框图修改为信号流图并选择状态变量,如图 7-3-1(b) 所示。可以编写状态方

程和输出方程

$$\dot{\lambda}_1(t)=2\lambda_2(t)+\dot{\lambda}_2(t)$$

$$\dot{\lambda}_2(t)=-\lambda_1(t)+\lambda_2(t)+x(t)$$

$$y(t)=\dot{\lambda}_2(t)+2\lambda_2(t)$$

整理后得到

$$\dot{\lambda}_1(t)=-\lambda_1(t)+3\lambda_2(t)+x(t)$$

$$\dot{\lambda}_2(t)=-\lambda_1(t)+\lambda_2(t)+x(t)$$

$$y(t)=-\lambda_1(t)+3\lambda_2(t)+x(t)$$

从而

$$A=\begin{bmatrix}-1 & 3\\ -1 & -1\end{bmatrix},\ B=\begin{bmatrix}1\\ 1\end{bmatrix},C=\begin{bmatrix}-1 & 3\end{bmatrix},D=\begin{bmatrix}1\end{bmatrix}$$

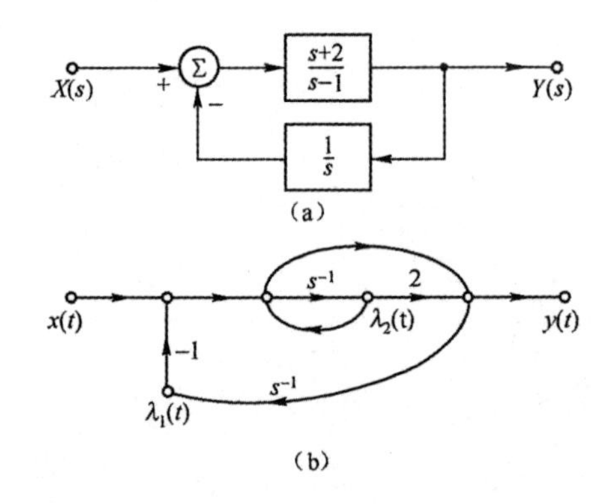

图 7-3-1　例题 7.5 的系统框图及信号流图

因此

$$\Phi(s)=(sI-A)^{-1}=\begin{bmatrix}s+1 & -3\\ 0 & s-1\end{bmatrix}^{-1}=\frac{1}{s^2+1}\begin{bmatrix}s-1 & 3\\ -1 & s+1\end{bmatrix}$$

故系统函数矩阵为

$$H(s)=C\Phi(s)B+D$$

$$=\begin{bmatrix}-1 & 3\end{bmatrix}\frac{1}{s^2+1}\begin{bmatrix}s-1 & 3\\ -1 & s+1\end{bmatrix}+1=\frac{s(s+2)}{s^2+2}$$

【例题 7.6】 如图 7-3-2 所示电路中(设起始状态为零),已知 $x(t)=u(t)$,$R_1=1\Omega$,$R_2=1\Omega$,$C=1\text{F}$,$L=1\text{H}$。(1) 列出系统的状态方程和输出方程;(2) 求 $i_L(t)$ 与 $v_C(t)$;(3) 求 $y(t)=i_C(t)$。

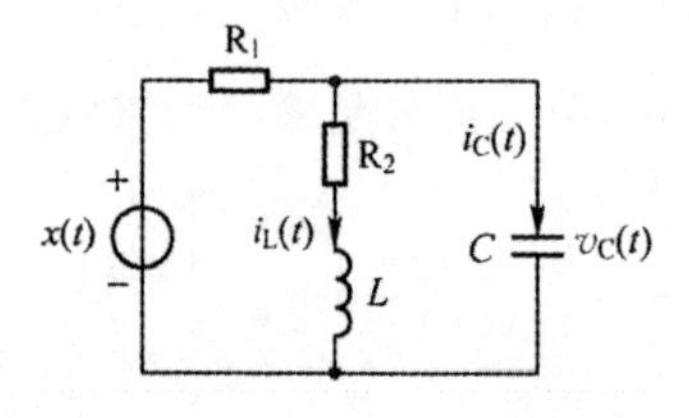

图7-3-2　例题 7.6 的系统电路

解：(1) 设$\lambda_1(t)=v_C(t)$，$\lambda_1(t)=i_L(t)$，根据电路列出微分方程组。

$$\begin{cases} L\dfrac{\mathrm{d}\lambda_2(t)}{\mathrm{d}t}+R_2\lambda_2(t)=\lambda_1(t) \\ \lambda_2(t)+C\dfrac{\mathrm{d}\lambda_1(t)}{\mathrm{d}t}=\dfrac{x(t)-\lambda_1(t)}{R_1} \end{cases}$$

代入元件参数，写成矩阵形式。

$$\begin{cases} \dfrac{\mathrm{d}\lambda_1(t)}{\mathrm{d}t}=-\lambda_1(t)-\lambda_2(t)+x(t) \\ \dfrac{\mathrm{d}\lambda_2(t)}{\mathrm{d}t}=\lambda_1(t)-\lambda_2(t) \end{cases} \quad \begin{bmatrix} \dfrac{\mathrm{d}\lambda_1(t)}{\mathrm{d}t} \\ \dfrac{\mathrm{d}\lambda_2(t)}{\mathrm{d}t} \end{bmatrix}=\begin{bmatrix} -1 & 1 \\ -1 & -1 \end{bmatrix}\begin{bmatrix} \lambda_1(t) \\ \lambda_2(t) \end{bmatrix}+\begin{bmatrix} 1 \\ 0 \end{bmatrix}x(t)$$

$$y(t)=C\frac{\mathrm{d}\lambda_1(t)}{\mathrm{d}t}=-\lambda_1(t)-\lambda_2(t)+x(t) \quad y(t)=[-1 \quad -1]\begin{bmatrix} \lambda_1(t) \\ \lambda_2(t) \end{bmatrix}+x(t)$$

得到系数矩阵 A,B,C,D 的参数。

$$A=\begin{bmatrix} -1 & -1 \\ 1 & -1 \end{bmatrix},B=\begin{bmatrix} 1 \\ 0 \end{bmatrix},C=[-1 \quad -1],D=1$$

(2) 求$i_L(t)$与$v_C(t)$，即求$\lambda_1(t)$和$\lambda_2(t)$。

$$(sI-A)^{-1}=\begin{bmatrix} s+1 & 1 \\ -1 & s+1 \end{bmatrix}^{-1}=\frac{1}{(S+1)^2+1}\begin{bmatrix} s+1 & -1 \\ 1 & s+1 \end{bmatrix}$$

$$\Lambda(s)=(sI-A)^{-1}\lambda(0^-)+(sI-A)^{-1}BX(s)$$

已知：$\lambda(0^-)=0$，$X(s)=1/s$，得到状态矢量的拉氏变换：

$$\Lambda(s)=(sI-A)^{-1}BX(s)$$

$$=\frac{1}{(S+1)^2+1}\begin{bmatrix} s+1 & -1 \\ 1 & s+1 \end{bmatrix}\begin{bmatrix} 1 \\ 0 \end{bmatrix}\frac{1}{s}$$

$$=\begin{bmatrix} \dfrac{s+1}{s[(S+1)^2+1]} \\ \dfrac{1}{s[(S+1)^2+1]} \end{bmatrix}=\begin{bmatrix} \dfrac{1/2}{s}+\dfrac{-1/2(s+1)+1/2}{(S+1)^2+1} \\ \dfrac{1/2}{s}+\dfrac{-1/2(s+1)-1/2}{(S+1)^2+1} \end{bmatrix}$$

$$\begin{bmatrix} v_C(t) \\ i_L(t) \end{bmatrix}=\begin{bmatrix} \lambda_1(t) \\ \lambda_2(t) \end{bmatrix}=\mathcal{L}^{-1}[\Lambda(s)]=\begin{bmatrix} \dfrac{1}{2}(1+\mathrm{e}^{-t}\sin t-\mathrm{e}^{-t}\cos t)u(t) \\ \dfrac{1}{2}(1-\mathrm{e}^{-t}\sin t-\mathrm{e}^{-t}\cos t)u(t) \end{bmatrix}$$

(3) 求输出 $y(t)=i_C(t)$。

$$H(s)=C(sI-A)^{-1}B+D=\frac{[-1 \quad -1]}{(S+1)^2+1}\begin{bmatrix} s+1 & -1 \\ 1 & s+1 \end{bmatrix}\begin{bmatrix} 1 \\ 0 \end{bmatrix}+1=\frac{s(s+1)}{(S+1)^2+1}$$

$$Y(s)=H(s)X(s)=\frac{s(s+1)}{(S+1)^2+1},y(t)=i_C(t)=\mathrm{e}^{-t}\cos t\cdot u(t)$$

第四节　离散时间系统状态方程的建立

观察离散时间系统状态方程，即式(7-21)可以看出，对于LTI离散系统，其$(n+1)$时刻的状态变量$\lambda[n+1]$是n时刻的状态变量$\lambda[n]$和输入信号$x[n]$的线性组合。在离散时间系统中，惯性元件是延时单元，因而通常取延时单元的输出作为状态变量。离散时间系统状态方程的编写一般按照以下步骤进行：

(1) 确定状态变量的个数，它等于系统的阶数；

(2) 根据给定系统的不同表示方式：如系统框图，差分方程、单位样值响应或系统函数等，模拟出系统的信号流图；

(3) 选择信号流图中延时器的输出作为状态变量；

(4) 根据信号流图的运算规则，编写状态方程和输出方程；

(5) 化简上述方程，并写成矢量矩阵的形式。

一、根据给定系统的差分方程确定状态方程

对于离散时间系统，可用下列k阶差分方程来描述

$$y[n]+a_1y[n-1]+a_2y[n-2]+\cdots+a_{k-1}y[n-(k-1)]=a_ky[n-k]$$
$$=b_0x[n]+b_1x[n-1]+b_2x[n-2]+\cdots+b_{k-1}x[n-(k-1)]+b_kx[n-k] \tag{7-39}$$

其系统函数可以写为

$$H(z)=\frac{b_0+b_1z^{-1}+b_2z^{-2}+\cdots+b_{k-1}z^{-(k-1)}+b_kz^{-k}}{1+a_1z^{-1}+a_2z^{-2}+\cdots+a_{k-1}z^{-(k-1)}+a_kz^{-k}} \tag{7-40}$$

根据上式可以画出系统的信号流图，z^{-1}表示延时单元，选择延时单元的输出作为状态变量，如图7-4-1中所标注的λ_i，$i=1,2,3,\cdots,k$，则有

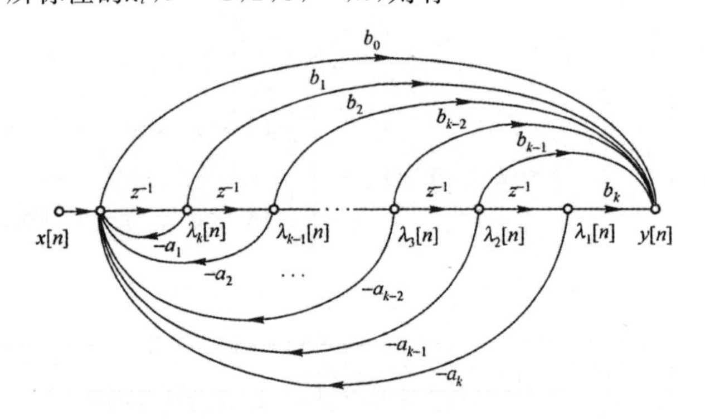

图 7-4-1　式(7-38)的信号流图

$$\lambda_1[n+1]=\lambda_2[n]$$
$$\lambda_2[n+1]=\lambda_3[n]$$
$$\vdots$$
$$\lambda_{k-1}[n+1]=\lambda_k[n]$$
$$\lambda_k[n+1]=x[n]-a_k\lambda_1[n]-a_{k-1}\lambda_2[n]-\cdots-a_2\lambda_{k-1}[n]-a_1\lambda_k[n]$$
$$\begin{aligned}y[n]&=b_0\lambda_k[n+1]+b_1\lambda_k[n]+b_2\lambda_{k-1}[n]+\cdots+b_{k-1}\lambda_2[n]+b_k\lambda_1[n]\\&=(b_k-a_kb_0)\lambda_1[n]+(b_{k-1}-a_{k-1}b_0)\lambda_1[n]+(b_{k-1}-a_{k-1}b_0)\lambda_2[n]+\cdots+\\&\quad(b_2-a_2b_0)\lambda_{k-1}[n]+(b_1-a_1b_0)\lambda_{k-1}[n]+(b_1-a_1b_0)\lambda_k[n]+b_0x[n]\end{aligned}$$

写成矢量矩阵形式

$$\begin{bmatrix}\lambda_1[n+1]\\\lambda_2[n+1]\\\vdots\\\lambda_{k-1}[n+1]\\\lambda_k[n+1]\end{bmatrix}=\begin{bmatrix}0&1&0&\cdots&0\\0&0&1&\cdots&0\\\vdots&\vdots&\vdots&\cdots&\vdots\\0&0&0&&1\\-a_k&-a_{k-1}&-a_{k-2}&\cdots&-a_1\end{bmatrix}\begin{bmatrix}\lambda_1[n]\\\lambda_2[n]\\\vdots\\\lambda_{k-1}[n]\\\lambda_k[n]\end{bmatrix}+\begin{bmatrix}0\\0\\\vdots\\0\\1\end{bmatrix}x[n]\quad(7\text{-}41)$$

$$y[n]=\begin{bmatrix}b_k-a_kb_0 & b_{k-1}-a_{k-1}b_0\cdots b_2-a_2b_0 & b_1-a_1b_0\end{bmatrix}\begin{bmatrix}\lambda_1[n]\\\lambda_2[n]\\\vdots\\\lambda_{k-1}[n]\\\lambda_k[n]\end{bmatrix}+b_0x[n]$$

(7-42)

由此可见，根据离散时间系统的差分方程或系统函数画出信号流图，建立状态方程的步骤，与连续时间系统是类似的，只不过是用延时单元来代替连续系统中的积分器。离散时间系统也可以根据级联和并联形式的流图及相应的转置流图，建立状态方程，这与连续时间系统一样，此处不再赘述。

二、根据给定系统的框图或流图建立状态方程

给定离散时间系统的方框图或流图，可以很容易地建立系统的状态方程，只要选取延时单元的输出作为状态变量就可以实现。下面以一个两输入和两输出的系统为例做说明。

【例题 7.7】　离散系统如图 7-4-2 所示，试编写其状态方程和输出方程。

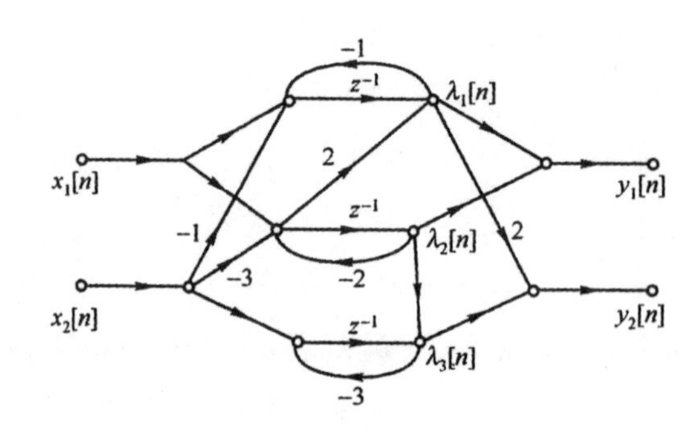

图 7-4-2　例题 7.7 的信号流图

解：选择状态变量$\lambda_1[n]$、$\lambda_2[n]$和$\lambda_3[n]$，如图 7-4-2 所示，从而状态方程和输出方程为

$$\lambda_1[n+1]=-(\lambda_1[n]+2\lambda_2[n])+x_1[n]-x_2[n]$$

$$\lambda_2[n+1]=-2\lambda_1[n]+x_1[n]-3x_2[n]$$

$$\lambda_3[n+1]=-3(\lambda_2[n]+\lambda_3[n])+x_2[n]$$

$$y_1[n]=(\lambda_1[n]+2\lambda_2[n])+\lambda_2[n]$$

$$y_2[n]=2(\lambda_1[n]+2\lambda_2[n+1])+(\lambda_2[n]+\lambda_3[n])$$

经整理，得到

$$\lambda_1[n+1]=-\lambda_1[n]+4\lambda_2[n]-x_1[n]+5x_2[n]$$

$$\lambda_2[n+1]=-2\lambda_1[n]+x_1[n]-3x_2[n]$$

$$\lambda_3[n+1]=-3(\lambda_2[n]+\lambda_3[n])+x_2[n]$$

$$y_1[n]=\lambda_1[n]-3\lambda_2[n]+2x_1[n]-6x_2[n]$$

$$y_2[n]=2\lambda_1[n]-7\lambda_2[n]+\lambda_2[n]+4x_1[n]-12x_2[n]$$

写成矩形形式　$\begin{bmatrix}\lambda_1(n+1)\\\lambda_2(n+1)\\\lambda_3(n+1)\end{bmatrix}=\begin{bmatrix}-1&4&0\\0&-2&0\\0&-3&-3\end{bmatrix}\begin{bmatrix}\lambda_1[n]\\\lambda_2[n]\\\lambda_3[n]\end{bmatrix}+\begin{bmatrix}-1&5\\1&-3\\0&1\end{bmatrix}\begin{bmatrix}x_1[n]\\x_2[n]\end{bmatrix}$

$$\begin{bmatrix}y_1[n]\\y_2[n]\end{bmatrix}=\begin{bmatrix}1&-3&0\\2&-7&1\end{bmatrix}\begin{bmatrix}\lambda_1[n]\\\lambda_2[n]\\\lambda_3[n]\end{bmatrix}+\begin{bmatrix}2&-6\\4&-12\end{bmatrix}\begin{bmatrix}x_1[n]\\x_2[n]\end{bmatrix}$$

需要注意的是，在本例中所选的两个状态变量$\lambda_1[n]$和$\lambda_3[n]$不单是延时单元的输出，同时还有其他信号输入，因此需要将来自延时单元的输入和其他的输入分开。

第五节　离散时间系统状态方程的求解

和连续时间系统状态方程的求解方法类似，离散时间系统状态方程的求解也有时域和

变换域两种解法。这里也只讲述 z 变换求解方法。假设离散系统的状态方程与输出方程为

$$\lambda[n+1]=A\lambda[n]+Bx[n] \tag{7-43}$$

$$y[n]=C\lambda[n]+Dx[n] \tag{7-44}$$

式中，$\lambda[n]=[\lambda_1[n],\lambda_2[n],\cdots \lambda_k[n]]^{\mathrm{T}}$ 为状态矢量；

$x[n]=[x_1[n],x_2[n],\cdots x_m[n]]^{\mathrm{T}}$ 为输入矢量；

$y[n]=[y_1[n],y_2[n],\cdots y_r[n]]^{\mathrm{T}}$ 为输出矢量。

它们都是离散时间序列。矩阵 A,B,C,D 是系数矩阵，对于 LTI 系统，它们都是常数矩阵。

对式(7-43) 和式(7-44) 两边取 z 变换，得到

$$z\Lambda(z)-\lambda[0]=A\Lambda(z)+BX(z) \tag{7-45}$$

$$Y(z)=C\Lambda(z)+DX(z) \tag{7-46}$$

式中，$\Lambda(z)=\mathcal{Z}[\lambda[n]]=[\mathcal{Z}[\lambda_1[n]],\mathcal{Z}[\lambda_2[n]],\cdots\mathcal{Z}[\lambda_k[n]]]^{\mathrm{T}}$ 为状态矢量的 z 变换；

$X(z)=\mathcal{Z}[x[n]]=[\mathcal{Z}[x_1[n]],\mathcal{Z}[x_2[n]],\cdots\mathcal{Z}[x_m[n]]]^{\mathrm{T}}$ 为输入矢量的 z 变换；

$Y(z)=\mathcal{Z}[y[n]]=[\mathcal{Z}[y_1[n]],\mathcal{Z}[y_2[n]],\cdots\mathcal{Z}[y_r[n]]]^{\mathrm{T}}$ 为输出矢量的 z 变换；

$\lambda[0]=[\lambda_1[0],\lambda_2[0],\cdots \lambda_k[0]]^{\mathrm{T}}$ 为系统的初始状态。

对式(7-45) 和式(7-46) 整理后，得到离散系统的状态矢量与输出矢量的 z 变换为

$$\Lambda(z)=(zI-A)^{-1}z\lambda[0]+(zI-A)^{-1}BX(z) \tag{7-47}$$

$$Y(z)=C(zI-A)^{-1}z\lambda[0]+[C(zI-A)^{-1}B+D]X(z) \tag{7-48}$$

容易看出，式(7-48) 中等号右边的第一项是系统零输入响应的 z 变换矩阵，第二项是系统零状态响应的 z 变换矩阵。若记

$$H(z)=C(zI-A)^{-1}B+D \tag{7-49}$$

则 $H(z)$ 为系统的系统函数矩阵，从而式(7-48) 中的第二项，即零状态响应的 z 变换可以写为

$$Y_{zs}(z)=H(z)X(z) \tag{7-50}$$

与连续时间系统类似，$H(z)$ 也是一个 $r\times m$ 阶矩阵，其第 i 行第 j 列元素 $H_{ij}(z)$ 是第 i 个输出分量对于第 j 个输入分量的系统函数。其逆 z 变换是系统的单位样值响应矩阵 $h[n]$，即

$$h[n]=\mathcal{Z}^{-1}[H(z)] \tag{7-51}$$

对式(7-47) 和式(7-48) 取 z 逆变换，从而得到其时域表示为

$$\lambda[n]=\mathcal{Z}^{-1}[\Lambda(z)]=\mathcal{Z}^{-1}[(zI-A)^{-1}z\lambda[0]]+\mathcal{Z}^{-1}[(zI-A)^{-1}B]*\mathcal{Z}^{-1}[X(z)] \tag{7-52}$$

$$y[n]=\mathcal{Z}^{-1}[Y(z)]=\underbrace{\mathcal{Z}^{-1}[C(zI-A)^{-1}z]\lambda[0]}_{\text{零输入解}}+\underbrace{\mathcal{Z}^{-1}[C(zI-A)^{-1}B+D]*\mathcal{Z}^{-1}[X(z)]}_{\text{零状态解}} \tag{7-53}$$

【例题 7.8】 已知离散系统的状态方程和输出方程为

$$\begin{bmatrix}\lambda_1[n+1]\\ \lambda_2[n+1]\end{bmatrix}=\begin{bmatrix}0 & 1\\ -6 & 5\end{bmatrix}\begin{bmatrix}\lambda_1[n]\\ \lambda_2[n]\end{bmatrix}+\begin{bmatrix}0\\ 1\end{bmatrix}x(n)$$

$$\begin{bmatrix}y_1[n]\\ y_2[n]\end{bmatrix}=\begin{bmatrix}1 & 1\\ 2 & -1\end{bmatrix}\begin{bmatrix}\lambda_1[n]\\ \lambda_2[n]\end{bmatrix}$$

其起始状态矢量为 $\begin{bmatrix}\lambda_1[0]\\ \lambda_2[0]\end{bmatrix}=\begin{bmatrix}1\\ 2\end{bmatrix}$，输入信号为 $x(n)=u(n)$。求系统的状态变量、输出信号和单位样值响应矩阵。

解： $(zI-A)^{-1}=\begin{bmatrix}z & -1\\ 6 & z-5\end{bmatrix}^{-1}=\dfrac{1}{(z-2)(z-3)}\begin{bmatrix}z-5 & 1\\ -6 & z\end{bmatrix}$

故系统函数矩阵为 $H(z)=C(zI-A)^{-1}B+D$

$$=\begin{bmatrix}1 & 1\\ 2 & -1\end{bmatrix}\frac{1}{(z-2)(z-3)}\begin{bmatrix}z-5 & 1\\ -6 & z\end{bmatrix}\begin{bmatrix}0\\ 1\end{bmatrix}=\begin{bmatrix}\dfrac{-3}{z-2}+\dfrac{4}{z-3}\\ \dfrac{-1}{z-3}\end{bmatrix}$$

单位样值响应矩阵为 $h[n]=\begin{bmatrix}h_1[n]\\ h_2[n]\end{bmatrix}=\mathcal{Z}^{-1}[H(z)]=\begin{bmatrix}4\cdot 3^{n-1}-3\cdot 2^{n-1}\\ -3^{n-1}\end{bmatrix}u[n-1]$

系统状态矢量的 z 变换为

$$\Lambda(z)=(zI-A)^{-1}z\lambda[0]+(zI-A)^{-1}BX(z)$$

$$=\frac{1}{(z-2)(z-3)}\begin{bmatrix}z-5 & 1\\ -6 & z\end{bmatrix}z\begin{bmatrix}1\\ 2\end{bmatrix}+\frac{1}{(z-2)(z-3)}\begin{bmatrix}z-5 & 1\\ -6 & z\end{bmatrix}\begin{bmatrix}0\\ 1\end{bmatrix}\frac{z}{z-1}$$

$$=\frac{z}{z-2}\begin{bmatrix}1\\ 2\end{bmatrix}+\left(\frac{1/2z}{z-1}-\frac{z}{z-2}+\frac{1/2z}{z-3}\right)\begin{bmatrix}1\\ z\end{bmatrix}=\begin{bmatrix}\dfrac{1/2z}{z-1}+\dfrac{1/2z}{z-3}\\ \dfrac{2z}{z-2}+\dfrac{1/2\,z^2}{z-1}-\dfrac{z^2}{z-2}+\dfrac{1/2\,z^2}{z-3}\end{bmatrix}$$

系统的状态矢量为

$$\lambda[n]=\mathcal{Z}^{-1}\left[\begin{bmatrix}\dfrac{1/2z}{z-1}+\dfrac{1/2z}{z-3}\\ \dfrac{2z}{z-2}+\dfrac{1/2\,z^2}{z-1}-\dfrac{z^2}{z-2}+\dfrac{1/2\,z^2}{z-3}\end{bmatrix}\right]=\begin{bmatrix}\dfrac{1}{2}+\dfrac{1}{2}\cdot 3^n\\ \dfrac{1}{2}+\dfrac{1}{2}\cdot 3^{n+1}\end{bmatrix}u[n]$$

系统的输出矢量为 $Y(z)=\begin{bmatrix}1 & 1\\ 2 & -1\end{bmatrix}\dfrac{1}{(z-2)(z-3)}\begin{bmatrix}z-5 & 1\\ -6 & z\end{bmatrix}z\begin{bmatrix}1\\ 2\end{bmatrix}+$

$$\begin{bmatrix}1 & 1\\ 2 & -1\end{bmatrix}\frac{1}{(z-2)(z-3)}\begin{bmatrix}z-5 & 1\\ -6 & z\end{bmatrix}\begin{bmatrix}0\\ 1\end{bmatrix}\frac{z}{z-1}$$

$$=\begin{bmatrix}\frac{3z}{z-2}\\2\end{bmatrix}+\begin{bmatrix}\frac{z}{z-1}-\frac{-3z}{z-2}+\frac{2z}{z-3}\\\frac{1/2z}{z-1}-\frac{1/2z}{z-3}\end{bmatrix}=\begin{bmatrix}\frac{z}{z-1}-\frac{2z}{z-3}\\\frac{1/2z}{z-1}-\frac{1/2z}{z-3}\end{bmatrix}$$

系统的全响应为 $y[n]=\mathcal{Z}^{-1}\left[\begin{bmatrix}\frac{z}{z-1}-\frac{2z}{z-3}\\\frac{1/2z}{z-1}-\frac{1/2z}{z-3}\end{bmatrix}\right]=\begin{bmatrix}1+2\cdot 3^n\\\frac{1}{2}-\frac{1}{2}\cdot 3^n\end{bmatrix}u[n]$

【例题 7.9】 图 7-5-1 所示的离散时间系统，具有两个输入，一个输出，求系统对 $x_1[n]=\delta[n]$，$x_2[n]=u[n]$的响应。设该系统起始是静止的。

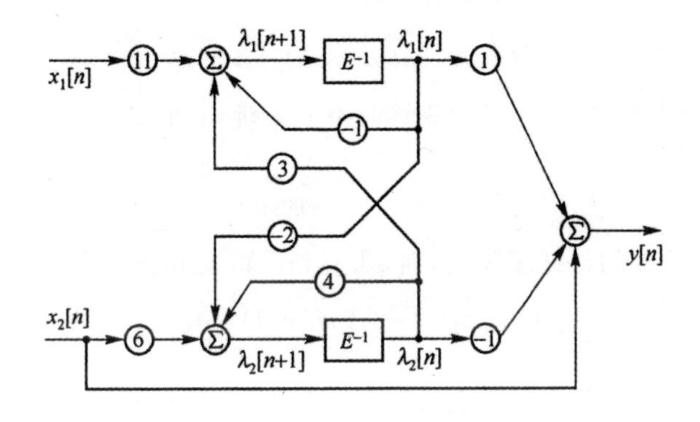

图 7-5-1　例题 7.9 的系统框图

解：(1) 编写系统的状态方程和输出方程。取延时单元的输出作为状态变量，如图 7-5-1 中所标注的$\lambda_1[n]$和$\lambda_2[n]$，则有：

$$\begin{cases}\lambda_1[n+1]=-\lambda_1[n]+3\lambda_2[n]+11x_1[n]\\\lambda_2[n+1]=-2\lambda_1[n]+4\lambda_2[n]+6x_2[n]\\y[n]=\lambda_1[n]-\lambda_2[n]+x_2[n]\end{cases}$$

可知系数矩阵 $A=\begin{bmatrix}-1&3\\-2&4\end{bmatrix}$，$B=\begin{bmatrix}11&0\\0&6\end{bmatrix}$，$C=[1\quad -1]$，$D=[0\quad 1]$

(2) 计算：

$$(zI-A)^{-1}=\begin{bmatrix}z+1&-3\\2&z-4\end{bmatrix}^{-1}=\frac{1}{(z-1)(z-4)}\begin{bmatrix}z-4&3\\-2&z+1\end{bmatrix}$$

和 $X(z)=\mathcal{Z}[x_1[n]\quad x_2[n]]^{\mathrm{T}}=\begin{bmatrix}1&\frac{z}{z-1}\end{bmatrix}^{\mathrm{T}}$，$\lambda[0]=[0\quad 0]^{\mathrm{T}}$

(3) 计算系统的输出。由式(7-48) 可知，系统输出的 z 变换为：

$Y(z)=[C(zI-A)^{-1}B+D]X(z)$

$$=\left\{[1\quad -1]\frac{1}{(z-2)(z-3)}\begin{bmatrix}z-4&3\\-2&z+1\end{bmatrix}\begin{bmatrix}11&0\\0&6\end{bmatrix}+[0\quad 1]\right\}\begin{bmatrix}1\\\frac{z}{z-1}\end{bmatrix}$$

取其逆变换得到 $y[n]=11u[n-1]-6nu[n]+u[n]=\delta[n]+(12-6n)u[n-1]$

第六节　由状态方程判断系统的稳定性

系统函数的极点决定了系统的自由运动情况，因此可以根据系统极点的位置来判断系统的稳定情况。当然，用系统函数矩阵 $H(s)$ 或 $H(z)$ 的极点也可以判断系统是否稳定。

一、连续时间系统的稳定性判别

用状态变量法分析系统时，系统函数矩阵

$$H(s)=C(sI-A)^{-1}B+D \tag{7-54}$$

式中，A，B，C 和 D 均为系数矩阵。对于线性时不变系统，它们是常数矩阵。由于

$$(sI-A)^{-1}=\frac{\mathrm{adj}(sI-A)}{\det(sI-A)} \tag{7-55}$$

式中，$\det(sI-A)$ 是系统的特征多项式，而 $\mathrm{adj}\,(sI-A)$ 是矩阵$(sI-A)$的伴随矩阵，所以有

$$H(s)=\frac{C\cdot\mathrm{adj}(sI-A)B+D\cdot\det(sI-A)}{\det\,(sI-A)} \tag{7-56}$$

从而可知，系统的极点，亦即 $H(s)$的极点仅由系统特征多项式 $\det(sI-A)$ 决定，或者说系统的极点就是系数矩阵 A 的特征根，亦即

$$\det(sI-A)=0 \tag{7-57}$$

的根。故系统是否稳定只与系数矩阵 A 有关，与其他三个系数矩阵无关。对于因果系统，若系数矩阵的 n 个特征根$a_i(i=1,2,\cdots,n)$ 全部位于左半 s 平面，即 $\mathrm{Re}\,(a_i)<0$，则系统稳定。

【例题 7.10】 某系统的状态方程为

$$\begin{bmatrix}\dot{\lambda}_1[t]\\ \dot{\lambda}_2[t]\end{bmatrix}=\begin{bmatrix}-2 & 1\\ K & -1\end{bmatrix}\begin{bmatrix}\lambda_1[t]\\ \lambda_2[t]\end{bmatrix}+\begin{bmatrix}1\\ 0\end{bmatrix}x(t)$$

试求其中 K 在什么范围内系统稳定。

解：系统的特征多项式为 $\det(sI-A)=\begin{vmatrix}s+2 & -1\\ -K & s+1\end{vmatrix}=s^2+3s+2-K$

若使系统特征根均在左半 s 平面，则应满足 $2-K>0$，即当 $K<2$ 时，系统稳定。

对于高阶系统，判断方程 $\det(sI-A)=0$ 的根是否在左半 s 平面可以用劳斯准则(Routh criterion) 来判断。

二、离散时间系统的稳定性判别

对于因果系统，如果它的系统函数 $H(z)$ 的极点都在单位圆内，则系统稳定。与连续时间

系统类似，用状态变量法分析系统时，系统稳定性也决定于系统函数矩阵 $H(z)$ 的极点位置。系统函数矩阵 $H(z)$ 的极点是系统特征方程

$$\det(zI - A) = 0 \tag{7-58}$$

的根，或者说是系数矩阵 A 的特征根。也就是说，对于因果系统，若系统函数矩阵 $H(z)$ 的 n 个极点 $p_i(i = 1,2,\cdots,n)$ 全部位于单位圆内，则系统稳定。

【例题 7.11】 若某因果离散系统的状态方程为

$$\begin{bmatrix}\lambda_1[n+1]\\ \lambda_2[n+1]\end{bmatrix} = \begin{bmatrix}1/2 & 1\\ 1/6 & 1/3\end{bmatrix}\begin{bmatrix}\lambda_1[n]\\ \lambda_2[n]\end{bmatrix} + \begin{bmatrix}0\\ 1\end{bmatrix}x[n]$$

问该系统是否稳定。

解：系统的特征多项式为

$$\det(zI - A) = \begin{vmatrix}z - 1/2 & -1\\ -1/6 & z - 1/3\end{vmatrix} = z^2 - \frac{5}{6}z$$

系统的两个极点分别为 0 与 5/6，均在单位圆内，因此，该系统是稳定的。

判断方程 $\det(zI - A) = 0$ 的根是否在单位圆内，可以用朱里准则(July criterion) 来判断。有兴趣的读者可参考更多相关文献。

从上述论述可以看出，系统函数矩阵 $H(s)$ 或 $H(z)$ 的极点仅与系数矩阵 A 有关，而与其他系数矩阵 B、C 和 D 无关，因而系统的稳定性也只取决于系数矩阵 A。至于系数矩阵 B、C、D 的作用，读者可参阅有关书籍，其中详细论述了 B、C、D 在自动控制中的重要作用。

【练习思考题】

7.1　建立题图 7-1 所示电路的状态方程。若制定输出为电阻 R_1，R_2 上的电压，写出输出方程。

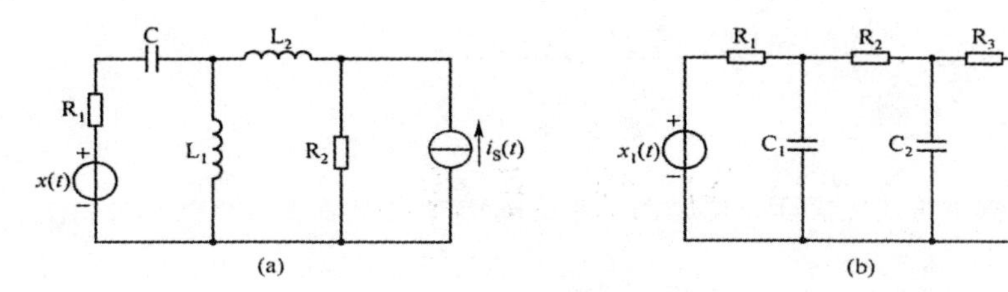

题图 7-1

7.2　(1) 已知系统的微分方程为：

$$\frac{d^2y(t)}{dt^2} + a_1\frac{dy(t)}{dt} + a_2y(t) = b_0\frac{d^2x(t)}{dt^2} + b_1\frac{dx(t)}{dt} + b_2x(t)$$

用题图 7-2 的流图形式模拟该系统，列写对应于题图 7-2 形式的状态方程，并求 α_1，α_2，β_0，β_1，β_2 与原方程系数之间的关系。

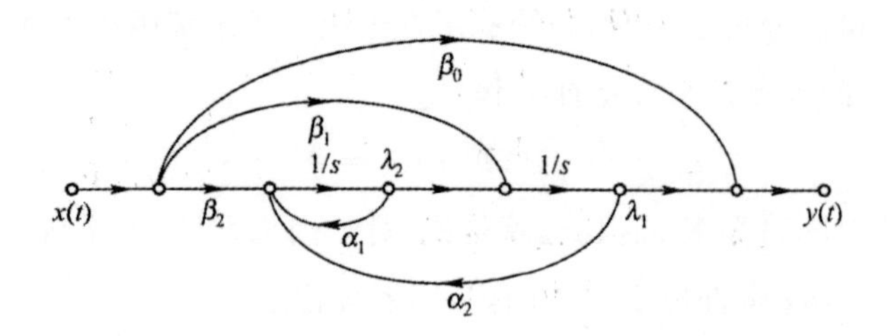

题图 7-2

(2) 已知系统的微分方程为：

$$\frac{\mathrm{d}^2 y(t)}{\mathrm{d}t^2}+4\frac{\mathrm{d}y(t)}{\mathrm{d}t}+3y(t)=\frac{\mathrm{d}^2 x(t)}{\mathrm{d}t^2}+6\frac{\mathrm{d}x(t)}{\mathrm{d}t}+8x(t)$$

求对应(1)问所示状态方程的各系数。

7.3　已知一离散系统的状态方程和输出方程分别为

$$\begin{bmatrix}\lambda_1(n+1)\\ \lambda_2(n+1)\end{bmatrix}=\begin{bmatrix}1 & -2\\ a & b\end{bmatrix}\begin{bmatrix}\lambda_1[n]\\ \lambda_2[n]\end{bmatrix}+\begin{bmatrix}1\\ 0\end{bmatrix}x[n],\quad y[n]=[1\quad 1]\begin{bmatrix}\lambda_1[n]\\ \lambda_2[n]\end{bmatrix}$$

给定当 $n\geqslant 0$ 时，$x[n]=0$ 和 $y[n]=8(-1)^n-5(-2)^n$。

(1) 求常数 a,b；　(2) 求$\lambda_1[n]$和$\lambda_2[n]$；　(3) 写出描述该系统的差分方程。

7.4　在题图 7-3 所示电路中，已知$v_C(0^-)=1\text{V}$，$i_L(0^-)=1\text{A}$。

(1) 以$v_C(t)$和$i_L(t)$为状态变量和输出信号，编写状态方程和输出方程；

(2) 求零输入响应和单位冲激响应；

(3) 编写关于变量$v_C(t)$和$i_L(t)$的微分方程。

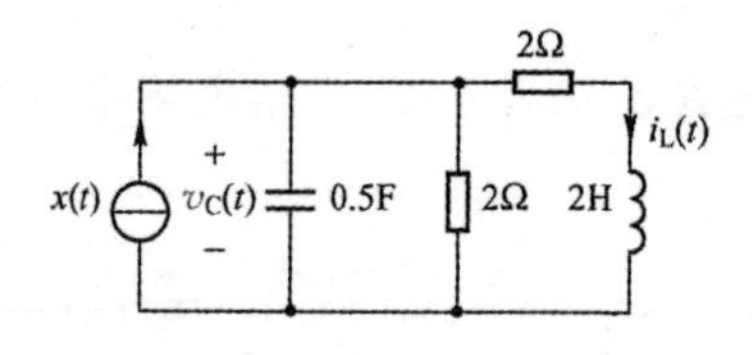

题图 7-3

7.5　确定参数 K 的取值范围，使题图 7-4 所示信号流图描述的系统稳定。

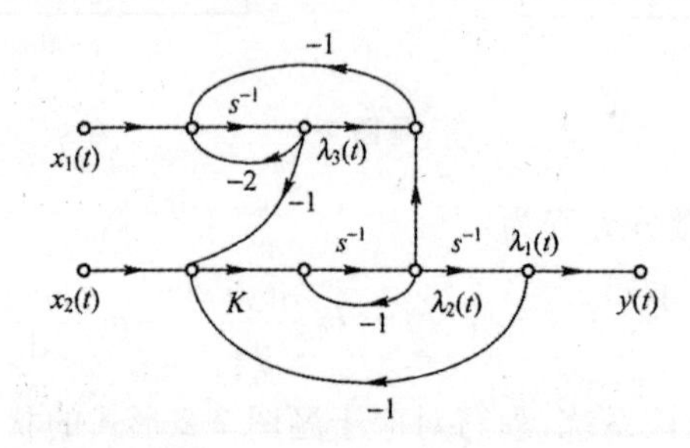

题图 7-4

第八章　信号与系统的 MATLAB 辅助分析

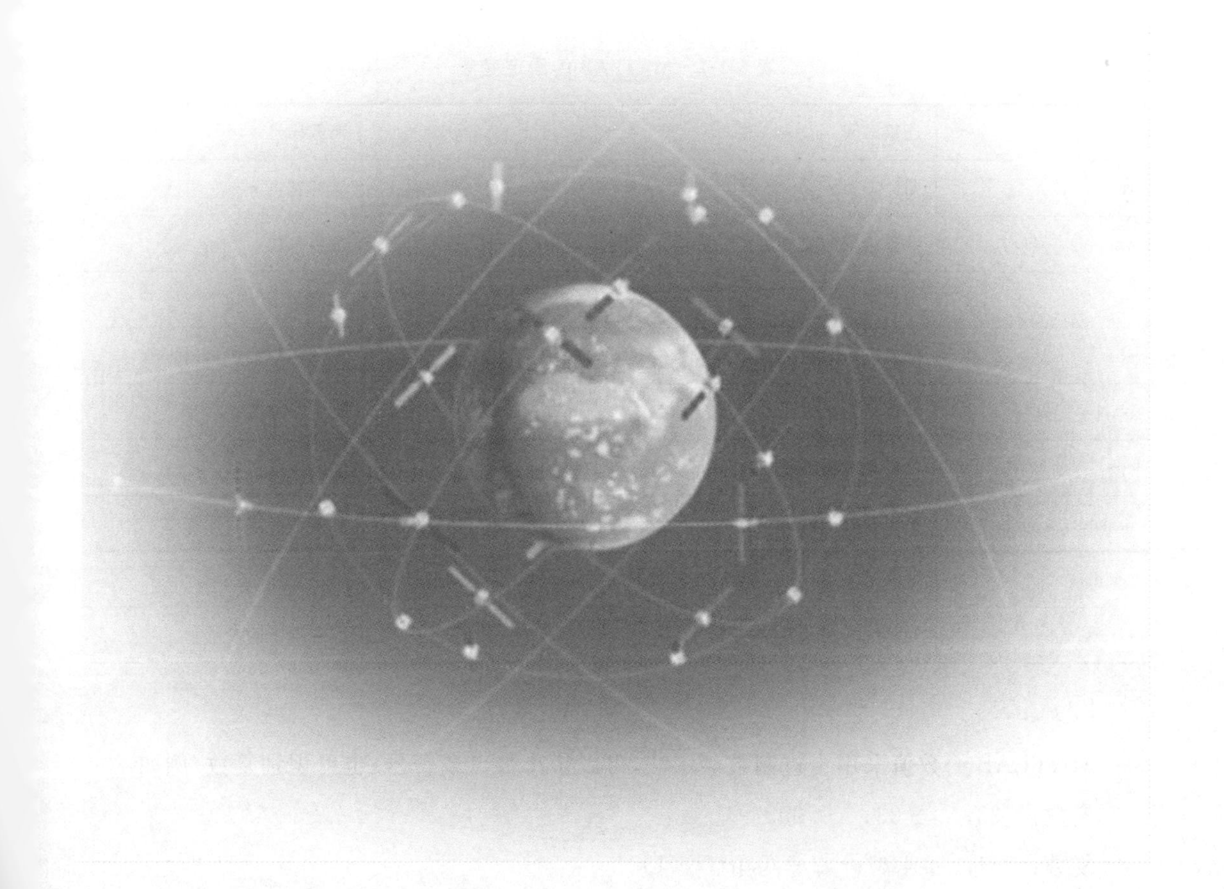

第一节　MATLAB 简介

一、MATLAB 中的数值计算

这里只介绍 MATLAB 数值计算中的几个相关概念，更详细的内容，请参阅 MATLAB 的专业书籍和文献。

1. 变量

与其他高级语言一样，MATLAB 中也是使用变量来保存信息的。变量由变量名来表示，在变量命名中应遵循的规则有：

(1) 变量名必须以字母开头。

(2) 变量名可以由字母、数字和下划线组成。

(3) 变量名区分字母的大小写。

(4) 变量名的长度不要过长，即不要超过 31 个字节。另外，在 MATLAB 中还有一些默认的固定变量名，常用的如表 8-1-1 所示。

表 8-1-1　MATLAB 的固定变量

t	连续时间	n	离散序号
w	角频率 ω	tao	脉冲宽度 τ
ans	计算结果的变量名	i,j,sqrt(−1)	虚数单位
pi	圆周率 π	Inf	无穷大
abs	复变函数的模(幅度)	angle	复变函数的相角(相位)
NaN	非数 0/0	inputname	输入参数名
eps	浮点相对精度	nargin	输入参数个数
nargout	输出参数的数目	nargoutchk	有效的输出参数数目
realmax	最大正浮点数	realmin	最小正浮点数
varargin	实际输入的参量	varargout	实际返回的参量

2. 数值

MATLAB 的数值采用十进制数表示法，可以带小数点或符号，也可识别复数。例如：

实数：　23；　−33；　0.003

复数：　$6j$；　$2+6i$；　$2+6\text{sqrt}(-1)$

科学计数法：1.28e003（表示 1.28×10^{3}）

在 MATLAB 内部，每一个数据元素都是用双精度来表示和存储的，有效数字约为 16 位，数值的有效范围为 $10^{-308}\sim10^{+308}$。但是 MATLAB 在输入、输出数值的时候却可以有不同的格式。MATLAB默认的格式为 short 类型，但是用户可以通过 format 命令来改变输出格式，以得到更加精确的结果。

3. 矩阵

矩阵是 MATLAB 进行数据处理和运算的基本元素，MATLAB 利用矩阵运算执行大部分运算或命令。数量（标量）在 MATLAB 系统内是作为 1×1 的矩阵来处理的。

4. 数组

在 MATLAB 中，数组也是一个非常重要的概念，矩阵在某些情况下可以看作二维的数值型数组。数组和矩阵运算规则却有较大的区别，如两个矩阵相乘和两个数组相乘所遵从的运算规则就是完全不同的。

5. 函数

MATLAB 为用户提供了丰富的内置函数，用户可以直接调用这些函数来进行数据处理。

调用格式为：函数名（参数）。

例如，正弦函数 $a=\sin(t)$ 表示计算 t 的正弦值，并且把它赋值给变量 a。

6. 表达式与运算符

MATLAB 的基本运算包括算术运算、关系运算、逻辑运算和特殊运算。表 8-1-2 和表 8-1-3 列出了 MATLAB 的一些运算符。

表 8-1-2　MATLAB 表达式的算术运算

名　称	数学表达式	MATLAB 运算符	MATLAB 表达式	说　明
加	A+B	+	A+B	矩阵加
减	A−B	−	A−B	矩阵减
乘	A×B	*	A*B	矩阵乘
		.*	A.*B	数组乘
除	A×÷B	/ 或 \	A/B 或 A\B	矩阵除
		./ 或.\	A./B 或 A.\B	数组除
幂	A^{B}	^	A^B	矩阵幂
		.^	A.^B	数组幂
转置	A′	′	A′	矩阵 A 的共轭转置

表 8-1-3　关系运算与逻辑运算

运算符	名　称	运算符	名　称
＞	大于	～＝	不等于
＜	小于	&	（逻辑运算）与
＝＝	等于	|	（逻辑运算）或
＞＝	大于等于	～	（逻辑运算）非
＜＝	小于等于		

MATLAB 用左斜杠和右斜杠分别表示“左除”与“右除”运算。对标量来说，两者没有区别，但对矩阵而言，两种运算的结果不同。

7. 注释与标点

MATLAB 用“%”实现注释功能。

多条命令放在同一行时，可以用逗号“,”或分号“;”将其隔开。逗号告诉 MATLAB 显示结果；分号说明除了这条命令以外还有下一条命令等待输入，所以这时不显示结果。需要注意的是，MATLAB 只识别英文模式下的标点符号，中文模式不识别。

8. 矩阵的创建、保存和矩阵下标

矩阵有三种创建方法。

(1) 直接输入法。对简单且维数小的矩阵，可按矩阵行的顺序从键盘直接输入。输入时需遵循的规则如下：

① 矩阵所有元素必须放在方括号“[　]”内。

② 矩阵元素之间用逗号“,”或空格隔开。

③ 矩阵行与行之间用分号“;”或回车符隔开。

④ 矩阵元素可以是任何不含未定义变量的表达式。

例如：

```
≫ a = [3,2,1;654;9,8,7]          % a为3×3阶矩阵
```

显示结果：

```
a =   3  2  1
      6  5  4
      9  8  7
```

(2) 利用内部函数。常用矩阵如下：

```
①ones(m,n)                      % m(行)×n(列)全1矩阵
```

例如：

```
≫ ones(3,3)                      % 3×3阶全1矩阵
```

显示结果：

```
ans =  1  1  1
       1  1  1
       1  1  1
```

②zeros(m,n)　　　　　　　　　% m × n 阶全 0 矩阵

例如：

```
≫ zeros(2,3)                  % 2 × 3 阶全 0 矩阵
```

显示结果：

```
ans =  0  0  0
       0  0  0
```

(3) 利用外部文件（*.mat）装载并创建矩阵。当数据较长而且需要长期保留时，可以使用 MAT 文件来保存。MAT 文件以 mat 为扩展名，是一种标准格式的二进制文件。

保存方法：save 路径 \ 文件名变量名

装载方法：load 路径 \ 文件名

矩阵的元素通过其行、列的标号来表示，矩阵元素所在的行号与列号称为下标。矩阵元素可通过其下标来引用。表示方法为 $A(m,n)$，表示矩阵 A 第 m 行第 n 列的元素，例如：

```
≫ A = [1,2,3;4,5,6;7,8,9]        %A 是一个 3 × 3 阶矩阵
```

显示结果：

```
A =  1  2  3
     4  5  6
     7  8  9
≫ B = A(2,2)                     % 取 A 的第 2 行第 2 列赋值给 B
  B = 5
≫ C = A(3,:)                     % 取 A 的第 3 行所有元素赋值给 C
  C = 7  8  9
```

9. 向量的生成

在 MATLAB 中，仅有一行或一列的矩阵称为向量。除了前面的有关矩阵的创建和保存方法适用于向量的生成外，还有以下一些方法：

(1) $a = m : n$ 生成步长为 1 的均匀等分向量，m 和 n 分别代表起始值和终值。

例如：a = [1,2,3,4,5,6,7,8,9,10]

```
≫ a = 1 : 10
  a = 1  2  3  4  5  6  7  8  9  10
```

(2) $a=m:p:n$ 生成步长为 p 的均匀等分向量，m 和 n 分别代表起始值和终值。

```
≫a = 0:0.5:3
      0    0.5000    1.0000    1.5000    2.0000    2.5000    3.0000
```

(3) linspace(m,n) 生成从 m 到 n 之间的线性 100 等分的向量。

(4) linspace(m,n,p) 生成从 m 到 n 之间的线性 p 等分的向量。

10. 矩阵与数组的初等运算举例

【例题 8.1】

(1)
```
≫a = [1:10],b = [-1:-1:-10],c = a + b
  c = 0  0  0  0  0  0  0  0  0  0
```

(2) 当两个矩阵中有一个是标量时，MATLAB 自动把该标量扩展成同阶矩阵，再相加。

```
≫a = ones(3,3);b = 1;c = a - b
  c =    0  0  0
         0  0  0
         0  0  0
```

若无需看到赋值或计算结果，则在赋值后在表达式后加“;”，正如本例中没有显示 a 和 b 的值。

【例题 8.2】

(1)
```
≫A = [1,1,1;2,2,2];B = [1,,1;1,1;1,1];C = A*B
  C =    3  3
         6  6
```

$m\times p$ 阶矩阵 A 与 $p\times n$ 阶矩阵 B 相乘，结果是 $m\times n$ 阶矩阵，若 A 的列数与 B 的行数不等，就会显示“出错信息”：

```
???Error using = = > *
```

若要检查矩阵的阶数，可用如下命令：size( )。

例如：

```
A = [1,1,1;2,2,2];size(A)
  ans = 2 3
```

(2)
```
A = [1,1,1];B = [2,2,2];c = A.*B
C = 2    2    2
```

数组对应元素相乘，要求 A、B 必须为同维数组。检查数组的长度，也可用 size 命令，用 length( ) 亦可，该命令用于计算矩阵的长度(列数)。若要计算上述矩阵 C 的列数，命

令为

```
>> length(C)
   ans =    3
```

若用矩阵相乘，此运算无法进行，因为 A 的列数和 B 的行数不相等。若修改为 B 的转置矩阵，则结果如下：

```
>> A = [1 1 1];B = [2,2,2]';C = A*B
   C = 6
```

二、MATLAB 中的语言与基本语法

MATLAB 语言是一种以矩阵运算为基础的交互式程序语言，能够满足科学分析、工程计算和绘图的需要。MATLAB 的语言比较好学，因为它只有矩阵一种数据类型，一种标准的输入输出语句，不需要编译。这里只是简单地介绍 MATLAB 中一些常用语言和相关知识，更加详细的知识请参阅 MATLAB 的专业书籍。

1. M 文件的建立和调用

MATLAB 命令可以写在 MATLAB 的工作环境界面中，但是这样不利于保存和以后重复使用，因此，MATLAB 中通常都是编制 M 脚本文件。

在完成 MATLAB 的安装以后，用鼠标双击桌面上 MATLAB 图标，进入 MATLAB 的工作环境界面。

在菜单栏中用鼠标点击 File，选择 New 并且在新拉出的子菜单中选择 M File，可以根据需要在这个文件中编写流程，保存并且执行。M 脚本文件给定文件名保存后，如果没有特别指定一个文件的保存路径，则这个文件会被保存在 MATF. AB 中的 Work 文件夹中。

需要调用已经保存过的 M 脚本文件时，在菜单栏中用鼠标点击 File，再点击 Open 选项，就会看到 Work 文件夹中的相关内容。

2. 流程控制

一般地说，计算机程序都是从前向后逐条命令依次执行的，但是在实际应用中往往要根据需要中途改变命令的执行次序，即需要流程控制。在 MATLAB 中设有三种流程控制的语言结构，即 if 语句、while 语句和 for 语句，较高版本的 MATLAB 还增加了 switch 语句。

(1)if 语句。if 用来检查逻辑运算、逻辑函数、逻辑变量等逻辑表达式的真假，若为真则执行接下来的运算或指令。if 语句有以下三种结构形式：

else if 的基本语法为：	if else 的基本语法为：	if 的基本语法为：
if 逻辑表达式 1 执行语句 1 else if 逻辑表达式 2 执行语句 2 else if 逻辑表达式 3 执行语句 3 else 执行语句 4 end	if 逻辑表达式 执行语句 1 else 执行语句 2 end	if 逻辑表达式 执行语句 end

(2) while 语句。while 语句是常用的循环语句，其语法为

```
while 表达式
 循环体
end
```

其执行方式为：若表达式为真，则执行循环体内容，执行完成后再判断表达式是否为真，如果不是就跳出循环体，向下继续执行。

(3) for 语句。for 循环语句的语法为

```
for  k(变量) = 初值:增量:终值
   运算指令
end
```

增量值默认取值为 1，也可以自定义，可取小于零也可以取大于零。当增量值大于零时，程序将在变量大于终止值时终止；当增量值小于零时，程序将在变量小于终止值时结束运行。这个语句把运算指令反复执行，在每次执行中 k 值是不同的，都是等于上一次执行时候的 k 值加上增量。当 k 值超出从初值到终值的范围以后，就跳出这个循环，执行下边的程序。

3. 基本绘图知识

MATLAB 可以根据给出的数据用绘图命令在屏幕上画出图形，通过图形对计算结果进行描述。根据所绘制的图形类型不同，MATLAB 有不同的绘图函数，在这里我们只是简要地介绍其中的几个。

plot 命令用来绘制直角坐标系中的曲线。它是一个功能很强的命令，输入变量的类型不同可以产生不同的效果。

plot(y)—— 输入一个变量的情况。

如果 y 是一个数组，函数 plot(y) 给出线性直角坐标的二维图。在这个二维图中，以 y 中元素的下标作为横坐标，y 中元素的值作为纵坐标，并且把这些点按照横坐标的先后以线连接，形成一条曲线。

(1) 绘制二维曲线。

plot(x,y)　　% 以x向量为横轴,y向量为纵轴绘制曲线。数组y往往是数组x的函数。而数组y的赋值也往往是通过数组x运用函数得到的,这样y就可以通过x的函数来进行赋值

plot(x1,y1,´option´,x2,y2,´option´,…)　% 以x1向量为横轴,y1向量为纵轴绘图,´option´表示图形的属性如曲线;同时,也绘制x2,y2数组构成的图,……,即在一个二维图上绘制多条曲线。亦可在画完一条曲线后用"hold"命令保持住,再画下一条曲线

(2) 绘制离散序列图。

stem(k,y);stem (k,y,´filled´);stem(k,y,´.´)　% 以k向量为横坐标,y向量为纵坐标,画空心圆圈或实心圆圈,并用线段连接到横轴;´filled´与´.´表示画实心圆,只是实心圆圈的大小有区别

(3) 二维图形的修饰。MATLAB画出二维曲线以后,我们需要知道这个二维图形中横坐标和纵坐标究竟是什么变量,以及这些坐标的单位是什么。因此我们需要对二维坐标系的横坐标轴和纵坐标轴进行修饰。对坐标系的横坐标轴和纵坐标轴进行标注的命令为:

① 调整坐标轴。若对MATLAB自动生成的坐标轴不满意,可用axis命令进行修改,如下所示:

axis([xmin xmax ymin ymax])　% 将x轴限制在xmin和xmax之间,将y轴限制在ymin和ymax之间

axis off (on)　% 关闭(恢复)轴的注释、记号和背景

② 标识坐标轴名称。

xlabel(´string´)　% 给x轴加上标注

ylabel(´string´)　% 给y轴加上标注

title(´string´)　% 给图形加上标题

grid on (off)　% 添加(去掉)网格线

③ 在图形中加文本标注。

text(x,y,´string´,´option´)　% 在图形的坐标(x,y)处添加string给出的字符串

gtext(´string´)　% 用鼠标在图形的任意位置添加由㈠string给出的字符串

另外,有些命令可由图形窗口工具栏中的"Insert"中的选项来完成,常用命令有:

clear　% 清除工作空间变量

help　% 函数名或主题名帮助命令

4. Simulink 仿真环境

Simulink是MATLAB的提供实现动态系统建模和仿真的一个软件包,其突出特点是支持图形界面(GUI),模型由模块组成的框图来表示。Simulink 通过自带的模块库提供多种基本的功能模块,用户在建立模型的时候,只需通过简单的点击和拖动鼠标的动作就能完成。它具有相对独立的功能和使用方法,支持线性和非线性系统、连续时间系统、离散时间系统、连续和离散混合系统建模,并且系统可以是多进程的。Simulink 是信号处理辅助分析的重要工具之一。由于篇幅关系,这里不再详细介绍 Simulink 的相关知识。

第二节　信号与系统时域分析的 MATLAB 实现

严格地说,在计算机中并没有连续的函数形式,MATLAB 中的运算是基于矩阵进行的,因此没有连续信号的形式。但是当离散信号的时间间隔非常小的情况下,可以近似地认为这是一个连续信号,就是在这种思想下实现连续信号与系统的 MATLAB 辅助分析。

一、连续信号的 MATLAB 表示

1. 单位斜坡信号

单位斜坡信号 $f(t)=R(t)$ 用 MATLAB 实现如下:

```
t = - 1:0.1:5;                 % 取定 t 的范围与时间步长
f = (t > 0). * t;              % t 与阶跃信号的乘积
plot(t,f);                     % 画出可视化二维图
grid on;                       % 显示坐标网格
axis([ - 1,5, - 0.2,6]);       % 规定二维图的显示范围
title('R(t)')
```

运行结果如图 8-2-1 所示。

2. 单位阶跃信号

单位阶跃信号 $f(t)=\varepsilon(t)$ 用 MATLAB 实现如下:

```
t0 = - 2;tf = 5;dt = 0.05;t1 = 0;  % 对几个基本的量进行赋值
t = [to:dt:tf];                     % t 的取值从 t0 到 tf,取值的间隔为 dt
st = length(t);                     % 把 t 的长度取出,并把这个长度赋值给 st
n1 = floor ((t1 - t0)/dt);          % 求 t1 对应的样本序列。(floor:向负无穷取整)
x1 = [zeros(1,n1),ones(1,st - n1)]; % 产生阶跃信号
stairs(t,x1);                       % 以 t 为横坐标,x1 为纵坐标画出阶梯图形
```

```
line([0,0],[- 0.2,1.1]);              % 绘制纵坐标轴线
line([ - 2,5],[0,0]);                 % 绘制横坐标轴线
axis([ - 2,5, - 0.2,1.1]);            % 设定图形显示的坐标范围,使函数的顶部
                                        避开图形框
grid on; title(′单位阶跃信号′)
```

运行结果如图 8-2-2 所示。

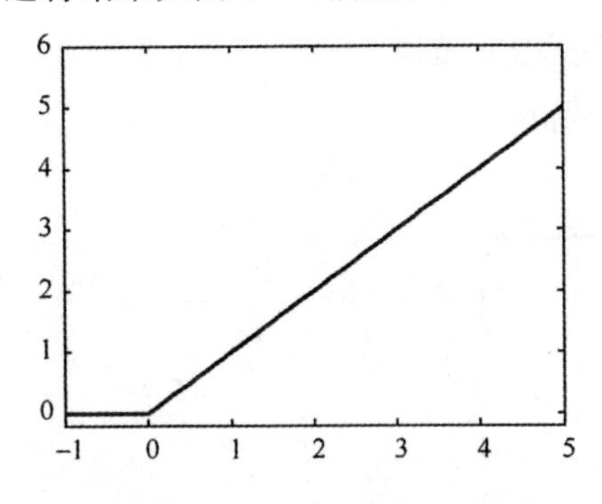

图 8-2-1　单位斜坡信号运行结果

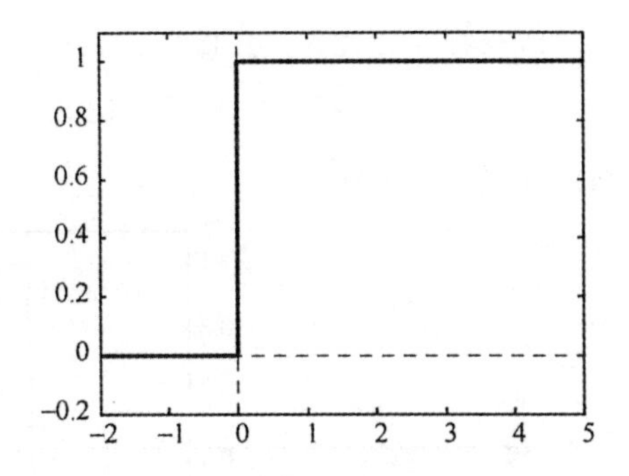

图 8-2-2　单位阶跃信号的运行结果

另外,在 MATLAB 工具箱里,$\varepsilon(t)$ 可以用 Heaviside(t)函数表示。

3. 符号函数

符号函数 $f(t) = \text{sgn}(t)$ 的 MATLAB 实现程序为

```
t = - 10:0.01:10;
f = sign(t);
plot(t,f);line([0,0], [- 1.1,1.1]);line([- 10,10], [0,0]);axis([- 10,
10, - 1.1,1.1]);grid on
```

运行结果如图 8-2-3 所示。

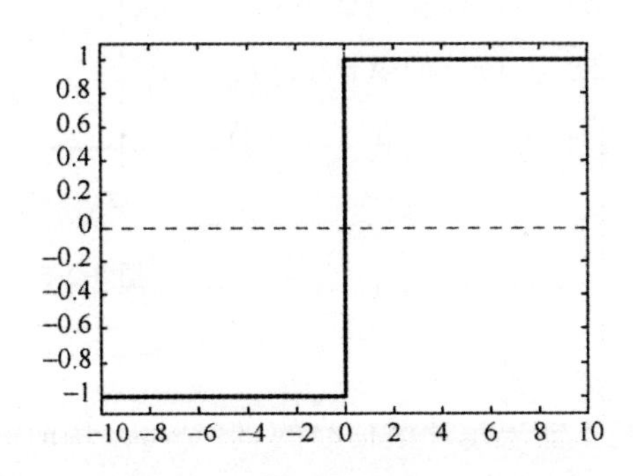

图 8-2-3　符号函数的运行结果

4. 矩形脉冲信号

在 MATLAB 中,矩形脉冲信号可用 rectpuls 函数实现,其调用的格式为

f = rectpuls(t,width)

该函数可产生一个宽度为 width,以 $t = 0$ 为对称轴的矩形脉冲。例如,$f(t) = g_2(t)$ 的 MATLAB 实现程序为

```
t = - 3:0. 1:3;                       % 定义 t 的取值范围以及步长
f = rectpuls(t,2);                    % 产生矩形脉冲信号
plot(t,f);                            % 画出可视化二维图
axis([ - 3,3, - 0.1,1.1]);            % 规定图的显示范围
line([ - 3,3],[0,0]),grid on          % 显示坐标网格
```

运行结果如图 8-2-4 所示。

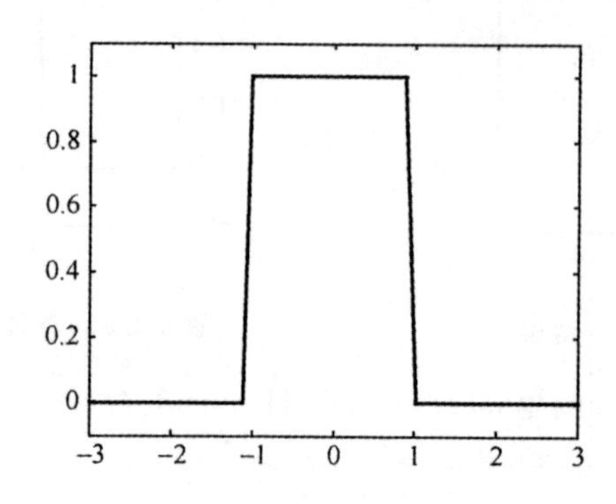

图 8-2-4　矩形脉冲信号运行结果

5. 正三角脉冲

正三角脉冲信号 $f(t) = \Delta_{2\tau}(t)$ 在 MATLAB 中可用 tripuls 函数表示,调用格式为

```
f = tripuls(t.width,skew)
```

例如,$f(t) = \Delta_4(t)$ 的 MATLAB 实现如下:

```
t =- 3:0.001:3; ft = tripuls(t,4,0);
plot(t,ft);axis([- 3,3, - 0.1,1.1]);
grid on
```

运行结果如图 8-2-5 所示。

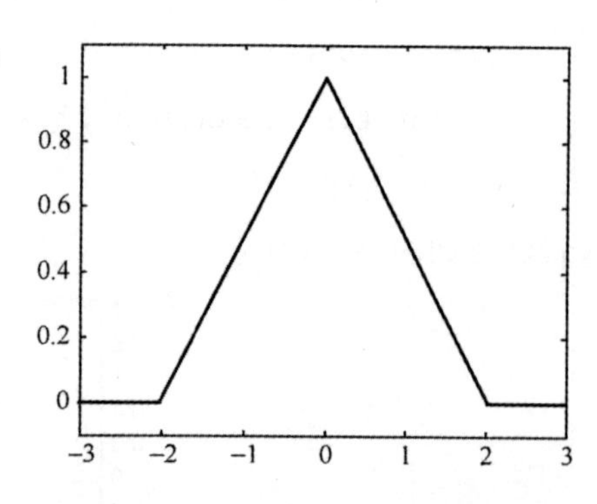

图 8-2-5　正三角脉冲信号运行结果

6. 单位冲激信号

严格地说,MATLAB是不能表示冲激信号的,但是可以用时间宽度 dt,高度 1/dt 的矩形脉冲来近似地表示冲激信号。在 dt 趋近于零过程中,矩形信号越来越接近冲激信号,当 dt 小到符合要求时,我们就说这个矩形信号较好地近似冲激信号的波形。具体程序如下:

```
t0 = - 2;tf = 4;c[t = 0.05;t1 = 0;     % 对几个基本的量进行赋值
t = [t0:d t:t f];                      %t 的取值从 t0 到 tf,取值的间隔为 dt
```

```
st = length(t);                    % 把 t 的长度取出,并把这个长度赋值给 st
n1 = floor((t1 - t0)/dt);          % 求 tf 对应的样本序列值(floor:向负无穷取整)
x1 = zeros(1,st);                  % 把全部信号先初始化为零
x1(n1) = 1/dt;                     % 给出 tf 处的冲激信号
stairs(t,x1);                      % 以 t 为横坐标,x1 为纵坐标画出阶梯图形
axis([ - 2,2, - 5,25]);            % 设定图形显示的坐标范围,使函数的顶部避开图形框
grid on;                           % 显示坐标网格
```

运行结果如图 8-2-6 所示。

此外,在 MATLAB 工具箱里,$\delta(t)$ 用 Dirac(t)函数表示。

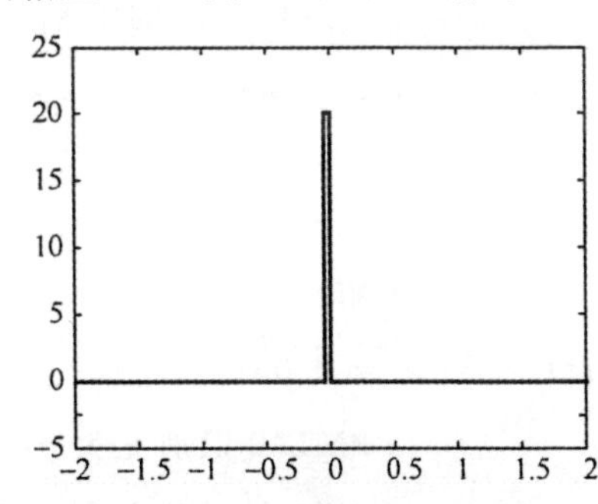

图 8-2-6　冲激信号运行结果

7. 实指数信号

指数信号 $f(t) = Ae^{\alpha t}$ 在 MATLAB 中可以用 exp 函数表示,调用格式为:A * exp(α * t)。例如,指数信号 $e^{\pm t}$ 的 MATLAB 实现程序:

```
t = [ - 2:0.01:2];                 %t 的取值从 t0 到 tf,取值的间隔为 dt
y1 = exp(t);                       % 产生指数信号 y1
y2 = exp( - t);                    % 产生指数信号 y2
plot(t,y1,t,y2,':');               % 画出两个信号
line([0,0],[- 0.1,8]);line([- 2,2],[0,0]);
axis([- 2,2, - 0.1,8]);            % 设定图形显示的坐标范围,使函数的顶部避开图形框
gtext('e^{(t)}');gtext('e^{(- t)}')   % 鼠标定位标注 e^t 和 e^-t
```

```
grid on
```

运行结果如图 8-2-7 所示。

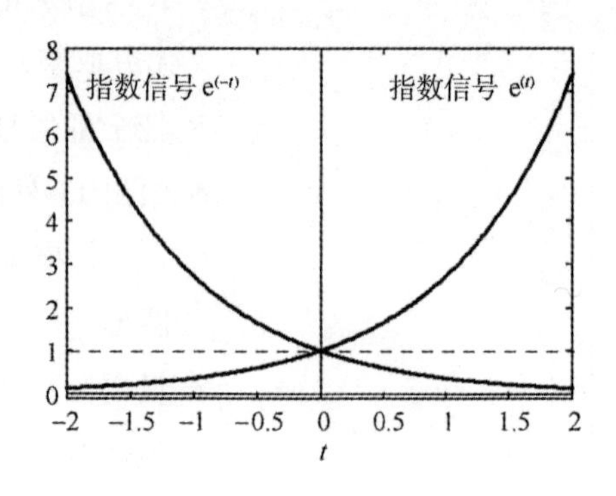

图 8-2-7 指数信号的运行结果

8. 正弦信号

$f(t) = A\cos(\omega t + \varphi)$ 和 $f(t) = A\sin(\omega t + \varphi)$ 分别用 MATLAB 的内部函数 cos 和 sin 表示。其调用格式为：$A * \sin(\omega * t + \text{pha})$ 和 $A * \cos(\omega * t + \text{pha})$。例如，正弦信号 $f_1(t) = 2\sin(\frac{\pi}{2}t + \frac{\pi}{3})$ 和 $f_2(t) = 3\cos(\frac{\pi}{4}t + \frac{\pi}{6})$ 的 MATLAB 实现如下：

```
w1 = pi/2;                          % MATLAB 识别 ω 为 w
w2 = pi/4;t0 = - 5;tf = 5;dt = 0.05;
pha1 = pi/3;                        % MATLAB 识别 π 为 pi
pha2 = pi/6;                        % 以上是对几个基本的量进行赋值
t = [t0:dt:tf];                     % t 的取值从 t0 到 tf,取值的间隔为 dt
f1 = 2 * sin(w1 * t + pha1);        % 产生正弦信号
f2 = 3 * cos(w2 * t + pha2);        % 产生余弦信号
plot(t,f1,' -+ ',t,f2,' -  * ');    % 画出两个信号:用"+"线画 f1、用"-"线画 f2
axis([- 5,5, - 3.2,3.2]);           % 设定图形显示的坐标范围,使函数的顶部避开图
                                      形框
h1 = legend('sin','cos',1);         % 在图上显示图例
grid on                             % 显示坐标网格
```

将该文件进行保存并运行，运行结果如图 8-2-8 所示。

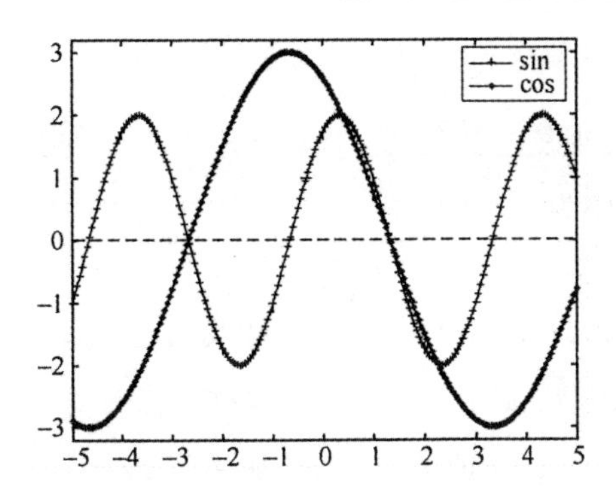

图8-2-8　正弦信号与余弦信号的运行结果

9. 取样信号

取样信号 $f(t) = A\mathrm{Sa}(\omega t)$ 可以用 MATLAB 中的 sinc 函数来表示，$A\mathrm{sinc}(\omega t) = A\mathrm{Sa}(\omega t)$，调用格式为

```
f = A * sinc(w * t)
```

例如，Sa(t) 在 MATLAB 中的实现为：

```
A = 1;w = 1;                   % 以上是对几个基本的量进行赋值
t = [- 5 : 0.01 : 5];          % t 从 - 5 取值到 5，取值的间隔为 0.01
f = A * sinc(w * t);           % 产生指数信号
plot(t,f);                     % 画出取样信号
axis([ - 5,5, - 0.5,1.1]);     % 设定图形显示的坐标范围，使函数的顶部避开
                                 图形框
h1 = legend('取样信号',1);     % 在图上显示"取样信号"
grid on
```

运行结果如图 8-2-9 所示。

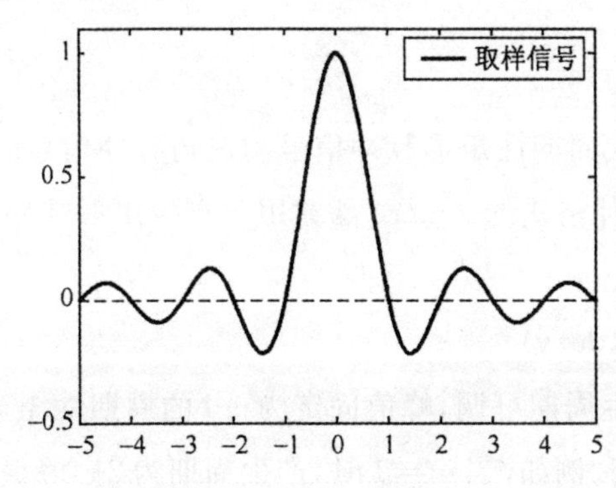

图 8-2-9　取样信号的运行结果

10.复指数信号

MATLAB 可以分别实现复指数信号 $f(t)=Ae^{(\alpha+j\beta)t}$ 的实部、虚部、模和相位的波形。例如，$f(t)=e^{-(1-j5)t}$ 的程序为

```
t = 0:0.01:5;f = exp[(-1 + 5 * i) * t];
subplot(2,2,1);plot(t,real(f));title('实部');axis([-0.1,5,-0.7,1.2]);grid
subplot(2 ,2,2);plot(t,mag(f));title('虚部');axis([-0.1,5,-0.52,0.9]);grid
subplot(2,2,3);plot( t,abs(f));title('振幅');axis([-0.1,5,-0.1,1.1]);grid
subplot(2,2,4);plot(t,angle(f));title('相位');axis([-0.1,5,-4,4]);grid
```

运行结果如图 8-2-10 所示。

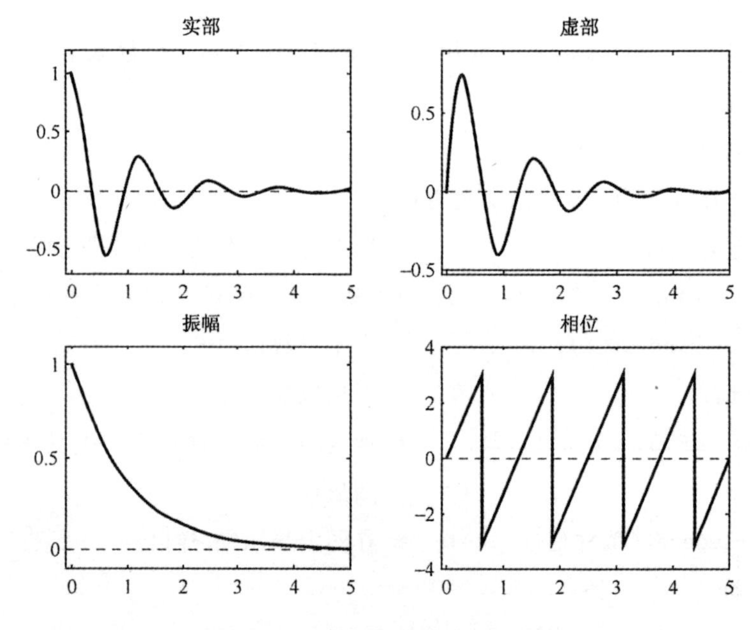

图 8-2-10　复指数信号的运行结果

11.周期信号

MATLAB 提供了生成周期性矩形脉冲信号和三角脉冲信号的内部函数。

(1)square 函数。有两种格式的 square 函数用于产生矩形脉冲信号：

① f = square(a * t)

② f = square(a * t,duty)

其中，调用格式①产生周期可调，峰值固定为±1的周期性矩形脉冲波，常数 a 是时域尺度因子，用于调整信号周期。例如，当 $a=1$ 时，产生周期为 2π，峰值为±1的周期性矩形脉冲波形信号，如图 8-2-11(a) 所示。调用格式②产生周期可变，峰值固定为±1的周期性方波，duty 是一个周期内幅度为正值所占的比例，称为占空比，由此可得脉冲宽度 τ。例如，当 $T=$

2,duty = 25 时,正值所占时间为 $\tau = 0.5$,如图 8-2-11(c) 所示。

```
% 绘制周期性矩形脉冲信号
t = 0:0. 01:12;
subplot(3,1,1)
f1 = square(2 * pi * t);        % 产生 ω = 2π,周期为 1,占空比为 50 % 的矩形脉冲
plot(t,f1),
title('(a)A = + 1, tao = 0.5,T = 1');
xlabel('t (s) ', 'Fontsize',8); ylabel('f(t)1','Fontsize',8); axis([0,12, - 1. 2,
1. 2]), grid
set(gcf,'color','w')
subplot(3,1,2)
f2 = square(t);                 % 产生 ω = 1,周期为 1,占空比为 50 % 的矩形脉冲
plot(t,f2),
title(' (b)A = + 1,tao = π,T = 2π');
xlabel('t(s)','Fontsize',8); ylabel('f(t)2 7,'Fontsize',8); axis([0,12, - 1. 2,
1. 2]), grid
set( gcf,'color','w')
subplot(3,1,3)
f1 = square(pj' * t,25);        % 产生 ω = π,周期为 2,占空比为 25 % 的矩形脉冲
plot(t,f1),
title('(c)A = ± 1,tao = 0.5,T = 2');
xlabel('t(s) ','Fontsize',8); ylabel('f(t) 3','Fontsizer,8);axis([0,12, - 1. 2,
1. 2]),grid
set(gcf,'color','w')
```

实现结果如图 8-2-11 所示。

(2) sawtooth 函数。sawtooth 函数可用于产生周期性锯齿脉冲信号和周期性正三角脉冲信号。其应用格式有两种:

① f = sawtooth (a * t)

② f = sawtooth (a * t,width)

其中,调用格式①产生周期可调,峰值固定为±1的周期性锯齿脉冲信号,常数 a 是时域尺度因子,用于调整信号周期。例如,当 $a = 2$ 时,产生周期为 π,峰值为 ± 1 的周期性矩形脉冲波形信号。调用格式②产生周期可变,峰值固定为±1的周期性正三角脉冲波形,width 的值是 0 到周期间的常数,通常是第一个周期内,三角波的最大值所对应的自变量的值。当

width = 0.5 时，其产生的波形是一个对称的周期性三角波。

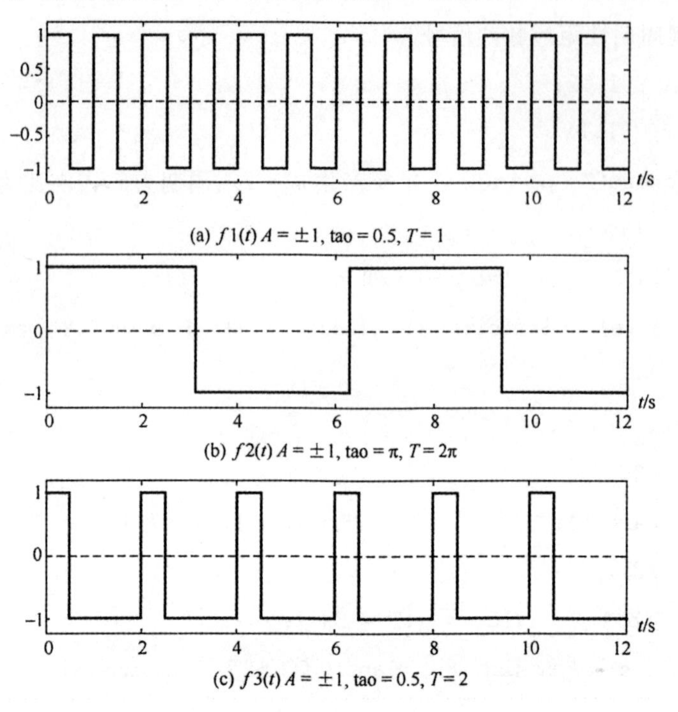

(a) $f1(t)$ $A=\pm1$, tao = 0.5, $T=1$

(b) $f2(t)$ $A=\pm1$, tao = π, $T=2\pi$

(c) $f3(t)$ $A=\pm1$, tao = 0.5, $T=2$

图 8-2-11　周期性矩形脉冲信号的运行结果

```
% 绘制周期锯齿脉冲信号和正三角波脉冲信号
    t = 0:0.01:20;
    subplot(4,1,1)
    f1 = sawtooth(2 * t);              % 产生周期 T = π 的锯齿脉冲信号
    plot(t,f1)
    title('(a)  A = ± 1,T = π');xlabel('t (s) ','Fontsize',8);ylabel('f(t)1',
'Fontsize',8);
    axis( [0,20, - 1.2,1.2])
    set( gcf,'color','w')
    subplot(4,1,2)
    f2 = sawtooth(pi * t);             % 产生周期 T = 2 的锯齿脉冲信号
    plot(t,f2)
    title('(b)  A = ± 1,T = 2');xlabel('t(s) ','Fontsize' ,8);ylabel('f(t) 2',
'Fontsize',8);
    axis([0,20, - 1. 2,1. 2])
    subplot(4,1,3)
```

```
        f3 = sawtooth(pi * t,0.5);      % 产生周期 T = 2 的正三角脉冲信号
        plot(t,f3)
        title('(c)  A = ± 1,T = 2'); xlabel('t(s)','Fontsize',8);ylabel('f(t) 3',
'Fontsize' ,8);
        axis([0,20, - 1.2,1.2])
        subplot(4,1,4)
        f4 = sawtooth(0.5 * pi * t,0.5); % 产生周期 T = 4 的正三角脉冲信号
        plot(t,f4)
        title('(d)  A = ± 1,T = 4'); xlabel('t(s) ','Fontsize' ,8);ylabel('f(t) 4',
'Fontsizer',8);
        axis([0,20, - 1.2,1.2])
```

实现结果如图 8-2-12 所示。

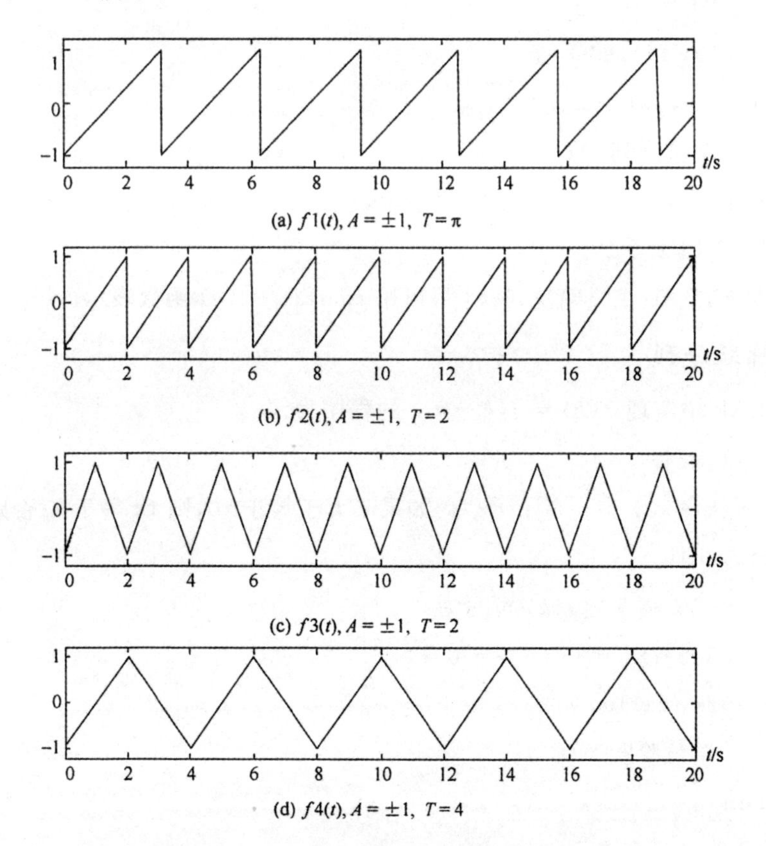

图 8-2-12　周期性三角脉冲信号的运行结果

二、离散信号的 MATLAB 表示

1. 单位序列

MATLAB 中实现 $f(k)=\delta(k-k_0)$ 的程序可以写为

```
    k = [k1:k2];
fk = [(k - k0) = = 0];              % 如果 k 等于 k0,则 fk 等于 1;否则 fk 等于 0
stem(k,fk)                          % 画出离散信号图形
```

程序中关系运算“$(k-k_0)==0$”的结果是一个仅由 0 和 1 两个数字组成的矩阵，即当“$k-k_0$”时返回“真”值 1，其他则返回“非真”值 0。这样，这个矩阵中只有一个值是 1，其他的全部为 0。例如，在 $-5\leqslant k\leqslant 5$ 区间 $\delta(k)$ 的波形实现的程序为

```
k = [- 5:5];
fk = [(k) = = 0];
stem(k,fk,'filled')
axis([ - 5,5,0,1.2])
title(' 单位序列 ');
grid on
```

运行结果如图 8-2-13 所示。

此外，在 MATLAB 工具箱里，$\delta(k)$ 可以用 charfcn[0](n) 函数表示。

2. 单位阶跃序列

在 MATLAB 中实现 $f(k)=\varepsilon(k-k_0)$ 的程序为

```
k = [k1:k2];
fk = [(k - k0) >= 0];       % 如果 k 大于等于 k0,则 fk 等于 1;否则 fk 等于 0
stem(k,fk)
```

例如，在 $-5\leqslant k\leqslant 5$ 内 $\varepsilon(k)$ 可写为

```
k = [- 5:5];fk = [(k) >= 0];
stem(k,fk,'filled');
title(' 单位阶跃序列 ');
grid on
```

运算结果如图 8-2-14 所示。

此外，在 MATLAB 中 $\varepsilon(k)$ 也可以用 Heasivide$(n+1)$ 函数表示。

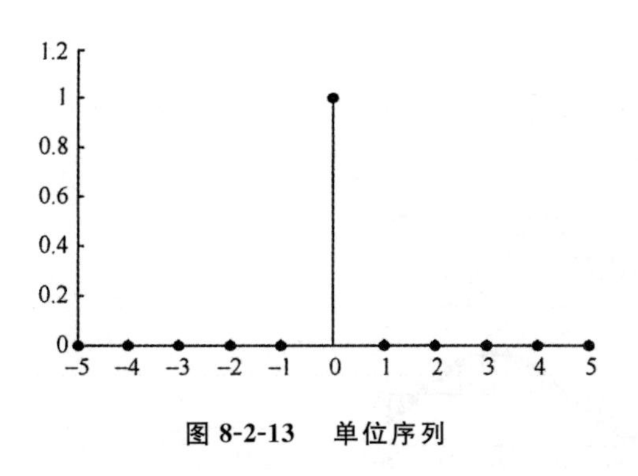

图 8-2-13　单位序列

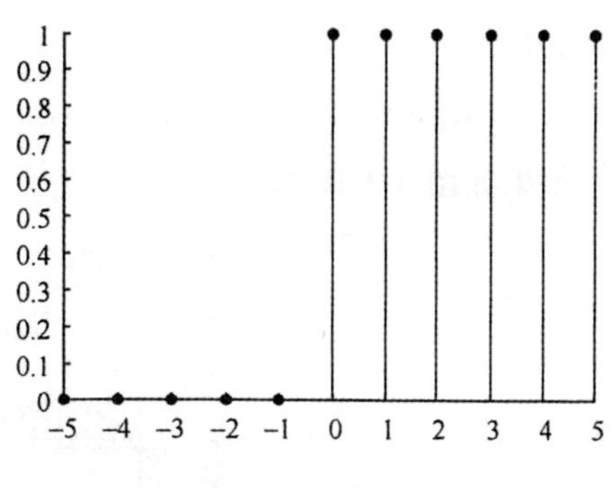

图 8-2-14　单位阶跃序列

3. 指数序列

MATLAB中实现指数序列 $f(k)=a^k$ 的程序如下：

```
k = [k1:k2]; fk = (a).^k;stem(k,fk)
```

例如，$f(k)=(-0.5)^k(0\leqslant k\leqslant 8)$ 的实现程序为：

```
k = [0:8];fk = (- 0.5).^k;
stem(k,fk,'filled');axis([0,8, - 0.8,1. 1]),title(' 指数序列 ');grid on
```

运算结果如图 8-2-15 所示。

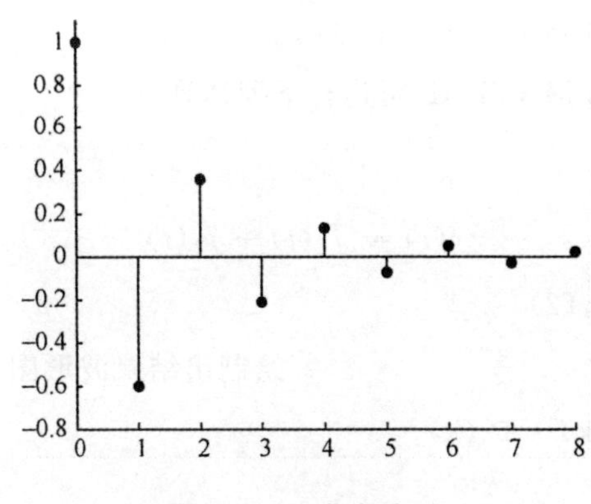

图 8-2-15　指数序列

4. 正弦序列

正弦序列 $f(k)=\cos(\Omega k)$ 的 MATLAB 表示与连续信号相同，只适用 stem(k,f) 画出序列的波形。例如，在(0,40) 区间内的实现 $f(k)=\cos(\Omega k)$，其中，$\Omega=\frac{\pi}{6},\frac{2\pi}{25},2$ 的程序为：

```
k = 0:1:40;
y1 = sin(2 * pi/12 * k);y2 = sin(2 * pi/25 * k);y3 = sin(2 * pi/pi * k);
subplot(3,1,1);stem(k,y1,'filled');ylabel('sin(k\pi/6');axis([0,40,
- 1.2,1.2]);
subplot(3,1,2);stem(k,y2,'filled');ylabel('sin(2k\pi/25)   ');axis([0,40,
```

- 1.2,1.2]);

```
subplot(3,1,3); stem(k,y3,'filled');ylabel('sm(2k)');axis([0,40, - 1.2,12])
```

运行结果如图 8-2-16 所示。

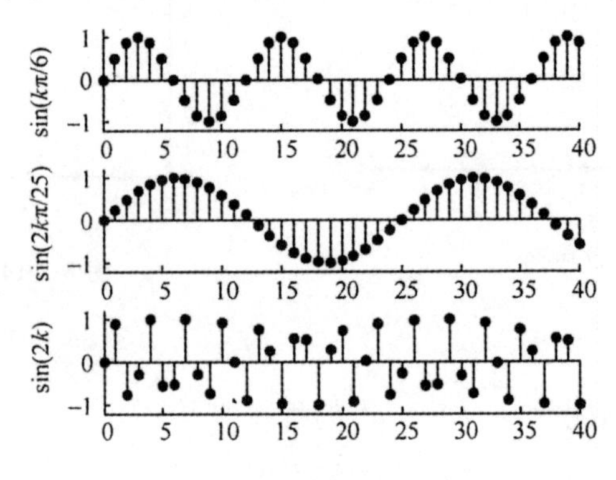

图 8-2-16　正弦序列

三、用 MATLAB 实现信号的基本运算

MATLAB有两种方法来表示连续信号,即一般表示和符号表示。运用符号运算较为方便,程序更简洁,因此可采用该方法进行信号的各种运算。

若已知信号 $f(t)$,应用 MATLAB 可进行下列运算。

1. 相加

$$f(t) = f_1(t) + f_2(t)$$

命令:f = symadd(f1,f2)

```
ezplot(f)                          % 绘制出结果波形图
```

或　f1(t) + f2(t);f1(k) + f2(k)

2. 相乘

$$f(t) = f_1(t) \times f_2(t)$$

命令:f = symmul(f1,f2)

```
ezplot(f)
```

或　f1(t). * f2(t);f1. * f2

【例题 8.2】　已知 $f_1(t) = g_2(t)$, $f_2(t) = \sin(\pi t)\ g_2(t)$,试利用 MATLAB 实现 $y_1(t) = f_1(t) + f_2(t)$ 和 $y_2(t) = f_1(t) \times f_2(t)$ 的波形。

解:实现程序

```
t = - 2:0. 01:2;f1 = rectpuls(t,2) ;
subplot(4,1,1) ;stairs(t, f1) ;axis( [ - 2,2, - 0. 1,1.1]);ylabel('f1(t)'),grid,
```

```
    f2 = sin(pi * t) . * ( Heaviside(t + 1) - Heaviside(t - 1)) ;
    subplot(4,1,2); plot(t,f2) ; axis([- 2,2, - 1.1,1.1]); ylabel ('f2(t)'),
grid,
    y1 = f1 + f2;
    subplot(4,1,3),plot(t, y1) ;h = get(gca,'position');
    h(3) = 2.37 * h(3);ylabel('f1 + f2') ,axis([- 2,2, - 0. 1,2.1]) ,grid,
    y2 = f1 * f2;
    subplot(4,1,4) ,plot(t,y2); h(3) = 2. 37 * h(3).ylabel('f1 × f2') .
    axis(- 2,2, - 1.1,1.1]) ,grid
```

运行结果如图 8-2-17 所示 。

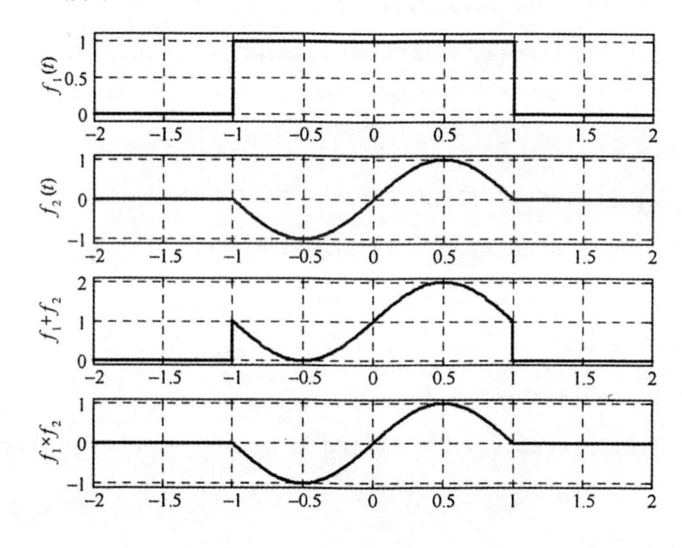

图 8-2-17　例题 8.2 的运行结果

3. 时移

$$f(t-t_0)$$

命令:y = subs(f(t),t,t0)　　　　　　　% 将函数 f 中的变量 t 换成 t - t0

　ezplot(y)

4. 尺度变换

$$f(at)$$

命令:y = subs(f(t),t,a * t);　　　　　　　% 将函数 f 中的变量 t 换成 a * t

　ezplot(y)

5.反折

$$f(-t)$$

命令:y = subs(f(t),t, - t);　　　　% 将函数 f 中的变量 t 换成 - t

　　ezplot(y)

或　　fliplr(f)

【例题 8.3】 已知 $f(k)=(0,1,2,3,3,3,3,0)$,试利用 MATLAB 实现 $f(-k+2)$ 的波形。

解:实现程序

```
% 绘制 f(k)
k = [- 3:4];f = [0,1,2,3,3,3,3,0];
subplot(3,1,1), stem(k, f,'filled');axis([- 5,6,0,3]); ylabel('f(k) ');box off
% 绘制 f(- k)
k1 = - fliplr(k);f1 = fliplr(f);
subplot( 3,1,2),stem(k1, f1,'filled'); axis([ - 5,6,0,3]);ylabel('f1(k)');box off
% 绘制 f(- k + 2)
k0 = 2;k2 = k1 + k0;f2 = f1
subplot(3,1,3),stem(k2, f2,'filled'); axis([ - 5,6, 0,3]);ylabel('f( - k + 2)');box off
```

运行结果如图 8-2-18 所示。

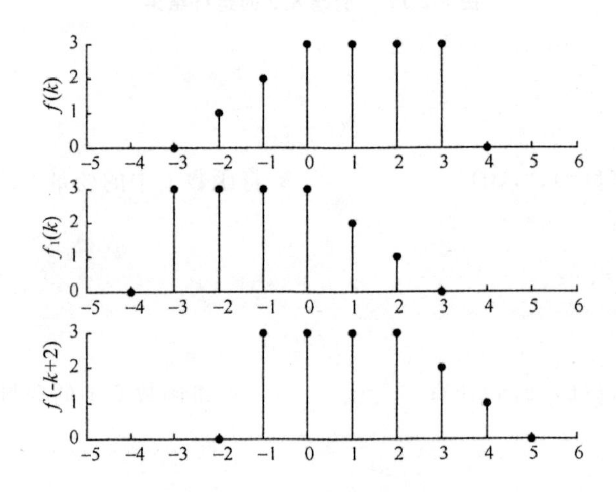

图 8-2-18　例题 8.3 的运行结果

6. 离散序列的差分

$$\nabla f(k)$$

命令:diff(f)

7. 离散序列的求和

$$\sum_{k-k_1}^{k_2}[f(k)]$$

命令:sum(f(k1,k2))

例如,离散信号能量

$$E=\lim_{N\to\infty}\sum_{k=-N}^{N}|f(k)|^2$$

8. 连续信号的微分

$$y(t)=f'(t)$$

连续信号的微分也可以用 diff 函数近似计算,实现命令为

```
y = diff(f)/h
```

9. 连续信号的积分

$$y(t)=\int_{t_1}^{t_2}f(t)\mathrm{d}t$$

命令:quad('f',t1,t2) 或 quadl('f',t1,t2)

【例题 8.4】 三角波 $f(t)$ 如图 8-2-19 所示,试利用 MATLAB 实现 $f'(t)$ 和 $\int_{-\infty}^{t}f(\tau)\mathrm{d}\tau$ 的波形。

解:实现程序

```
t= -3:0.001:3;
f= tripuls(t,4,0.5);
subplot(3,1,1); plot(t,f);ylabel('f'), axis([-3,3,-0.1,1.1]);grid
y1=diff(f) * 1/0. 001;
subplot(3,1,2);plot(t(1:length(t)-1),y1);ylabel('df/dt'),axis([-3,3,
-1.2,0.6]);grid
t= -3:0. 1:3;
F= 'tripuls(t,4,0. 5)';
for x=1:length(t)
  y2(x)= quad(F,-3, t(x))
```

```
    end
    subplot(3 ,1,3);plot(t,y2); ylabel('∫fdt') ,axis([ - 3,3,-0.2,2,
2]);grid
```

运行结果如图 8-2-19 所示。

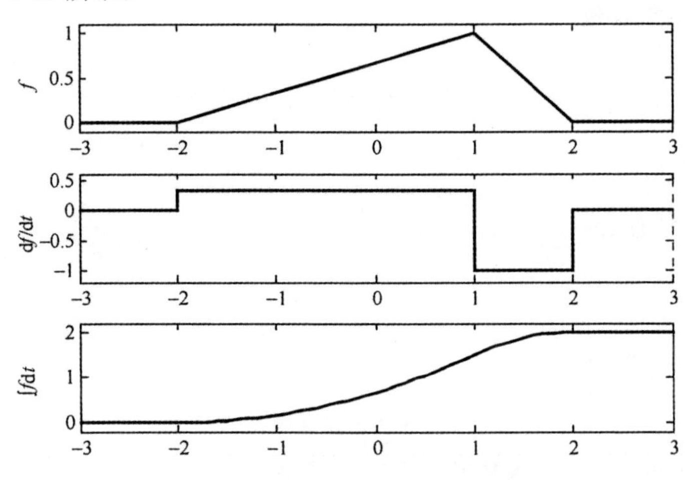

图 8-2-19 例题 8.4 的运行结果

10.卷积积分

$$y(t) = f_1(t) * f_2(t)$$

命令:y(t) = conv(f1,f2)

连续信号的卷积可以用 $f_1(t)$ 和 $f_2(t)$ 取样后的离散信号 $f_1(k\mathrm{T})$ 和 $f_2(k\mathrm{T})$ 的卷积和再乘上取样间隔 T 来近似,T 越小,误差越小。即

$$f(t) = \mathrm{conv}(f_1, f_2) = f_1(t) * f_2(t) = \int_{-\infty}^{\infty} f_1(\tau) * \ f_2(t-\tau)\mathrm{d}\tau$$

$$f(t) \approx f(k\mathrm{T}) = \sum_{m=-\infty}^{\infty} f_1(mT) * f2(kT - mT) = T[f_1(k) * f_1(k)]$$

【例题 8.5】 已知 $f_1(t) = g_1(t)$, $f_2(t) = g_2(t)$, 试利用 MATLAB 实现 $y(t) = f_1(t) * f_2(t)$。

解: 实现程序

```
fs = 1000,t = - 2:1/fs:2;
f1 = rectpuls(t,2);f2 = f1;
y = conv(f1,f2)/fs;
n = length(y);                              % 检查 y 的长度
tt = (0:n - 1)/fs - 4;                      % 卷积的时间坐标,1/fs 为增量
subplot(2,2,1) ,plot(t,f1);axis([- 2,2, - 0. 1,1.1]),title('f1'),grid
```

```
subplot(2,2,2), plot(t,f2);axis([- 2,2, - 0.1,1. 1]),title('f2'),grid
subplot(2,1,2),plot( tt,y);axis([-3,3, -0.1,2. 1]), title('y = f1 * f2'),
grid
```

运行结果如图 8-2-20 所示。

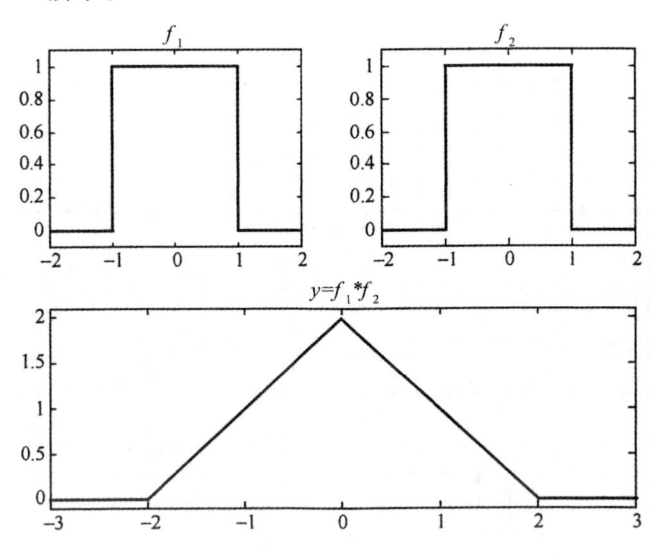

图 8-2-20　例题 8.5 的运行结果

11. 卷积和

$$y(k) = f_1(k) * f_2(k)$$

命令:y = conv(f1,f2)

式中,待卷积和序列 f_1 和 f_2 用向量表示,向量 y 的长度满足下列关系:

$$\text{length}(y) = \text{length}(f_1) + \text{length}(f_2) - 1$$

【例题 8.6】 已知 $f_1(k) = \varepsilon(k+2) - \varepsilon(k-4)$, $f_2(k) = e^{-k}[\varepsilon(k+5) - \varepsilon(k-6)]$,试利用 MATLAB 实现。

(1) $y_1(k) = f_1(k) + f_2(k)$　　(2) $y_2(k) = f_1(k) \times f_2(k)$

(3) $y_3(k) = f_1(k) * f_2(k)$

解:实现程序

```
k = - 5:1:5;
f1 = (k >= - 2&k <= 3);subplot(3,2,1);grid on;ylabel('f1(k)');stem(k, f1,
'filled');    % f1
f2 = exp(- k);subplot(3,2,1);grid on;ylabel('f2(k)');stem(k,f2,  'filled');   % f2
y1 = f1 + f2;subplot(3,2,3), stem(k, y1, 'filled');              % f1 + f2
y2 = f1. * f2; subplot( 3,2,4) ,stem(k,y2, 'filled');            % f1 × f2
```

```
y3 = conv( f1, f2); subplot(3 ,2,5);                                    % f1 * f2
h = get(gca, ′position′);h(3) = 2.36 * h(3);set(gca, ′position′,h);
k3 = 2 * min(k):2 * max(k);stem(k3, y3, ′filled′)
```

运行结果如图 8-2-21 所示。

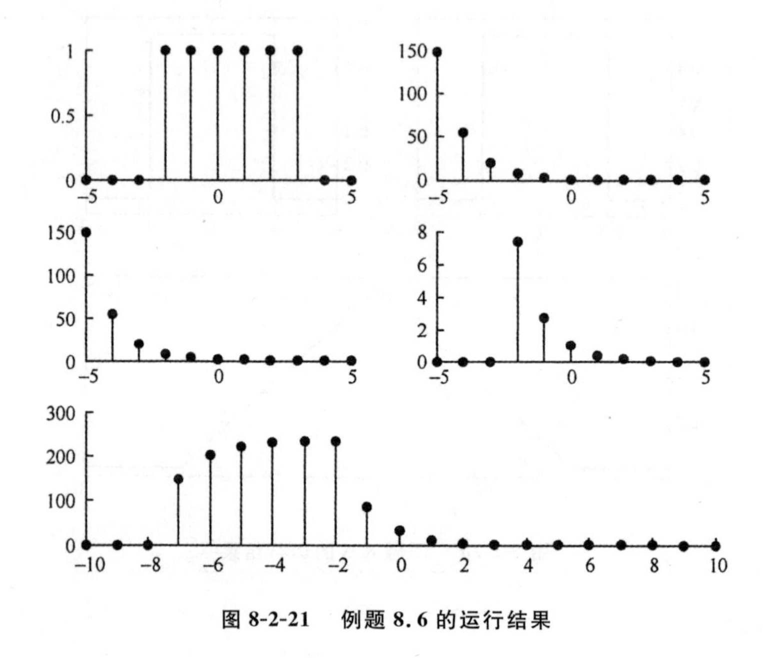

图 8-2-21　例题 8.6 的运行结果

四、LTI 系统时域分析的 MATLAB 实现

1. LTI 连续系统时域分析的 MATLAB 实现

微分方程的求解可借助 MATLAB 中的 dsolve 函数计算卷积来实现，而卷积积分主要是采用数值求解方法。

用 dsolve 函数求解微分方程包括：

(1) dsolve 函数的调用格式。

```
dsolve(′eqn1′,′eqn2′,…)        % 每个参数都是一个字符串,代表一个方程
```

(2) 分别用 Dy,D2y,D3y 等表示对函数 $y(t)$ 求一阶、二阶、三阶导数，以此类推。

(3) 把零输入响应和零状态响应分开求解。

(4) 求解零状态响应时，因为在 MATLAB 中无法定义 0_+ 时刻和 0_- 时刻，所以零状态条件不能用时间 $t=0$，而应选择一个靠近 $t=0$，且 $t<0$ 的时刻，例如，取时刻 $t=0.001$ 等。而求解零输入响应则可以用 $t=0$ 时刻。

(5) 如果是多个方程多个未知函数的情况，还必须用取结构元素的方法取出输出结果中所需要的函数。最后，可以用 simplify 函数对结果进行化简。

2. LTI 离散系统时域分析的 MATLAB 实现

MATLAB 提供了许多仿真函数来进行离散系统的时域分析。包括：

(1) 调用 filter 函数作数字滤波，求解系统的响应序列。

```
y = filter(b,a,fk)
```

(2) 调用 dinitial 函数求零输入响应。

```
yZI = dinitial( b,a)
```

(3) 调用 lsim 函数求零状态响应和全响应。

```
y = lsim(b,a,fk)
```

(4) 调用 impz 函数求单位序列响应。

```
hk = impz(b,a,k)
```

(5) 调用 step 函数求单位阶跃响应。

```
y = step(b,a,fk)
```

(6) 调用 conv 函数求零状态响应。

```
yZS = conv( fk,hk)
```

此外，还可以用 MATLAB 数值计算方法递推求解。

【例题 8.7】 已知描述离散系统的差分方程为：

$$y(k+2)-0.5y(k+1)=f(k+1)+0.5f(k)$$

(1) 求系统的单位序列响应 $h(k)$；

(2) 如果系统输入的激励序列为 $f(k)=\cos\left(\frac{\pi}{10}k+\frac{\pi}{4}\right)\varepsilon(k)$，求系统的零状态响应 $y_{ZS}(k)$。

解:实现程序

```
b = [1:0.5];a = [1 - 0.5:0];k = [0:30];d = [(k) =  = 0];k1 = 0:30;
h = filter(b,a,d);
subplot(2,1,1);stem(k1,h,'filled');axis([0    30    0    1.1]),xlabel('k');
title('h(k)'); grid
k2 = 0:30
f = cos(0.1 * pi * k2 + p1/4);y = filter( b,a,f)
subplot(2,1,2);stem(k2,y, 'filled '),xlabel('k');title('yZS(k)');grid
```

运行结果如图 8-2-22 所示。

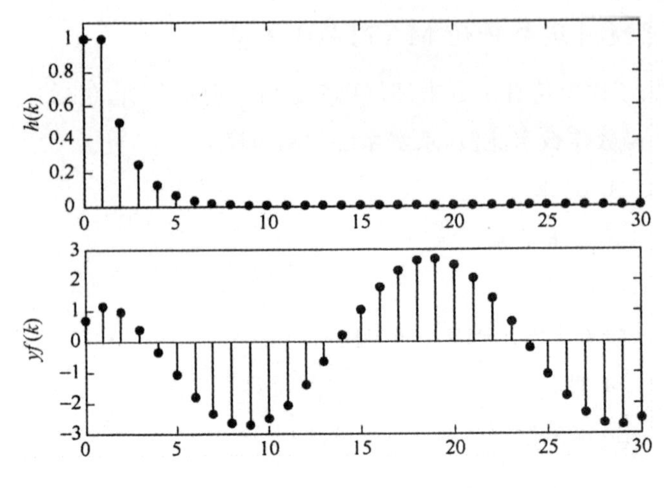

图 8-2-22　例题 8.7 的运行结果

第三节　信号与系统变换域分析的 MATLAB 实现

对信号进行分析可以在时域中进行，也可以在变换域中进行，时域分析方法和变换域分析方法各有优点。傅里叶变换是把信号从时域变换到频域，因此在信号的频域分析中傅里叶变换起着非常重要的作用。在 MATLAB 中提供了多类数值计算工具，以进行信号的频域分析。

一、连续信号与系统频域分析的 MATLAB 实现

通常情况下，系统函数 $H(j\omega)$是两个关于虚变量"$j\omega$"的有理多项式之比，即

$$H(j\omega)=\frac{B(j\omega)}{A(j\omega)}=\frac{b_m(j\omega)^m+\cdots+b_1(j\omega)+b_0}{a_n(j\omega)^m+\cdots+a_1(j\omega)+a_0},n>m$$

可以用向量 $\boldsymbol{a}$(den) 和 $\boldsymbol{b}$(num) 分别表示分子多项式与分母多项式的系数向量

$$\boldsymbol{a}=[a_n,a_{n-1},\cdots,a_1,a_0],\boldsymbol{b}=[b_m,b_{m-1},\cdots,b_1,b_0]$$

需要注意的是，向量 $\boldsymbol{a}$ 和 $\boldsymbol{b}$ 中如果有缺项，一定要用 0 补齐。

连续信号与系统频域分析的 MATLAB 的实现有两条途径。

1. 利用工具箱中的函数求解

MATLAB 工具箱提供了一系列与实现 LTI 系统频域分析相关的函数，常用的有：

(1) 调用 FS 函数求傅里叶级数部分和。

```
FS(F,τ,T)        % 连续周期信号,周期门函数脉宽 τ,周期 T
FS(F,M,N)        % 离散周期序列,周期矩形序列脉宽 M,周期 N
```

(2) 调用 fourier 函数求傅里叶变换。

```
F = fourier(f)  % F = F[f],默认的独立变量为 x,默认返回是关于 w 的函数
```

(3) 调用 ifourier 函数求傅里叶反变换。

```
f = ifouier(F)     % f = F^-1[f],默认的独立变量为 w,默认返回是关于 x 的函数
```

在调用 fourier( ) 和 ifourier( ) 之前,要用 syms 命令对所用到的变量(如 t,v 等)说明成符号变量。若 f 或 F 是 MATLAB 中的通用函数表达式,则不必用 syms 加以说明。

(4) 调用 modulate 函数实现调制。

```
y = modulate(f, fc, fs, method, opt)
```

(5) 调用 freqs 函数求频率响应。

```
H = freqs(b,a,w)% 取 H 的模和相位可得幅频特性和相频特性
```

(6) 调用 fft 函数求取样信号频谱或 DFT。

```
Fsw = fft(fst,n)% fst 为取样信号fs(t),n 为与取样频率相配的样点数
```

2. 利用积分函数求解

在 MATLAB 中用 quad 函数来计算数值积分。对于连续信号,可以用这个函数来实现傅里叶变换。常用的调用格式为

```
y = quad('F',a,b)
y = quad('F',[],[],a,b,tol,trace,p1,p2,…)
```

其中,F 是被积函数表达式字符串或函数文件名;a,b 分别表示定积分的下限和上限。第二种调用方式中,tol 用来控制积分精度,默认情况下,tol = 0.001;trace 取 1,表示用图形展现积分过程,取 0 则无图形;p1,p2,… 表示向函数传递的参数,可采用默认值。

3. 连续信号傅里叶变换的 MATLAB 实现

【例题 8.8】 MATLAB 实现矩形脉冲 $f(t) = g_2(t)$ 的傅里叶变换。

解:实现程序

```
syms t F w f Y
f = sym('Heaviside(t + 1) - Heaviside(t - 1)');
F = fourier(f),
subplot(2,2,1);ezplot(f,[- 2,2]),title('f(t)'),xlabel('t'),grid
subplot(2,2,2);ezplot(abs(F),[- 10,10]),title('|F(\omega)|'),xlabel('\omega'),
axis([- 9.43,9.43, - 0.1,2.2]),grid
subplot(2,2,3);ezplot(F,[- 10,10]),title('F(\omega)'),xlabel('\omega'),
axis([- 9.43,9.43, - 0.5,2.2]), grid
% 相频特性
```

```
w = - 10:0.01:10
phase = 3.142 * rectpuls(w - 4.713,3.142) - 3.142 * rectpuls(w + 4.713,
3.142);
subplot(2,2,4); plot(w,phase),axis([- 9.43,9.43, - 4,4]),
title('φ(\omega)'),xlabel('\omeg'),grid,
```

运行结果

```
F = 2 * sin(w)/w
```

频谱如图 8-3-1 所示。

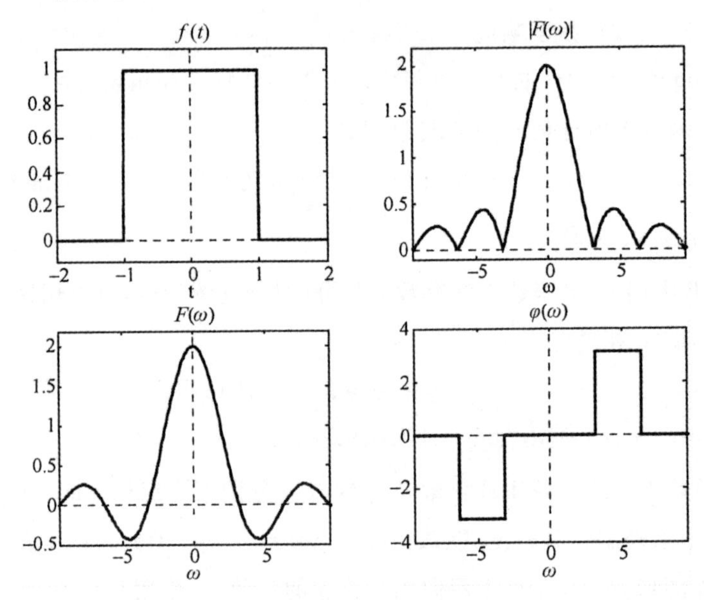

图 8-3-1　例题 8.8 的运行结果

4. LTI 连续系统频域分析的 MATLAB 实现

【例题 8.9】　低通滤波器的频率响应为 $H(j\omega)=\dfrac{1}{(j\omega)^2+3j\omega+2}$，试用 MATLAB 求其幅频特性和相频特性。

解：实现程序

```
b = [1];a = [1,3,2];w = - 15:0.05:15;
H = freqs(b,a,w);mag = abs(H);phase = angle(H);
subplot(2,1,1),plot(w,mag);set(gca,'xtick',[- 15, - 10, - 5.0,5 ,10,15]);
axis([- 15,15, - 0.02,0.52]);xlabel('\omega(rad/s)');ylabel(' | H(j\omega) | ');grid
subplot(2,1,2), plot(w,phase);set(gca,'xtick',[- 15, - 10, - 5,0,5,10,15]);
set(gca,'ytick',[- 4, - 2,0,2,4]);
```

```
axis([- 15,15, - 4,4]);xlabel('\omega(rad/s)');ylabel('\phi(\omega)');grid
```

运行结果如图 8-3-2 所示。

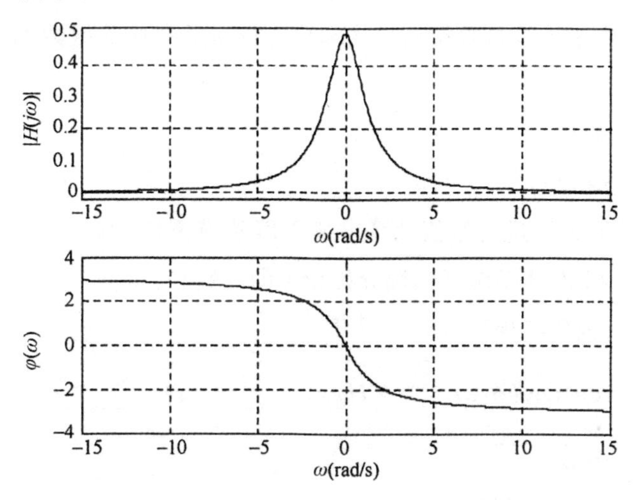

图 8-3-2　例题 8.9 的运行结果

【例题 8.10】　设正弦信号频率为 $f=10$ Hz,用两个取样频率分别是 $f_{s1}=9.5$ Hz, $f_{s2}=500$ Hz 对其进行取样,试用 MATLAB 编程说明“欠取样”效果。

解:实现程序

```
% 绘取样信号
f = 10; fs1 = 9.5;fs2 = 500;
t1 = 0:1/fs1:2;x1 = sin(2 * pi * f * t1);t2 = 0:1/fs2:2;x2 = sin(2 * pi * f * t2);
plot(t1,x1,'0'), hold on, plot(t2,x2), xlabel('t'), ylabel('f1,2'),
```

运行结果如图 8-3-3 所示。由于频率为 $f_{s1}=9.5$ Hz 的“欠取样”信号 $f_{s1}(t)$ 取样太慢,人类的视觉就如同绘图规则一样,将其看成沿着失真信号(虚线)的点。

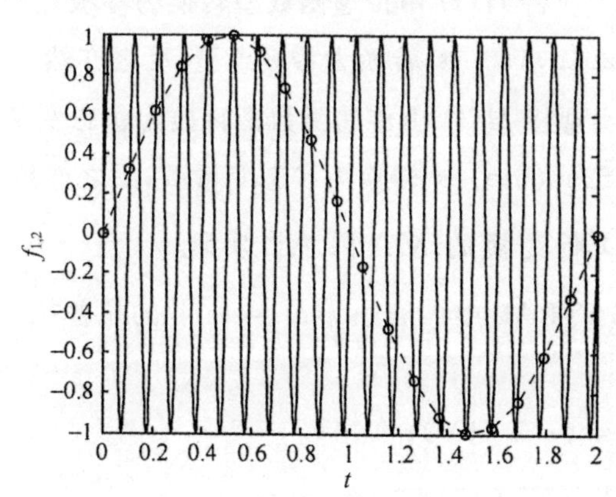

图 8-3-3　例题 8.10 的运行结果

二、连续信号与系统 s 域分析的 MATLAB 实现

MATLAB 中提供了计算拉普拉斯变换和拉普拉斯反变换的函数 laplace 和 ilaplace，其调用格式为：

```
F = laplace(f)
f = ilaplace(F)
```

也可以利用 MATLAB 进行数值计算求解 LTI 连续系统的响应。此外，MATLAB 还提供了一系列与实现 LTI 连续系统复频域分析相关的函数。

(1) 调用 residue 函数实现部分分式展开。

[r,p,k] = residue(b,a)　　% $H(s)=\sum_{j=1}^{m}k_j(s)+\sum_{i=1}^{n}\frac{r_i}{s-p_i}$，r 为部分分式系数，p 为极点；k 为多项式系数

(2) 调用 roots 函数求解极零点。

```
poles = roots(den)      % 求解极点
zeros = roots(num)      % 求解零点
```

(3) 调用 pzmap 函数画零极图。

```
pzmap(b,a)              % 连续系统零极图
```

或

```
pzmap(sys)
```

(4) 调用 bode 函数求波特图。

```
H = bode(b,a,w)         % 取 H 的模和相位的波特图
```

(5) 调用 initial 函数求零输入响应。

(6) 调用 tf2zp 函数实现将 $H(s)$ 由传递函数型转换为零极点型。

```
[z,p,k] = tf2zp(b,a)    % 转换为零极点型;反之亦然
```

(7) 调用 tf2ss 函数实现将 $H(s)$ 由传递函数型转换为状态变量型。

```
[A,B,C,D] = tf2ss(b,a) % 转换为状态变量型;反之亦然
```

1. 连续信号拉普拉斯变换的 MATLAB 实现

【例题 8.11】 在 MATLAB 中求信号 $f(t)=te^{-2t}$ 的拉普拉斯变换。

解:实现程序

```
f = sym('t * exp(- 2 * t)');
F = laplace(f)
```

运行结果

```
F = 1/(s + 2)^2
```

【例题 8.12】 在MATLAB中求信号 $F(s)=\dfrac{s+2}{(s+1)^2(s+3)}$ 的拉普拉斯反变换。

解:实现程序

```
F = sym('(s + 2)/((s + 1)^2 * (s + 3))');
f = ilaplace(F)
```

运行结果

```
f = 1/2 * t * exp( - t) + 1/4 * exp( - t) - 1/4 * exp( - 3 * t)
```

2. LTI连续系统复频域分析的MATLAB实现

【例题 8.13】 某系统的系统函数为 $H(s)=\dfrac{s+3}{s^4+5s^3+9s^2+7s+2}$，试用MATLAB实现用部分分式展开法求该系统的单位冲激响应。

解:实现程序

```
b = [1,3];a = [1,5,9,7,2];[r,p,k] = residue(b,a)
```

运行结果

```
r = - 1,1, - 1,2;p = - 2, - 1, - 1 - 1; k = []
```

故系统函数展开为

$$H(s)=\frac{-1}{s+2}+\frac{1}{s+1}+\frac{-1}{(s+1)^2}+\frac{2}{(s+1)^3}$$

单位冲激响应为

$$h(t)=[-\mathrm{e}^{-2t}+(1-t+t^2)\mathrm{e}^{-t}]\varepsilon(t)$$

三、离散信号与系统 z 域分析的 MATLAB 实现

MATLAB提供了实现周期序列和非周期序列变换域分析的调用函数。

(1) 调用fft函数求DTFS频谱。

```
fft(f)      % 离散周期矩形序列 f,脉宽 M,周期 N。
```

(2) 调用freqz函数求DTFT频谱。

freqz(b,a,w) % $F(\Omega)=\dfrac{b_0+b_1e^{-j\Omega}+b_2e^{-j2\Omega}+\cdots+b_me^{-jm\Omega}}{a_0+a_1e^{-j\Omega}+a_2e^{-j2\Omega}+\cdots+a_ne^{-jn\Omega}}$，a,b为其系数矩阵

$$F(z)=\frac{B(z)}{A(z)}=\frac{b_0+b_1z^{-1}+b_2z^{-2}+\cdots+b_mz^{-m}}{a_0+a_1z^{-1}+a_2z^{-2}+\cdots+a_nz^{-n}}$$

(3) 调用dbode函数求波特图。

```
dbode(b,a)
```

(4) Z 变换和 Z 反变换的函数ztrans和iztrans，这两个函数的调用格式为：

```
F = ztrans(f)
```

```
f = iztrans(F)
```

(5) 调用 residuez 函数实现部分分式展开。

```
[r,p,k = residuez(b,a)        % r 为部分分式系数,p 为极点;k 为多项式系数
```

信号的 z 域多项式通常表示展开为部分分式

$$\frac{B(z)}{A(z)}=\frac{r(1)}{1-p(1)\,z^{-1}}+\cdots+\frac{r(n)}{1-p(n)\,z^{-1}}+k(1)+k(2)z^{-1}+\cdots+k(m-n+1)\,z^{-(m-n)}$$

(6) 调用 roots 函数求解极零点。

```
poles = roots(a)
zeros = roots(b)
```

(7) 调用 zplane 函数画零极图。

```
zplane (b,a)   或   zplane(sys)
sys = tf(b,a)   或   [z,p,k] = tf2zp(b,a)
```

(8) 调用 dinitial 函数求零输入响应。

```
dinitial(b,a)
```

(9) 调用 dimpuse 函数求单位序列响应。

(10) 调用 dstep 函数求单位阶跃响应。

1. 离散信号 z 域分析的 MATLAB 实现

【例题 8.14】 用 MATLAB 实现矩形脉冲序列 $f(k)=g_5(k)$ 的频谱。

解:

$$F(\Omega)=\frac{\sin\,(N+1/2)\Omega}{\sin\,(\Omega/2)}=\frac{1-e^{-j5\Omega}}{e^{-j2\Omega}-e^{-j3\Omega}}$$

$$\boldsymbol{a}=[0,0,1,-1],\boldsymbol{b}=[1,0,0,0,0,-1]$$

实现程序

```
% 绘 f(k)
n = - 3:3
f = Heaviside(n + 3) - Heaviside(n - 3)
subplot(2 ,1,1), stem(n,f,'filled'), grid
% 绘 F(n)
b = [1,0,0,0,0, - 1];a = [0,0,1, - 1];
W = linspace( - 2 * p1,2 * pi,512);
H = freqz(b,a,w);
subplot(2 ,1,2),plot( w/pi,H),grid
```

运行结果如图 8-3-4 所示。

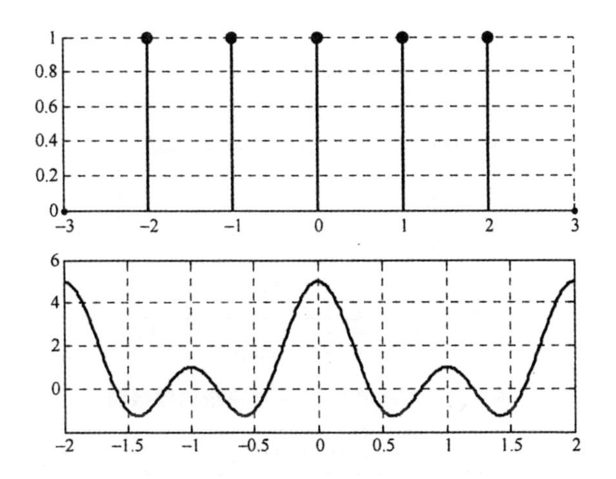

图 8-3-4　例题 8.14 的运行结果

【例题 8.15】　求下列离散时间序列的 Z 变换。(1) $f_1(k)=2a^k\varepsilon(k)$；(2) $f_2(k)=a^k\varepsilon(k-1)$；(3) $f_3(k)=a^k\cos(\frac{k\pi}{2})\varepsilon(k)$。

解:实现程序

```
fk1 = sym('2 * a^k * Heaviside(k)');
Fz1 = ztrans(fk1) ,F1 = simplify(Fz1)
fk2 = sym('a^k * Heaviside(k - 1)');
Fz2 = ztrans(fk2) ,F2 = simplify(Fz2)
fk3 = sym('a^k * cos(k * pi/2)');
Fz3 = ztrans(fk3) ,F3 = simplify(Fz3)
```

运行结果

```
Fz1 = 2z/a/(z/a - 1);Fz2 = - a/(- z + a);  Fz3 = z^2/(z^2 + a^2)
```

2. LTI 离散系统的 z 域分析的 MATLAB 实现

【例题 8.16】　已知某系统的系统函数为 $H(z)=\frac{2z^2+2}{2z^3+3z^2+5z+1}$，求出系统的零点和极点，并且画出系统的零极图。

解:实现程序

```
a = [2,3,5,1].b = [2,0,2]
[r,p,k] = tf2zp(b,a)        % 求出零点和极点。
zplane(b,a),grid            % 画出零极图。
```

运行结果

```
r = 0 + 1.0000i,0 - 1.0000i
p = - 0.6370 + 1.3440i, - 0.6370 - 1. 3440i, - 0. 2260
```

零极图如图 8-3-5 所示。

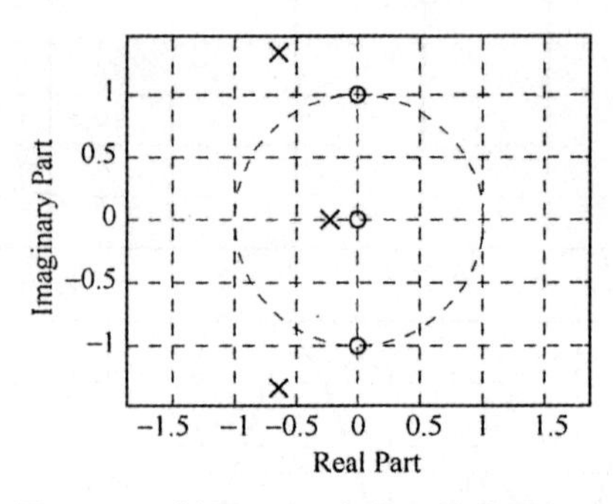

图 8-3-5　例题 8.16 离散系统的零极图

【例题 8.17】　绘制系统 $H(z)=\dfrac{1}{1-\dfrac{3}{4}z^{-1}+\dfrac{1}{8}z^{-2}}$ 零极图,并求它的单位函数响应、频率响应。

解:实现程序

```
b = [1];a = [1, - 3/4,1/8];
subplot(2,2,1) ,zplane(b,a);
subplot(2,2,2) ,yn = dimpulse([b 0 0],a,20) ; stem(yn,'filled') ;
w = - 2 * pi:0.01:2 * pi;[h,w] = freqz(b,a,w) ;
mag = abs(h);phi = angle( h) ;
subplot(2,2,3),plot(w,mag),grid;
subplot(2,2,4),plot(w,phi),grid;
```

运行结果如图 8-3-6 所示 。

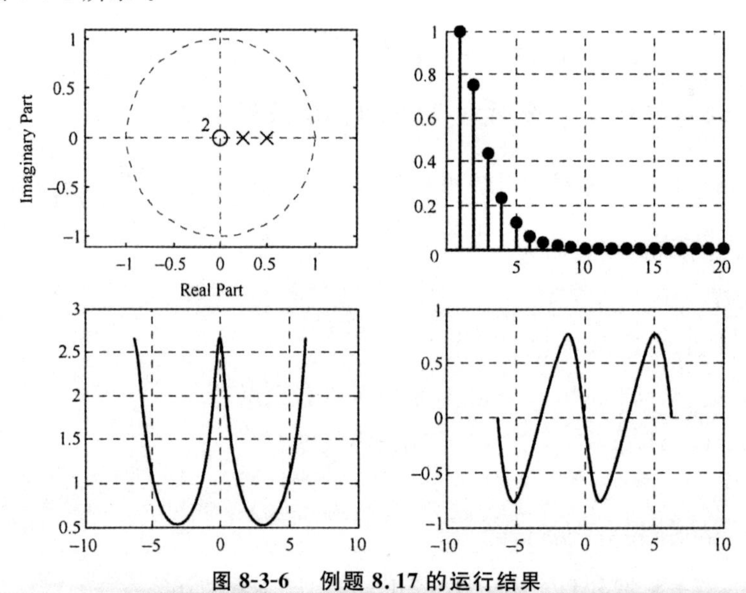

图 8-3-6　例题 8.17 的运行结果

第四节　状态变量分析法的 MATLAB 实现

MATLAB 的工具箱提供了一系列与实现状态变量分析相关的函数：

(1) 调用 tf2ss 函数实现将系统由传递函数模型转换为状态变量模型。

```
[A,B,C,D] = tf2ss(b,a)      % 转换为状态变量型;反之亦然
```

(2) 调用 impuse(A,B,C,D);dimpuse(A,B,C,D) 函数求单位冲激(序列) 响应。

(3) 调用 step(A,B,C,D);dstep(A,B,C,D) 函数求单位阶跃响应。

(4) 调用 freqs(A,B,C,D);freqz(A,B,C,D) 函数求频率响应。

(5) 调用 bode(A,B,C,D);dbode(A,B,C,D) 函数绘波形图。

(6) 调用 lsim 函数求状态方程的数值解。

```
sys = ss(A,B,C,D)
[y,t0,x] = lsim(sys,f,t,x0)        % 求连续系统的数值解
[y,n,x] = lsim(sys,f,[],x0)        % 求离散系统的数值解
```

(7) 调用 initial 函数求零输入响应。

```
sys = ss(A,B,C,D,1)
yzir = initial (sys,x0,t)          %x0 = ramda0 为初始条件矩阵
```

(8) 调用 ctrb(A,B) 函数判断可控性。

(9) 调用 obsv(C,D) 函数判断可观测性。

此外，MATLAB 提供 expm 函数用于求e^{At}，满足用数值计算方法实现状态方程的求解。

值得注意的是，MATLAB 软件默认状态变量 x_1，x_2，… 由小到大依次在信号流图上从左至右排序，如图 8-4-1 所示。

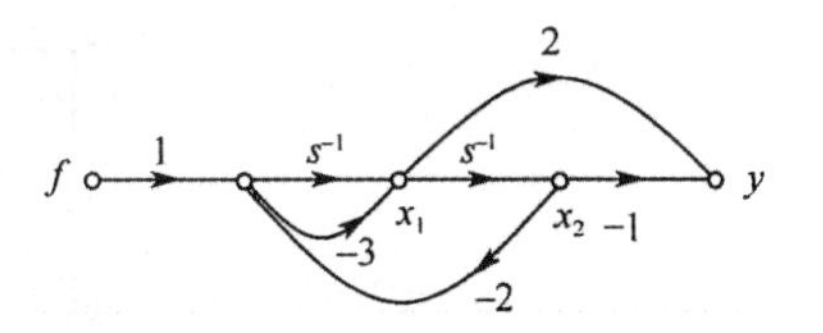

图 8-4-1　例题 8.19 信号流图

一、动态方程的 MATLAB 实现

【例题 8.18】　已知描述系统的微分方程为 $y''(t)+5y'(t)+10y(t)=f'(t)+t(t)$，利用 MATLAB 求系统的状态方程和输出方程。

解：根据题意可知，描述系统的系统函数为 $H(s)=\dfrac{s+1}{s^2+5s+10}$，故 MATLAB 命令为

```
[A,B,C,D] = tf2ss([1 1],[1,5,101)
```

运行结果

```
A = [- 5, - 10;1.0],B = [1;0],C = [1,1],D = [0]
```

对于离散系统的动态方程的表示与连续系统的表示是完全相同的，这里就不再介绍。

二、LTI连续系统状态变量分析的MATLAB实现

【例题8.19】 已知描述系统状态方程的系数矩阵为

$$A=\begin{bmatrix}-3 & -2\\ 1 & 0\end{bmatrix},B=\begin{bmatrix}1\\0\end{bmatrix},C=[2\quad 1],D=[0]$$

对应的系统信号流图如图8-4-1所示，求系统输入 $f(t)=e^{-t}\varepsilon(t)$ 得到的响应在0～3的图形。

解:实现程序

```
A = [- 3, - 2;1,0];B = [1;0];
c = [2,1];D = [0];
sys = ss(A,B,C,D);             % 得到系统模型
t = 0:0.1:3;
f = exp(- t);
y = lsim(sys,f,t);             % 得到系统响应
plot(t,y);
xlabel('t');
ylabel('y(t)');
grid on;
```

运行结果如图8-4-2所示。

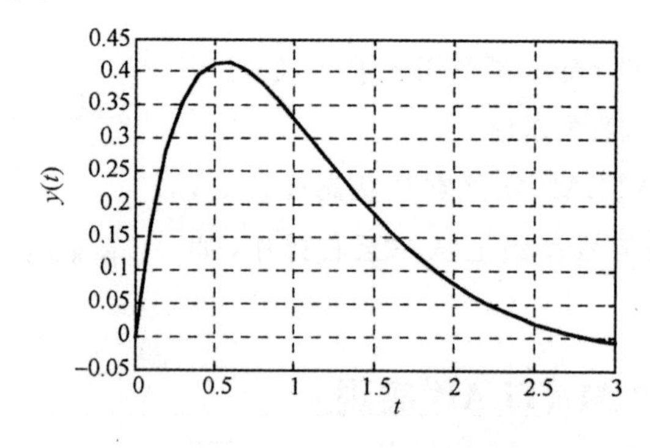

图8-4-2 例题8.19的运行结果

三、LTI离散系统状态变量分析的MATLAB实现

【例题8.20】 一离散时间系统的动态方程为

$$\begin{bmatrix}x_1(k+1)\\x_2(k+1)\end{bmatrix}=\begin{bmatrix}0 & 1\\-2 & 3\end{bmatrix}\begin{bmatrix}x_1(k)\\x_2(k)\end{bmatrix}+\begin{bmatrix}0\\1\end{bmatrix}f(k)$$

$$\begin{bmatrix} y_1(k) \\ y_2(k) \end{bmatrix} = \begin{bmatrix} 1 & 1 \\ 2 & -1 \end{bmatrix} \begin{bmatrix} x_1(k) \\ x_2(k) \end{bmatrix}$$

已知$x_1(0)=1, x_2(0)=-1, f(k)=\varepsilon(k)$,试用 MATLAB 求系统响应波形图。

解:实现程序

```
A = [0 1; - 2 3l; B = [0;1];C = [1 1;2 - 1]; D = zeros(2,1)
                                          % 给出状态方程和输出方程
sys = ss(A,B,C,D,[])                      % 构造系统的模型
x0 = [1; - 1]                             % 给出初始条件
N = 10
f = ones(1,N)                             % 给出激励信号
y = lsim( sys,f,[],x0)                    % 得到响应
subplot(2,1,1)
yl = y(:,1)´;
stem((0:N - 1),yl, ´filled´)
xlabel(´k´); ylabel(´yl´)
subplot(2,1,2)
y2 = y(:,2)´;
stem((0:N - 1) ,y2,´filled´)
xlabel(´k´) ylabel(´y2´)
```

运行结果如图 8-4-3 所示。

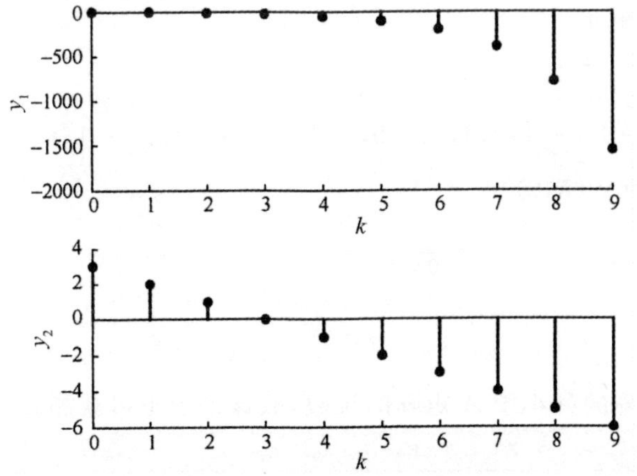

图 8-4-3　例题 8.20 的运行结果

四、系统可观测性和可控制性的 MATLAB 实现

【例题 8.21】 已知系统的方程为

$$\begin{bmatrix}\dot{x}_1\\\dot{x}_2\end{bmatrix}=\begin{bmatrix}1 & 1\\2 & -1\end{bmatrix}\begin{bmatrix}x_1\\x_2\end{bmatrix}+\begin{bmatrix}0\\1\end{bmatrix}f$$

试判定该系统的可控制性。

解:实现程序

```
A = [1,1;2, - 1]; B = [0;1];
r = rank(ctrb(A,B))
End
```

运行结果

```
r = 2
```

由于可控性矩阵的秩与 A 矩阵的维数相等,故该系统可控制。

【例题 8.22】 已知系统的方程为

$$\begin{bmatrix}\dot{x}_1(t)\\\dot{x}_2(t)\\\dot{x}_3(t)\end{bmatrix}=\begin{bmatrix}-1 & -2 & -1\\0 & 3 & 0\\0 & 0 & -2\end{bmatrix}\begin{bmatrix}x_1(t)\\x_2(t)\\x_3(t)\end{bmatrix}+\begin{bmatrix}2\\-2\\1\end{bmatrix}[f(t)]$$

$$[y(t)]=[2\quad 1\quad -1]\begin{bmatrix}x_1(t)\\x_2(t)\\x_3(t)\end{bmatrix}+[0][f(t)]$$

试判定该系统的可观测性。

解:实现程序

```
A = [- 1, - 2. - 1;0,3,0;0,0, - 2]; C = [2,1. - 1];
r = rank(obsv(A,C))
end
```

运行结果

```
r = 2
```

由于可观测性矩阵的秩小于 A 矩阵的维数,故该系统不可观测。

【练习思考题】

8.1　如题图 8-1 所示的电路中,电源上所加的激励为$u_s(t)=e^{-t}\varepsilon(t)$,用 MATLAB 求电容器上的电压响应。

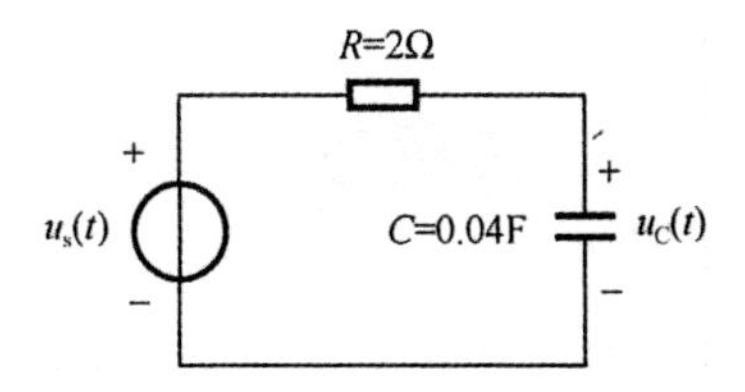

题图 8-1

8.2　利用 MATLAB 求题图 8-2 所示信号的傅里叶变换。

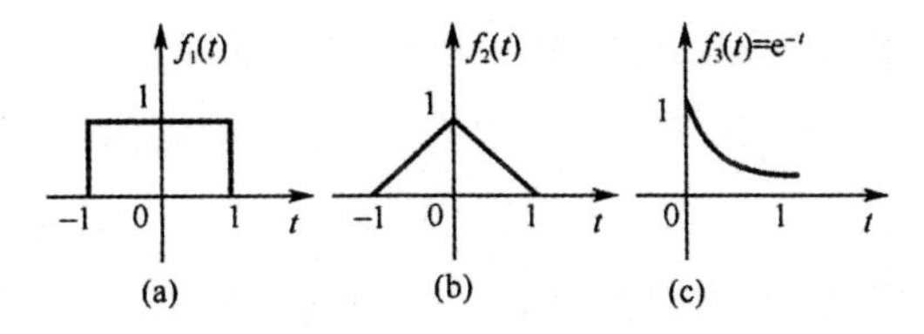

题图 8-2

8.3　已知某系统的系统函数 $H(z)=\dfrac{z^2+1}{2z^3+3z^2+1}$，利用 MATLAB 求系统的零点和极点，并且画出系统的零极点图。

8.4　已知某连续时间系统的动态方程(对应的信号流图如题图 8-3 所示)为：

$$\begin{bmatrix}\dot{x}_1\\ \dot{x}_2\end{bmatrix}=\begin{bmatrix}0 & 1\\ -2 & -3\end{bmatrix}\begin{bmatrix}x_1\\ x_2\end{bmatrix}+\begin{bmatrix}0\\ 1\end{bmatrix}f(t)$$

$$y(t)=\begin{bmatrix}1 & -2\end{bmatrix}\begin{bmatrix}x_1(t)\\ x_2(t)\end{bmatrix}$$

(1) 利用 MATLAB 求系统函数 $H(s)$；

(2) 若已知 $f(t)=e^{-t}\sin(t)\varepsilon(t)$，试用 MATLAB 求 t 在 $0\sim3$ 范围内系统响应的数值解。

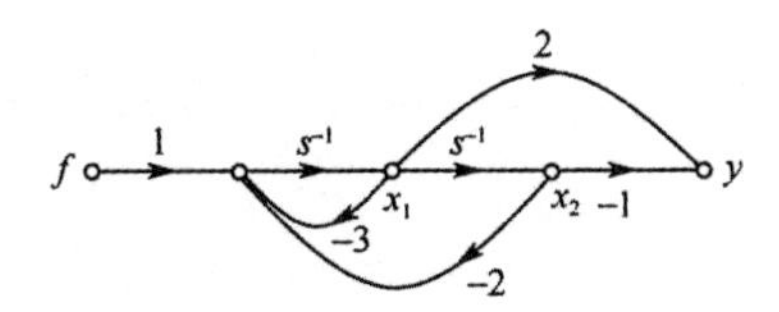

题图 8-3

8.5　已知某离散系统的动态方程为：

$$\begin{bmatrix}x_1(k+1)\\ x_2(k+1)\end{bmatrix}=\begin{bmatrix}0 & 1\\ -2 & 3\end{bmatrix}\begin{bmatrix}x_1(k)\\ x_2(k)\end{bmatrix}+\begin{bmatrix}0\\ 1\end{bmatrix}f(k)$$

$$y(k)=[2,-1]\begin{bmatrix}x_1(k)\\ x_2(k)\end{bmatrix}$$

(1) 已知 $y(k)=(0.5)^k\varepsilon(k)$，$y[0]=2$，试用 MATLAB 求系统响应的数值解；

(2) 判定该系统的可控制性和可观测性。

参考文献

[1]郑君里,应启珩,杨为理.信号与系统[M].2版.北京:高等教育出版社,2015.

[2]吴大正,杨林耀,张永瑞.信号与线性系统分析[M].3版.北京:高等教育出版社,2016.

[3]陈后金,胡健,薛健.信号与系统[M].北京:清华大学出版社,2017.

[4]董长虹,余海啸,高威,等.MATLAB信号处理与应用[M].北京:国防工业出版社,2016.

[5]陈亚勇,等.MATLAB信号处理详解[M].北京:人民邮电出版社,2015.

[6]阮沈勇,王永利,桑群芳.MATLAB程序设计[M].北京:科学出版社,2017.

[7]张永瑞.电路、信号与系统辅导[M].西安:西安电子科技大学出版社,2018.

[8]陈后金,胡健,薛健,等.信号与系统学习指导及习题精解[M].北京:清华大学出版社,2015.

[9]吴湘淇.信号、系统与信号处理[M].北京:电子工业出版社,2016.

[10]管致中,夏恭恪,孟桥.信号与线性系统[M].5版.北京:高等教育出版社,2018.

[11]王里生,罗永光.信号与系统分析[M].长沙:国防科技大学出版社,2016.

[12]周建华,游佰强.信号与系统[M].北京:清华大学出版社,2017.

[13]陈生潭,李小平,张妮.信号与系统学习指导[M].西安:西安电子科技大学出版社,2015.

[14]闵大镒,朱学勇.信号与系统分析[M].成都:电子科技大学出版社,2016.

[15]亨塞尔曼.精通MATLAB 7[M].北京:清华大学出版社,2018.

[16]R. D. A.莫里斯,等.通信工程师用卷积与傅里叶变换[M].高志伟,译.北京:科学出版社,2017.